엄선된 대나무로 만들어진 뜨개 바늘은 일본 장인들의 손끝에서 하나하나
정성스럽게 완성됩니다.
정교하게 다듬어진 바늘 끝은 뜨개 작업을 더욱 편안하게 해주며,
나사형태로 되어 있어 케이블과 쉽게 연결할 수 있습니다. 또한 나사 부분에
부착된 고무링은 뜨개질 도중에도 풀림을 방지해 안정적인 작업이
가능합니다. 케이블과 바늘의 이음새가 매끄럽고, 회전형으로 설계되어
작업 시 케이블이 꼬이지 않습니다.
일본에서 제작된 고품질의 교체형 대나무 바늘은 편안하고 즐거운 뜨개
시간을 선사합니다.

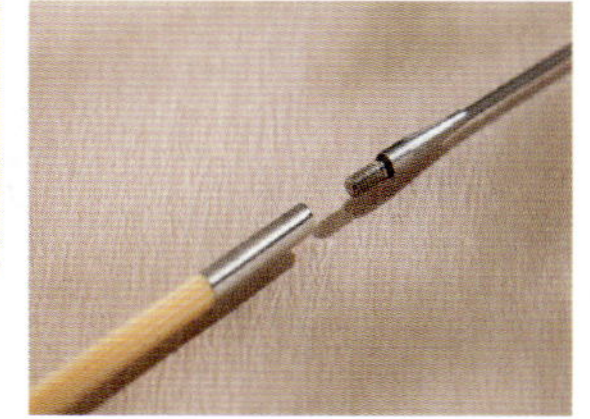

케이스 외부 원단의 디자인은 겨울의 눈 덮인 나뭇가지 사이로
비치는 햇살과, 여름의 푸른 잎 사이로 스며드는 햇살을 표현한
코모레비 "Komorebi"에서 영감을 받았습니다.
자연 면사를 사용해 짠 원단은 은은한 광택과 함께 부드러운 촉감을
지니고 있습니다. 케이스에는 세트로 구성된 대바늘 외에도,
보유중인 뜨개바늘과 코바늘을 보관할 수 있는 여분의 포켓이
마련되어 있습니다.
또한 케이블과 작은 액세서리를 깔끔하게 정리할 수 있도록 지퍼가
달린 포켓도 구성되어 있습니다.
컴팩트하게 말아서 보관하는 형태의 이 케이스는 언제 어디서든
편하게 뜨개질을 즐길 수 있도록 도와줍니다.

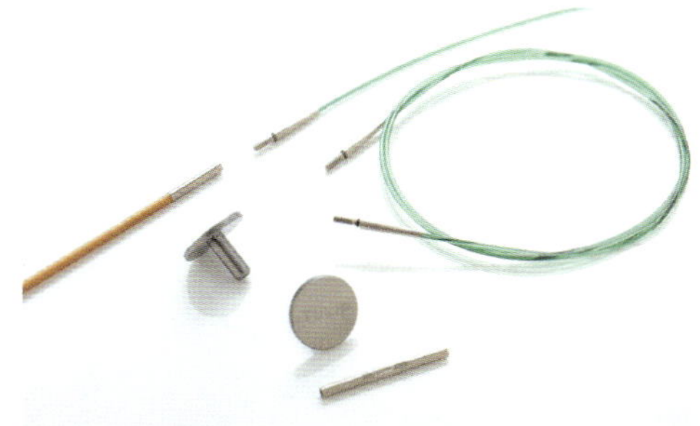
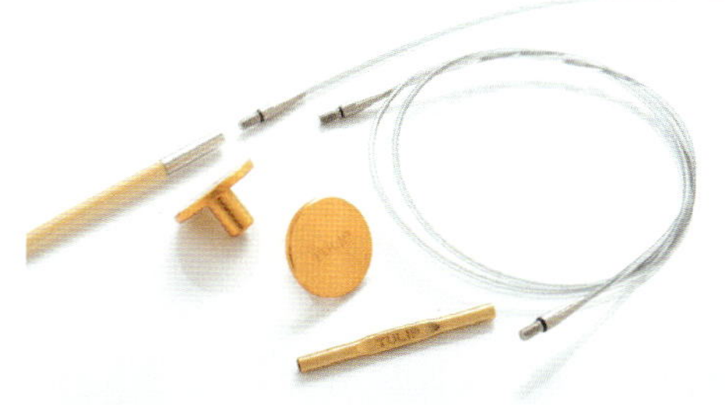

대바늘 사이즈(가는사이즈)
No.0(2.00mm)~No.2 1/2(3.00mm)

대바늘 5쌍
No.0(2.00mm), No.1(2.25mm),
No.1 1/2(2.50mm),No.2(2.75mm),
No.2 1/2(3.00mm)
케이블 2개(그린) 60cm, 80cm
어댑터 1개(실버), 스토퍼 2개(실버)

대바늘 사이즈(보통사이즈)
No.3(3.25mm)~No.8(5.00mm)

대바늘 6쌍
No.3(3.25mm), No.4(3.50mm),
No.5(3.75mm), No.6(4.00mm),
No.7(4.50mm), No.8(5.00mm)
케이블 2개(그레이) 60cm, 80cm
어댑터 1개(골드), 스토퍼 2개(골드)

* 케이블, 어댑터, 스토퍼는 바늘 굵기에 해당하는 색상과 함께 사용해 주세요.

Tulip Company Limited
한국공식수입원 (주)튤립코리아
경기도 화성시 송산산단길 67
E-mail : info@tulip-korea.com, www.tulip-korea.com

The UK 영국

영국의 전통 장갑, 생커와 데일스

요크셔 데일스, 덴트역 건물

스코틀랜드 생커 전통 장갑과 잉글랜드 데일스 전통 장갑. 모두 19세기에 각 지역에서 뜨기 시작했습니다. 두 지역은 160km 정도 떨어져 있으며, 칼라일 역을 기준으로 하나는 북쪽, 하나는 남동쪽에 자리합니다. 북쪽으로 향하는 글라스고행 열차 노선에는 생커가, 남동쪽으로 향하는 리스행 열차의 노선에는 요크셔 데일스(덴트, 호스)가 있습니다. 당시 철도망의 발달과 두 지역의 장갑에는 관련이 있어 보였습니다. 그 당시에 만들어진 장갑이 현재 많이 남아 있지 않지만 생커 장갑은 생커 톨부스 박물관에, 데일스 장갑은 데일스 컨트리사이드 박물관에 보관·전시되어 있습니다.

두 장갑은 겉보기에는 비슷하지만, 뜨는 법이 다릅니다. 손목(커프) 부분을 보면, 생커 장갑은 2코 고무뜨기, 블리크 무늬, 릿지&파로 등의 무늬가 있지만, 데일스 장갑은 두 가지 색 실로 기초코를 만들어서 1코 고무뜨기합니다. 손가락과 손가락의 연결 부분도 다릅니다. 생커 장갑은 세모 무늬가 되도록 코를 줄이지만 데일스 장갑은 코를 줄이지 않습니다.

오늘날 중세사라고 하면 4플라이(ply, 50g 210m) 실이 주류인데 그 당시에 두 지역은 모두 3플라이(50g 265m) 실을 사용했습니다. 생커에는 양탄자 공장이 있고 방식 산업이 발달했으며 그곳에서 만든 플럭스라는 마·울 혼방사로 주로 떴습니다. 한편 데일스 지역에서는 1800년대에 뜨개 학교가 있었고 그 당시 기록을 보면 니터, 스피너(실 만드는 사람)를 직업으로 삼은 사람이 많았다는 것을 알 수 있습니다. 그래서 니터들은 스피너가 만든 울 실과 레이온·울 혼방사로 장갑을 떴습니다.

최근에는 새로운 생커 장갑 키트가 발매되었다는 반가운 소식이 있습니다. 생커에는 1712년부터 영업해온, 영국에서 가장 오래된 우체국이 있습니다. 우체국 개국 300주년을 기념해 만들어진 우표를 모티브로 삼아 지역 니터인 헬거 씨가 생커 장갑을 새롭게 디자인했습니다. 생커 지역의 니터들은 지금도 전통 방식을 이어가면서 지역에 뿌리내릴 수 있는 새로운 무늬를 만들고 있습니다. 이번에 그 키트를 일본에서 판매하게 됐답니다.

한편 데일스에서는 산업혁명 후에 수공예가 쇠퇴하면서 데일스 장갑을 뜨는 니터의 모습은 사라졌지만 점차 전통을 이어가려는 움직임이 생겨나면서 현재 데일스 컨트리 사이드 박물관에서는 데일스 장갑의 역사와 뜨는 법을 소개하는 워크숍이 열립니다. 인원수만 충족하면 누구나 참여할 수

개국 300주년을 기념해서 디자인한 생커 우체국 장갑.

있다고 합니다.

이번에 이 두 장갑을 일본에서 구입할 수 있도록 준비했습니다. 같은 시대의 장갑이지만 지역에 따라 다른 뜨개법을 비교해 보는 재미가 있습니다.

취재/요코야마 마사미 Euro Japan Trading Co.
http://www.eurojapantrading.com/

이번에 판매하는 장갑 키트. 오리지널 장갑은 아주 작아서 판매하는 키트는 현대 여성의 손에 맞도록 크기를 조절했다.

오리지널 데일스 장갑

왼쪽 위/데일스 컨트리사이드 박물관에 전시된 데일스 장갑. 왼쪽 아래/호스에 있는 데일스 컨트리사이드 박물관 건물. 아래/현존하는 데일스 장갑을 디자인한 덴트 출신의 메리 아렌 씨. 왼쪽은 만년의 모습. 오른쪽 사진에서 가운데 앉아 있는 사람이 메리 씨.

The UK 영국
영국 최대의 손뜨개 이벤트 '더 빅 카테드랄 니트'

지난 7월 26일 런던 동쪽의 서더크 대성당(Southwark Cathedral)에서 '더 빅 카테드랄 니트(The Big Cathedral Knit)'가 개최됐습니다. 이 행사는 아트 오가니제이션의 '크래프트 포워드(https://craftforward.com)'가 지휘를 맡고, 노숙자에게 패치워크 담요를 선물하는 '블랭킷 포 런던'을 위해서 니터들이 모여서 사각 모티브를 뜨는 자선 이벤트였습니다. 시작은 아침 10시. 제가 행사장을 찾은 점심께는 대성당 안이 사람들로 가득했습니다. 그 자리에 모인 니터는 700명을 넘었고 그날 완성해 기부된 사각 모티브는 1,000장을 넘었다고 합니다.

이 행사가 시작한 것은 2020년. '많은 니터가 모여서, 오랜 시간 함께 뜨개질할 기회를 만들고 싶다'는 뜨개 커뮤니티의 요청이 계기였다고 합니다. 손뜨개의 인지도를 높이고, 나이, 성별, 직업, 기술을 불문하고 누구나 즐기는 대규모 행사를 개최하고 싶다는 크래프트 포워드의 바람도 이 행사를 뒷받침해줬습니다. 현재 영국 최대 뜨개 이벤트로 성장해 런던뿐만 아니라 영국

위/기부 받은 사각 모티브로 만든 담요. 알록달록 귀엽다! 아래/각자 자투리 실을 가지고 오기도 하고 행사장 안에서 무료로 실을 나눠주기도 했다.

각지에서 많은 사람이 참가하고 있습니다. 이곳에는 '뜨개는 고독한 취미로 여겨지기 십상이지만, 니터들은 뜨개를 사랑하는 사람들과 소통하기를 소망한다'는 바람도 밑바탕에 깔려 있습니다.

사각 모티브는 행사 당일뿐만 아니라 그 뒤로도 기부를 받는데 지금은 우편이나 워크숍을 통해 모으고 있습니다. 런던을 비롯한 유럽 각지에 이 행사를 위한 지부가 생기며 '블랭킷 포 런던'은 '블랭킷 포 더 월드'가 되어가고 있다고 합니다. 또 클레이 애니메이션 《월레스와 그로밋》으로 유명한 애니메이션 스튜디오 애드먼 애니메이션과 협업해 작품에 등장하는 양 '션'을 주인공으로 한 사각 모티브 디자인도 공개 중입니다(https://www.shaunthesheep.com/can-ewe-knit-it/).

취재/사카모토 미유키

대성당 안에는 화기애애하고 따스한 분위기가 넘쳐흘렀다.

Latvia 라트비아
발트의 날 워크숍

8월 23일은 발트의 날입니다. 1989년 8월 23일 소비에트연합에 독립을 요구하는 평화적 정치 시위 '발틱 웨이(The Baltic Way)'에서는 200만 명이 넘는 사람이 손 맞잡고 발트 3국 약 675km를 잇는 행렬을 만들었습니다. 이 상징적인 사건을 기념해서 오사카·간사이 만국박람회의 발트 파빌리온에서 '발트의 날' 기념행사가 개최됐습니다. 그 일환으로 라트비아의 전통 장갑을 뜨는 워크숍에 리가의 민족의상 센터 '세나 클레츠'에서 지에디테 선생님을 강사로 초빙했습니다. 저는 작년에 라트비아 니팅 리트릿에 참가해서 선생님을 만났었습니다.

라트비아와 리투아니아가 공동으로 전시하는 발트 파빌리온 안에 워크숍 장소가 마련됐는데 라트비아의 다섯 지역을 상징하는 전통 장갑을 전시해놨습니다. 라트비아에서 장갑은 단순한 방한용품이 아니라 배려와 보호의 상징으로서 인생에서 중요한 시기에 선물하는 소중한 전통문화입니다. 지역마다 무늬가 다르고 색채에는 토지 신앙과 역사가 담겨 있어서 오늘날까지 사람들의 마음에서 마음으로 손에서 손으로 이어져 내려왔습니다.

워크숍은 당일 행사장에서 신청을 받았는데 라트갈레 지방의 장갑을 리본 타입 커프 기초코로 떠보는 체험이었습니다. 지에디테 선생님을 비롯해서 고베에 있는 라트비아 잡화점 스바루(SUBARU)의 사장 미조구치 씨, 라트비아 장갑과 관련된 책의 저자이자 작가인 나가타 사나에 씨도 도우미로 함께 참여했습니다. 워크숍 테이블은 늘 만석으로 참가자는 열심히 뜨개질했습니다. 익숙하지 않은 작업에 악전고투하면

서도 즐거운 경험을 할 수 있었습니다. 파빌리온에는 특별전시로 라트비아와 리투아니아의 민족의상도 진열되었고, 발트의 날을 기념해서 행사장을 찾은 사람들끼리 손을 맞잡고 '발틱 웨이'를 체험하는 행사도 열렸습니다. 5년에 한 번 노래와 춤의 제전이라 불리는 국민적 행사가 열리는 나라답게 모두 함께하는 합창, 춤 공연 등 볼거리로 가득한 행사를 성공적으로 마무리한 '발트의 날'이었습니다.

취재/케이토다마 편집부

위/발트의 날을 기념하는 무대행사. 5년에 한 번 나라를 들썩거리게 하는 '노래와 춤의 제전'을 방불케 했다. 아래/워크숍 풍경. 지에디테 선생님이 친절하게 가르쳐 주었다.

라트갈레 지역의 장갑 커프를 떴다. 바늘과 실은 발트 파빌리온에서 주는 선물!

Ancalls
HANDMADE WITH LOVE

Analog & Trendy Knitting, with 앵콜스

Allday Zip-up
올데이 집업

Matilda Hood
마틸다 후드

Woolly Cowichan Vest
울리 코위찬 베스트

아르고 캐시미어
(200g / 550m)

Super Fine Wool 95% , Cashmere 5%

23코 30단 (대바늘 4.5mm 사용)
25코 12단 (모사용코바늘 4/0호 사용)

울리 에어
(80g / 160m)

Wool 15%, Rayon 10%, Nylon Poly 75%

19코 22단 (대바늘 6.0mm 사용)
19코 10단 (모사용코바늘 7/0호 사용

탐탐 파인
(50g / 100m)

Soft Acrylic tamtam 70%, Poly pine yarn 30%

17코 22단 (대바늘 5.0mm 사용)

탐탐 키티
(70g / 90m)

Nylon 55% Acryl 30% Polyester 15%

15코 20단 (대바늘 6.0mm 사용)
13코 16단 (모사용코바늘 8/0호 사용)

아르고DK
(60g / 114m)

Superfine Merino Wool 100%

20코 30단 (대바늘 4.0mm 사용)
18.5코 28단 (대바늘 4.5mm 사용)

Fuffy Bag
퍼피 백

Bbobbi
뽀삐

Snow Kitty Hat
스노우 키티 햇

Toast Pullover
토스트 풀오버

털실타래
keitodama 2025 vol.14 [겨울호]

Contents

아란 니트를 떠 보자
… 8

knit design Kazekobo
photograph Shigeki Nakashima
styling Kuniko Okabe
hair&make-up Chie Ishikawa
model Lera
book design Fumie Terayama

아란 니트를 떠 보자

본격적인 니트의 계절이 오면 어김없이 뜨고 싶은 올겨울 신작 아란 니트.
한 코씩 떠가면 점점 형태가 드러나는 볼륨감 있는 무늬뜨기는 니터의 영원한 즐거움으로, 누구나 뜨고 싶은 마음이 들어요.
향수를 불러일으키는 사랑스럽고도 편안한 전통 니트를 요즘 스타일로 즐겨보세요.
작품은 모두 2가지 사이즈로 소개합니다.

photograph Shigeki Nakashima styling Kuniko Okabe hair&make-up Chie Ishikawa model Lera(173cm), Roman(185cm)

I Love Aran

Sweaters

에크뤼 아란 니트는 니터의 영원한 꿈이에요. 다양한 케이블 무늬와 생명의 나무를 조합한 기본 무늬가 망라되어 있는 니트로 올겨울 아란 무늬를 만끽해보세요. 에폴렛 슬리브 디자인은 어깨선 부분이 불룩하지 않아서 산뜻하고 예쁘게 입을 수 있습니다. 모델은 L 사이즈를 착용했습니다.

Design／바람공방
How to make／P.111
Yarn／데오리야 e—울

Glasses／글로브 스펙스 에이전트

I Love Aran Sweaters

볼륨감이 느껴지는 큰 케이블 무늬가 인상적인 디자인.
앞여밈단 테두리는 아이코드로 탄탄하게 마무리합니다.
어깨 경사가 있는 뒤판과 곧은 앞판의 어깨선을 이으면,
어깨까지 무늬가 예쁘게 이어져서 독특한 실루엣이 만들
어집니다. 모델은 L 사이즈를 착용했습니다.

Design／다케다 아쓰코
Knitter／마쓰노 가오리
How to make／P.113
Yarn／데오리야 쿠 코드

케이블에 비침무늬를 더한 폴로 니트와 구슬뜨기를 넣은
다이아몬드 무늬를 메인으로 한 풀오버. 유니섹스 디자인
은 모두 2가지 사이즈로 즐길 수 있습니다. 스타일이 다른
데 짝을 이룬 느낌이 드는 이유는 둘 다 아란 무늬라서겠
지요. 다른 색으로 떠서 입어도 예쁩니다. 모델은 모두 L
사이즈를 착용했습니다.

Design／여성 오타 신코, 남성 이토 나오타카
Knitter／여성 스토 데루요
How to make／여성 P.114, 남성 P.116
Yarn／여성 keito 밀리보, 남성 keito 컴백

Glasses／글로브 스펙스 에이전트

버블로 만드는 다이아몬드 무늬에 자수를 더해서 손뜨개
느낌이 물씬 풍겨요. 액자처럼 보이는 동글동글한 버블이
꽃다발 모티브를 돋보이게 합니다. 강렬한 색깔의 짧은뜨
기와 사슬뜨기 테두리도 러블리한 카디건입니다. 모델은
L 사이즈를 착용했습니다.

Design／오타키 리호코
How to make／P.129
Yarn／고쇼산업 게이토피에로 멜란지나, 파인 메리노 병태
Glasses／글로브 스펙스 에이전트

멜란지 컬러의 털실에 입체적인 케이블이 잘 어울리는 베
스트. 중심이 동그랗게 비어 있는 전통적인 숟가락 무늬
는 매듭뜨기로 깔끔하게 떴습니다. 세트로 뜬 후드 스타
일 보닛 모자는 꼭 함께 착용해보세요! 가볍게 쓸 수 있고
스타일리시해요. 모델은 L 사이즈를 착용했습니다.

Design／쓰리타니 교코
How to make／P.118
Yarn／고쇼산업 게이토피에로 멜란지나

I Love Aran Sweaters

그물코 모양으로 줄줄이 배치된 케이블 조합이 눈길을 끄는 베스트는 옆쪽의 버블을 넣은 무늬를 메인으로 사용한 스누드와 세트로 즐겨보세요. 두 아이템을 함께 착용하면 터틀넥 베스트처럼 보입니다. 실크 모헤어를 합사한 질감도 매력입니다. 모델은 L 사이즈를 착용했습니다.

Design／오쿠즈미 레이코
How to make／P.122
Yarn／Silk HASEGAWA 저니, 세이카12

5호 대바늘로 정성껏 뜬 아란 니트는 깔끔하고 세련되어 보입니다. 오피스 캐주얼로도 위화감 없이 착용할 수 있고, 코트 안에 받쳐 입어도 쾌적한 멋진 디자인입니다. 근사한 손뜨개 니트는 선물로도 그만입니다. 모델은 L 사이즈를 착용했습니다.

Design／우노 지히로
How to make／P.120
Yarn／Silk HASEGAWA 저니

예쁜 머스터드옐로의 하이넥 풀오버는 밑단과 소맷부리까지 케이블 무늬를 배치해서 가지각색의 아란 무늬를 맘껏 맛볼 수 있습니다. 똑바로 뜬 몸판이 드롭 숄더가 되는 세련된 실루엣도 포인트입니다. 뜨기 쉽고 소매도 달기 쉬운데 멋스럽기까지 한 고마운 디자인입니다. 모델은 M 사이즈를 착용했습니다.

Design／가와이 마유미
Knitter／니시무라 후미코
How to make／P.124
Yarn／나이토상사 에브리데이 알파카

I Love Aran Sweaters

단색으로 많이 뜨는 아란 무늬를 바이 컬러로 뜬 디자인
이 신선한 베스트. 착용하기만 해도 코디의 포인트가 되
는 뛰어난 존재감이 매력입니다. '다른 색깔이나 단색, 혹
은 소재를 바꿔도 좋겠는데?'처럼 새로운 힌트도 줍니다.
모델은 L 사이즈를 착용했습니다.

Design／쓰마가리 다케히토
How to make／P.126
Yarn／나이토상사 에브리데이 멀티컬러 트위드

Glasses／글로브 스펙스 에이전트

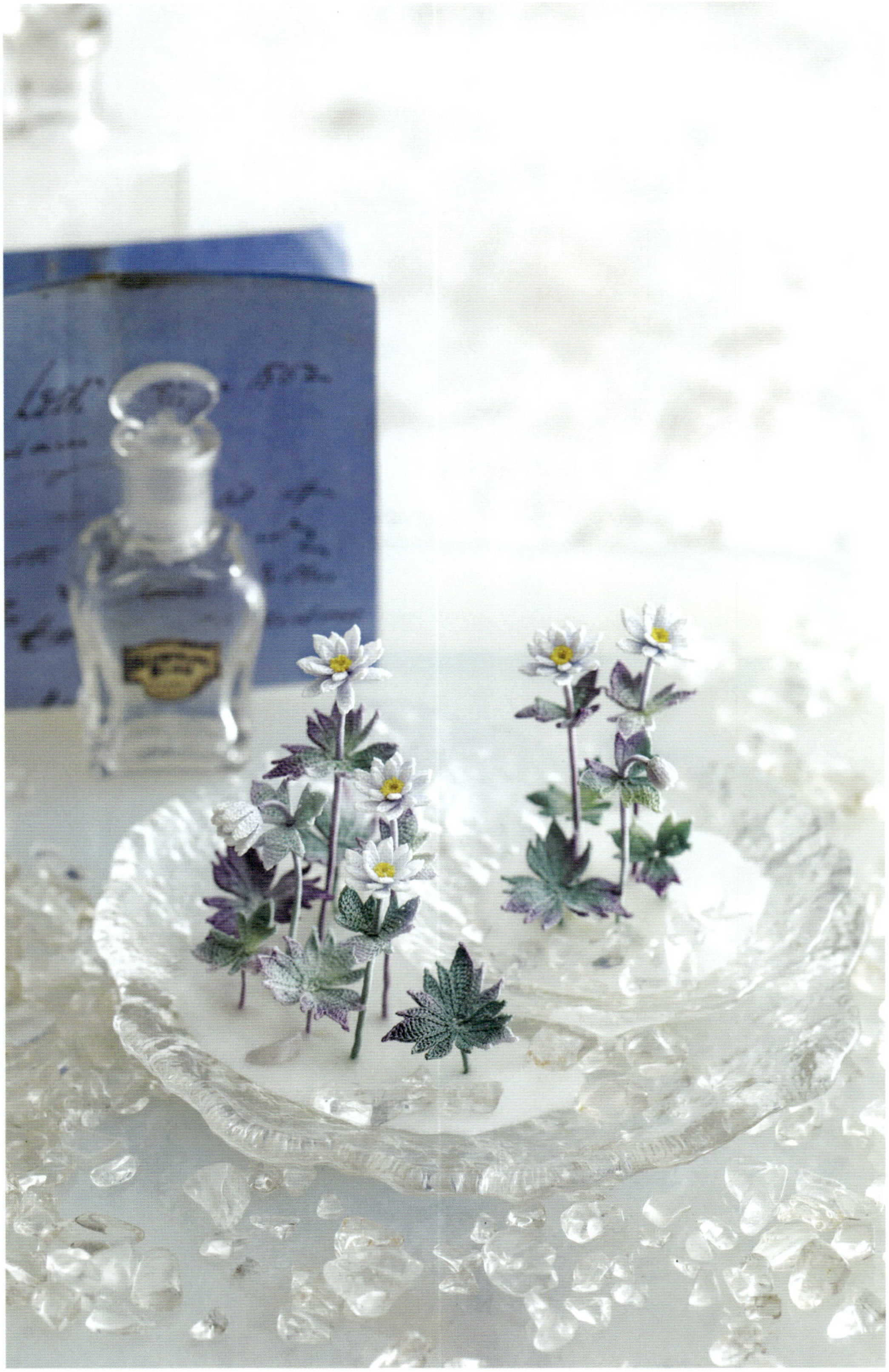

How to make / P.72
Yarn / DMC 콜도넷 스페셜 no.80

photograph Toshikatsu Watanabe styling Akiko Suzuki

루나 헤븐리의 꽃 소식 *vol.9*

눈 녹을 무렵

이름에 '눈(雪)'이 들어간 식물이 참 많습니다. 그 가운데서도 제 마음을 사로잡은 꽃이 바로 바람꽃(雪割一華: 눈을 가르며 피어나는 꽃)입니다.

한데 모여 피어 있는 모습을 작품으로 꼭 만들어보고 싶다고 오래전부터 생각해왔습니다. 연보라빛 꽃잎은 정말 우아하고, 고고한 기품이 느껴집니다.

햇살이 닿지 않으면 꽃을 피우지 않는다고 합니다. 눈이 녹을 즈음, 햇볕을 받아 일제히 꽃 피우는 바람꽃. 저는 사진으로만 봤던 광경인데요. 언젠가 자생지에 꼭 한 번 가보고 싶습니다.

꽃말은 '행복해진다'입니다. 행복이 아니라 행복해져가는 과정을 담고 있어서 더욱 마음에 듭니다. 봄 햇살을 받으며 꽃을 피우기를.

Lunarheavenly

나가자토 가나

레이스 뜨개 작가. 2009년 Lunarheavenly를 설립. 극세 레이스실로 만든 꽃으로 정교한 액세서리를 만들어 개인전을 열거나 이벤트에 출품해 전시하고 있다. 꽃을 완성한 후에 염색하는 방식으로 섬세한 그러데이션 색 연출과 귀여운 작품으로 정평이 나 있다. 보그학원 강사로 활동 중이다. 저서로 《루나 헤븐리의 코바늘로 뜬 꽃 장식》외 다수가 있다.

Instagram: lunarheavenly

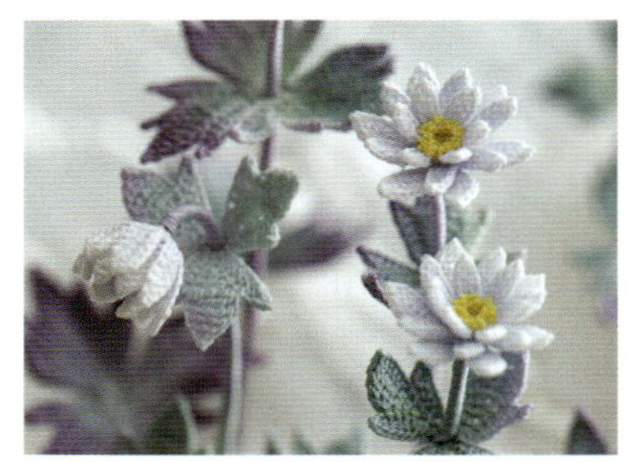

노구치 히카루의 다닝을 이용한 리페어 메이크

'리페어 메이크'라는 말에는 수선하면서 그 작업을 통해 그 물건이 발전하고 진보한다는 생각을 담았습니다.

노구치 히카루(野口光)
'hikaru noguchi'라는 브랜드를 운영하는 니트 디자이너. 유럽의 전통적인 의류 수선법 '다닝(Darning)'에 푹 빠져 다닝을 지도하고 오리지널 다닝 기법을 연구하는 등 다양하게 활동하고 있다. 심혈을 기울여 오리지널 다닝 머시룸(다닝용 도구)까지 만들었다. 저서로는 《노구치 히카루의 다닝으로 리페어 메이크》, 제2탄 《수선하는 책》, 《첫 양말 다닝》 등이 있다.
http://darning.net

【이번 타이틀】
아란 스웨터의 좀먹은 구멍

무거운 전통 아란 스웨터가
여기저기 좀먹었어요…

photograph Toshikatsu Watanabe styling Akiko Suzuki

이번에는 '다닝 구라게'를 사용했습니다.

"히카루, 이거 너무 많이 좀먹어서 이제 못 입는데 필요하니?"라면서 친구가 이 투박하고 묵직한 손뜨개 아란 스웨터를 줬습니다. 무척 아름다운 케이블 무늬와 빼곡한 코, 까슬까슬한 촉감이 소박하면서 정겨운 맛이 있어서 근사했습니다. 요즘에는 기계뜨기의 성능이 향상되어서 손뜨개라고 착각할 만큼 뛰어나고 부드럽고 가벼운 케이블 스웨터를 양판점에서 저렴하게 판매하고 있습니다. 지나치게 진화한 수편기로는 오히려 이런 거친 털실은 뜰 수 없을 거라고 생각하면서, 20년 전쯤에 간 아란섬에서 본 완만한 언덕과 그곳에서 자라는 관목과 풀, 이끼가 떠오르는 초록색 털실을 사용해 좀먹은 구멍을 바스켓 다닝으로 메웠습니다. 현대 사회는 지구온난화, 기능성 중시, 가성비와 같은 가치관이 우선됩니다. 환경 변화로 우리의 의류도 점점 변하고 있습니다. 이런 사회이기 때문에 자기의 옷을 직접 만들고 수선하고 싶다는 욕구가 꿈틀꿈틀 싹트는 걸까요? 재미있는 시대가 왔습니다.

**남성적인 디자인을 좋아합니다.
큼직한 칼라는 목도 따뜻하게 해주니까 추천해요.**

photograph Shigeki Nakashima styling Kuniko Okabe hair&make-up Hitoshi Sakaguchi model Jennifer Mai(169cm)

걸러뜨기
보더 무늬 칼라 풀오버

이번에는 칼라를 크게 만들고 입체적인 바탕무늬를 보더 형태로 해서 남성적인 디자인으로 완성했습니다. 다소 여유 있는 사이즈로, 목둘레 외에는 일직선으로 증감 없이 뜹니다.

가터뜨기 바탕에 걸러뜨기 무늬를 넣었고 양옆도 걸러뜨기로 뜹니다. 이 준비 작업으로 소매 달기가 수월해집니다.

소매는 겉면끼리 맞대고 빼뜨기로 이어서 다는데, 소매의 쉼코를 몸판 쪽으로 빼낸 뒤 덮어씌우는 약간 색다른 방법을 사용합니다. 이때 2단이 1단으로 보이는 걸러뜨기로 되어 있어 1단에 1코를 빼내므로 번거롭게 계산하지 않아도 됩니다. 이렇게 하면 무늬가 딱 맞아서 예쁘게 완성됩니다.

칼라는 트리밍을 안으로 접고 코를 주운 위치에 감치는데, 칼라를 접으면 겉으로 보이는 부분이므로 1코씩 같은 세기의 힘으로 감칩니다.

스팀다리미로 마무리하면 칼라도 반듯해집니다. 다만 아크릴이 들어간 실은 강한 스팀을 오래 분사하면, 실이 약해져서 너무 부드러워지므로 주의합니다.

여러 소재를 섞은 독특한 실을 사용해 보더 바탕 무늬를 떴습니다. 복잡해 보이지만 가터뜨기 줄무늬에 걸러뜨기로 변화를 줬을 뿐이기 때문에 무척 쉽게 뜰 수 있습니다. 색 조합에 따라서 분위기가 달라지므로 마음에 드는 배색을 찾아보세요. 드롭 숄더라서 진동둘레의 곡선은 없고, 일직선으로 소매를 다는 타입입니다. 칼라 트임은 산뜻하게 V넥으로 했으며, 큼직한 칼라를 달았습니다.

How to make／P.133
Yarn／스키 얀 스키 믹스

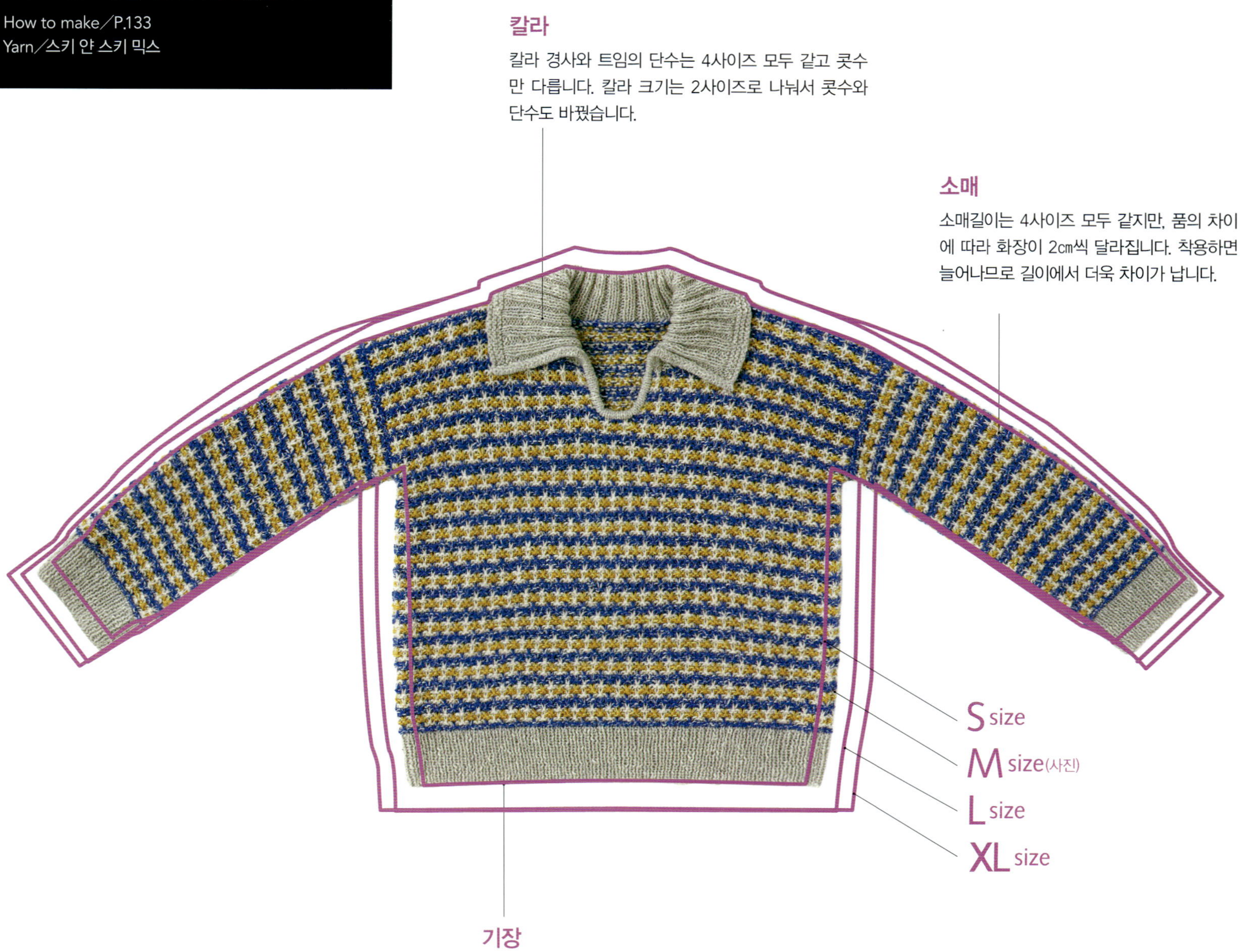
칼라
칼라 경사와 트임의 단수는 4사이즈 모두 같고 콧수만 다릅니다. 칼라 크기는 2사이즈로 나눠서 콧수와 단수도 바꿨습니다.
소매
소매길이는 4사이즈 모두 같지만, 품의 차이에 따라 화장이 2㎝씩 달라집니다. 착용하면 늘어나므로 길이에서 더욱 차이가 납니다.
S size
M size(사진)
L size
XL size
기장
기장은 S와 M, L과 XL이 같습니다. 품과 소매 너비는 1무늬 단위로 사이즈를 조정했으므로, 작은 사이즈 차이보다 무늬를 우선으로 생각한 디자인입니다. 따라서 사이즈가 달라도 어깨선과 진동둘레 등의 배색의 겉모양은 변하지 않습니다.

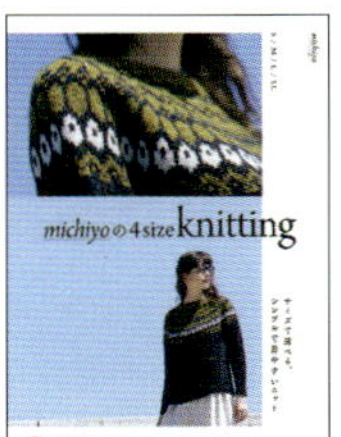

michiyo

어패럴 메이커에서 니트 기획 업무를 하다가 현재는 니트 작가로 활동하고 있다. 아기 옷부터 성인 옷까지, 여러 권의 저서가 있다. 현재는 온라인 숍(Andemee)을 중심으로 디자인을 발표하고 있다. 〈털실타래〉에 실린 작품을 모아서 엮은 책 《michiyo의 4사이즈 니팅》이 일본과 한국에서 출간되었다.
Instagram: michiyo_amimono

※무늬를 기준으로 한 사이즈이므로 치수 차이는 균등하지 않습니다.

양이 이끄는 대로
오노데라 데루에

photograph Bunsaku Nakagawa text Hiroko Tagaya

오노데라 씨가 편집에 참가한 책자를 포함한 홈스펀 정보지 〈스피넛츠〉

히쓰지야의 소재로 만든 샘플.

양말 샘플도 색이 곱다.

이번 시즌에 염색한 실. 재현 불가능한 색과의 만남이 즐겁다.

염색한 실로 뜬 코바늘 카디건. 마음을 설레게 하는 색상이다.

오노데라 데루에(小野寺照枝)

일본 가나가와현에 거주 중. 온라인 쇼핑몰 '히쓰지야'의 운영자. 어릴 적부터 수공예와 프로그래밍을 즐겼다. 엔지니어에서 홈스펀 전문가의 길로 들어서기 위해 SPIN HOUSE PONTA의 문을 두드렸다. 웹 사이트 제작부터 상품 기획·제작·판매·외부 행사까지 혼자서 완수하는 행동파. 홈스펀 이벤트 '손으로 잣은 실의 숲' 주최자이다.

https://www.hitsuji_ya.com/(ひつじや)

이번 게스트는 따스한 색감으로 직접 염색한 양털과 털실, 액세서리로 인기를 끌고 있는 온라인 쇼핑몰 '히쓰지야(양 가게)'의 오노데라 데루에 씨입니다. 양과의 인연은 어릴 적에 시작됐습니다.

"엄마가 이와테현 출신인데 그때부터 지역 특화 산업 가운데 홈스펀이 있었어요. 마소 사육 농가에 양을 위탁해서 키우고 봄이 되면 말도위(마소 거간꾼)가 농가를 돌면서 털을 깎는데 털 수확량에 따라서 털실로 돌려주는 시스템이었다고 해요. 엄마가 스웨터에 수놓는 부업을 해서 집에는 늘 털실과 자수실이 있었고 이것들이 제 장난감이었죠."

이렇게 털실의 인연과 동시에 또 하나의 운명과도 만났습니다.

"10살 때인 것 같은데 삼촌이 가정용 컴퓨터를 집에 가지고 왔어요. 아직 패미컴(닌텐도에서 나온 가정용 게임기)이나 윈도우즈가 나오기 전 모델인 MSX로 프로그래밍과 게임을 할 수 있었어요. 책을 보면서 독학으로 컴퓨터 프로그래밍을 하면서 놀았지요. 나중에 선생님이 4년제 대학에 진학할 것을 권했지만 저는 좋아하는 일만 하면서 살고 싶은 마음에 전문학교에서 CG와 C언어를 배웠어요. 처음 취직한 곳도 IT 회사였고요."

홈스펀(실잣기)을 알게 된 것도 그 즈음이었다고 합니다.

"전혀 다른 분야인데 제 안에서는 좋아하는 마음이 거의 같았나 봐요. IT 업계에서 흔히 있는 일처럼 저도 과도한 업무량에 지쳐 작은 IT회사로 이직했어요. 그때 서버 구축법과 인터넷 쇼핑몰 만드는 법을 배웠어요. 그런데 IT 관련 일은 하루가 다르게 발전하는데 저는 점점 따라가기가 힘들어졌어요. 그때 양과 관련된 일을 하고 싶은 마음이 점점 커졌죠."

그때 문을 두드린 곳이 도쿄의 SPIN HOUSE PONTA였습니다.

"양과 홈스펀 정보를 교환하는 잡지 편집을 하고 DTP(컴퓨터로 출판물을 디자인하는 것)를 배우고, 해외의 양털을 접할 기회도 얻었어요. 그 후에 '히쓰지야'를 만들었어요."

지금까지 해왔던 일을 한 곳에 집약한 결과물이 바로 히쓰지야입니다.

"그런데 처음부터 지금의 모습을 목표로 한 것은 아니었어요. 눈앞에 닥친 일을 하고 싶은지 하고 싶지 않은지 판단했을 뿐이지요. 지금도 그것은 바뀌지 않았는데요. 거창한 목표를 세우지 않아요. 제가 하고 싶은 일을 꾸준히 이어가기 위한 창고가 바로 히쓰지야거든요."

기획에서 제작까지 모두 혼자서 하는 것도 주목할 만합니다.

"시행착오 끝에 지금의 1인 기업 형태를 갖출 수 있었어요. 대출받는 것조차 겁을 내는 성격이라 제 힘으로 해결할 수 있는 만큼만 해요. 가장 큰 바람은 제가 직접 염색한 양털을 팔면서 살아가는 거예요. 가능하다면 저는 앞에 나서지 않고, 쇼핑몰만 운영하는 거죠. 그래도 이벤트에서 직접 사람들을 만나서 홈스펀을 알려드리는 일은 정말 즐거워요. 이번 겨울에는 타이완으로 출장도 가고요. 사실 이런 일만 없다면 제 마음은 늘 은둔생활을 하고 있답니다. 하하하."

작지만 효율적인 작업실에는 3D 프린터는 물론 전동 드릴과 옷걸이 부품을 활용해 직접 만든 패달형 스케인 트위스터까지 갖춰져 있습니다. 폭넓은 상품 구성을 가능하게 한 바탕에는 좋아하는 것만 하고 싶다는 단순하지만 누구나 공감할 수 있는 그 마음이 있었기 때문입니다.

1／인기 만점인 도장 시리즈, 일러스트도 직접 그렸다.
2／히쓰지야에서 판매하는 손염색 양모를 짓은 털실들.
아틀리에 부엌에서 염색해 재현할 수 없는 실 색깔이 인
상적이다. 3／숙련된 손놀림으로 실을 짓는 오노데라
씨. 4／직접 만든 양 오브제. 5／양털과 털실을 염색하
는 재료, 6／제작에 참여한 〈스피닛츠〉도 보여 주었다.
7／작은 물건부터 큰 물건까지 판매한다. 이 모든 것을
직접 만든다. 8／아틀리에 곳곳에 양 굿즈가, 9／실을
짓기 전에 상태를 확인하는 오노데라 씨, 히쓰지야의 컬
러는 이곳에서 탄생한다.

Natural Cotton
따뜻한 코튼

부드럽고 공기를 머금어서 폭신해 겨울에도 따뜻한 코튼.
느긋한 자연의 리듬에 맞춰서 뽑아낸 실로 매일 입고 싶은 옷을 떠봐요.

photograph Shigeki Nakashima styling Kuniko Okabe hair&make-up Chie Ishikawa model Lera(173cm)

감물색 염색사, 갈색 목화실, 무염색 수방사로
떠 그러데이션 같은 블록 보더 무늬가 세련됐
어요. 1코 교차뜨기와 멍석뜨기로 자연스러운
멋을 더했습니다.

Design／오카 마리코
Knitter／우치우미 리에
How to make／P.137
Yarn／마스히사 염직연구소 수방사 417/2번수
사. 수방사 317/8세번수 재연사, 가라방사 417/2
번수사
Glasses／글로브 스펙스 에이전트

색깔이 미묘하게 다른, 쪽으로 염색한 가라방사로
코바늘뜨기를 해서 그물 무늬를 만들었습니다. 하
의를 바꾸면 일 년 내내 입을 수 있는 유용한 베
스트입니다.

Design／시바타 준
How to make／P.138
Yarn／마스히사 염직연구소 가라방사 317/2번수사

Glasses／글로브 스펙스 에이전트

특별한 밭에서 특별한 소재를
마스히사 염직 연구소의 실 만들기

이번에 소개하는 것은 마스히사(益久) 염직 연구소가 오랜 시간에 걸쳐 만들어 온 특별한 코튼입니다.
이 코튼은 중국 산둥성의 농촌에서 태어납니다.
그곳에는 마스히사 염직 연구소가 운영하는 목화밭과 공방이 있으며,
연구소의 지도로 목화 재배부터 제품 생산까지 모든 공정이
하나하나 정성스럽게 수작업으로 이루어지고 있습니다.

목화 열매는 하나하나 사람의 손으로 정성스럽게 수확한다.

인간으로서의 원점
'자연과 더불어 살아간다'

모든 것은 1983년, 중국의 개혁·개방 정책의 일환으로 근대화의 지도자로서 마스히사 염직 연구소의 창립자 히로타 마스히사가 중국에 초청되면서 시작되었습니다. 처음 현지를 찾은 그는 전통 방식 그대로 목화를 재배하는 농촌의 풍경에 깊은 감명을 받았습니다. 당시 그에게 기대된 역할은 농촌의 공업화를 이끌어 대량 생산과 대량 소비 체제에 대응하는 근대화를 추진하는 일이었습니다. 그러나 히로타는 '농약과 비료를 쓰지 않은 목화로 전통적인 손 방적실을 계속 만들어 내는 것'을 조건으로 내걸며 프로젝트를 수락했습니다.

그 이후의 여정은 절대 순탄치 않았습니다. 하지만 그는 끈기 있게 현지 사람들을 설득해 결국 산둥성 농촌에 합작 공장을 설립하고, 자연과 조화를 이루며 재배한 목화를 바탕으로 제품 생산을 시작했습니다. 일본과 중국 사이에는 역사적 과제와 복잡한 감정이 얽혀 있었고, 문화와 가치관의 차이도 커 수많은 어려움이 뒤따랐습니다. 그럼에도 그는 예절과 질서, 청소의 기본, 작업 절차, 제품 품질 관리 방식에 이르기까지 일본식 교육 방식을 도입하여 직원들을 교육했고, 함께 성장하는 길을 선택했습니다. 이러한 노력이 결실을 보기까지는 무려 25년이 걸렸습니다. 그는 한결같은 노력으로 현지 사람들과 신뢰를 쌓았고, 마침내 환경을 소중히 여기는 제품 생산의 의미를 공유할 수 있게 되었습니다.

땅을 일군다는 것은
곧 물건을 만든다는 것

실의 원료가 되는 목화는 지금까지 한 번도 농약이나 비료를 사용한 적이 없는 비옥한 토양에서 자라납니다. 전통 농기구인 쟁기와 괭이를 사용해 사람의 손으로 정성스레 밭을 갈고, 24절기를 바탕으로 한 전통 농법을 도입해 자연의 리듬에 맞춰 작물을 기르고 있습니다. 24절기는 1년을 24구분으로 나누어 약 15일마다 계절의 미묘한 변화를 포착하는 중국 유래의 역법으로, 일본에서도 예전부터 농사에 활용해왔습니다. 이 절기를 바탕으로 자연의 변화에 맞춰 작업을 진행함으로써 토양은 건강하게 유지되고, 더욱 건강하고 튼튼한 목화가 자라납니다. 더불어 이모작으로 마늘을 심어 천연 방충제로 활용하는 등 농약에 의존하지 않기 위한 다양한 노력을 기울이고 있습니다.

천천히 실을 잣는다

실은 전통 방식인 '손 방적'과 일본 고유 기술인 '가라방적', 이 두 가지 방법으로 잣습니다. 손 방적실은 수천 년 동안 이어져 온 원리에 따라 사람의 손과 물레로 부드럽게 잣습니다. 숙련된 장인이라도 하루에 약 200g(수건 두 장 분량) 정도밖에 만들지 못할 만큼 시간과 정성이 드는 작업입니다.

가라방적기는 메이지 시대에 일본에서 발명된 유일한 일본식 방적기입니다. 이 기술은 이후 중국을 비롯한 아시아 각지로 전해졌습니다. 일본에서는 전쟁 이후 더욱 효율적인 서양식 방적기가 보급되며 점차 자취를 감추었지만, 마스히사 염직 연구소에서는 당시 산둥성에 있던 가라방적기를 지금도 사용하고 있습니다. 현대식 방적기에 비하면 속도가 100분의 1 정도로 매우 느려 대량 생산은 어렵지만, 그만큼 손 방적에 가까운 따뜻하고 부드러운 감촉을 지닌 실을 만들 수 있습니다. 원래 가라방적기는 짧은 섬유나 솜 부스러기를 잣기 위해 고안된 기계이지만, 독자적인 조정을 통해 극세사부터 굵은 실까지 폭넓게 대응할 수 있도록 개량하고 있습니다.

중국 공장 직원들과 함께. 기술과 문화를 통해 쌓아 온 교류는 지금도 변함없이 이어지고 있다.

기계가 움직일 때 '가라가라' 하는 소리를 내는 데서 '가라방적기'라는 이름이 붙었다.

전통 방식을 따르는 손 방적 모습. 숙련된 장인이라도 하루에 약 200g 정도만 방적할 수 있다.

1／완성된 실은 사람의 눈으로 하나하나 꼼꼼히 검사한다. 2／광활한 밭을 전통적인 방식으로 갈고 있다. 3／지금까지 단 한 번도 농약이나 비료를 쓰지 않은 건강한 흙. 4／사랑스러운 목화꽃. 7월 무렵 피어난다. 5／열매가 터져 아름다운 솜이 모습을 드러내면 수확의 시기다. 비를 맞기 전에 손으로 수확한다. 6／반복적인 염색과 햇빛 노출을 통해 쪽빛은 더욱 깊어진다.

단순하게, 기분 좋은 실을

일반적인 기계 방적이 대량 생산을 위해 공정이 복잡해진 것과 달리, 마스히사 염직 연구소의 손 방적과 가라방적은 목화 재배부터 실이 되기까지의 과정이 매우 단순합니다. 이 단순함 덕분에 목화가 지닌 자연의 축복이 그대로 실에 담깁니다.

비유하자면, 무농약 채소나 정미하지 않은 현미처럼 불필요한 가공을 거치지 않은 실은 목화 본연의 부드러움과 따스함, 그리고 공기를 머금은 듯한 폭신한 촉감을 그대로 유지합니다. 자외선 차단 효과가 높은 점 역시 목화 자체의 힘을 살린 '무가공' 실의 특징입니다.

손 방적실과 가라방적으로 잣은 실은, 기계적으로 빠르고 균일하게 생산하는 일반 방적과 달리 느긋한 자연의 리듬에 맞춰 천천히 잣기 때문에 실에 부담을 주지 않습니다. 이렇게 탄생한 실은 폭신하고 부드러우며 수작업만의 기분 좋은 감촉을 지니고 있습니다. 사용할수록 더욱 애착이 생기는 특별한 실을 만나보세요.

천연염료로 염색하기

천연염료의 경우, 중국에서는 예로부터 한방약으로 사용해온 약초를 많이 사용하고 있습니다. 식물에서 재배하거나 감물처럼 감에서 짜낸 즙을 3년 이상 숙성한 뒤 염료로 사용하기도 합니다. 여러 차례 염색하거나 햇빛에 노출해 색의 농도를 조절하며, 쪽 염색의 경우에는 손으로 한 타래 한 타래 10~30회 염색을 반복합니다. 이렇게 정성과 시간을 들인 과정을 통해 진한 쪽빛이 탄생합니다.

목화 재배 과정

【씨뿌리기】

4월 20일경 곡우(穀雨)에 맞춰 씨를 뿌립니다. 씨앗은 약 30cm 간격으로 한 자리마다 세 알씩 심습니다.

【솎아내기】

싹이 튼 뒤에는 흙이 마르지 않도록 자주 물을 줍니다. 모종이 5~10cm 정도로 자라면 가장 건강한 것만 남기고 나머지는 솎아냅니다.

【가지치기】

7월 무렵이 되면 목화는 빠르게 자라 아름다운 꽃을 피웁니다. 허리 높이 이상 자라지 않도록 가지치기하고, 가지가 옆으로 뻗도록 유도하면 목화 열매가 4~5개씩 달리며 더욱 효율적으로 자라납니다.

【수확하기】

9월~11월이 되면 열매가 터지며 수확 시기를 맞습니다. 열매는 비를 맞기 전에 하나하나 손으로 수확합니다. 손으로 수확한 열매는 섬유가 깨끗하게 유지되어 그대로 제품의 품질로 이어집니다.

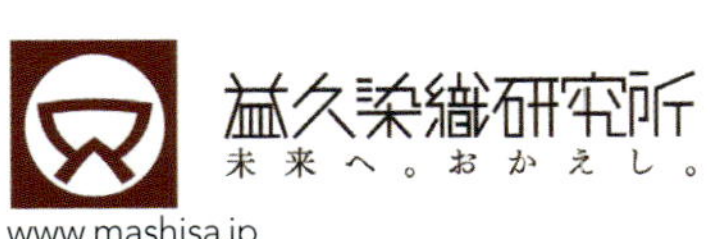

이번에 사용한 실

진한 갈색 실은 감물로 물들인 것이고, 에크뤼 실은 목화 열매의 천연색입니다. 연한 갈색 실은 일본 토종 목화 품종인 차면(茶綿)에서 방적한 실입니다. 쪽 염색은 여러 차례 염색을 반복해 색의 깊이를 더했습니다.

심플하고 세련된

페어아일 포인트

전통 니트의 핵심만 쏙쏙 골라 포인트로 넣은 디자인으로 겨울의 멋을 누려보세요.
기하학무늬와 세세한 배색이 매력! 페어아일은
영국 왕실에서도 사랑받는 배색무늬입니다.

photograph Hironori Handa styling Masayo Akutsu hair&make-up AKI model Vero.E(170m)

단순한 바탕무늬에 에이트 스타를 메인으로 한
보더 배색무늬가 빛나는 풀오버. 요크를 따라 이
어지는 안뜨기 라인이 포인트가 되어 멋스러우면
서 손뜨개의 참맛을 알맞게 느낄 수 있는 훌륭한
디자인입니다.

Design／바람공방
How to make／P.140
Yarn／고쇼산업 게이토피에로 순모 중세

Pants／SLOW 오모테산도점

몸판 아래쪽에는 넓은 보더 배색무늬를 뜨고, 뒤
판 등 쪽에는 그 무늬의 중심 부분만 넣었습니다.
모자에는 메인 무늬를 더해 베스트와 통일감이
느껴질 수 있도록 만들었습니다. 지겹지 않고 산
뜻한 느낌이 나게 변형한 디자인이 근사합니다.

Design／효도 요시코
Knitter／유키에
How to make／P.136
Yarn／고쇼산업 게이토피에로 브라우니2

Shirt／SLOW 오모테산도점

포근한 모헤어
니트&크로셰

긴 진털이 공기를 품어줘서 따스하고 포근한 모헤어.
대바늘뜨기, 코바늘뜨기 모두 매력적입니다.

photograph Shigeki Nakashima styling Kuniko Okabe
hair&make-up Chie Ishikawa model Lera(173cm)

knit wear

시크한 회색 바탕에 줄지어 있는 오렌지색 십
자가 보더가 포인트인 하이넥 풀오버. 어깨와
소매가 걸리적거리지 않아 착용감이 뛰어난
래글런 슬리브입니다. 소매산에 다트를 넣어
서 어깨선을 자연스럽게 살렸습니다. 촉감이
좋은 실이라서 터틀넥에 얼굴을 묻기만 해도
행복해진답니다.

Design／우메모토 미키코
How to make／P.132
Yarn／로완 키드실크 헤이즈

crochet wear

구슬뜨기가 만드는 입체적인 라인이 격자 상
태로 펼쳐지는 트렌디한 크롭탑 베스트입니
다. 산뜻한 색으로 떠서 볼륨감 있는 하의나
원피스에 매치해 포인트 코디로 활용해보세
요. 모티브 개수만 바꾸면 사이즈도 자유자
재로 조절할 수 있어요!

Design／우메모토 미키코
How to make／P.144
Yarn／로완 키드실크 헤이즈

「amuhibi meets ROWAN
 amuhibi가 編む ローワンのニット」
(아무히비가 뜨는 로완의 니트)

튀르키예 북서부 마르마라해에 인접했던 오스만제국의 첫 수도 부르사. 마을 뒤쪽에는 표고 2,543m인 울루산이 우뚝 솟아 있습니다. 겨울에 되면 산꼭대기는 새하얀 눈으로 뒤덮이는데 부르사 사람들은 이를 '축복의 눈'이라고 부릅니다.

이런 계절이 코앞으로 다가온 청명한 가을의 어느 날, 부르사에서 울루산 정상으로, 정상에서 다시 남쪽으로 펼쳐진 켈레스 고원 지대로 차를 타고 달렸습니다. 낙엽진 나무를 보며 겨울이 성큼 다가와 있다는 사실을 실감하며 켈레스 마을의 아래쪽에 있는 소르군 마을로 찾아갔습니다. 이곳은 산비탈에 형성된 인구 700명 안팎의 작은 마을로, 12세기 이후에 중앙아시아에서 튀르키예로 건너온 유목민 카라케칠리 족의 후손이 목축하고 농사지으며 생활합니다.

처음 이곳을 방문한 해가 2010년이었습니다. 당시 튀르키예에서 양탄자점을 운영하던 저는 오래된 양탄자를 찾다가, 킬림 생활용품 가운데에 평직물하고는 다른 신기한 직물의 벨트를 발견했습니다. 그것이 유목민이 직접 만드는 차르파나(çarpana) 직물이라는 것을 알고 관심을 가지게 됐습니다.

부르사의 켈레스 지방에 있는 산간부 마을에는 유목민계 주민이 생활하고 있다.

차르파나 직물에 관한 정보를 모으고자 실제 만들어지는 현장을 수소문했습니다. 제작자를 찾는 데에 상상 이상으로 고전하고 있던 참에, 겨우 이 소르군 마을에 제작자가 있다는 소식을 듣고 찾아간 것이었습니다.

세계 수예 기행 「튀르키예 공화국」

카드로 짜는, 유목민의 수공예

차르파나 직물

취재·글·현지 사진/노나카 이쿠미, 스튜디오 사진/모리야 노리아키, 편집 협력/가스가 가즈에

켈레스 지방, 마지막 제작자를 찾아서

제가 살고 있는 지중해 해안가 도시 안다르야에서부터 약 600km의 여정 끝에 드디어 만난 아이셰 씨는 켈레스 지방 차르파나 직물의 마지막 제작자였습니다.

"옛날에는 이 마을 여자 대부분이 집에서 자수를 놓고, 이네오야(터키의 바늘 레이스 공예)도 만들고, 양말도 뜨고, 비즈 공예도 하고, 차르파나로 벨트도 만들었어요. 신부 옷하고 민속 의상에 필요한 건 모두 손수 만들어야 했거든요."

하지만 시대가 변하면서 여성들이 민속 의상을 입을 일이 거의 없어지자 많은 사람이 부르사의 골동품 상인에게 넘겼다고 합니다. 그렇게 차르파나 위빙을 물려받는 사람도 하나둘 사라지고 아이셰 씨 역시 예전처럼 일상적으로 짜는 일은 줄었다고 합니다.

차르파나 직물 만드는 법

차르파나 위빙은 일본에서는 카드 위빙, 태블릿 위빙으로 알려져 있습니다. 구멍이 뚫린 카드에 색실을 통과시켜서 꼬는 방향이나 회전시키는 방향을 바꿔가면서 날실 위에 모티브를 만드는 기법입니다. 같은 방식의 수공예는 튀르키예를 비롯한 북유럽, 중앙아시아, 동남아시아, 중동에서도 볼 수 있습니다.

'차르파나'라는 이름은 튀리키예어로 카드를 가르킵니다. 지역에 따라서는 '피네'라고도 부릅니다. 페르시아어로 '차르파레'가 튀르키예어로 차르파나가 되었다고 합니다. 가장 오래된 차르파나 직물은 이웃 나라 이란의 스사신전 터에서 발견된 유물 41점으로 기원전 3,000년께 만든 것으로 보입니다.

카드는 한 변이 5~7cm, 정사각형이나 직사각형 모양으로 두께는 1~3mm 정도 됩니다. 물소나 소의 가죽, 목재, 동물의 뿔, 두꺼운 종이, 트럼프 같은 소재로 만듭니다. 튀르키예에서는 정사각형에 구멍을 4개 뚫은 형태가 일반적이지만 다른 나라에는 구멍 2개짜리 직사각형, 삼각형, 육각형, 팔각형 카드도 있습니다.

주 재료로 울 실을 사용하고, 기본 도구는 차르파나와 쿠르추뿐입니다. 차르파나는 카드, 쿠르추는 나무로 만든 칼 모양의 도구입니다. 쿠르추는 누름실 역할을 하는 씨실을 촘촘하게 채우는 데 사용합니다. 날실이 위아래로 갈라져 생긴 좁은 틈에 넣기에 적합하도록 칼처럼 얇고 날이 긴 형태로 만듭니다.

소가죽을 무두질해서 만든 구멍 4개짜리 차르파나는 가죽 장인이 만든 것(오른쪽). 아버지와 남편 같은 집안 남자가 직접 만든 목제 차르파나(왼쪽).

A／차르파나 직물로 만든 민속의상의 허리띠에는 염색한 양털로 장식을 달았다. B／아이셰 씨의 남편이 직접 만든 실내용 차르파나 직조기. C／차르파나 위빙으로 만든 끈은 허리띠, 포대기 등 다양한 용도로 사용되는데 비즈와 실로 장식을 달았다. D／소르군 마을의 아이셰 씨는 그 지역에 남은 마지막 제작자다. E／끈 부분에 차르파나 직물을 사용한 에게해 지방의 민속 의상 앞치마. F／부르사의 켈레스 지방의 민속 의상을 입은 인형. 허리띠 부분에 차르파나 직물이 사용됐다. G／아기를 업기 위한 전통 포대기. 박물관에 전시하기 위해서 인형을 이용해서 사용법을 재현했다.

차르파나 위빙은 베틀을 사용하지 않습니다. 이는 천막에서 생활하던 유목민이 차르파나 위빙을 했기 때문입니다. 계속 이동해야 하는 유목민에게 크고 고정해야 하는 베틀은 휴대가 불편했기 때문에 장소가 달라져도 간단히 설치할 수 있는 방식을 채택한 것입니다. 바닥에 말뚝 2개를 직접 박고, 그 사이에 날실을 걸어서 수평 방향으로 직조합니다.

시간이 지나면서 집 안에서도 짤 수 있도록 바닥 대신에 기다란 판자를 준비해서 양쪽 가장자리에 '무프'라고 불리는 큰 못을 박고, 그 못에 날실을 거는 방식으로 발전했습니다. 아이셰 씨의 직조기는 남편이 직접 만들어준 것이라고 합니다. 이처럼 목공 작업은 아버지, 남편, 아들 등 가족 중 남성이 담당합니다.

쇠퇴 그리고 부흥을 향한 도전

아이셰 씨가 사는 소르군 마을을 포함한 켈레스 지역 마을에서는 예전에 많은 여성이 차르파나를 짰습니다. 이는 유목 생활에 필요한 전통 생활용품이었고, 그 지역 여성들이 입는 민속 의상의 허리띠로서도 수요가 꾸준히 있었기 때문입니다. 그러나 정착 생활을 하는 유목민이 늘면서 차르파나로 짠 허리띠 대신 값싼 공산품이 보급되었고, 이에 따라 제작자가 점차 줄었습니다. 이는 차르파나 위빙 자체가 후대에 전승되지 못했다는 뜻이기도 합니다.

오늘날 튀르키예의 극히 일부 지역에서 몇몇 사람만이 차르파나를 짤 뿐입니다. 또 그 장인들도 직조해야 할 필요가 없어지면서 차르파나 위빙의 존재 자체를 알지 못하는 세대도 늘고 있습니다. 차르파나 위빙은 그 특수한 구조 때문에 사람에서 사람으로 기술을 전수하지 않는 이상 존속이 어려운 수공예 중 하나입니다. 그 구조를 이해하는 숙련된 소수의 장인만 할 수 있는 수공예로서 계승돼 왔다고 합니다.

이렇게 사라져 가는 중요한 수공예를 되살리고자 최근 튀르키예 각지에서 다양한 프로젝트가 진행되고 있습니다. 그 가운데 하나로 부르사의 공적 기관인 실크연구소에서 실험적인 도전을 하고 있습니다. 켈레스를 비롯한 유목 민족 출신의 주민이 많이 거주하는 부르사에서조차 차르파나 위빙을 계승한 사람이 손에 꼽습니다. 이런 상황 속에서 기계 직조를 하는 여성 2명을 선발해 오래된 자료와 과거에 제작한 작품을 분석해서 차르파나 위빙을 재현하기 위해 시도하고 있는 단계였습니다. 저는 이 여성들의 제자로 들어가서 함께 제작해봤습니다. 아이셰 씨와 만난 지 12년이 지난 2022년이었습니다.

생활과 장식으로 살아 숨쉬는 직물

튀르키예의 차르파나 위빙은 구멍 4개짜리 정사각형 카드를 사용합니다. 먼저 도면을 만듭니다. 세로로 ABCD, 가로로 카드 번호를 1부터 필요한 장수만큼 표시한 표를 준비하고 뜨고 싶은 무늬에 맞춰서 색을 칠합니다. 카드마다 실을 꼬는 방향을 고려하면서 회전 방향(전진이나 후진)을 정하고 도안대로 카드를 회전시켜 갑니다.

도면에 칠한 색깔대로 모티브가 완성되는 심플한 작품도 있는 반면에 회전 방향이 카드마다 다른 복잡한 작품도 있습니다. 카드도 6장으로 만드는 모티브부터 실의 굵기나 제작하는 작품 폭에 따라서 60~80장으로 늘어납니다. 최근

쿠르추를 써서 차르파나 직물의 조직을 촘촘히 채우는 지중해 지방의 유목민 여성.

에는 연구자와 해외 애호가들도 도면을 만드는데 그 지시에 따라서 카드 구멍에 색실을 꿰어 회전시키기만 하면 모티브가 나타나는 쉬운 구조로 바뀌고 있지만 유목민의 작업은 그렇지 않았습니다. 도면이 있지도 않았고 회전도 전진뿐. 카드를 수평으로, 수직으로 180도 회전시키면서 꼬임과 색 변화를 연출합니다. 유목민은 스스로 시행착오를 겪으며 다양한 모티브의 차르파나 위빙 작품을 만들어낸 것이었습니다. 상하대칭의 마름모꼴 모티브와 변형된 버전의 연속 모티브, 좌우 대칭 삼각형을 기본으로 한 쪽 방향을 향한 패턴, 좌우 비대칭의 들쑥날쑥한 모양, 갈퀴 모양의 덩굴 같은 모티브 등등. 좌우에 보더 모티브가 더해진 작품도 있습니다.

차르파나로 만든 작품이 가늘고 긴 띠 형태인 데서 일반적으로 테이프를 의미하는 '반트'라고 부릅니다. 그 가운데에서도 비교적 가는 편으로 민속 의상의 앞치마나 모자에 감아서 묶는 장식으로 사용하는 것을 '바르'입니다. 바르는 여성이 임신했을 때, 배 아래쪽에 감는 띠로도 사용했다고 합니다. 바는 여성의 복부에 세 바퀴 감아서 묶을 수 있는 길이로 만듭니다. 남성이 사용하는 경우에는 바지를 허리에 고정시키는 벨트 '케메르'가 됩니다. 아이가 생기면 아기를 업을 때 사용하는 포대기로도 사용됐습니다. 활용도가 높은 만능 띠로 언제, 어디에서나 효자 노릇을 톡톡히 했습니다.

이 밖에도 많이 만들어진 것이 유목민의 생활용품입니다. 천막을 고정하는데 사용하는 반트로, 또 이동할 때 생활용품을 수납·운반하기 위한 양탄자와 평직물 포대 '추왈'의 벨트로 사용하는 것이 '쿨프'입니다. 추왈은 직사각형 주머니 모양으로 뜬 직물로 양쪽 끝, 또는 바깥쪽 중앙에 쿨프가 달려 있었습니다. 쿨프는 이동할 때 낙타나 당나귀 등에 짐을 동여매는 데 꼭 필요했습니다. 쿨프는 단순한 끈에 불과하지만 그곳에 정성을 쏟아서 장식성을 강조했다는 점을 확인할 수 있습니다.

유목민의 생활필수품 끈으로 만든 차르파나 직물이지만 톱카프 궁전에 전시된 술탄의 의상과 도구 일부에서도 볼 수 있습니다. 이들은 유목민의 소박한 작품과 달리 수십 장의 카드로 아주 가는 실크실을 복잡하고 정교하게 짠 작품입니다. 숙련된 전문 기술자가 제작한 작품은 당시에도 특별한 물건이었음은 쉽게 짐작할 수 있습니다.

첫 만남부터 15년이 지났지만 아이셰 씨는 소르군 마을에서 남편과 함께 조용히 생활하고 있습니다. 저 자신이 직접 짤 수 있게 된 지금에야말로 이해할 수 있게 된 원조 튀르키예 유목민의 차르파나입니다. 울루산에 눈이 내리기 전에 아이셰 씨를 찾아가서 그녀가 전수받은 차르파나 위빙을 다시 확인하러 갈 계획을 세우고 있습니다.

직물의 조직을 촘촘하게 채우기 위해 사용하는 쿠르추는 칼 모양을 한 나무 도구로 섬세한 조각을 새긴 것도 있다.

H／부르사에 있는 실크연구소에서 전통적인 차르파나 직조 기술을 연구하고 재현하는 여성들. I／끈 끝에 단달린 술에는 유리 비즈 같은 장식을 더했는데 사물을 올바로 보라는 의미가 담겼다. J／차르파나 직조를 하기 위한 설계도. 구멍에 실을 통과시키는 순서와 색조합을 이 도면을 보면서 짜 나간다. K／유목민이 짐을 넣는 자루 추왈 중심에 벨트로 사용된 것은 차르파나 위빙으로 만든 쿨프다. 견고함과 아름다운 장식을 겸하고 있다. L／유목민이 만든 차르파나 직물. 염색하지 않은 산양의 털을 그대로 잦은 실로 짰다. 소박한 소재의 아름다움이 전해진다. M／유목민의 차르파나 직물은 심플하고 삼각형을 기본으로 한 연속 무늬가 많이 사용됐다.

노나카 이쿠미(野中幾美)

일본 도쿄 출신. 출판사 근무, 프리라이터를 거쳐 1995년부터 튀르키예 안타르야에서 킬림, 양탄자, 이네오야 같은 수공예품의 도매상 및 무역회사 '미프리'를 경영하고 있다. 튀르키예와 중앙아시아의 오래된 수공예품 수집가. 저서로 〈튀르키예의 작은 레이스뜨기 오야〉가 있다. 유튜브 채널 'ikumi nonaka'에서 튀르키예의 수공예와 생활 문화를 알리고 있다.
http://www.mihri.org/

흰머리오목눈이 떡꼬치

조류 세계의 슈퍼 루키이자 눈의 요정, 겨울의 복슬복슬 폭신한 아이돌 No.1!
옹기종기 모여서 온기를 나누는 모습이 마치 떡꼬치 같아서 귀여워요♡

photograph Toshikatsu Watanabe styling Akiko Suzuki

흰머리오목눈이

겨울철이면 어른 새는 물론 어미 새에게 먹이를
받아먹는 아기 새들이 나뭇가지에 떡꼬치처럼
쭉 늘어서서 어미 새를 기다리는 모습을 볼 수
있습니다.

Design／마쓰모토 가오루
How to make／P.142
Yarn／하마나카 콜포쿨, 하마나카 모헤어

흰머리오목눈이 동전 지갑

복슬복슬하고 새하얀 모습은 겨울에만 볼 수 있지요. 동그란 모양으로 깜찍한 동전 지갑을 완성했어요. 안을 가득 채우면 몸통이 더욱 동글동글! 귀여움이 더해집니다.

Design／마쓰모토 가오루
How to make／P.143
Yarn／하마나카 itoa 아미구루미, 콜포콜

눈 속에서 고개를 갸우뚱한 채 이쪽을 응시하는, 복슬복슬 새하얀 흰머리오목눈이. 쓰가루 해협을 관통하는 동물 분포경계선 '블래키스턴선'을 경계로 홋카이도에만 서식하는 오목눈이를 흰머리오목눈이(시마에나가)라고 부릅니다. 겨울 깃털은 하얗고 공기를 품기 위해 깃털을 부풀려서 체온을 유지하기 때문에 흰머리오목눈이만의 동그란 형태가 생겨났습니다. 모헤어와 합사해 떠서 복슬복슬하고 포근한 깃털의 느낌을 재현하고, 마치 찹쌀떡 같은 모양의 동전 지갑에는 벨벳 실을 사용했습니다. 겨울에는 10마리 정도가 무리 지어 체온을 유지하기 위해 행동하는데, 나뭇가지에서 조금이라도 틈이 생기면 큰일 날세라 딱 붙어 있는 모습은 '흰머리오목눈이 떡꼬치'라는 해시태그로 SNS에서도 인기가 많습니다. 따뜻해지면 털갈이를 하는데 여름에는 날씬하고 털에도 갈색이 드문드문 섞여 있어 전혀 다른 새처럼 보인다고 하네요.

"

Enjoy Keito

큰 인기를 끌고 있는 손염색 아티스트 Chappy Yarn에 Keito 오리지널 컬러 등장!
사용하기 쉬운 모헤어와 중세 양말 실은 다양하게 활용할 수 있겠네요!

photograph Hironori Handa styling Masayo Akutsu hair&make-up AKI model Vero.E(170cm)

Chappy Yarn×Keito
Cocoon Mohair

채피 얀×케이토 코쿤 모헤어

슈퍼키드 모헤어 66%, 실크 30%, 엑스트라 파인 메리노 4%,
색상 수／1, 1타래/50g, 실 길이／약 450m, 실 종류／극세,
권장 바늘／대바늘 2～5호
〈털실타래〉의 연재 코너 '세계의 손염색을 찾아 떠나는 여행'
으로도 익숙한 채피 얀에 케이토 오리지널 컬러가 등장했습니다. 코쿤 모헤어는 분홍색을 베이스로 한 모헤어로 'Keito가
피었다'라는 이름을 붙였습니다. 손염색과 모헤어가 만나서 연
출하는 은은한 색 변화를 즐겨보세요.

'케이토가 피었다' 숄

색과 무늬 모두 즐길 수 있는 대형 숄은 어깨부
터 허리까지 포근하게 감싸줍니다. 걸기코와 2코
모아뜨기의 심플한 조합으로 꼭 만들어 보고 싶
은 숄을 완성했습니다. 다양한 농담의 분홍색에
보라색과 초록색, 주황색 등 여러 색이 섞여 있
지만 무늬뜨기를 방해하지 않아서 화사한 색을
즐길 수 있습니다.

Design／이시즈카 마리
How to make／P.149
Yarn／채피얀×케이토 코쿤 모헤어

Shirt／하라주쿠 시카고(하라주구/진구마에점)
Pants／SLOW 오모테산도점

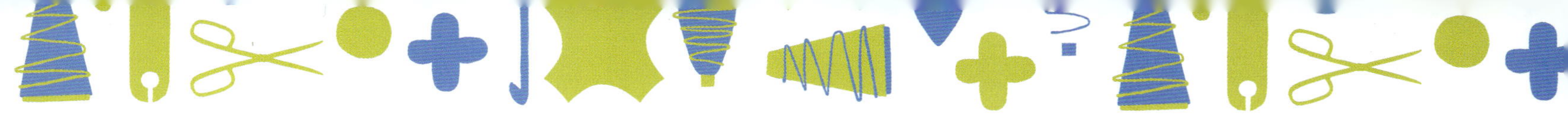

심플하고 귀여운 데일리 옷와 소품
Enjoy Keito 뜨개 다이어리
〈털실타래〉와 〈니트 마르셰〉에서 소개한 인기 아이템을 모은 작품집이 발간됐습니다. 평범한 하루에 자연스럽게 스며드는 일상을 테마로 한 대바늘 옷 10점과 코바늘·대바늘뜨기 숄 8점을 소개합니다. 뜨개 도안에 더해서 심플하게 뜰 수 있는 서술 도안 작품 4점도 실었습니다. 작품에 사용하는 실 모두 Keito 온라인 샵에서 구매할 수 있습니다.

Chappy Yarn×Keito Merino Sock

채피 얀×케이토 메리노 삭스

슈퍼워싱 메리노울 75%, 나일론 25% 색상 수／1, 1타래/100g, 실 길이／약 425m, 실 종류／중세, 권장 바늘／대바늘 1~3호
채피 얀에서도 스테디셀러인 메리노 삭스는 중세사로 굉장히 다루기 편하고, 손염색의 매력을 만끽할 수 있는 실입니다. '케이토와 놀자'라는 이름이 붙은 실은 파란색과 보라색 베이스에 알록달록한 스페클이 통통 튀는 실입니다. 양말은 물론 옷 뜨기에도 좋은 실입니다.

'케이토와 놀자' 풀오버

실루엣은 무난하지만 둥근 요크에 비침무늬를 배치해 코디하기 쉬운 옷입니다. 메리야스뜨기 부분은 색이 변화해 나가는 모습을 즐기면서 쭉쭉 뜰 수 있어요. 마지막에 뜨는 목둘레 피코뜨기도 귀여움을 더하는 포인트입니다. 5 사이즈를 소개하는데 모델이 입은 것은 S사이즈입니다.

Design／miu_seyarn
How to make／P.128
Yarn／채피 얀×케이토 메리노 삭스

Shirt／Slow 오모테산도점

어려운 테크닉이 필요 없으니 뜰 생각에 정말 설렙니다.
손뜨개의 매력 포인트를 즐길 수 있는 옷과 소품입니다.
옷 뜨기는 어려울 것 같다고 생각하는 분도 꼭 한 번 도전해보세요.

photograph Shigeki Nakashima styling Kuniko Okabe
hair&make-up Hitoshi Sakaguchi model Jennifer Mai(169cm)

활용도가 단연 뛰어난 베스트는 옆선을 직선으로 뜨고, 앞뒤판을 이어서 코를 주워 1코 고무 뜨기합니다. 낙낙한 소매 트임이 볼륨 소매 블라우스와 찰떡처럼 어울리네요! 포인트로 넣은 끌어올려뜨기는 기호만 보면 어려워 보이지만 막상 떠보면 간단하답니다. 꼭 도전해보세요.

Design／오카다 사오리
Knitter／아틀리에 사이
How to make／P.148
Yarn／퍼피 카라멜레

판초처럼 보이는 오버사이즈 풀오버는 몽글몽
글한 극태사 덕분에 기초코를 단 50코만 만들
어 76단을 뜨면 본체가 완성됩니다. 마무리는
목둘레를 9단 뜨기만 하면 되니 정말 간단하
지요. 주말에 떠서 다음날 입고 나갈 수 있고,
소품처럼 빨리 뜰 수 있는 핸드메이드 니트랍
니다.

Design／실과 바늘 사이치카
How to make／P.147
Yarn／퍼피 나세레, 카라멜레, 미니 스포츠

반짝반짝 빛나는 팬시 안으로 그물뜨기를 하고 프릴도 떠 넣은 귀여운 풀오버&바부슈카 세트입니다. 몸판과 소매는 코바늘로 쭉 뜨는 풀오버는 각 파트를 잇기만 하면 완성입니다. 손쉽게 마무리할 수 있는 디자인입니다. 바부슈카는 목에 둘러도 매력적이겠지요♡

Design／가와지 유미코
How to make／P.151
Yarn／나이토상사 도톰 부클레, 하이버블

크기가 다른 두 가지 모티브를 이어서 만든 캐미솔. 심플한 옷과 코디해서 액세서리처럼 즐겨보세요. 모티브를 뜨면서 잇는 즐거움을 누려보세요. 먼저 큰 모티프를 떠서 잇고, 작은 모티브로 사이사이를 채워 갑니다.

Design／오쿠무라 레이코
How to make／P.155
Yarn／나이토상사 뉴하이 소프트

Glasses／글로브 스펙스 에이전트

사랑스러운 색상의 뷔스티에는 핸드워머와 함께 매치하니 강한 존재감을 드러냅니다. 복잡한 형태도, 코를 늘리거나 줄이는 것도 편리한 코바늘뜨기라 간단해요. 어깨끈부터 가슴 부분까지 각각 4장을 뜨고, 몸판은 원형으로 코를 주워서 뜹니다. 핸드워머는 엄지손가락을 추가로 떠서 만들기 쉽게 완성했습니다.

Design／ATELIER *mati*
How to make／P.158
Yarn／올림푸스 시젠노 쓰무기 SEN

개성 넘치는 배색은 마무리하는 방법만 알면
고개가 절로 끄덕여져요. 먼저 몸판을 직선으
로 뜨고 어깨를 잇습니다. 옆선은 앞뒤판을 이
어서 몸판에서 코를 주워서 뜬 다음 그대로 소
매를 뜹니다. 소매 다는 수고를 덜 수 있는 똑
똑한 디자인입니다. 부드러운 촉감, 가벼운 소
재도 매력적인 풀오버입니다.

Design／yohnKa
How to make／P.153
Yarn／올림푸스 시젠노 쓰무기 mofu

한창 유행하는 드롭 숄더 디자인은 직선으로
쭉 뜨는 몸통과 소매로 이루어져 뜨기도 쉽고
라인도 귀엽습니다. 볼륨감 있는 소매 폭을 뜨
개 끈으로 가볍게 묶고, 소맷부리의 줄임코도
느슨하게 해서 벌룬 소매로 완성했습니다. 배
색을 바꿔서 뜬 코바늘 가방을 매치해서 코디
포인트로 활용해보세요.

Design／가마타 에미코
Knitter／이즈카 시즈요
How to make／P.162
Yarn／스키얀 캐롤

우아한 색감의 멜란지 얀으로 만든 하이넥 베스트는 허리 부분의 1코 고무뜨기가 포인트입니다. 콧수는 그대로 두고 부분적으로 기법만 더해서 어렵지 않게 뜰 수 있습니다. 자연스럽게 허리 라인이 생겨서 멋스러운 실루엣이 완성됩니다. 작은 정성을 들여서 손뜨개만이 만들어내는 멋진 디자인을 즐겨보세요.

Design／다마무라 리에코
How to make／P.157
Yarn／스키얀 로톤

Glassess／글로브 스펙스 에이전트

궁금한 아프간뜨기

어쩐지 자꾸 궁금한 아프간뜨기.
코바늘과도 대바늘과도 다른 살짝 독특한 편물이 매력적이에요.

photograph Hironori Handa styling Masayo Akutsu
hair&make-up AKI model Vero.E(170cm)

Let's Try!
Tunisian Crochet

톡톡 올라온 뜨개코가 무척 귀여운 이 편물은 더블 훅 아프간바늘을 사용해 원형으로 뜹니다. 블루 계열의 실을 조합해 어른스럽고 사랑스러운 느낌으로 완성했지만, 색을 바꾸면 커피콩처럼 보일 것 같기도 합니다.

Design／고세 지에
How to make／P.174
Yarn／퍼피 프린세스 아니

Jacket／하라주쿠 시카고(하라주쿠/진구마에점)

고세 지에 Chie Kose

뜨개질을 중심으로 핸드크래프트를 배운 뒤, 연구를 위해 로마로 건너갔다. 그사이 영국과 북유럽 각지를 방문하며 현지의 뜨개질을 접할 기회를 얻고, 그 후 뜨개질이 평생의 업이 된다. 최근 저서로 《고세 지에의 니트워크 아란무늬 스웨터》(일본보그사)를 비롯해 다수의 저서가 있다.

Tunisian Crochet Lesson

더블 훅 아프간바늘을 사용해 원형으로 떠보자!

코바늘뜨기와 대바늘뜨기를 섞은 듯한 기법으로 직물 느낌의 두꺼운 편물이 특징인 '아프간뜨기'. 사용하는 소재나 배색을 다양하게 응용하면 같은 패턴도 색다른 느낌으로 완성할 수 있습니다. 더욱이 더블 훅 아프간바늘을 사용하면 원형으로 빙빙 뜰 수 있어 작품의 응용 폭도 넓어집니다.

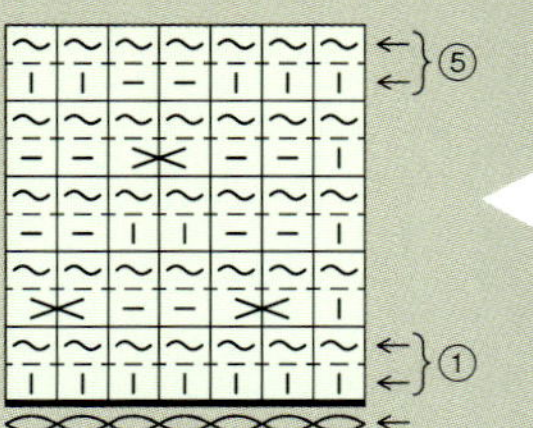

더블 훅 아프간바늘
바늘 양쪽이 훅(갈고리)으로 되어 있습니다. 소품을 뜰 때는 15cm 정도의 짧은 바늘이 베스트.

원형뜨기의 도안
떠나가기와 되돌아뜨기의 뜨는 방향이 같아집니다. 되돌아뜨기 코는 '따라가기 코'라고도 부릅니다. 되돌아뜨기를 할 때는 떠나가기와 다른 실을 사용하므로 배색 뜨기를 추천.

평뜨기 패턴의 도안
떠나가기와 되돌아뜨기로 뜨는 방향이 달라집니다

《아프간뜨기 패턴 북》P.39 게재(No.63)
왼쪽 페이지의 작품과 같은 패턴으로 뜬 편물입니다. 작품에서는 패턴의 '떠나가기'와 '되돌아뜨기'의 색을 바꾸고, 더플 훅 아프간바늘을 사용해 원형으로 떴습니다.

1

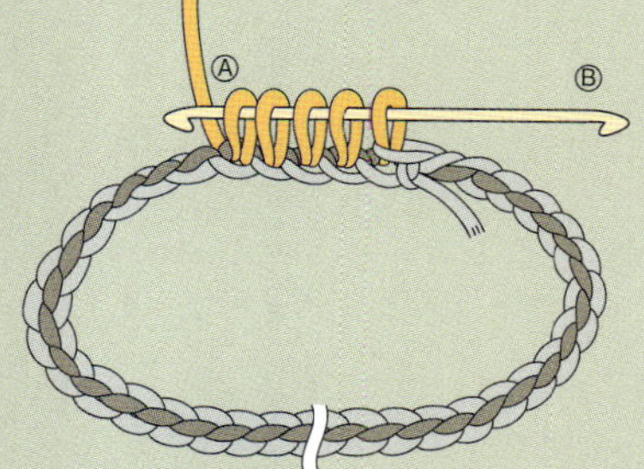

기초코의 사슬을 고리로 만들고, A의 바늘 끝으로 사슬 뒷산에 바늘을 넣고 1단째의 '떠나가기' 코를 몇 코 뜹니다.

2

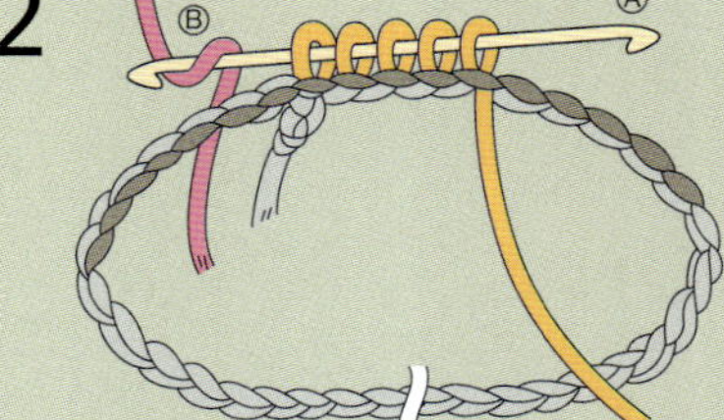

편물의 겉과 안을 뒤집어 반대쪽 B의 바늘 끝을 사용해 다른 실을 이어 '되돌아뜨기 코'를 뜹니다.

3

'바늘 끝 A로 떠나가기 코를 주울 수 있을 때까지 줍고, 편물을 뒤집어 바늘 끝 B로 되돌아뜨기 코를 뜬다'를 반복해서 원형으로 떠나갑니다(단의 경계에는 표시 링을 달아둡니다).

Book Information

いちばんよくわかる
アフガン編みの本
쉽게 배우는 아프간뜨기

(128쪽 / 18,000원 / SKIM KNIT DESIGN Inc.)
도안 보는 법부터 배색, 증감코, 되돌아뜨기, 꿰매기·잇기 등 뜨는 법의 기초부터 작품 만들기까지 믿고 볼 수 있는 한 권.

アフガン編みパターンブック
(아프간뜨기 패턴 북)

고세 지에 지음

기본 겉뜨기·안뜨기로 표현하는 플레인 아프간의 변형, 바늘비우기와 꼬아뜨기, 교차뜨기, 끌어올려 뜨기의 무늬와 배색뜨기의 무늬. 리버서블이 재미있는 더블 훅 아프간무늬 3가지 테마로 구성했습니다. 테마별로 실은 패턴을 사용한 작품을 제안하고, 도안 뜨는 법을 소개합니다.

Beige & White

치마 부분에 레이시한 무늬뜨기를
곁들여서 점퍼스커트로. 우아하고
부드러운 배색으로 어른스럽게.

Design／오카 마리코
Knitter／오카 지요코, 마노 아키요
How to make／P.171
Yarn／올림푸스 밀키 베이비

Mint & Yellow

언니 사이즈(130cm)의 캐미솔은 모티브 수를 가로
세로 늘려서 사이즈를 조정. 2종의 배색은 여동생 버
전과 같은 분위기를 냅니다.

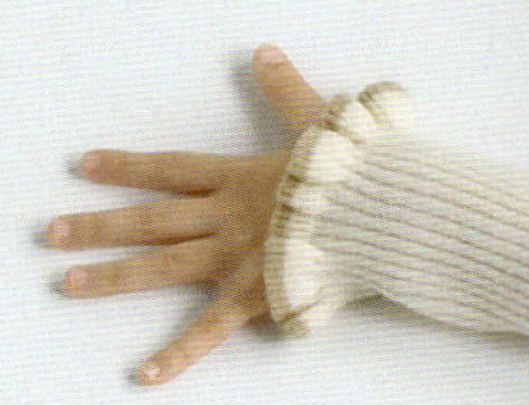

Light blue & Navy

150cm 사이즈는 바늘 호수를 1호 올려서 조금 크
게 뜬 모티브로 사이즈를 조정합니다.
모티브 수는 130cm 사이즈와 같습니다. 대조적인
배색으로 2종류의 서로 다른 모티브를 뜬 것처럼
보입니다.

Navy & Red

네이비에 레드를 곁들여서 화려하
게. 같은 모티브라도 배색을 달리
하면 전혀 다른 모티브로 보이는
것이 재미있어요.

Color Palette
컬러풀 모티브 캐미솔

같은 모티브를 떴는데도 배색에 따라 이미지가 달라져요.
모티브 수를 늘리거나 줄이면 사이즈 변형도 자유자재입니다.

photograph Shigeki Nakashima styling Kuniko Okabe hair&make-up Hitoshi Sakaguchi model
Emilie(109cm), Emma(129cm), Jennifer Mai(169cm)

Pink & Orange
4색 4단의 모티브를 2종류의 배색으로 떠서 연결한
캐미솔. 모티브 장수를 바꿔 3사이즈로 떴습니다. 이
것은 가장 작은 사이즈(110cm)예요.

마르티나가 뜨는
드래곤 숄

우메무라 마르티나 씨가 오팔사의 아름다움을 충분히 즐길 수 있는
유니크한 형태의 숄을 소개합니다!

photograph Hironori Handa styling Masayo Akutsu
hair&make-up AKI model Vero.E(170cm)

가터뜨기에 늘림코를 하면 몸에 착 감기는
커브가 생기고, 덮어씌우기로 줄임코를 하면
테두리가 지그재그가 됩니다. 서술형 패턴과
도안을 함께 실었으니, 도안이 어려운 사람
이나 초심자도 꼭 떠보세요.

How to make／P.175
Yarn／KFS 게센누마 수족관, 게센누마 동물원,
오팔 모사 릴리프 2, 유니

p54 White corduroy shirt／하라주쿠 시카
고(하라주쿠/진구마에점) p.55(오른쪽 아래)
Jacket／하라주쿠 시카고(하라주쿠/진구마에점)
p.55(왼쪽 아래) One-piece／하라주쿠 시카
고(하라주쿠/진구마에점)

가터뜨기로 가볍게 뜰 수 있는 드래곤 숄은 변화하는 형태가 재미있어 뜨는 과정 자체가 즐거운 아이템입니다. 1볼로 부담 없이 뜰 수 있고 취향껏 길이와 크기를 조정할 수 있어요. 그러데이션 실이 만들어내는 자연스러운 색의 변화가 아름다운 무늬로 나타나는 것도 매력 중 하나입니다. 2색을 조합하면 표현이 훨씬 풍부해집니다. 자신만의 개성 있는 어레인지를 즐겨보세요.

photograph Shigeki Nakashima styling Kuniko Okabe hair&make-up Hitoshi Sakaguchi model Jennifer Mak(169cm)

겨울, 멋내기의 즐거움
니트 슈트와 원피스

직접 만들어 더 특별하고 멋스러운 니트 세트를 소개합니다.
중요한 날도, 간단한 외출도, 인상에 남는 핸드메이드 룩.

브레이드풍의 테두리뜨기와 퍼 장식이
화려한 코바늘뜨기 니트 슈트. 솔잎뜨기
와 끌어올려뜨기를 조합한 꽃무늬 같은
무늬뜨기도 인상적입니다. 볼륨이 있는
소맷부리는 대바늘 가터뜨기로 완성했
습니다.

Design／오카모토 게이코
Knitter／오켄(재킷), 미야모토 히로코(치마)
How to make／P.176
Yarn／다이아몬드케이토 다이아 도미나
'비타', 다이아 스푸만테, 다이아 록시 라메,
테디

베스트는 코바늘뜨기, 벌룬 실루엣의 원피스는 대바늘뜨기로 서로 다른 느낌을 조합한 걸리시한 셋업입니다. 비대칭인 앞여밈단의 프릴이 시선을 끄는 베스트는 스트레이트 얀과 스팽글이 들어간 얀을 줄무늬로 떠 반짝거리는 포인트를 추가했습니다. 프릴 부분에는 열에 경화하는 실을 겹쳐 떠서 모양을 유지합니다.

Design／아틀리에 Amu Hearts 모리 시즈요
Knitter／가네무라 사토미(원피스)
How to make／P.165
Yarn／다이아몬드케이토 다이아 도미나 '비타', 다이아 스푸만테, 다이아 플러스

테크닉의 재미를 느끼는
그러데이션 매직

단순하게 뜨기만 해도 컬러의 변화를 즐길 수 있는 그러데이션 실.
테크닉을 더해 더욱 분위기 있는 작품으로!

photograph Hironori Handa styling Masayo Akutsu hair&make-up AKI model Vero.E(170cm)

프렌치 슬리브 풀오버는 2색 그러데이션 실로
뜹니다. 걸러뜨기로 만드는 줄무늬를 떠 허니콤
느낌이지요. 걸러뜨기는 '기호의 2단째부터 코
를 넘기고, 기호의 끝이 뜨개 끝'. 겁내지 말고
도전해 그러데이션의 마법을 더욱 즐겨봐요.

Design／오카 마리코
Knitter／미즈노 준
How to make／P.182
Yarn／DMC 브리오 XL

One-piece／하라주쿠 시카고(하라주쿠/진구마에점)

패치워크를 하듯 뜨는 방향과 편물에 변화를 준
풀오버. 단순한 편물이지만 겉뜨기, 안뜨기, 1코
멍석뜨기, 변형 고무뜨기 4종 각각의 표현의 변
화와 그러데이션의 묘미를 충분히 즐길 수 있는
디자인입니다.

Design／기시 무쓰코
Knitter／가토 아키코
How to make／P.164
Yarn／DMC 브리오 XL

Pants／하라주쿠 시카고(하라주쿠/진구마에점)

다이내믹한 컬러 변화를 즐길 수 있도록 2블록
으로 염색한 실로 핸드 워머를 떴습니다. 단색
실과 조합하는 것도 추천해요.

Design／uraha
Yarn／올림푸스 소메-marche 모사 No.4, 시젠
노쓰무기 SEN
How to make／P.183

여전히 인기인 손염색실. 직접 실을 염색해보는 건 어떠세요?
전용 펜 '이지 라이너'로 쉽게 염색하고 가열할 필요도 없는
획기적인 '소메-marche(마르셰)'로 꼭 한 번 도전해보세요.

photograph Toshikatsu Watanabe styling Akiko Suzuki

소메-marche
모사 No.4
울&코튼 전용 실
(sock yarn)

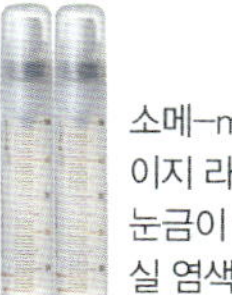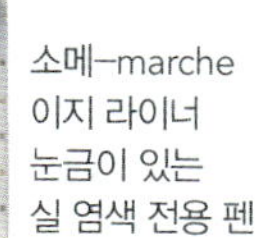
소메-marche
이지 라이너
눈금이 있는
실 염색 전용 펜

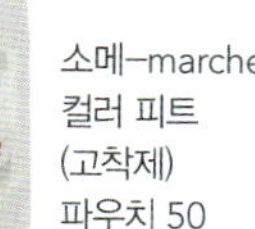
소메-marche
컬러 피트
(고착제)
파우치 50

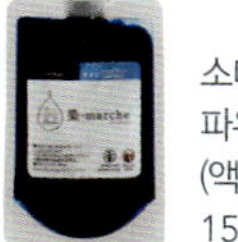
소메-marche
파우치 50
(액체 염료)
15색 출시

染-marche

How to Dye
소메-marche 사용법

1 염료를 준비한다

2 이지 라이너로 염색한다

3 스며들게 한다

4 색을 고정한다

5 그늘에 말린다

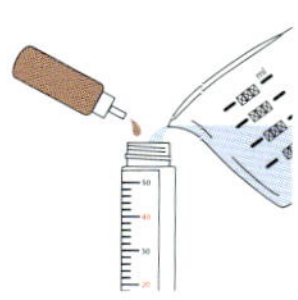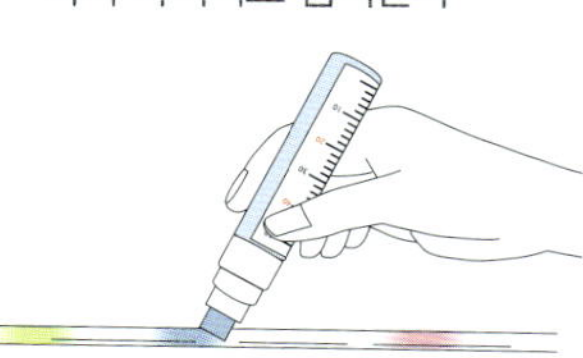

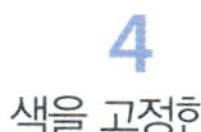

Color Sample
염색 방법 예시

① 그레이×핑크 6분할 배치

왼쪽 페이지와 같은 염료로 실타래를 6분할하고 배색하면 무늬가 다르게 나옵니다.
(왼쪽 페이지는 2분할)

	색	농도	염료(ml)	물(ml)
MD6	비트 레드	2%	1	49
MD5	서니 오렌지	2%	1	49
MD15	매트 블랙	2%	1	49

1.비트 레드로 색을 입힌다
2.비트 레드 위에 서니 오렌지를 겹친다
3.매트 블랙으로 색을 입힌다

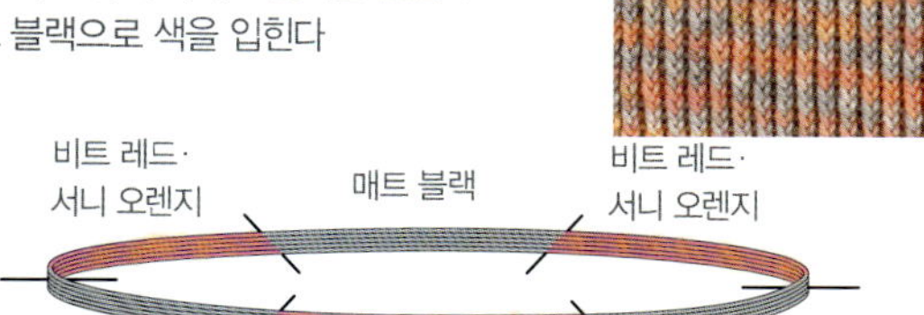

①' 그레이×핑크 6분할의 다른 배치

①과 같은 염료라도 색 배치를 바꾸면 느낌이 또 달라집니다.

1.비트 레드로 색을 입히고,
  그 위에 서니 오렌지를 겹친다
2.서니 오렌지로 색을 입힌다
3.매트 블랙으로 색을 입힌다

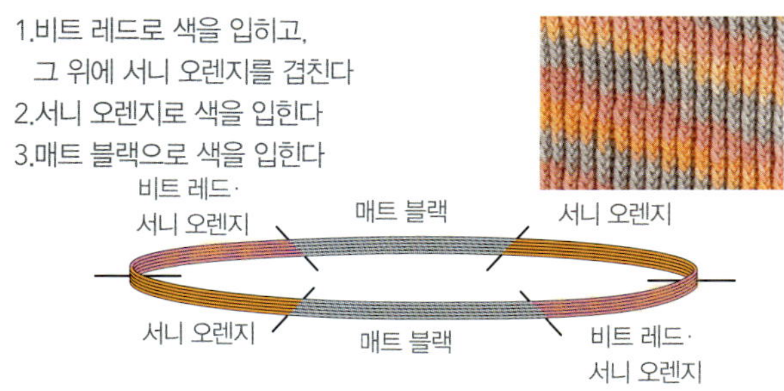

② 블루×옐로 3분할 배치

	색	농도	염료(ml)	물(ml)
MD11	네이비블루	10%	2	18
MD2	아쿠아 블루	10%	2	18
MD3	문 옐로	10%	2	18

1.1/3에 네이비블루로 색을 입힌다
2.1/3에 아쿠아 블루로 색을 입힌다
3.1/3에 문 옐로로 색을 입히고,
  아쿠아 블루 위에 10cm 정도 겹친다

③ 그린 그러데이션 4분할 배치

	색	농도	염료(ml)	물(ml)
MD12	모스 그린	20%	3	12
MD13	포레스트 그린	5%	2	38
MD3	문 옐로	10%	2	18

1.1/2에 모스 그린, 1/4에 포레스트 그린,
  문 옐로로 색을 입힌다
2.포레스트 그린 위와 모스 그린의 1/2에
  문 옐로로 겹친다

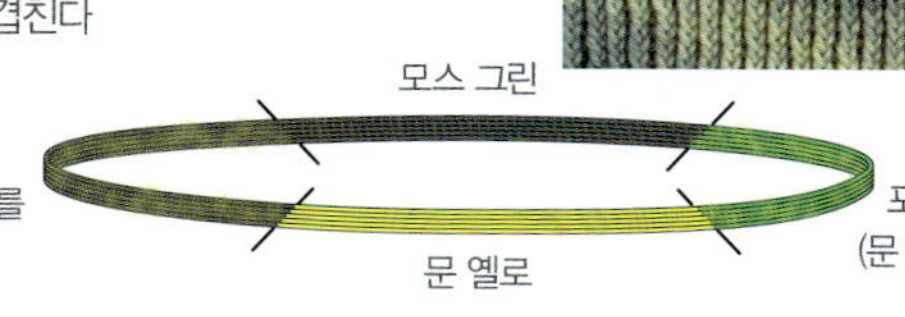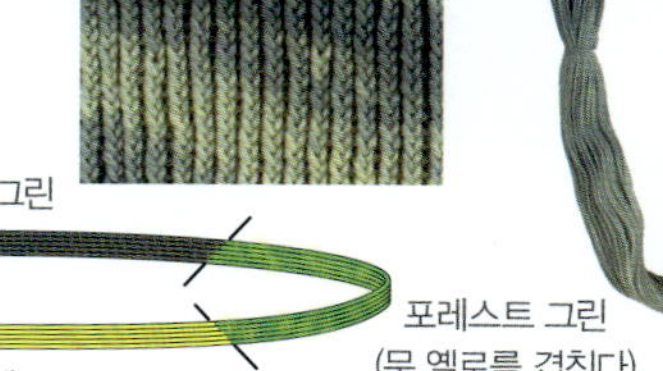

④ 체리 핑크×옐로

	색	농도	염료(ml)	물(ml)
MD3	문 옐로	10%	4	36
MD8	라이트 퍼플	10%	3	27
MD1	체리 레드	10%	2	18

1.1/3에 문 옐로로 색을 입힌다
2.남은 부분에 라이트 퍼플, 체리 레드,
  문 옐로를 겹친다

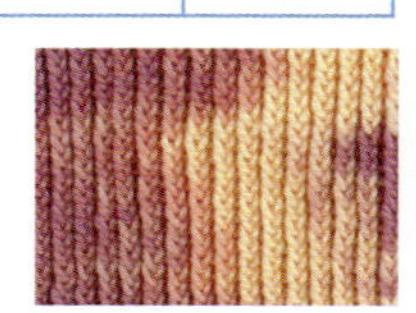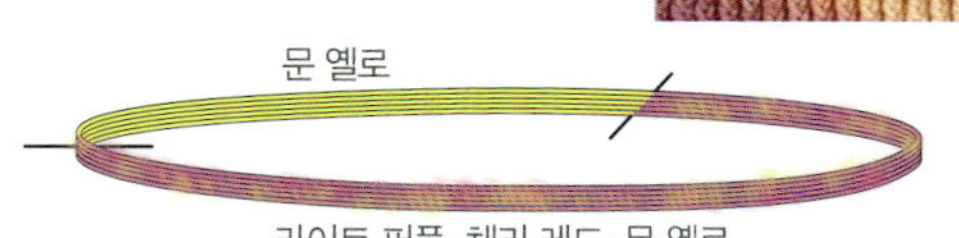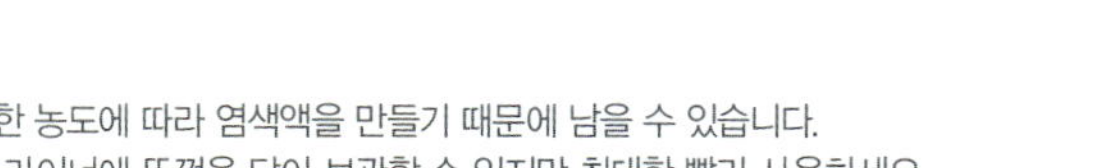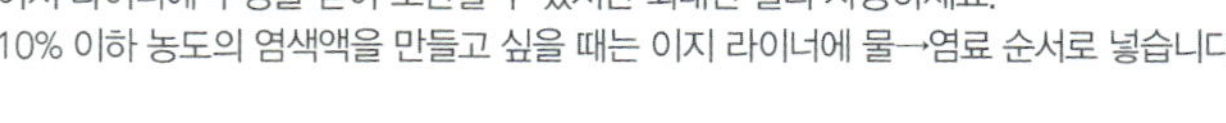

※필요한 농도에 따라 염색액을 만들기 때문에 남을 수 있습니다.
　이지 라이너에 뚜껑을 닫아 보관할 수 있지만 최대한 빨리 사용하세요.
※10% 이하 농도의 염색액을 만들고 싶을 때는 이지 라이너에 물→염료 순서로 넣습니다.

Yarn Catalogue

가을·겨울 실 연구

가을호에서 미처 소개하지 못한 지금 시즌 실.
따뜻하고 가벼운 실이 주류입니다.

photograph Toshikatsu Watanabe styling Akiko Suzuki

카라멜레
퍼피

'사탕들'을 뜻하는 이름대로 폭신폭신한 모헤어에 작은 알사탕을 뿌려놓은 듯한 사랑스러운 실입니다. 단순한 기법으로 떠도 사랑스러워 괜스레 마음이 설렙니다. 옷과 소품 모두 추천해요.

Data
모헤어 60%, 울 16%, 아크릴 12%, 나일론 12%, 색상 수/8, 1볼/50g ·약 58m, 실 종류/초극태, 권장 바늘/7~9mm(대바늘)·8~10mm(코바늘)

Designer's Voice
작은 캔디 같은 알갱이들이 사랑스러운 실이에요. 알갱이가 있어도 숭덩숭덩 쉽게 뜰 수 있어요. 메리야스뜨기로도 무늬뜨기로도 즐길 수 있는 실이에요. (오카다 사오리)

나세레
퍼피

매끈하고 보드라운 갓 만든 휘핑크림 같은 질감의 슬러브 얀. 큰 꼬임의 변화에서 생겨나는 편물의 울퉁불퉁한 느낌이 매력적입니다. 옷, 소품 모두 즐길 수 있어요.

Data
울 100%, 색상 수/8, 1볼/50g ·약 26m, 실 종류/초극태, 권장 바늘/10~12mm(대바늘)·10~12mm(코바늘)

Designer's Voice
초극태 슬러브 얀은 파스텔컬러의 변주. 굵은 바늘로 숭덩숭덩 경쾌하게 뜨개질을 즐길 수 있어요. (실과 바늘 사이치카)

파인 메리노 병태
고쇼산업 게이토 피에로

메리노 울 중에서도 특별한 엑스트라 파인 메리노를
100% 사용한 극강의 보드라움. 말랑말랑한 탄력을 즐
길 수 있는 병태 타입은 폭신폭신하고 매끈하며 꼬임도
단단히 잡혀 있어 실이 갈라질 걱정도 없습니다. 초극
세 울 섬유로 보습성도 뛰어납니다.

Data
모 100%, 색상 수／11, 1볼/40g ·약 76m, 실 종류／
병태, 권장 바늘／7〜9호(대바늘)·6/0〜7/0호(코바늘)

Designer's Voice
말랑말랑하고 매끈해서 뜨기 좋은 실이었습니다. 피부
에 자극도 없고 고급스러운 바랜 듯한 컬러가 아름다워
요. (오타키 리호코)

멜란지나
고쇼산업 게이토 피에로

차분한 멜란지풍의 어른스러운 색감이 매력적인 '멜란
지나'. 스펀지처럼 폭신하고 울다운 스트레이트 얀입니
다. 볼륨감과 부드러움을 느낄 수 있는 울 100%. 가느
다란 양모가 여러 겹으로 포개져 있습니다. 살짝 느슨
한 꼬임으로 폭신하고 탄력이 있으며 잔털이 표면을 감
싸고 있어 부드럽게 잘 뜰 수 있어요.

Data
모 100%, 색상 수／13, 1볼/40g ·약 71m, 실 종류／
병태, 권장 바늘／8〜9호(대바늘)·7/0〜8/0호(코바늘)

Designer's Voice
따뜻한 느낌이 있는 멜란지 컬러가 멋스러운 실이에요.
울 100%만의 적당한 탄성이 있어 무늬뜨기가 예쁘게
표현됩니다. 초심자에게도 추천하는 실이에요. (오타키
리호코)

시젠노쓰무기 SEN
올림푸스

피부에 직접 닿는 것이기에 착한 소재를 고집하는 '시젠노쓰무기' 시리즈에 실처럼 가늘고 보드라운 삭스 얀 타입(중세)이 등장했습니다. 코튼 혼방으로 매끈한 촉감이며 천연 섬유로만 이루어져 있어 피부에 자극이 없는 부드러운 실입니다.

Data
울(메리노 울·방축 가공) 60%, 코튼(수피마) 40%, 색상 수/8, 1볼/40g · 약 156m, 실 종류/중세, 권장 바늘 /0〜2호(대바늘) · 2/0〜4/0호(코바늘)

Designer's Voice
부드럽고 뜨기 좋은 실로 무척 즐겁게 떴습니다. 무난하게 사용하기 좋은 베이직한 색부터 눈에 띄는 밝은 색까지 다양한 컬러를 갖추고 있어 고르는 재미가 있습니다. (ATELIER *mati*)

도톰 부클
나이토 상사

울 50%의 폭신폭신한 부클 얀입니다. 실이 탄탄해서 잘 갈라지지 않으므로 가방이나 모자 같은 소품을 뜨기에 특히 알맞습니다. 메리야스뜨기나 짧은뜨기 같은 단순한 편물도 부클 얀 특유의 폭신폭신하고 사랑스러운 느낌으로 완성됩니다.

Data
울 50%, 아크릴 25%, 나일론 25%, 색상 수/6, 1볼/100g · 약 90m, 실 종류/극태, 권장 바늘/10호 (대바늘) · 10/0호(코바늘)

Designer's Voice
코바늘로 뜰 때는 굵은 바늘로 느슨하게 뜨는 게 무겁지 않고 촉감도 좋을 것 같습니다. 이번 작품보다 훨씬 느슨하게 떠도 볼륨감 있는 부클 얀이므로 비침이 신경 쓰일 일은 없습니다. 대바늘로 뜨는 것도 추천합니다. (가와지 유미코)

저니
Silk HASEGAWA

호주산 메리노 울을 방축 가공하고 코드 연사한 실입
니다. 발색성이 뛰어나고 수축과 필링이 적은 것이 특
징입니다. 폭신폭신한 스펀지 같은 실로 느슨하게 떠면
가볍고 소프트한 느낌으로 완성됩니다. 선세탁 후 스팀
처리하면 결이 살아나고 코가 고르게 정리됩니다.

Data
울 100%, 색상 수／8, 1볼/40g ·약 132m, 실 종류／
합태, 권장 바늘/4～6호(대바늘)·4/0～6/0호(코바늘)

Designer's Voice
촉감이 매우 좋아 기분이 좋아지는 실입니다. 적당히
굵고 가벼워 대바늘과 코바늘 모두 사용하기 좋습니다.
(오쿠즈미 레이코)

앙고라 골드 바틱
알리제

1볼 550m 안에서 변화하는 그러데이션이 특징인 실
입니다. 모헤어 느낌으로 폭신폭신하고 가벼우며 데일
리용으로 추천합니다. 넉넉한 용량으로 1볼로도 작품
을 뜰 수 있습니다. 대바늘과 코바늘 모두 추천합니다.

Data
아크릴 80%, 울 20%, 색상 수／15, 1볼/100g ·
약 550m, 실 종류／합태. 권장 바늘/4～6호(대바
늘)·4/0～6/0호(코바늘)

Designer's Voice
모헤어풍으로 기모 처리되어 있지만 부드럽게 뜰 수 있
고 잘못 떴을 때도 풀기 쉬웠습니다. 독특한 색감을 살
려서 디자인하는 것을 추천합니다. (기시 무쓰코)

바바니트의
단아한 조끼

딱 떨어지는 핏의 의류를 주로 디자인하는 바바니트의 새로운 작품을 담았습니다.
한국의 전통 육각형 창살무늬를 응용해 디자인한 배색 조끼입니다.
같은 무늬의 카디건은 여유가 있는 핏이었다면, 이번에 소개하는 조끼는 몸에 딱 맞는 슬림핏입니다.
비교적 긴 기장에 옆트임을 더해 활동성까지 고려했습니다.

도안 디자인 : 바바니트 / 촬영 : 김신정

하얀 블라우스 위에 가볍게 걸치거나 검은 폴라티 겉에 입어 단출하게 연출하기도 좋은 베스트입니다. 조끼의 슬림한 라인이 더욱 돋보이도록 풍성한 실루엣의 하의와 매치하는 것을 추천합니다. 뒷면에도 무늬를 넣어 뒷모습까지 멋스럽습니다.

Design／바바니트
How to make／P.212
Yarn／낙양모사 아임울2

신여성의 수예 세계로 타임슬립!
도쿄부 레이스 제조 교장

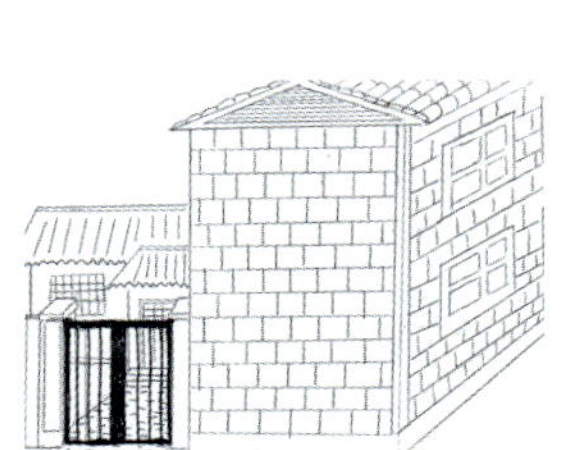

교장에 있던 벽돌 건물 그림

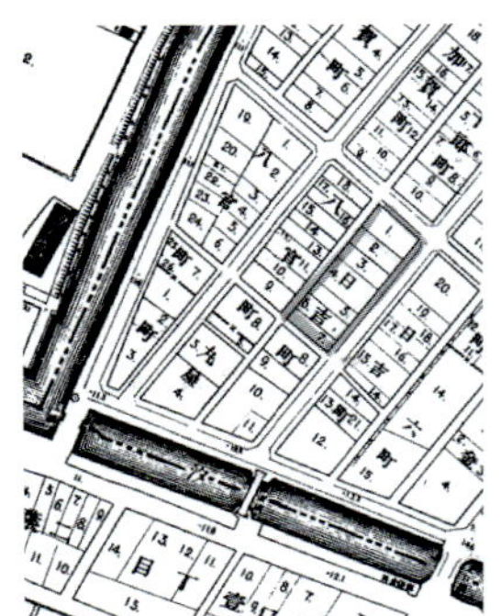

메이지 17년 무렵의 가로수길 지도

현재의 가로수길

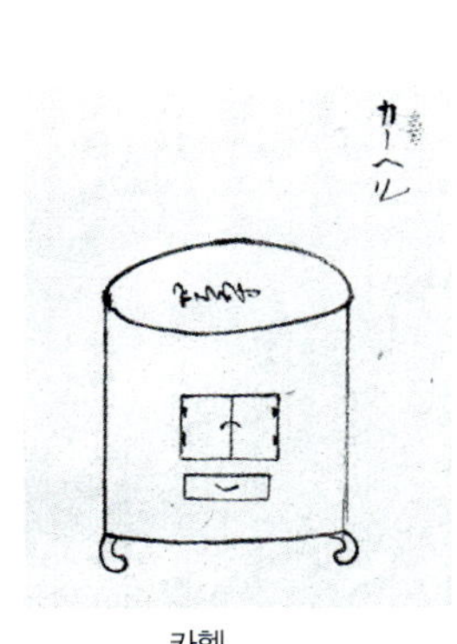

카헬

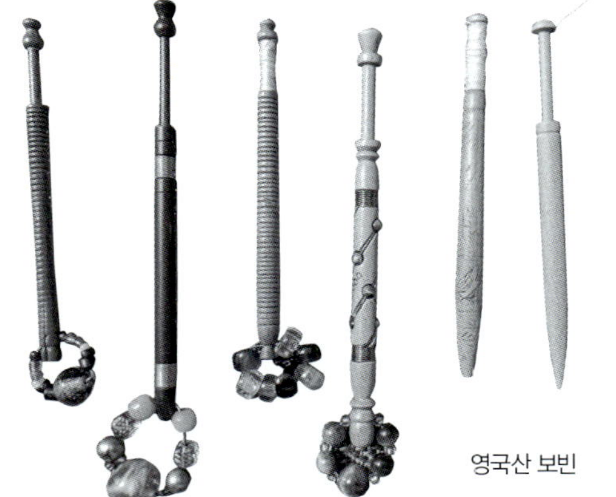

영국산 보빈

호니턴 레이스

가슴 부분의 레이스

기타가와 게이(北側ケイ)

일본 근대 서양 기예사 연구가. 일본 근대 수예가의 기술력과 열정에 매료되어 연구에 매진하고 있다. 공익재단법인 일본 수예 보급협회 레이스 사범. 일반사단법인 이로도리 레이스 자료실 대표. 유자와야 예술학원 가마타교·우라와교 레이스 뜨기 강사. 이로도리 레이스 자료실을 가나가와현 유가와라에서 운영하고 있다.
http://blog.livedoor.jp/keikeidaredemo

신록이 우거진 도쿄도 긴자의 가로수길에 서 있으면 기분 탓인지 대그락대그락 보빈 레이스를 뜨는 소리가 들려옵니다. 1880년 도쿄부는 로쿠메이칸(鹿鳴館)보다 먼저 레이스 제조 교장을 설립했습니다. 이곳 긴자 8초메 5번지 근처에 2층짜리 벽돌 건물인 레이스 제조 교장이 있었던 겁니다.

옷깃이나 소매를 장식하는 복식 레이스 제조는 식산흥업(殖産興業) 정책의 일환으로 사족수산(士族授産)의 목적이 되었습니다. 1872년 10월 이와쿠라 사절단이 영국 워릭셔 주 코번트리에 있는 카세스 씨의 방적 공장을 시찰했습니다. 그때 고가에 거래되는 복식 레이스와 레이스를 제조하는 광경이 막부 말기 근왕파 지사였던 정부 고관들의 눈에 강한 인상을 남긴 것이겠죠.

이 레이스 제조 교장의 주임은 전 도쿄부 지사 유리 기미마사의 전 동료이자 후쿠이 번사였던 가이후쿠 소소구였습니다. 막부 말기 사카모토 료마와 친분이 있던 유리와 무역의 꿈을 이야기했다고 합니다. 보그학원의 신여성 클래스에서는 이 이름이 나오자 일제히 "소소구! 멋있어!" 하는 환성이 터졌습니다.

교장의 입소 자격은 7~13세로 심사는 상당히 엄격했습니다. 화족, 사족, 평민도 거주 지구장에 의한 신분 조사가 엄격하게 이루어졌습니다.

강사는 요코하마에 거주하는 영국 여성으로 화목토 주 3일, 오후 1시~5시까지 기술을 전수받았습니다. 카헬이라는 작업용 작은 책상이 한 사람당 한 대씩 제공되고, 그 작은 책상에 붙은 작은 여닫이문에는 보빈이라는 막대처럼 생긴 실패를 넣도록 되어 있었습니다.

교육은 1년 반 과정으로 반년마다 커리큘럼이 짜여 있었습니다. 1기는 굵은 실 포인트 레이스, 호니턴 레이스. 2기는 가는 실 포인트 레이스, 호니턴 레이스, 3기는 리머릭 레이스, 아플리케 레이스를 배우고 기말시험이 있었습니다. 시험은 16일에 걸쳐 각 레이스의 제작 시간과 기술도를 심사하고 성적순으로 발표되며 절차탁마했습니다.

레이스 작품은 일본 전통의 꽃과 새를 모티브로 하고 있으며, 제2회 내국권업박람회에서는 3등, 일본미술협회 미술박람회에서는 동상, 네덜란드·암스테르담 박람회에서는 은상을 수상할 정도로 해외에서는 높은 평가를 받았습니다. 또 일본에서는 황실이나 이토 히로부미, 오야마 스테마쓰에게 주문을 받아 드레스에 사용되었습니다.

니시키에(錦絵)에 보이는 로쿠메이칸 숙녀들의 옷깃이나 가슴에 달린 레이스가 긴자에 있던 교장의 레이스일지도 모른다고 생각하니 가슴이 두근거리네요.

역시 궁금하다! 뜨개의 수수께끼
게이지의 존재 의의

게이지에 대해서

게이지란 뜨개코의 크기를 나타내는 것으로 가로세로 10cm 안에 뜨개코가 몇 코, 몇 단이 있는지 헤아린 것입니다. 책에는 반드시 작품마다 게이지가 표기되어 있고 같은 게이지로 뜨면 책과 같은 사이즈로 뜰 수 있습니다. 반대로 말하면 자신의 게이지가 책과 다를 경우에는 사이즈가 달라집니다(기초서에서 발췌).

메리야스뜨기로 가로세로 약 15cm를 뜬 편물 예.
게이지는 17코x23단입니다.

실 라벨의 게이지

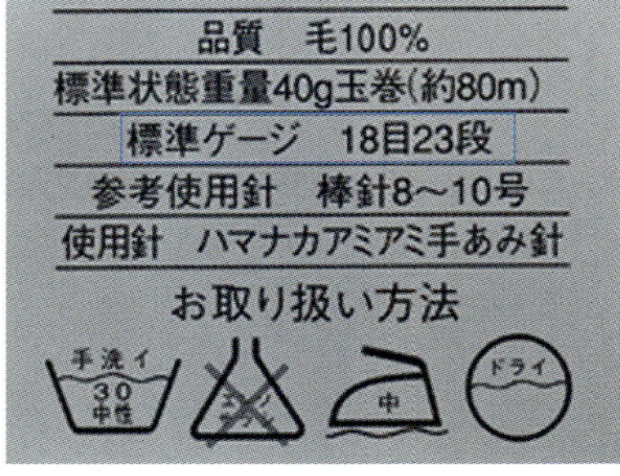

실 라벨에도 표준적인 게이지가 나와 있어 오리지널 작품 등을 뜰 때 기준이 됩니다.

뜨개 요정

손뜨개와 지독한 사랑에 빠진 손뜨개 책 편집자. 인간과 동물에 무해한 뜨개 요정이라는 설정입니다. 비공식&요정의 시선으로 손뜨개의 매력을 집요하게 업로드 중.

X : @nv_amimono Instagram : amimonojapan
Web : amimono.me

뜨개 요정(설정)입니다. 여기에서는 '뜨개질과 관련된 의문점이나 궁금증, 수수께끼 등을 깔끔하게 해결!'하면 좋겠지만 그것을 최종 목표로 삼지는 않고 푸념을 담아 여러분과 공유해버리자는 콘셉트이니 미리 양해 부탁드립니다.

이번에는 게이지에 대해서 이야기해보겠습니다. 게이지라는 말만 들어도 '귀찮아!'라고 느끼는 분이 있을지도 모릅니다. 마음은 충분히 이해하지만, 그런 귀차니즘을 가진 분일수록 게이지의 수수께끼를 조금이라도 알게 된다면 좋겠습니다. 먼저 살짝 미래를 생각해봅시다. 만약 원하는 사이즈대로 완성되지 않았을 경우, 할 수 없이 풀어야 하거나 한 번도 입어보지 못할 때도 있겠지요. 게이지는 그런 참사를 막아주는 손뜨개 안전망이기도 한 겁니다.

게이지란 뜰 때의 기준이 되는 것으로 뜨개코의 크기를 나타낸 것입니다. 원하는 사이즈로 뜨려면 없어서는 안 될 지표이며 뜨는 사람의 손땀에 따라 뜨개코의 크기도 달라집니다. 손땀이 빡빡한 사람이 있는가 하면 손땀이 느슨한 사람이 있지요? 뜨개질 책에는 보통 게이지는 가로세로 10cm에 몇 코, 몇 단이 들어 있는지 표기되어 있습니다. 뜨고 싶은 작품을 찾고 털실을 준비했다면 먼저 지정 호수로 게이지를 떠보세요. 게이지는 보통 15~20cm 정도의 편물을 뜨고 꼼꼼하게 스팀 처리합니다. 뜨개코를 고르게 정리한 다음 중앙 부분의 뜨개코, 가로세로 10cm 안에 들어 있는 콧수와 단수를 자로 재면서 헤아립니다.

게이지를 쟀다면 책에 나와 있는 게이지와 비교합니다. 책에 나와 있는 게이지와 거의 같다면 일단 당신의 뜨개코에 건배입니다. 그대로 뜨면 책에 실린 사이즈대로 완성될 겁니다. 만약 책에 나와 있는 게이지와 차이가 난다면 '바늘 호수를 바꿔'서 조정합니다. 1호 바꿀 때마다 코바늘이라면 약 5%, 대바늘이라면 약 5.5% 코의 크기가 달라진다고 합니다.

다시 말해 손땀이 빡빡하다면 바늘을 굵게, 손땀이 느슨하다면 바늘을 가늘게 조정해가는 겁니다. 1호만 바꾼 정도로는 편물 단계에서 그렇게 큰 변화는 느낄 수 없지만 2호 이상 바꾸면 체감할 수 있을 겁니다. 이 구조를 알아두면 지정 실이 아니더라도 게이지를 맞춰서 원하는 사이즈로 완성할 수 있습니다.

게이지가 귀찮다는 분들의 의견 중에 많이 보이는 것이 '결국 뜨다 보면 게이지가 달라진'다는 겁니다. 네. 맞는 말입니다. 게이지의 정확도를 높이려면 더 큰 게이지를 떠서 게이지 변동 리스크를 줄이는 겁니다. 그리고 그 뜬 게이지를 계속 옆에 두고 확인하면서 뜨는 것이 게이지대로 뜨는 포인트이기도 합니다. 긴급하게 실이 모자라서 게이지를 풀어야 하는 경우는 마지막 수단으로 생각해주세요.

그래도 귀찮다는 분들에게는 제가 편법으로 쓰는 '절반 게이지'라는 방법을 소개합니다. 이것은 원래 뜨는 게이지의 절반에 해당하는 게이지를 뜨고 거기서 계산하는 방법입니다. 시간이 단축되지만 리스크가 큰 방법이라서 저는 상당히 고생하고 있습니다. 관심 있는 분들은 '사이즈대로 나오지 않더라도 내 잘못'이라는 마음가짐으로 임해주세요.

'게이지는 파트너'라는 모토와 함께(?) 저희가 왜 게이지 측정을 권하는지 이해하고, 귀찮은 마음이 조금이라도 덜어지기를 바랍니다.

뜨개 고민 상담실

아란무늬를 즐겁게 뜨고 싶다

앞에서도 특집으로 다루고 있는 아란 니트.
교차무늬의 종류가 많아서 언뜻 보면 복잡해 보입니다.
하지만 그 정도로 울렁증이 발동하는 건 아까워요!
교차뜨기의 요령을 알면 분명 즐겁게 뜰 수 있을 거예요!

촬영/모리야 노리아키

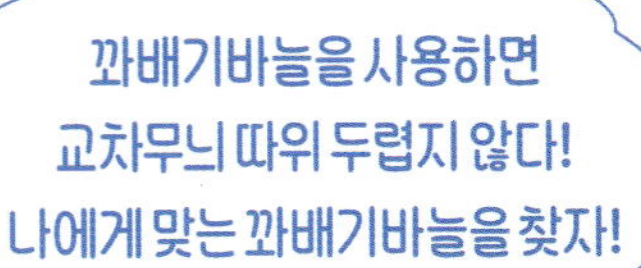

이제 와 새삼 고민 해결사

상담

아란 니트에 대한 로망이 있어서 도전해보고 싶어요.

하지만 너무 어려워 보여서 망설여져요.

꽈배기바늘을 어떻게 쓰는지도 잘 몰라서 손을 못 대고 있어요.

1 뜨는 요령

교차무늬를 만들려면 뜨개코를 좌우로 교차시켜야 합니다.
교차시킬 때는 꽈배기바늘을 사용하는 것이 일반적. 그 꽈배기바늘도 종류가 다양합니다.
뜨는 사람의 손땀이 빡빡한지 느슨한지에 따라서도 사용감은 제각각. 작은 도구이니 이것저것 시험해보는 건 어떨까요?

A 금속제 꽈배기바늘

알루미늄으로 만들어져 가벼우며 매끈하게 가공되었습니다. 뜨개코가 잘 빠지지 않게 중앙이 움푹 들어간 일자 모양입니다.

B U자형 꽈배기바늘

U자 부분에서 뜨개코가 고정되도록 설계되어 잘 빠지지 않는 모양. 짧은 쪽으로 코를 줍고, 뜰 때는 긴 쪽을 사용하므로 뜨기 좋은 것이 특징입니다. 콧수가 많은 교차무늬일 때도 코가 잘 빠지지 않아서 좋아요.

C 컬러풀한 색 표시가 있는 꽈배기바늘

바늘의 중앙부가 오목하고 양끝으로 갈수록 굵어지면서 뾰족하게 솟은 모양입니다. 일자로 보이지만 쉼코가 잘 빠지지 않는 모양으로 되어 있습니다. 코를 쉬어둔 동안에 바늘이 돌아가도 한쪽에 색 표시가 있어서 헷갈리지 않습니다.

D 대나무제 홈이 있는 꽈배기바늘

대나무 특유의 기분 좋은 실 걸림이 매력적입니다. 홈이 뜨개코를 고정시켜줘서 뜨개코를 쉬어둘 때 코가 빠지는 것을 막아줍니다. 평소에 대나무 바늘을 사용하는 분이라면 이 질감과 외관은 편안하게 느껴질 겁니다. 가벼움도 매력 중 하나입니다.

2 뜨는 요령

꽈배기바늘로 뜨는 교차무늬에 익숙해진 상급자 중에는
좀 더 빨리 뜨고 싶은 분도 있을 겁니다.
특히 콧수가 적은 교차무늬에서 꽈배기바늘을 매번 넣는 게 번거롭게 느껴진다면
꽈배기바늘을 사용하지 않고 교차시키는 방법을 시도해보는 건 어떨까요?
꽈배기바늘을 사용하지 않고 하는 건 2코 교차뜨기까지가 가장 안전합니다.
콧수가 많은 교차무늬에서는 꽈배기바늘을 사용합시다.

오른코 위 2코 교차뜨기

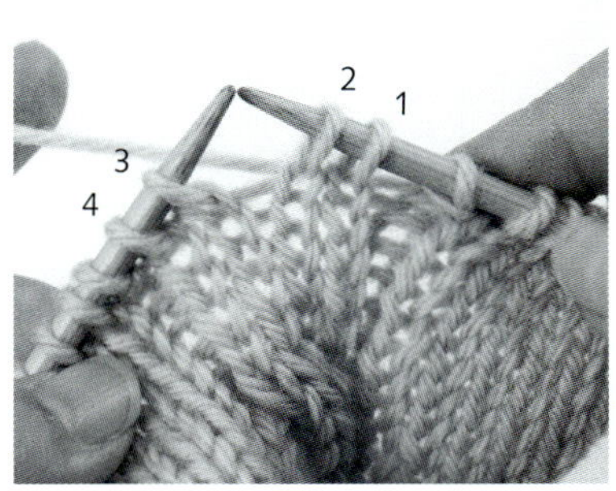

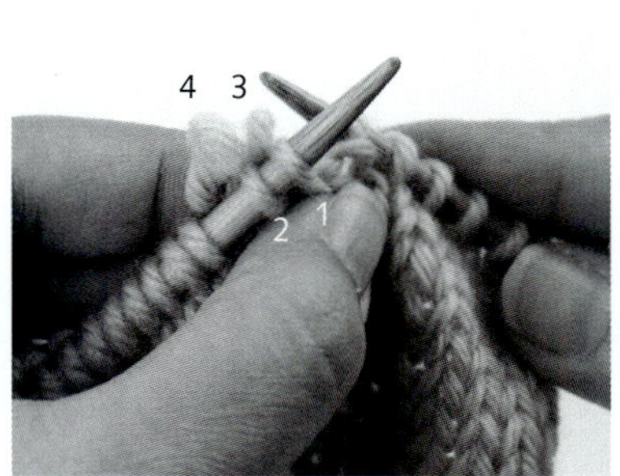

❶1과 2의 코를 오른바늘에 옮기고, 3과 4의 코를 2코 겉뜨기합니다.

❷1과 2의 코에 왼바늘로 앞쪽에서 바늘을 넣고,

❸오른바늘을 천천히 빼고, 바늘에서 뺀 3과 4의 코에 오른바늘을 넣습니다.

❹오른코 위 2코로 코가 교차됐으므로 계속해서 왼바늘의 1과 2의 코를 겉뜨기합니다.

왼코 위 2코 교차띄기

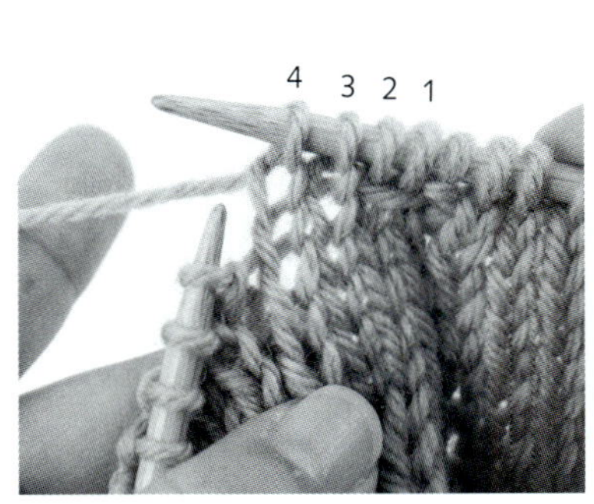

❶실을 앞쪽에 두고 1과 2의 코를 오른바늘에 옮기고 3과 4의 코를 겉뜨기합니다.

❷실을 편물 뒤쪽에 두고, 왼바늘로 뒤쪽에서 1과 2의 코에 바늘을 넣고 오른바늘을 천천히 뺍니다.

❸바늘에서 뺀 3과 4의 코를 오른바늘에 다시 옮기고,

❹왼코 위 2코로 코가 교차됐으므로 계속해서 왼바늘의 1과 2의 코를 겉뜨기합니다.

왼쪽 페이지에서 소개한 꽈배기바늘

다양한 종류의 꽈배기바늘이 있으니 자신에게 맞는 바늘을 찾아보세요.

A Prym
알루미늄제 꽈배기바늘
2.5mm/4.0mm
각 1개입 세트

Prym／www.prym.com

B Clover
꽈배기바늘 'U'

클로버 / https://clover.co.jp

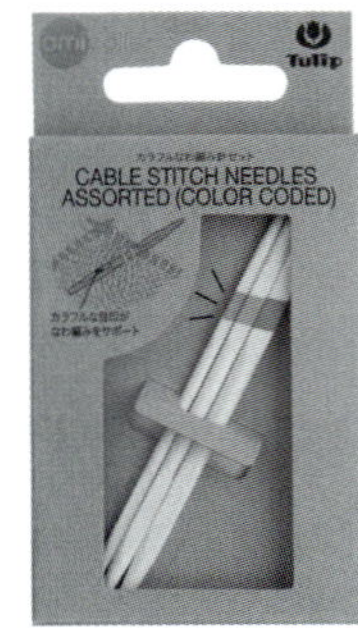

C amicolle
컬러풀한
꽈배기바늘 세트

튤립 / www.tulip-japan.co.jp

D Seeknit Natural
홈이 있는 꽈배기바늘

긴키아미바리 / www.seeknit.jp

재료

실…DMC 콜도넷 스페셜 no.80 흰색(BLANC)
부자재…꽃철사(지철사) #35. 경화액 스프레이
(Neo Rcir), 수예용 접착제, 양면테이프, 액체 염
료(Roapas Rosti) 사용색은 도안의 표를 참고하
세요. 인공 눈가루, 지름 15㎝ 유리 접시 1장, 지름
8.5㎝ 유리 접시 1장.

도구

레이스 바늘 14호

완성 크기

도안 참고

POINT

●도안을 참고해서 각 파트를 뜨고, 꼬리실을 70㎝
남기고 실을 자릅니다. 지정한 색으로 물들이고,
모양을 잡아서 경화 스프레이를 뿌립니다. 마무리
하는 법을 참고해서 완성하세요.

사용색

	사용색	염료
꽃	연보라색	퍼플
	군청색	퍼플, 블루
이파리	진녹색	그린, 다크 그린, 블랙
	보라색	퍼플, 레드 바이올렛
꽃가루	노란색	옐로우

※미리 염료를 섞어서 사용할 색을 만들어 놓는다.

각 파트의 장수

	이파리(소)	이파리(대)	꽃잎(소)	꽃잎(대)	완성 장수
이파리 A		5장			5장
이파리 B	3장				3장
꽃봉오리 A	1장		1장		1장
꽃봉오리 B	1장			1장	1장
바람꽃 A		1장	1장	1장	1장
바람꽃 B	4장		4장	4장	4장
합계	9장	6장	6장	6장	

※각 파트는 꼬리실을 70cm 남기고 자른 다음 중심을 통과해 안면으로 빼낸다.

꽃잎(대)

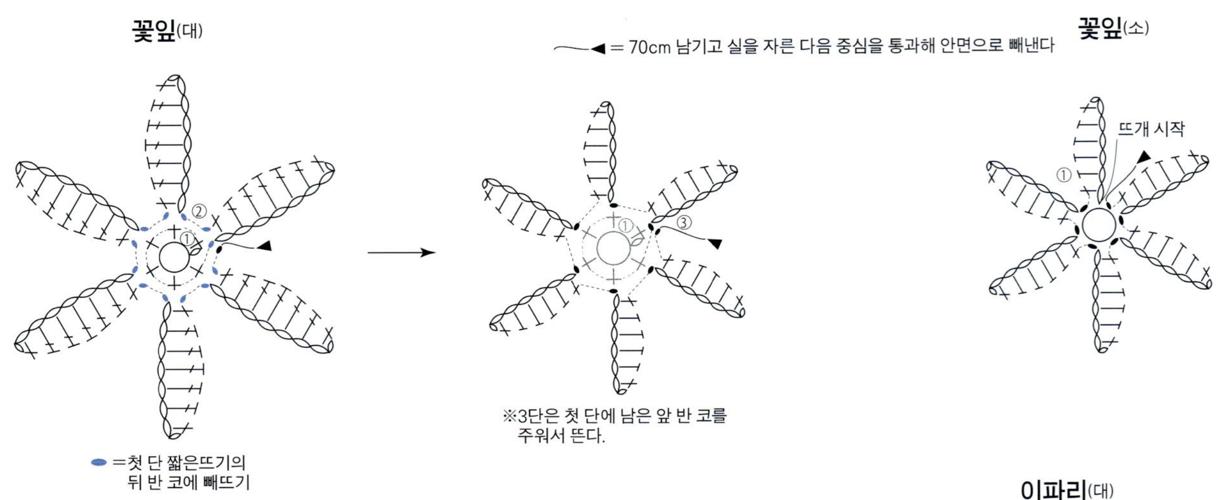

꽃잎(소)

이파리(소)

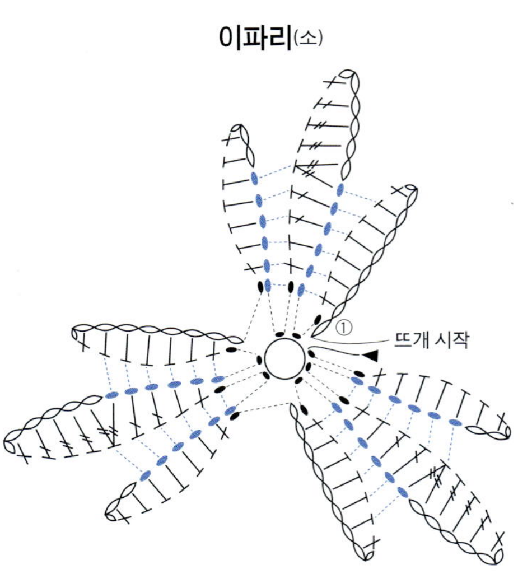

이파리(대)

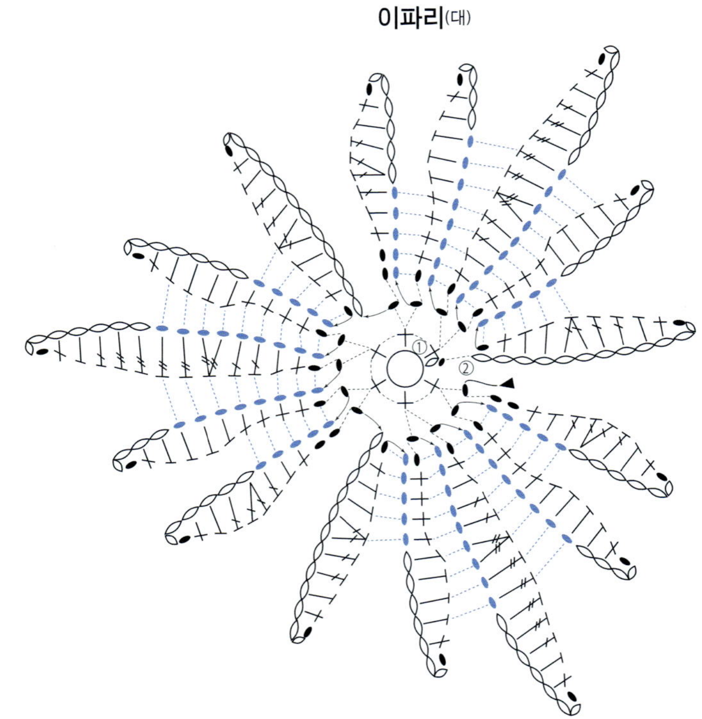

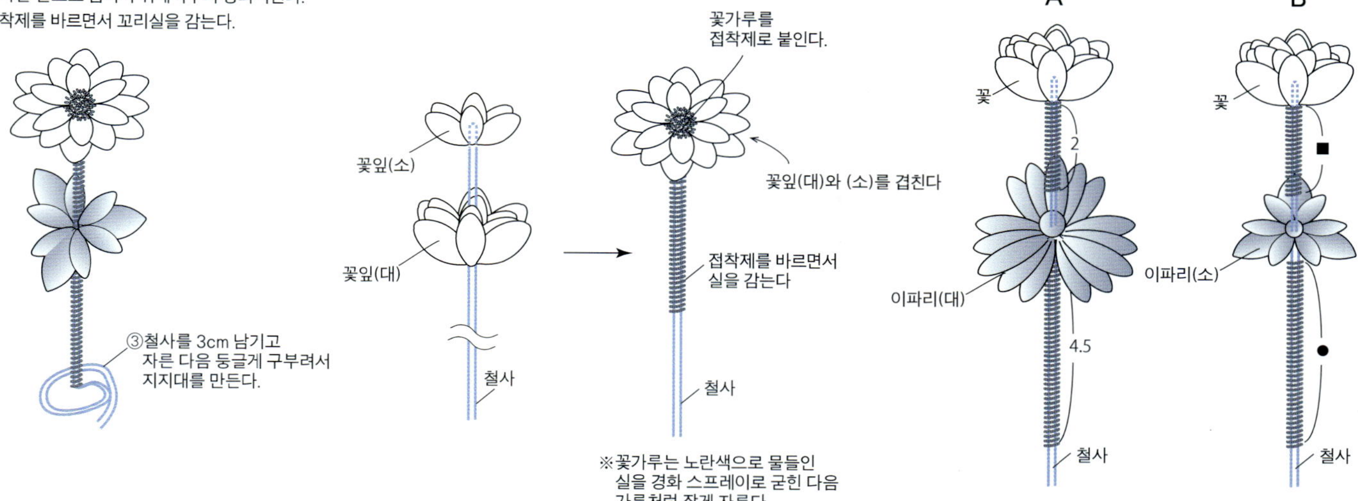

파트 마무리하는 법(공통)

① 철사를 반으로 접어서 위에서부터 통과시킨다.
② 접착제를 바르면서 꼬리실을 감는다.

※꽃가루는 노란색으로 물들인 실을 경화 스프레이로 굳힌 다음 가루처럼 잘게 자른다.

바람꽃 A, B 마무리하는 법

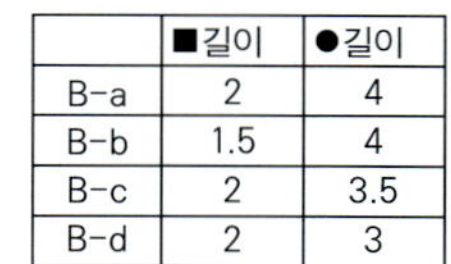

바람꽃 B 크기

	■길이	●길이
B-a	2	4
B-b	1.5	4
B-c	2	3.5
B-d	2	3

꽃봉오리 B 마무리하는 법

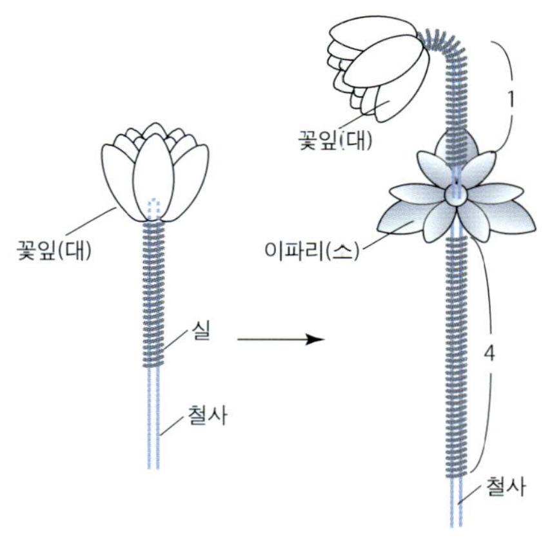

꽃봉오리 A 마무리하는 법

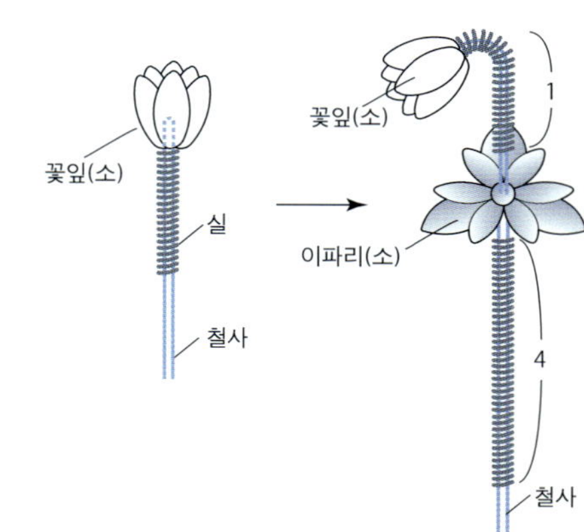

이파리 B　　　이파리 A

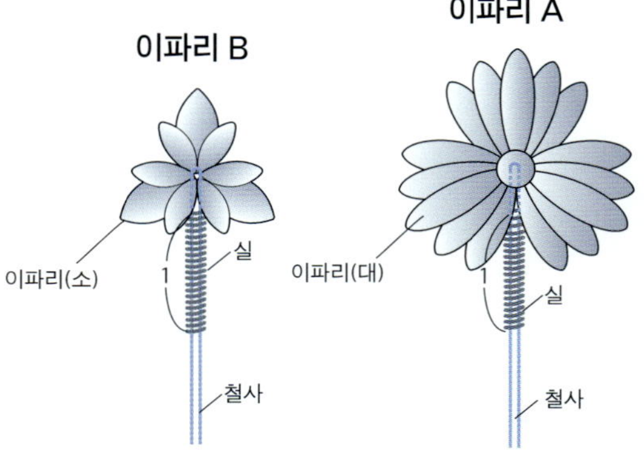

마무리하는 법

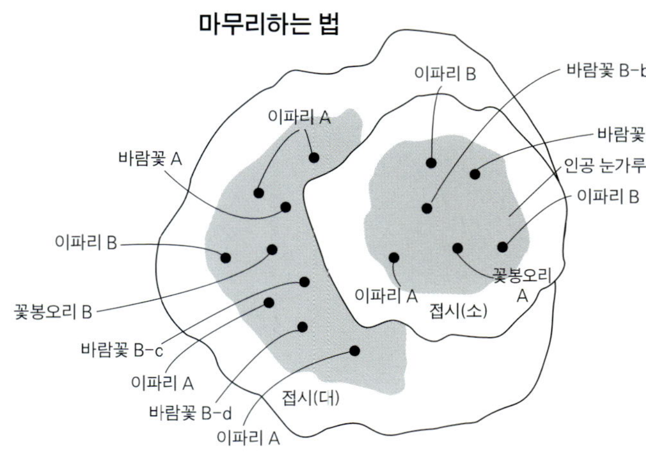

① 접시(대) 위에 접시(소)를 겹쳐서 붙인다.
② 접시에 양면테이프를 붙이고 도안을 참고해 철사를 구부려 만든 지지대를 붙인다.
③ 인공 눈가루, 접착제, 물을 소량 섞어서 눈을 갠다.
④ 파트 지지대와 양면테이프를 가리면서 개 놓은 눈을 발라서 말린다.

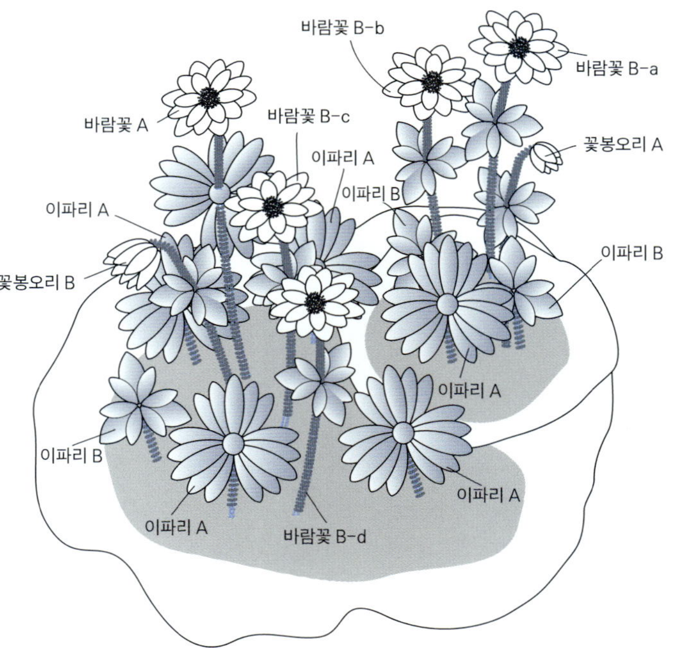

따스한 겨울나기

찬 바람이 부는 겨울, 보기만 해도 따뜻한 겨울 소품을 떠 보는 건 어떨까요?
포근하고 아기자기한 감성의 뜨개 작품으로 사랑받는 샤인모어가 겨울을 즐길 수 있는 귀여운 소품을 가져왔어요!
고구마 티코스터와 햄스터 컵홀더가 있으면 추운 계절도 끄떡없어요.

도안 디자인 : 샤인모어 / 촬영 : 김신정 / 사진 제공 : 샤인모어(P.74 오른쪽, P.75 왼쪽 중간, 가운데 하단)

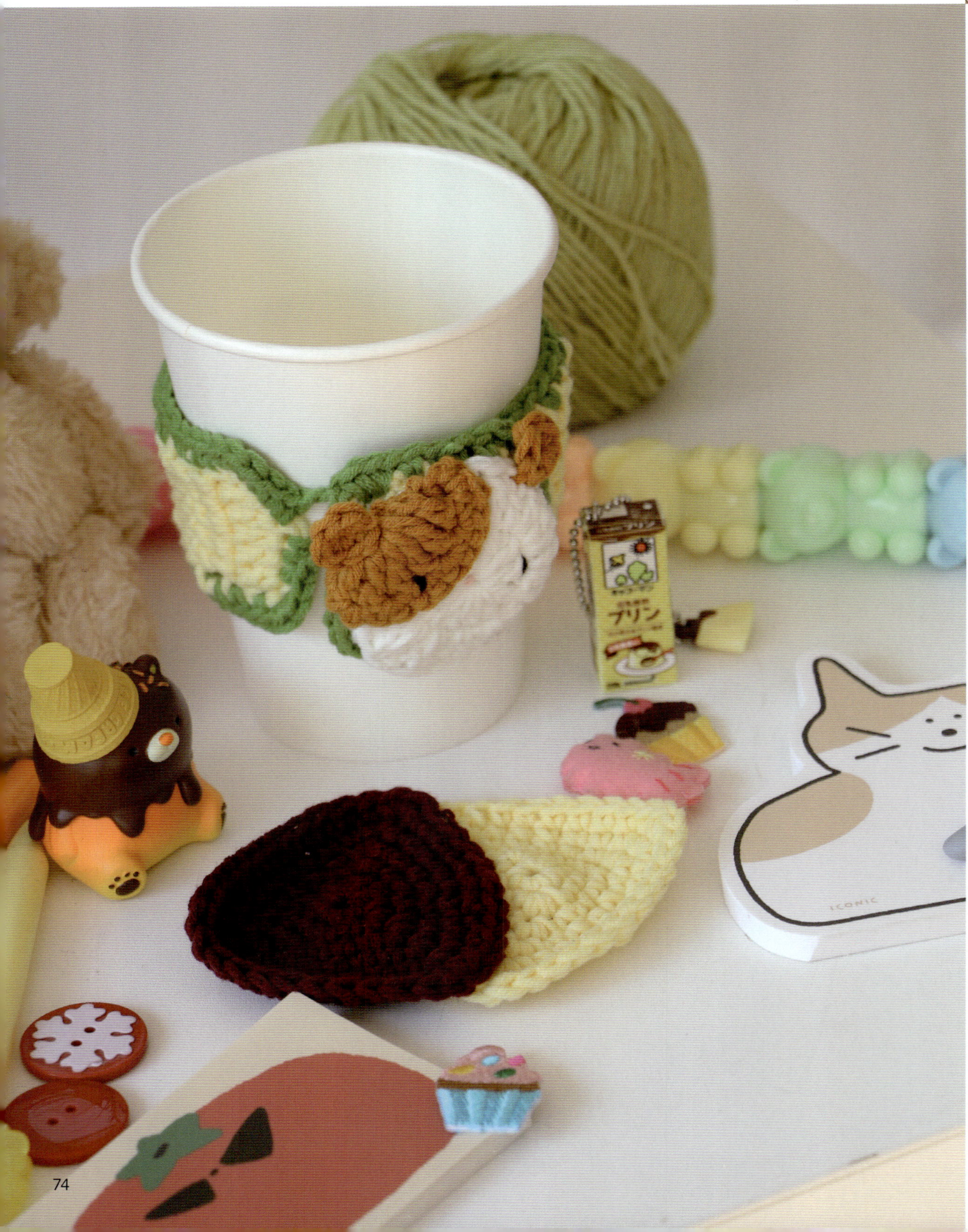

한겨울이면 김이 모락모락 나는 고구마를 먹습니다. 하지만 뜨거운 것을 덥석 잡는 것은 어려운 법이지요. 마치 서커스를 하듯 손 안에서 고구마를 굴리는 것까지가 고구마 먹기의 완성인 것 같습니다. 노랗게 잘 익어 껍질을 벗긴 고구마를 티코스터로 만들어봤습니다.

Design／샤인모어
How to make／P.218
Yarn／해피코튼

겨울에는 역시 따뜻한 음료를 찾게 되지요. 뽀짝한 햄스터와 눈을 마주칠 수 있는 귀여운 컵홀더입니다. 눈과 코를 원하는 모양과 크기로 만들면 나만의 햄스터로 완성되어 더욱 귀엽습니다. 따끈한 음료를 담은 컵을 감싸 겨울을 즐겨 보세요.

Design／샤인모어
How to make／P.219
Yarn／해피코튼

풀오버, 카디건, 베스트까지 감성 니트 디자인 18

대바늘로 한 번에 뜨는 탑다운 니트

부티크사 편집부 저 | 남가영 역 | 제우미디어 | 112쪽 |
18,800원

목에서 시작해 몸판과 소매를 한 번에 이어 뜨는 탑다운 기법으로 자유롭게 완성하는 나만의 니트! 대바늘로 뜨는 풀오버, 카디건, 베스트까지 감성 니트 디자인 18가지를 만나보자. 봉제선이 거의 없는 심리스 구조로 편안한 착용감은 물론 바느질에 자신이 없는 초보분들도 깔끔하게 만드는 심플하면서도 베이직한 디자인으로 매일 손이 가는 니트 완성!

모던한 배색 손뜨개 모티브 150+

니트오베이션 스티치 사전

앤드리아 랭걸 저 | 김혜연 역 | 지금이책 | 160쪽 | 23,000원

모든 대바늘 손뜨개 아이템에 응용할 수 있는 배색 모티브 150여 종을 한 권에 담았다. 섬세하게 표현된 식물과 귀여운 동물, 티타임 같은 일상적이고 친근한 소재부터 추상적인 기하학 이미지까지 모티브의 차트 도안과 스와치 샘플을 알차게 소개한다. 배색 뜨기의 실 선택 요령과 뜨개질 팁까지 소개해 따라하기만 하면 누구라도 모티브를 조합한 비니와 반장갑 등을 만들 수 있다.

코바늘로 뜨는

우아한 손뜨개 꽃

애플민트 저 | 강수현 역 | 한스미디어 | 80쪽 | 16,800원

봄에 흐드러지게 만개하는 벚꽃, 여름의 태양 아래 강렬한 색감을 더하는 장미, 어떤 꽃과도 조화로운 마트리카리아 등 언제나 사랑받는 24가지 생화 같은 손뜨개 꽃을 소개한다. 보고만 있어도 힐링 되는 자연의 꽃을 내 손으로 한 땀 한 땀 만들어 생화의 아름다움과 감성을 오랫동안 감상해보자. 꽃 뜨개가 처음이어도 자세한 과정별 사진과 친절한 레슨이 수록되어 있어 누구나 섬세하고 우아한 뜨개꽃을 피워낼 수 있다.

대바늘로 그리는 무민 이야기

무민 손뜨개 양말

린다 페르만토 엮음 | 이순선 역 | 지금이책 | 176쪽 | 26,000원

하얗고 동글동글한 얼굴에 사람들의 사랑을 받는 캐릭터 '무민'이 손뜨개 양말로 새롭게 태어났다. 무민 동화 속 세계에서 영감을 받아 만든 29가지 양말 도안을 만나보세요. 생동감 넘치는 인물과 동화 속 장면을 뜨개질로 만들어내는 재미가 있어 무민을 사랑하는 사람은 물론, 개성 넘치는 나만의 양말을 뜨고 싶은 사람에게도 안성맞춤이다.

잇기 없이 완성하는 북적북적 손뜨개 인형

Mouche & friends
대바늘 동물 친구들

신시아 발레 저 | 이순선 역 | 한스미디어 | 216쪽 | 28,000원

곰, 다람쥐, 고양이, 양, 오리 등 대바늘로 뜨는 12가지 매력적인 동물 인형들을 만나보자. 편물을 잇는 것 없이 입이나 코에서 뜨기 시작해 한 번에 완성할 수 있어 뜨는 재미만 충분히 느낄 수 있다. 이 책에는 인형은 물론 인형에 어울리는 옷과 소품을 서술형 도안으로 쉽게 설명해 도안을 따라하다 보면 어느새 생동감 넘치는 인형을 만날 수 있다. 인형 뜨기가 초보여도 걱정 없이 인형들의 이야기를 읽어보고 마음에 드는 동물을 떠보자.

니팅의 완성도를 높이는 시작코 41종과
코막음과 잇기 34종

대바늘 손뜨개의 시작코 &
코막음 핸드북

니시무라 도모코 저 | 김한나 역 | 김수산나 감수 | 지금이책 |
144쪽 | 18,000원

뜨개의 시작과 끝이라고 할 수 있는 시작코와 코막음 기법 그리고 잇기 방법 75가지를 소개하는 책이다. 편물의 특성과 용도에 맞는 시작코와 코막음 방법을 선택할 수 있도록 니터들에게 실용적인 도움을 주는 핸드북으로 자주 쓰이고 알아두면 유용한 기법을 엄선했다. 뜨개질을 시작할 때 핸드북을 가까이에 두고 언제든 넘겨보며 여러 가지 문제를 쉽게 해결해보자.

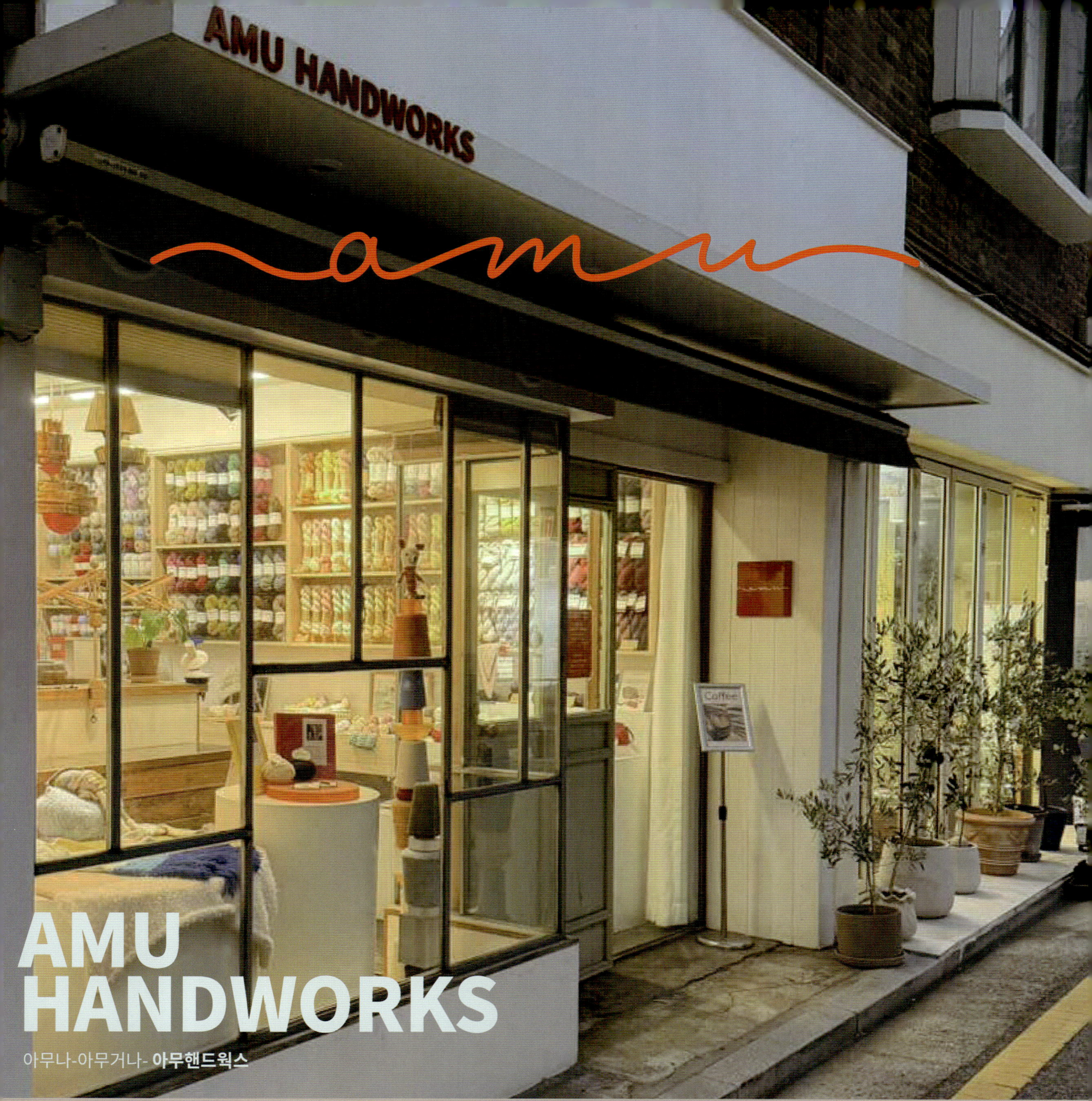
AMU HANDWORKS
amu
Coffee
AMU
HANDWORKS
아무나-아무거나- 아무핸드웍스

EVENT

자료 제공 : 각 브랜드와 주최 측

뜨개 브랜드 쎄비의 '쎄비 하우스' 오픈

니터가 사랑하는 수공예 브랜드 쎄비(SEVY)가 성수동에 새로운 오프라인 공간인 '쎄비 하우스(SEVY HAUS)'를 오픈했습니다. 쎄비 하우스는 모든 세대가 함께 뜨개를 즐길 수 있는 복합문화공간으로 1층부터 3층까지는 다양한 용도와 질감의 실과 도구를 직접 보고 구매할 수 있는 니팅 스토어, 4층부터 7층까지는 음료와 다과를 무제한으로 즐기며 뜨개에 몰입할 수 있는 니팅 라운지로 구성됩니다. 특히 니팅 라운지(유료 운영)는 1인 전용 좌석부터 단체 모임과 수업까지 가능한 커뮤니티 룸까지 있어 뜨개인들이 편안하게 머물 수 있는 곳이 될 수 있도록 심혈을 기울인 공간입니다. 오픈 행사에는 쎄비와 함께한 작가, 크리에이터, 협업 브랜드 관계자들이 참석해 뜨개의 즐거움과 의미를 나누는 시간을 가졌습니다. 다음 뜨개 프로젝트는 성수에 있는 쎄비 하우스에 방문해 영감을 얻어보는 건 어떨까요?

1／성수에 위치한 쎄비 하우스 모습. 2／오프닝 행사에 모인 쎄비 협업 작가들. 3／뜨개에 집중할 수 있는 니팅 라운지의 뮤직룸.

쎄비 하우스 서울시 성동구 연무장5가길 28 **인스타그램** @sevy_knitncrochet

실마리, 5인의 일상을 연결하다

1／다섯 명의 작가가 함께 만든 대형 작품이 걸려 있다. 2／빛이 풀어낸 색의 결을 뜨개로 표현한 작품. 3／실을 활용해 독특한 시도를 한 작품들도 만날 수 있었다.

뜨개인이라면 작품을 완성하고 난 뒤 애매하게 남은 자투리 실에 대한 고민을 한 적이 있을 것입니다. 바로 이 '자투리'를 다섯 명의 작가가 한데 모여 얽고 연결하며 세상에 하나밖에 없는 형태와 색으로 탄생시켜 전시 '실마리'에서 선보였습니다. 지난 10월 22일부터 약 1달간 플레이스낙양에서 진행된 전시에는 실을 빛에 빗대어 표현하는 올드랭사인(김소연), 섬유의 미묘한 성질을 탐구하는 호호밭(호주박), 건축사의 방식으로 실을 사용하는 스튜디오 유하(권유하), 뜨개의 다양한 방향성을 제시하는 은긍, 뜨개를 매개로 일상의 단편을 담는 니팅집 작가가 참여했습니다. 새로운 작품으로 다시 태어난 자투리들을 통해 남겨진 것들이 모여 어떻게 하나의 연결이 되는지 눈으로, 손끝으로 느낄 수 있는 전시였습니다.

플레이스낙양 서울특별시 강남구 테헤란로79길 25-3 **낙양모사 인스타그램** @nakyangyarn

手多 뜨개여행

2025년 10월 30일, 경인미술관 제2전시관에서 손뜨개이야기(이혜선), 란 뜨개공방(박연애), 시니 공방(조명신), 에브리니팅(한기화) 작가의 '手多 뜨개여행' 전시가 열렸습니다. 뜨는 만큼 착실하게 늘어나는, 더없이 정직한 손뜨개가 좋다는 4명의 작가가 각자의 자리에서 뜨개를 계속해온 시간이 엿보였습니다. 5일간 진행된 뜨개 전시에서는 네 작가가 2년간 준비한 작품들이 가득했습니다. 뜨개를 한 시간을 모두 합치면 한 세기를 훌쩍 넘길 정도인 만큼 작품의 양도, 크기도, 섬세함도 남달랐습니다. 그러데이션 숄, 페어아일 롱스커트, 패치워크 카디건, 펠티드 코트, 크로셰 모티브 가방 등 눈이 휘둥그레지는 대작들로 감상만으로도 즐거운 시간이었습니다. 아직도 궁금한 것도, 뜨고 싶은 것도 많다고 말하는 작가들의 열정이 고스란히 느껴지는 전시였습니다.

손뜨개이야기 @knitstory_122 **란 뜨개공방** @ran_knitting
시니 공방 @shinee_gongbang **에브리니팅** @everyknitting

1／스웨터, 카디건, 모자 등 전시된 어마어마한 양의 작품들. 2／섬세하면서도 큰 대형 작품들도 눈에 띄었다. 3／형형색색의 모티브를 모아 만든 가방과 커버.

100인의 니터들이 한 자리에, 대환장 뜨개파티

1／즐거운 시간을 보내고 환한 표정의 뜨개인들. 2／참여 작가들의 작품들을 전시했다. 3／함께 '군밤이'를 만들고 있는 참가자들.

지난 11월 8일, 인천 서구 상생마을 꿈터에 손뜨개를 사랑하는 20명의 현업 작가와 80명의 뜨개인이 한 자리에 모였습니다. 참여 작가들은 저마다의 색감과 개성이 고스란히 녹아 있는 대표작을 전시했고 참가자들에게 뜨는 법을 알려주기도 했습니다. 그 외에도 니팅쌤의 '군밤이', 수작바이이수의 플라스틱 병 뚜껑으로 업사이클링해 만든 '뜨개파티 기념 팬던트' 등 만들기 체험과 보물찾기, 뜨개 퀴즈 등 다양한 행사를 즐길 수 있었습니다. 이번 '대환장 뜨개파티'는 단순한 취미 모임을 넘어 뜨개인들이 한 자리에 모여 서로의 창작을 응원하고, 손뜨개의 매력을 나누며 교류하는 축제의 자리였습니다. 뜨개파티에 관한 내용과 다음 일정은 공식 인스타그램(@tteugae_party)에서 확인할 수 있습니다.

대바늘 뜨개 대백과

전 세계 니터들의 뜨개 바이블

THE ULTIMATE KNITTING BOOK

100만 부 이상 판매된 뜨개 교과서
30년 넘게 사랑받은 궁극의 뜨개 안내서
전 세계 니터들을 위한 단 한 권의 대바늘 백과사전

1989년에 출간하고 최신 테크닉을 추가한 전면 개정판
실, 바늘, 도구 설명부터 현존하는 모든 대바늘 뜨개 기법까지!

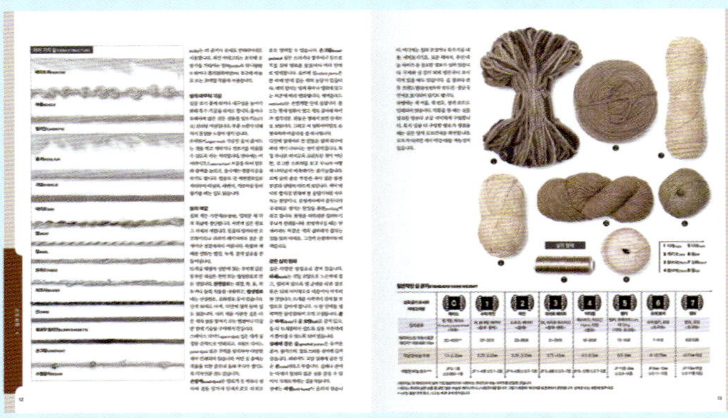
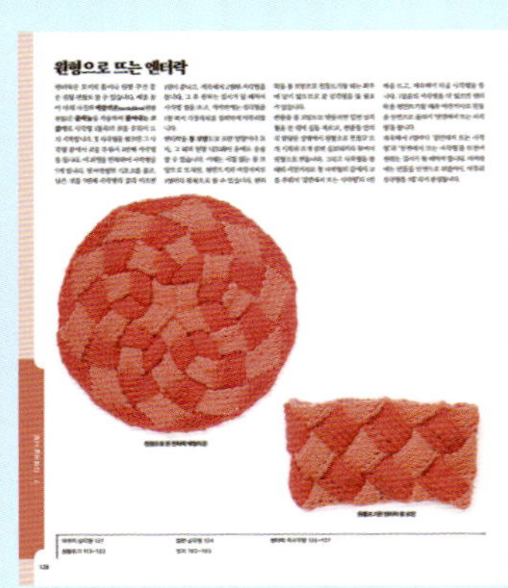
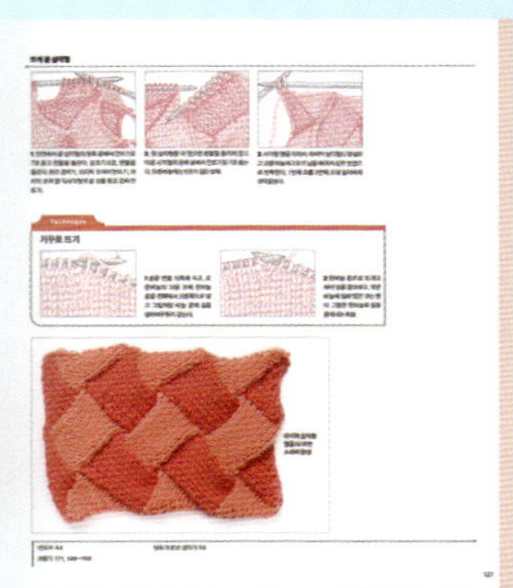

니터를 위한 뜨개 팁과 보그 과정 워크 시트,
뜨개 편물 디자인에 대한 모든 것!

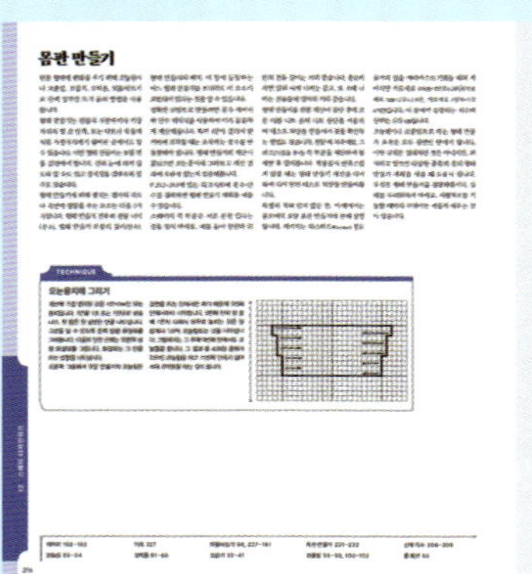
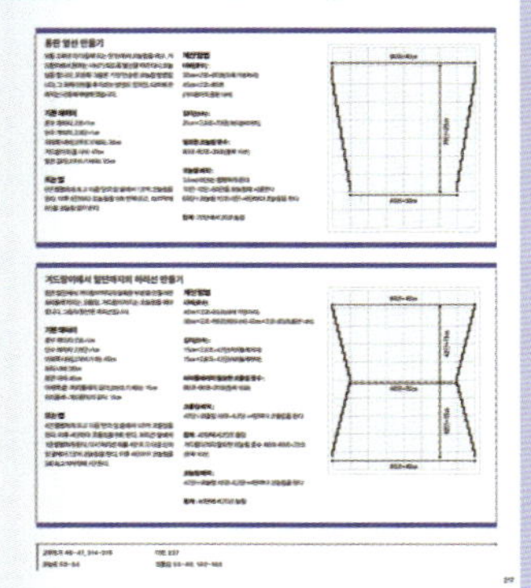
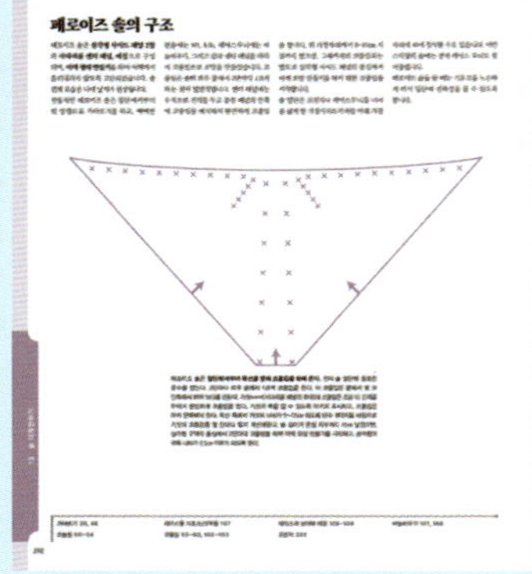
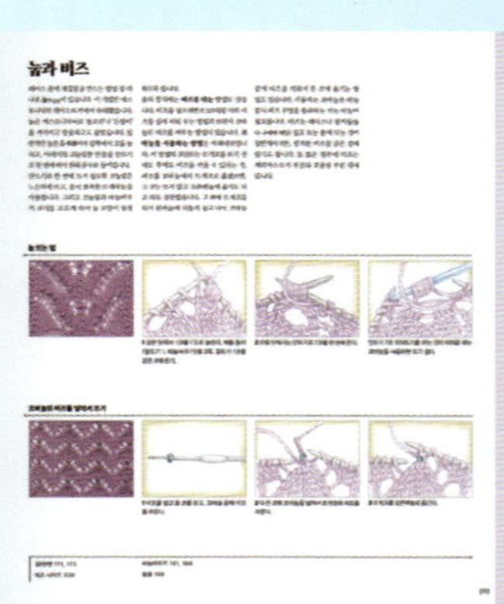

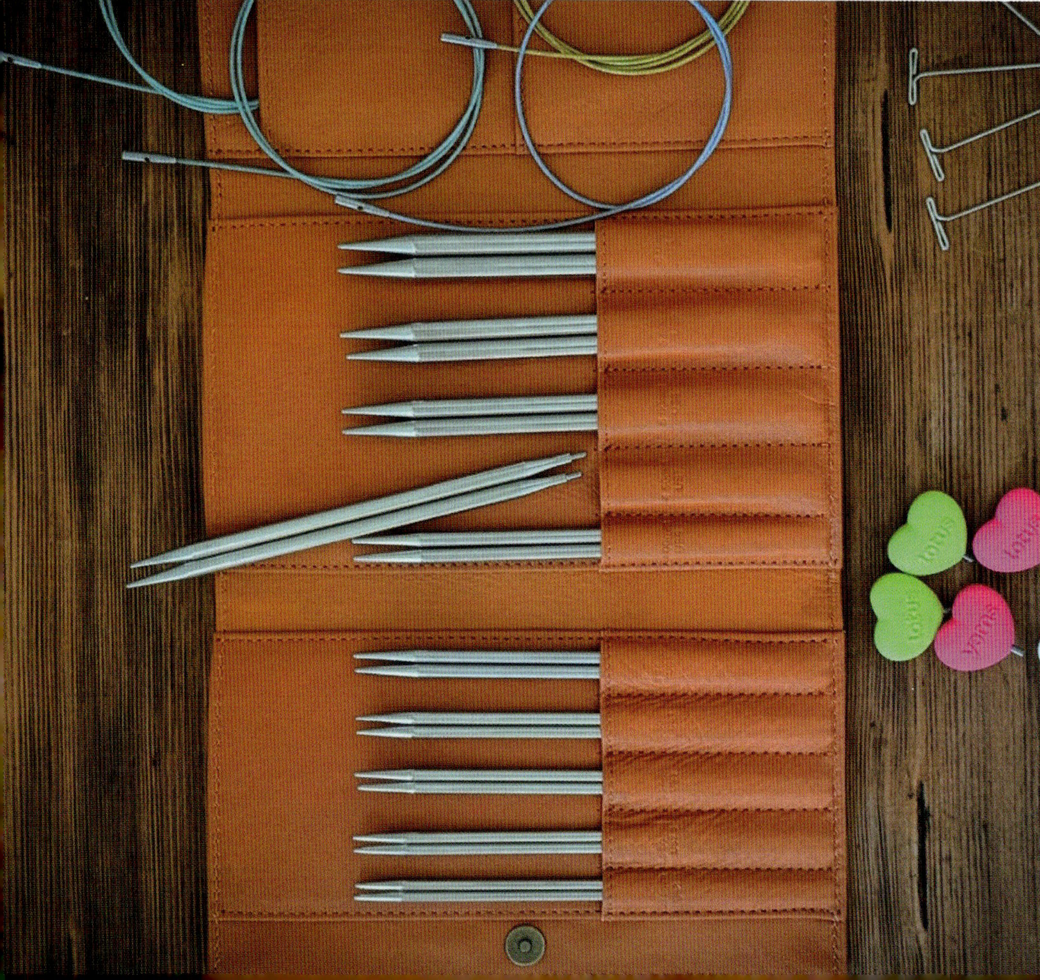

Value Your Knitting Time

뜨앤_THANN since2010

web @ann.knitting

바람공방의
무늬 패턴집 200

바람공방 저 | 배혜영 역 | 128쪽 | 20,000원

수십 년간 작품 활동을 해온 글로벌 뜨개 작가 바람공방이 직접 소개하는 대바늘 뜨개 패턴집. '무늬'를 테마로 해 겉뜨기와 안뜨기의 특징을 이용해 만드는 무늬, 바늘비우기를 활용한 레이스 무늬, 한국인이 가장 사랑하는 아란 무늬, 옷을 마무리할 때 쓰기 좋은 고무단과 꼬임무늬 등 뜨개 패턴 200가지를 수록했습니다. 책 속 패턴을 활용해 양말, 머플러 등 소품 만드는 방법도 있어 더욱 실용적입니다.

바람공방의
배색 패턴집 277

바람공방 저 | 배혜영 역 | 136쪽 | 20,000원

'배색'을 테마로 해 심플한 스트라이프, 체크, 걸러뜨개 배색, 아가일 무늬부터 다양한 색상을 조화롭게 사용해 매력적인 페어아일, 노르딕 무늬 등 활용도가 높고 아름다운 뜨개 패턴 277가지를 소개합니다. 모든 패턴은 실제 편물 사진과 도안을 함께 수록해 과정과 결과를 한 번에 파악하기에도, 원하는 배색을 골라 조합해 나만의 옷을 만들기도 좋습니다. 이 책을 통해 배색 뜨기의 즐거움을 만끽해 보세요.

페어아일 니팅

바람공방 저 | 배혜영 역 | 144쪽 | 24,000원

셰틀랜드 제도의 전통 뜨개 기법인 '페어아일'! 어려운 난이도로 명성이 높지만 그만큼 결과물이 멋지기 때문에 대바늘 뜨개의 꽃으로 불리기도 합니다. 이 책에서는 기초코 만들기, 배색뜨기, 진동둘레 뜨기, 스틱 뜨기 등 페어아일 작품 만드는 과정을 사진과 자세한 설명으로 안내한 후, 배운 기법으로 뜰 수 있는 작품을 같이 소개합니다. 니터라면 꼭 소장해야 하는 페어아일의 교과서입니다.

마음에 드는 니트

바람공방 저 | 남궁가윤 역 | 96쪽 | 16,800원

수많은 작품을 만들었던 바람공방이 사심을 듬뿍 담아 세련된 무늬, 예쁜 색의 실로 디자인한 니트웨어와 소품을 만날 수 있는 책입니다. 여러 가지 기법을 자유자재로 사용하는 작가라 꽈배기 무늬 풀오버, 배색무늬 카디건, 양면 느낌이 다른 스누드 등 다양한 작품이 가득합니다. 친절한 설명을 따라 한 코씩 뜨다 보면 어느새 매일 착용하고 싶은 작품이 완성됩니다.

Let's Knit in English!
니시무라 도모코의 영어로 뜨자

교차무늬의 변형과 표기

photograph Toshikatsu Watanabe   styling Akiko Suzuki

교차무늬는 따뜻한 계절보다 추운 시기에 더욱 자주 볼 수 있지요. 뜨개실에 신축성이 있으면 뜨기도 쉽고, 편물에 볼륨이 생겨서 보온성도 뛰어납니다. 그런 교차무늬는 장식적인 성격도 있어서 다양한 교차무늬를 조합해서 즐길 수도 있습니다. 이번에는 추운 계절에 활약할 것 같은 교차무늬에 살짝 재미를 더한 편물을 소개합니다.

그전에 확인해두고 싶은 것이 영문 패턴에 사용되는 교차무늬의 표기입니다. 일본과 한국의 뜨개 기호에서는 대부분의 경우 '교차는 몇 코씩', '어느 쪽 코가 위에 오는지' 한눈에 확인할 수 있습니다. 영문의 경우는 약어만 적혀 있을 때가 많고, 기호가 있어도 간략화되어 있을 때도 있지만 어느 쪽이든 순서는 친절하게 설명되어 있습니다.

하지만 여기서 혼란스러울지도 모릅니다. 예를 들면 C2R(Cross 2 Right)은 '2코로 이루어지고, 오른쪽 방향으로 교차시킨다'는 뜻으로 한국어로는 '왼코 위 1코 교차뜨기'를 가리킵니다. 'Right(오른쪽)'인데 '왼코 위'? 무슨 말일까요. 한국어 명칭에서는 교차시키려는 뜨개코의 배열을 기준으로 설명되어 '왼쪽 코가 위로 겹쳐지는 교차뜨기'로 표현합니다. 반면 영문에서는 최종적으로 교차시킨 모양, 그러니까 이 경우는 '오른쪽 방향으로 교차시킨다'의 Right인 겁니다.

더욱이 영어에서 교차뜨기의 명칭은 표준화되어 있지 않습니다. 같은 왼코 위 1코 교차뜨기라도 C2R(Cross 2 Right)이나 1/1 RC(1 over 1 Right Cross) 등 다른 명칭이 존재합니다. 이런 점에서 역시 뜨는 순서를 미리 확인하는 것이 좋습니다.

이번 시즌에는 아란무늬처럼 교차무늬를 활용한 스웨터 등을 떠보는 건 어떨까요. 교차뜨기의 표기 방법에 관한 사정을 알아두면 영문 패턴으로 뜨는 아란 스웨터에도 도전할 수 있을지도 몰라요!

<Pattern A>

3/3 RC (3 over 3 right cross): Slip next 3 sts on to cn and hold at back, k3 from LH needle, then k3 from cn.
3/3 LC (3 over 3 left cross): Slip next 3 sts on to cn and hold in front, k3 from LH needle, then k3 from cn.

CO 33 sts.
Set-up row: k6, p10, k1, p10, k6.
Row 1 (RS): k1, p5, k10, p1, k10, p5, k1.
Rows 2 & 12 (WS): k1, k the k sts and p the p sts until last st, k1.
Row 3: k1, p5, ssp, k8, yo, p1, yo, k8, p2tog, p5, k1.
Rows 4, 6, 8, and 10: k1, k the k sts and p the p sts and yos until last st, k1.
Row 5: k1, p6, ssp, k7, yo, p1, yo, k7, p2tog, p6, k1.
Row 7: k1, p7, ssp, k6, yo, p1, yo, k6, p2tog, p7, k1.
Row 9: k1, p8, ssp, k5, yo, p1, yo, k5, p2tog, p8, k1.
Row 11: k1, p9, 3/3 RC, p1, 3/3 LC, p9, k1.
Rep Rows 1 to 12 for pattern.

<패턴 A>

· 3/3 RC (3 over 3 right cross) : 왼코 위 3코 교차뜨기
다음 3코를 꽈배기바늘에 옮겨 뒤쪽에 두고, 왼바늘에서 겉뜨기 3, 꽈배기바늘에서 겉뜨기 3.
· 3/3 LC (3 over 3 lefr cross) : 오른코 위 3코 교차뜨기
다음 3코를 꽈배기바늘에 옮겨 앞쪽에 두고, 왼바늘에서 겉뜨기 3, 꽈배기바늘에서 겉뜨기 3.

기초코 33코.
준비단 : 겉뜨기 6, 안뜨기 10, 겉뜨기 1, 안뜨기 10, 겉뜨기 6.
1단째(겉면) : 겉뜨기 1, 안뜨기 5, 겉뜨기 10, 안뜨기 1, 겉뜨기 10, 안뜨기 5, 겉뜨기 1.
2단째와 12단째(안면) : 겉뜨기 1, 마지막 코의 직전까지 겉뜨기는 겉뜨기, 안뜨기는 안뜨기하고, 겉뜨기 1.
3단째 : 겉뜨기 1, 안뜨기 5, 오른코 위 안뜨기 2코 모아뜨기, 겉뜨기 8, 걸기코, 안뜨기 1, 걸기코, 겉뜨기 8, 왼코 위 안뜨기 2코 모아뜨기, 안뜨기 5, 겉뜨기 1.
4, 6, 8, 10단째 : 겉뜨기 1, 마지막 코 직전까지 겉뜨기는 겉뜨기, 안뜨기와 걸기코는 안뜨기하고, 겉뜨기 1.
5단째 : 겉뜨기 1, 안뜨기 6, 오른코 위 안뜨기 2코 모아뜨기, 겉뜨기 7, 걸기코, 안뜨기 1, 걸기코, 겉뜨기 7, 왼코 위 안뜨기 2코 모아뜨기, 안뜨기 6, 겉뜨기 1.
7단째 : 겉뜨기 1, 안뜨기 7, 오른코 위 안뜨기 2코 모아뜨기, 겉뜨기 6, 걸기코, 안뜨기 1, 걸기코, 겉뜨기 6, 왼코 위 안뜨기 2코 모아뜨기, 안뜨기 7, 겉뜨기 1.
9단째 : 겉뜨기 1, 안뜨기 8, 오른코 위 안뜨기 2코 모아뜨기, 겉뜨기 5, 걸기코, 안뜨기 1, 걸기코, 겉뜨기 5, 왼코 위 안뜨기 2코 모아뜨기, 안뜨기 8, 겉뜨기 1.
11단째 : 겉뜨기 1, 안뜨기 9, 3/3RC, 안뜨기 1, 3/3LC, 안뜨기 9, 겉뜨기 1.
1~12단째까지를 반복해서 무늬를 뜬다.

뜨개 약어

약어	영어 원어	우리말 풀이
cn	cable needle	꽈배기바늘
k	knit	겉코, 겉뜨기
LH	left hand	왼손
p	purl	안코, 안뜨기
p2tog	purl 2 stitches together	왼코 위 안뜨기 2코 모아뜨기
rep	repeat	반복, 반복하다
RH	right hand	오른손
RS	right side	겉면
ssp	slip, slip, purl	오른코 위 안뜨기 2코 모아뜨기
st(s)	stich	뜨개코, 코
WS	wrong side	안면
yo	yarn over	걸기코

<패턴 B>

· 10−RPC(10 right purl cross) : 왼코 위 5코 교차뜨기(아래쪽이 안뜨기)
다음 5코를 꽈배기바늘에 옮겨 뒤쪽에 두고, 왼바늘에서 겉뜨기 5, 꽈배기바늘에서 안뜨기 5.
· 10−LPC(10 left purl cross) : 오른코 위 5코 교처뜨기(아래쪽이 안뜨기)
다음 5코를 꽈배기바늘에 옮겨 앞쪽에 두고 왼바늘에서 안뜨기 5, 꽈배기바늘에거 겉뜨기 5.

기초코 33코.
준비단 : 겉뜨기 6, 안뜨기 5, 겉뜨기 11, 안뜨기 5, 겉뜨기 6.
1단째(겉면) : 겉뜨기 1, 안뜨기 5, 겉뜨기 5, 안뜨기 11, 겉뜨기 5, 안뜨기 5, 겉뜨기 1.
2단째(안면) : 겉뜨기 6, 안뜨기 5, 겉뜨기 11, 안뜨기 5, 겉뜨기 6.
3~6단째 : 1~2단을 2번 반복.
7단째 : 겉뜨기 1, 안뜨기 5, 10−RPC, 안뜨기 1, 10−LPC, 안뜨기 5, 겉뜨기 1.
8단째 : 2단과 동일.
9~12단째 : 1~2단을 2번 반복.
1~12단째까지를 반복해서 무늬를 뜬다.

<Pattern B >

10−RPC (10 right purl cross): Slip next 5 sts on to cn and hold at back, k5 from LH needle, then p5 from cn.
10−LPC (10 left purl cross): Slip next 5 sts on to cn and hold in front, p5 from LH needle, then k5 from cn.

CO 33 sts.
Set−up row: k6, p5, k11, p5, k6.
Row 1 (RS): k1, p5, k5, p11, k5, p5, k1.
Row 2 (WS): k6, p5, k11, p5, k6.
Rows 3 to 6: Rep Rows 1 & 2 two more times.
Row 7: k1, p5, 10−RPC, p1, 10−LPC, p5, k1.
Row 8: Work as Row 2.
Rows 9 to 12: Rep Rows 1 & 2 twice.
Rep Rows 1 to 12 for pattern.

니시무라 도모코(西村知子)

니트 디자이너, 공익재단법인 일본수예보급협회 손뜨개 사범, 보그학원 강좌 '영어로 뜨자'의 강사. 어린 시절 손뜨개와 영어를 만나서 학창 시절에는 손뜨개에 몰두했고, 사회인이 되어서는 영어와 관련된 일을 했다. 현재는 양쪽을 살려서 영문 패턴을 사용한 워크숍·통번역·집필 등 폭넓게 활동하고 있다. 저서로 는 국내에 출간된 《손뜨개 영문패턴 핸드북》 등이 있다.

Instagram : tette.knits

Let's Knit in English!

서술형 패턴으로 뜨는 사계절 니트 웨어

《털실타래》 연재에서 소개했던 영문 패턴 기법으로 뜬 무늬를 바탕으로 다양한 아이템을 선보이는 시리즈 제3탄. 이번에는 사계절을 테마로 한 니트 웨어를 소개합니다. 10종의 무늬를 사용한 작품 12점의 영문 패턴과 번역 설명, 그림 도안을 수록했습니다. 영문 패턴에서만 볼 수 있는 뜨개법 등을 사진과 자세한 설명으로 소개합니다. 책 뒷부분에는 영어 뜨개 용어 사전도 들어 있습니다.

11월 12일 발매

하야시 고토미의 Happy Knitting

photograph Toshikatsu Watanabe, Nobuhiko Honma(process) styling Akiko Suzuki

자수 같은 결과물, 하지만 엄연히 손뜨개, 그것이 '인레이'

에스토니아에서 구한 에스토니아어 책. 인레이를 디자인에 도입한 작품과 키히누비츠, 트위스티드 스티치 등 에스토니아의 기법도 활용됐다.

흰 바탕에 알록달록한 스타킹은 화려해서 한 번쯤 떠보고 싶다. (※) 061364_ERM_8903

손가락에 들어간 무늬가 각각 다른 디자인인 것이 놀랍다. 엄지에도 무늬가 들어가 있다. 커프스는 에스토니아에서 자주 사용되는 스파이럴 립. (※) 041769_ERM_A924_45–ab

에스토니아에서 열린 심포지엄에서 구입한 손목 워머. 인레이보다 3단이나 들어가 있는 루프뜨기가 기법으로서는 훨씬 까다롭다.

루흐누 섬의 스타킹은 남색에 흰 무늬가 아름답다. (※) SM_10379

(※)에스토니아의 뮤지엄 컬렉션 아카이브에서

크래프트 캠프 클래스에서 배운 첫 인레이 작품. 가장자리에 두른 끈도 같은 실을 꼬아서 만든 것. 작지만 공을 들인 핀 쿠션이다.

2018년, 에스토니아의 빌랸디에서 열린 심포지엄에서 처음으로 '인레이'의 실물을 봤습니다. 행사장은 태피스트리 작가 아누 라우드 씨의 부지 안에 있는 건물로 현지인들이 다양한 기법을 선보이며 작품을 전시·판매하고 있었습니다.

그때 루프뜨기를 사용한 퍼포먼스를 하고 있던 분이 만든 화려한 무늬가 들어간 손목 워머를 구입했습니다. 무늬는 언뜻 보면 나중에 자수를 놓은 것 같지만(실제로 자수를 놓은 걸로 소개됐던 적이 있다고 합니다), 실제로는 뜨면서 실을 통과시켜서 무늬를 만드는 인레이 기법이 사용됐습니다. 구입했던 작품의 게이지는 5cm=28코. 손 둘레가 17cm였기에 기초코는 96코입니다.

당시에 저는 루프뜨기에 관심이 많아서 이 기법을 사용한 작품을 《KEITO DAMA》 2019년 가을호에서 소개했습니다. 하지만 아직 인레이에는 관심이 생기기 전이었습니다.

심포지엄 행사장에서는 에스토니아의 니팅 기법을 폭넓게 다룬 책《ESTONIAN KNITTING》도 판매되고 있었습니다. 이듬해에는 영어판이 나와서 구입했는데 그 안에 인레이 뜨는 법도 실려 있었습니다. 뜨는 법은 알았지만 제대로 이해했는지 자신이 없었습니다. 그래도 재미있는 기법이라고 생각했습니다.

2019년 가을, 에스토니아에서 열리는 '크래프트 캠프' 안내가 처음으로 도착했습니다. 심포지엄이 아니라 여기에 참가하려고 했지만 2020년에는 코로나로 중지됐습니다. 북유럽 니트 심포지엄도 열리지 않아서 결국 2023년에야 이 '크래프트 캠프'에 참가해 인레이를 배우기로 했습니다.

주최자에게 제공받은 실과 바늘은 이제껏 본 적 없는 가는 굵기였습니다. 제가 참고했던 손목 워머와 거의 같은 하이 게이지로, 핀 쿠션을 뜨기로 했습니다. 처음에는 루프뜨기부터. 떠본 적은 있지만 익숙하지 않아서 고생하며 겨우 다 뜬 뒤, 드디어 인레이에 들어갔습니다. 인레이는 이미 예습을 해놓아서 제대로 이해했는지 확인하면서 진행했습니다. 결과적으로 제대로 이해한 걸 알고 재미가 들려서 다 뜰 무렵에는 인레이의 포로가 되어 있었습니다. 루프뜨기도 에스토니아의 가는 실로 뜨는 게 훨씬 예쁘게 완성됐습니다.

이틀째에도 또 인레이 클래스였습니다. 하지만 이날은 같은 실을 사용하면서 더 가는 바늘이 제공됐습니다. 첫째 날의 핀 쿠션을 완성하고, 다음 인레이 작품에 들어갔을 때 클래스는 끝났습니다. 간단하면서도 결과물이 화려한 재미있는 기법이라는 것을 알았습니다.

크래프트 캠프 마지막 날에는 참가자 전원이 작품을 전시하고 감상을 나눴습니다. 행사장에는 니트뿐 아니라 가죽 세공·염색·목공 등의 클래스도 있어 늘 참가하던 심포지엄과는 또 다른 재미가 있었습니다. 제가 뜬 인레이를 본 독일에서

온 참가자가 "자수예요?"라고 묻기에 "뜨개예요"라고 했더니, "자수가 더 빠르지 않아요?"라고 해서 그만 "저도 그렇게 생각해요"라고 해버렸습니다. 지금 생각하니 "그래도 굉장히 재미있었어요"라고 덧붙여 둘 걸 하고 반성하고 있습니다.

그해 저는 《ESTONIAN KNITTING》의 저자 중 한 명인 아누·핑크 씨와 만나 루흐누 섬(Ruhnu Island)의 니트에 대해 이야기를 들을 기회가 있었습니다. 그때 루흐누 섬에도 인레이 기법을 사용한 작품이 있다는 걸 알고 뮤지엄에 요청해 실물을 볼 수 있었습니다.

인레이(에스토니아어로는 roositud)는 에스토니아의 독자적인 기법으로 양말·스타킹·장갑 등에 사용되어왔습니다. 장갑에는 손등 부분뿐만 아니라 손가락 하나하나에 인레이무늬가 들어간 것도 있어 보는 즐거움이 있습니다. 스타킹(긴 양말)은 대부분 흰 바탕에 알록달록한 무늬용 실로 만들어졌지만 루흐누 섬에서는 남색을 베이스로 흰 실 2겹을 사용했습니다.

또 작년에 구한 신진 니트 디자이너의 책에도 인레이(2겹으로 뜬 것)를 디자인에 도입한 것이 있었습니다. 지금까지 니트웨어에 이 기법을 사용한 것을 별로 보지 못했지만 앞으로는 인레이를 도입한 작품이 늘어날지도 모릅니다. 쉽고 재미있는 기법이니 훨씬 유명해지기를 바라고 있습니다.

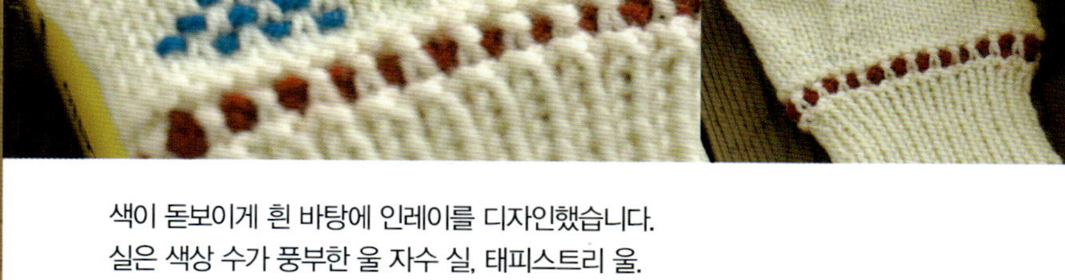

색이 돋보이게 흰 바탕에 인레이를 디자인했습니다.
실은 색상 수가 풍부한 울 자수 실, 태피스트리 울.
편물의 실보다 굵어서 1겹으로 사용했습니다.
상단의 레이스는 사실 이 레이스 부분부터 뜨기 시작해서 스캘럽 무늬를 살려봤습니다.

Design／하야시 고토미
How to make／P.184
Yarn／퍼피 프린세스 아니, DMC 태피스트리 울

인레이의 실 걸치는 법

❶ 1단째. 실을 걸치는 코의 직전에 배색실을 끼웁니다.

❷ 1코를 뜨고 배색실을 바탕실 밑으로 뒤로 걸칩니다.

❸ 사이의 겉코를 뜨고,

❹ 다음 실을 걸칠 때 배색실을 앞쪽으로 뺍니다.

❺ 떨어진 구간에서는 새 실을 달아서 같은 방법으로 실을 걸칩니다.

❻ 따로 실을 달아서 1단째를 떴습니다. 실은 1단 아래에 걸치게 됩니다.

❼ 2단째, 실을 걸치는 코 직전까지 뜬 뒤, 왼쪽에 있는 배색실을 앞쪽으로 길게 늘어뜨리고 뒤쪽으로 뺍니다.

❽ 1단째와 같은 방법으로 늘어뜨린 실을 걸치면서 뜹니다.

❾ 마지막까지 걸친 모습입니다. 실은 아직 여분이 있습니다.

❿ 처음에 걸친 실 끝을 천천히 당겨,

⓫ 실의 텐션을 조절합니다. 너무 당기지 않게 주의합니다. 2단을 반복해서 실을 걸쳐나갑니다.

⓬ 도안에 따라 각각 새 실을 답니다.

하야시 고토미(林ことみ)
어릴 적부터 손뜨개가 친숙한 환경에서 자랐으며 학생 때 바느질을 독학으로 익혔다. 출산을 계기로 아동복 디자인을 시작해 핸드 크래프트 관련 서적 편집자를 거쳐 현재에 이른다. 다양한 수예 기법을 찾아 국내외를 동분서주하며 작가들과 교류도 활발하다. 저서로 《북유럽 스타일 손뜨개》 등 다수가 있다.

코바늘로 즐기는
겨울 크로셰 웨어
Winter Crochet
겨울 코디에 수예의 화려함을 곁들여 줄 코바늘뜨기 아이템들을 다양하게 모아보았습니다. 레이시한 무늬는 액세서리처럼 빛을 발하고, 볼륨감 있는 편물은 든든한 아우터로 존재감을 발휘합니다.
photograph Hironori Handa styling Masayo Akutsu hair&make-up AKI model Vero.E(170cm)
파도처럼 일렁이는 독특한 무늬는 가로뜨기가 선사하는 선물입니다. 코바늘 특유의 투명감을 즐길 수 있는 크롭 베스트는 볼륨 있는 상의나 하의와 매치하기 좋은 아이템입니다.
Design／atelier tricot(고바야시 마키)
How to make／P.186
Yarn／올림푸스 시젠노쓰무기 SEN
Necklace／SLOW 오모테산도점

베이직한 한길 긴뜨기 무늬의 레이시한 몸판과 꽃
모티브 소매가 절묘하게 어우러진 환상적인 풀오
버입니다. 부드러운 컬러 배색이 사랑스러운 디자
인과 어우러져 소녀 감성을 한껏 자극합니다.

Design／marshell
How to make／P.198
Yarn／올림푸스 시젠노쓰무기 mofu

Pants／하라주쿠 시카고(하라주쿠/진구마에점)

그러데이션 안으로 뜬 풀오버는 기초코를 원형으
로 만든 뒤, 가운데가 빈 모티브를 뜨듯 앞뒤 몸판
을 계속 빙 둘러 뜨는 방식입니다. 뜨는 재미를 느
낄 수 있는 무늬와 아주 작은 스팽글이 반짝이는
그러데이션 실의 조합도 환상적이지요. 뒤쪽 트임
이 신경 쓰인다면 테두리뜨기에 끈이나 리본을 끼
워 마무리해도 좋습니다.

Design／오카모토 마키코
How to make／P.191
Yarn／다이아몬드케이토 다이아 스푸만테

Blouse · Skirt／산타모니카 하라주쿠점
Brooch／SLOW 오모테산도점

아름다운 그러데이션에 걸어뜨기를 더하면 규칙성이 흐트러지며 예측할 수 없는 깊이가 더해집니다. 적당한 볼륨감과 두께감 있는 편물 또한 매력적이지요. 포근한 겨울이 다가올 시기, 코트보다 더 자주 찾게 될 아이템입니다.

Design／가와이 마유미
Knitter／오키타 기미코
How to make／P.195
Yarn／다이아몬드케이토 다이아 푸레

Blouse／산타모니카 하라주쿠점
Skirt／SLOW 오모테산도점

걸어뜨기 무늬가 와플 원단처럼 공기를 감싸주어
더할 나위 없이 따뜻합니다. 깔끔하고 심플한 베
스트라서 남성에게도 잘 어울리는 유니섹스 디자
인입니다.

Design／효도 요시코
Knitter／가타야마 가요
How to make／P.189
Yarn／데라이 알리제 앙고라 골드

(오른쪽)Blouse ·Skirt／SLOW 오모테산도점
(왼쪽 위)Shirt ·Pants／산타모니카 하라주쿠점

기분까지 밝아지는 화려한 모티브 잇기로 뜬 스커트. 그래니 모티브에 지그재그 무늬가 더해져 손뜨개의 매력을 한껏 느낄 수 있는 디자인입니다. 컬러풀한 배색은 그러데이션 실이 만들어 내는 마법과도 같지요. 바늘을 움직이며 그러데이션의 마법에 푹 빠져보세요.

Design／기시 무쓰코
How to make／P.201
Yarn／데라이 알리제 앙고라 골드 바틱

Jacket／하라주쿠 시카고(하라주쿠/진구마에점)
Blouse／산타모니카 하라주쿠점

도카이 에리카의 배색무늬 니트

이번 겨울에도 어김없이 큰 인기를 끌고 있는 도카이 에리카의 배색무늬 니트를 소개합니다.
배색무늬뜨기에 필요한 재료까지 모두 들어 있는 편리한 키트로 즐겨보세요.
(94~95페이지에 소개된 작품은 도안이 수록되어 있지 않습니다.)

photograph Toshikatsu Watanabe styling Akiko Suzuki

스키어 카디건
눈을 표현할 때는 자연스레 모헤어를 사용하고 싶어
집니다. 여기에 반짝이는 퍼를 더해, 막 내린 눈이 전
나무 위에 소복이 쌓인 모습을 표현했습니다. 그런 은
빛 세계와는 대조적으로, 스키어 부분에는 네온 컬러
를 사용해 생동감 넘치게 완성한 카디건입니다.
(가슴둘레 120cm, 기장 61cm, 확장 74cm)

Knitter／가네코 마유미

쿠키 무늬 베스트

쿠키는 늘 떠보고 싶었던 모티브였지만, 브라운 계열의 단조로운 배색으로 흐르기
쉬워 아쉬움이 있었습니다. 그래서 쿠키의 형태를 다양하게 하고, 밝은색과 라메
실로 포인트를 주었습니다. 지나치게 튀지 않도록 베이스 컬러는 차분한 회색으로
골랐습니다.
(가슴둘레 112cm, 기장 51.5cm) Knitter／스즈키 기미코

쿠키 무늬 가방

코의 증감이 없는 가방은 가장 뜨기 쉬운 디자인입니다. 쿠키마다 개성을 더하기
위해 자수를 놓았는데, 사용한 라메 실은 네프가 있으니, 편물에 실을 통과시킬 때
는 실을 수직으로 잡아당겨 주세요. 가방은 사용하기 좋은 넉넉한 사이즈로 완성
했습니다.
(폭 34cm, 높이 33cm) Knitter／스즈키 기미코

딸기 & 꽃무늬 풀오버

차콜 스트레이트 얀과 검정 모헤어를 합사한 시크한 베이스 안에 빨간 딸기와 하
얀 꽃을 배색뜨기했습니다. 양쪽 소매에는 무늬가 들어가지 않지만, 밑단과 목둘레,
소맷부리에는 무늬뜨기를 넣었습니다. 딸기 표면의 작은 알갱이들은 라메 실로 수
놓아 주면 더욱 생기 있고 싱싱한 인상을 줍니다.
(가슴둘레 120cm, 기장 59.5cm, 화장 62cm) Knitter／스가하라 마오

세계의 손염색을 찾아 떠나는 여행

세계를 향해 나아가는 '일상에 스며드는 실'

Bunny Wooly(한국)

약 수십 년 전부터 유럽과 미국에서 유행하기 시작한 손염색실은
세계적인 확산을 보이며 최근에는 일본에서도 취급점과 다이어(손염색 작가)가 늘고 있습니다.
다이어인 Chappy(채피) 씨가 각국의 다이어를 소개하면서 손염색실의 세계를 탐방합니다.

취재·글·사진: Chappy (Chappy Yarn)

요즘 한국은 그동안 볼 수 없었던 뜨개 붐을 맞이하고 있습니다. '한국의 손염색실은 어떤 모습일까?' 하는 순수한 호기심을 품고, 한국의 손염색실을 선도하는 바니울리(Bunny Wooly)의 오너 그레이스 씨를 만나기 위해 서울 근교 도시인 인천을 찾았습니다.

원래부터 수공예를 좋아해 2016년경부터 수공예점을 운영해 온 그레이스 씨는, 몇 년 전 인터넷을 둘러보다가 손염색실과 운명적으로 만나게 됩니다.

"수공예는 다 좋아하지만, 염색은 단순한 기술이 아니에요. 자신만의 색을 포착하고, 그것이 다른 사람의 손에서 또 다른 작품으로 탄생하죠. 그 과정이 마치 마법처럼 느껴졌어요."

그때부터 그녀는 당시 한국에서는 흔치 않았던 손염색에 도전하게 됩니다. 여러 시행착오를 거쳐 1년간 준비한 끝에, 2019년에 수예점과 같은 이름인 '포포하비(Popo Hobby)'라는 손염색실 브랜드를 론칭했습니다. 그리고 올해는 브랜드명을 '바니울리(Bunny Wooly)'로 변경했습니다.

"그때만 해도 한국에서는 강렬하고 다채로운 해외 손염색실이 주류였어요. 하지만 한국의 감성은 훨씬 더 부드러워요. 그런 감성을 실에 녹여내고 싶었어요. 저에게 손염색실은 단순한 재료가 아니라 일상을 채워주는 존재랍니다. 그래서 부드럽고 편안한 소프트 팝 스타일의 색, 일상 속 소소한 행복과 온기를 느낄 수 있는 색을 목표로 염색하고 있어요. 뜨개를 하면서 그 색 안에 담긴 은은한 이야기를 느껴주셨으면 하는 마음으로요."

그리고 무엇보다 그녀는 고객에 대한 진심을 가장 중요하게 여깁니다. 메일 문의에도 정성껏 답장하느라 서너 시간밖에 잠을 자지 못할 때도 있습니다. 멋진 쇼룸 역시 실을 직접 눈으로 보고 싶어 하는 고객들의 요청에 응해 마련된 공간이라고 합니다.

"서울 중심부에서는 조금 멀어졌지만, 직접 실을 보러 와주시니 정말 기쁘고 감사하죠. 지금은 임신 중이라 예약제로 운영하고 있는데, 어머니께서 도와주고 계세요."

소프트 팝 스타일의 컬러링과 진심 어린 응대로 인지도가 높아지고 인기가 오를 즈음, 한국에 뜨개 열풍이 불기 시작했습니다. 그녀는 지금 큰 변화를 느끼고

부드러운 색감의 손염색실들이 빼곡히 진열되어 있다. 구경하다 보면 시간 가는 줄 모를 정도다.

바니울리(Bunny Wooly)

웹사이트 : https://bunnywoolly.shop/

채피(Chappy)

손염색 아티스트. 손염색실 브랜드 Chappy Yarn 다이어 겸 CEO. 도쿄에서 태어나 홍콩에 살고 있다. 2015년부터 보고 뜨고 입어서 즐거운 촉감을 중시한 손염색실을 선보이고 있다. 이벤트와 인터넷을 중심으로 뜨는 사람이 행복해지는 손뜨개실을 목표로 활동하고 있다.
Instagram : Chappy Yarn

1／색을 고를 때 스와치(Swatch)는 필수품이다. 2／100가지 컬러가 늘 진열되어 있으며, 선택이 어려울 때를 위한 미니 실타래 세트도 준비되어 있다. 3／'러블리함'이 압권인 스타일리시한 쇼룸(예약제). 쇼룸 뒤편은 염색 작업실로 이어져 있다.

있다고 말합니다.

"처음에는 손님이 많지 않았지만, 한 번에 많이 사 가는 분들이 많았어요. 요즘은 조금만 구매해 저가 실과 합사해 쓰는 분들이 늘었죠. 젊은 층이나 초보자들은 국내 손염색실을 사용하는 반면, 화려한 스타일을 좋아하는 장년층 이상은 해외 실을 선호하는 경향이 있어요. 젊은 디자이너의 수가 늘어나면서 소품에서 큰 아이템을 뜨는 흐름으로 바뀌고 있고요. 손염색실 작가 수도 최근 2년 사이에 비약적으로 늘었어요. 규모를 파악하기 어려울 정도예요."

뜨개 애호가들에게는 이상적인 환경처럼 보이는 한국이지만, 그녀의 시선은 뜻밖에도 해외를 향하고 있습니다.

"한국은 아직도 수예를 경시하는 풍조가 강해요. 손염색실을 할인점에서 파는 균일가 실과 비교하는 분들이 있어 속상할 때가 있어요. 신인 염색가가 대놓고 베끼는 경우도 있는데, 이제는 반쯤 체념한 상태예요. 손염색실을 하나의 '예술'로 인정해 주는 나라들이 정말 부러워요!"

아시아권 전반이 수예에 관한 편견이 있는 듯하다는 푸념부터 고된 작업에 대한 고민까지, 한참 이야기를 나눈 끝에 그녀는 말을 이어갔습니다.

"그래도 저는 손염색이 좋아요. 솔직히 매일 염색하고 테스트하는 과정을 반복하다 보면 체력 소모가 크긴 해요. 그런데도 이 일을 그만둘 수 없는 이유가 있어요. 누군가의 손끝에 실과 색을 전하는 과정에서 뭔가 특별한 소중한 감정을 느끼기 때문이지요. 그것이 제 일이자 인생이고, 사명이라고 생각해요."라고 단호하게 말하는 모습이 무척 인상적이었습니다.

그녀의 부드럽고 사랑스러운 이미지, 그리고 인품이 그대로 스며든 듯한 소프트 팝 스타일의 컬러링에는 그녀만의 열정과 신념이 담겨 있습니다. 그것이 바로 인기의 비결일 것입니다.

끝으로 독자들에게 메시지를 남겼습니다.

"언젠가 제 실이 여러분의 일상에 자연스럽게 녹아들어 '뜨개'라는 따뜻한 작업 속에서 소소한 힐링이 되기를 바랍니다. 그리고 제가 물들인 색들이 여러분의 손끝에서 새로운 이야기를 꽃피우기를 진심으로 바랍니다."

4 ·5／원래 수공예점이었던 공간이라 곳곳에 다양한 수공예 도구들이 놓여 있다. 모두 여전히 사용할 수 있는 것들이다. 6／일주일에 천 타래가 넘는 실을 손염색하고 있다고 한다(사진 제공: 바니울리). 7／앞으로의 목표는 '해외 진출'이라며 자신 있게 포부를 밝히는 그레이스 씨.

97

photograph Hironori Handa styling Masayo Akutsu hair&make-up AKI model Vero.Et(170cm)

Couture Arrange

시다 히토미의 쿠튀르 어레인지

어른을 위한 버블 풀오버

〈어른을 위한 쿠튀르·니트〉에서 전체적으로 풍성하게 구슬뜨기로 장식된 풀오버였다.

추운 겨울일수록 털실의 따스한 온기에 더 기대게 됩니다. 뜨개를 좋아하길 참 잘했다는 생각이 드는 이유이기도 합니다.

이번에는 추억이 깃든 첫 작품집 〈어른을 위한 쿠튀르·니트〉 중 독자 앙케트 1위를 차지했던 작품을 새롭게 어레인지했습니다. 구슬뜨기(버블)로 풍성하게 장식한 페일 핑크 풀오버는 지금 다시 보니 한층 발랄하면서도 귀엽게 느껴집니다. 이번에는 그 디자인을 조금 더 차분하고 성숙한 분위기로 표현하고 싶었습니다.

실은 보드라운 감촉의 스트레이트 얀을 사용했고, 컬러는 무늬가 또렷하게 드러나는 에크뤼를 선택했습니다. 우선 세로로 나뉘어 있던 지그재그 레이스를 없애고, 몸판 중심에서 대칭으로 무늬를 배치했습니다. 각 단의 레이스 무늬는 밑단과 몸판 윗부분에만 하고, 가운데 부분은 2단 레이스 무늬로 재구성했습니다. 이렇게만 해도 분위기가 많이 달라졌는데, 여기에 구슬뜨기의 크기뿐 아니라 개수도 줄여 부분적으로 사용했습니다.

오랜만에 첫 작품집을 천천히 들여다보며, 작품 하나하나가 완성되기까지의 과정과 도움을 주신 분들을 떠올리니 감회가 남달랐습니다. 지금까지 꾸준히 뜨개를 이어올 수 있었다는 사실에 감사한 마음이 가득합니다.

detail

무늬는 테두리뜨기도 포함해서 모두 중심에서 대칭으로 배치합니다. 몸판의 경우 뜨개 시작과 몸판 윗부분이 각 단의 레이스 무늬가 됩니다. 몸판 윗부분은 각 단의 레이스 무늬에 구슬뜨기가 들어가므로 도안을 참고해 뜹니다. 중심만 반 무늬 전에 구슬뜨기합니다.

소매도 몸판과 같은 방법으로 무늬를 넣어 뜨는데, 중간까지는 증감 없이 뜨고 윗부분의 양옆에서 늘림코를 합니다. 목둘레의 테두리뜨기는 구슬뜨기 없이 깔끔하게 마무리했습니다. 밑단의 테두리뜨기는 균등하게 늘림코를 하고, 도안을 참고해 지정 위치에 구슬뜨기하면서 뜹니다. 소맷 부리의 테두리뜨기는 지정 위치에 구슬뜨기하고, 양옆은 1코 돌려 고무뜨기합니다. 뜨개 끝은 모두 1코 돌려 고무뜨기 코막음합니다.

〈어른을 위한 쿠튀르·니트〉에서
Knitter／나시모토 아케미
How to make／P.206
Yarn／다이아몬드케이토 다이아 태즈메이니안 메리노
Skirt／SLOW 오모테산도점

오카모토 게이코의 Knit +1

겨울의 반짝임은 왠지 모르게 마음을 설레게 합니다.

photograph Shigeki Nakashima styling Kuniko Okabe
hair&make-up Hitoshi Sakaguchi model Jennifer Mai(169cm)

올해 가장 큰 트렌드는 반짝이와 스팽글을 활용한 반짝이는 아이템입니다. 반짝이는 소재는 파티룩이나 외출룩을 떠올리기 쉽지만, 색감과 디자인을 잘 고르면 데일리룩으로도 연출할 수 있습니다. 베이직한 컬러의 반짝이나 스팽글은 과하지 않은 은은한 광택을 더해 성숙한 여성에게도 잘 어울립니다.

이번에 소개하는 재킷과 풀오버는 극세 알파카를 기모 처리한 알파카 플리스에 멀티 컬러 스팽글을 아낌없이 더한 화려한 실 '아라잔'과 여러 종류의 실을 조합해 떴습니다. '아라잔'은 케이크 위에 올리는 반짝이는 작은 알갱이로, 그 알갱이를 스팽글에 빗대어 붙인 이름입니다.

재킷은 농도가 다른 핑크색과 연회색의 '아라잔', 연지색의 '카라멜라', 하얀색의 '드라제'를 사용해 떴습니다. 폭신한 소맷부리와 칼라 주변에 더한 작은 프린지가 포인트입니다. 걸러뜨기로 떠서 보기보다 뜨기 쉽습니다.

풀오버는 검정색 '아라잔'과 회색·하얀색의 '카사타'를 조합해 모노톤으로 떴습니다. 물방울 같은 걸러뜨기와 줄무늬 조합으로 캐주얼한 분위기를 연출했습니다. 하단에는 작은 주머니를 달고, 입구는 짧은뜨기로 버튼홀 스티치처럼 마무리했습니다. 사슬뜨기와 빼뜨기를 반복해 큰 구슬뜨기처럼 보이는 기법으로 목둘레에 테두리뜨기를 해서, 간단하면서도 임팩트 있는 흥미로운 짜임을 만들어 냈습니다. 남은 실에 1볼을 더해 머플러도 만들었습니다. 풀오버 위에 머플러를 두르면 얼굴이 작아 보이는 효과까지 있으니, 세트로 떠서 코디해보세요.

반짝이는 것은 행운을 가져다준답니다. 가볍고 따뜻하면서도 반짝임까지 갖춘 귀엽고 세련된 느낌의 '아라잔'은 올해 K'sK가 가장 자신 있게 추천하는 실입니다.

오카모토 게이코(岡本啓子)
아틀리에 케이즈케이(atelier K'sK) 운영. 니트 디자이너이자 지도자로 전국적으로 왕성하게 활동 중. 공익재단법인 일본수예보급협회 이사.
http://atelier-ksk.net/

실／아라잔

왼쪽／넓은 칼라와 짧은 프린지가 디자인 포인트입니다.

Knitter／모리시타 아미
How to make／P.209
Yarn／K'sK 아라잔, 카라멜라, 드라제

오른쪽／모노톤의 작은 배색무늬와 줄무늬로 캐주얼한 느낌을 연출했습니다. 남은 실에 1볼을 더하면 머플러도 만들 수 있습니다.

Knitter／미야모토 히로코
How to make／P.204
Yarn／K'sK 카사타, 아라잔

비기너를 위한

스윽스윽 뜨다 보니 자꾸 즐거워지는

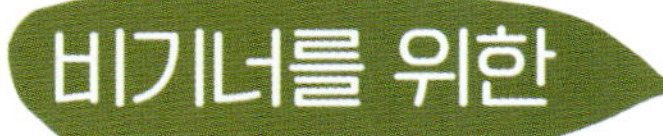

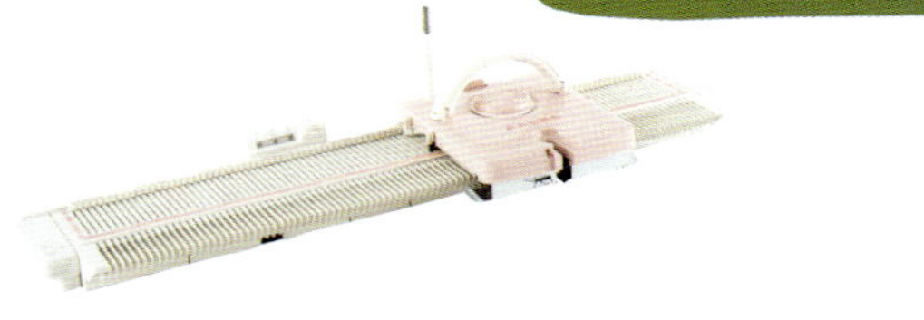

신·수편기 스이돈 강좌

이번에는 수편기를 사용한 '트리밍'을 소개합니다.
뜨는 동시에 트리밍이 같이 만들어져 의외로 쉽게 완성할 수 있습니다. 꼭 한 번 도전해보세요.

photograph Hironori Handa styling Masayo Akutsu hair&make-up AKI model Vero.E(170cm)

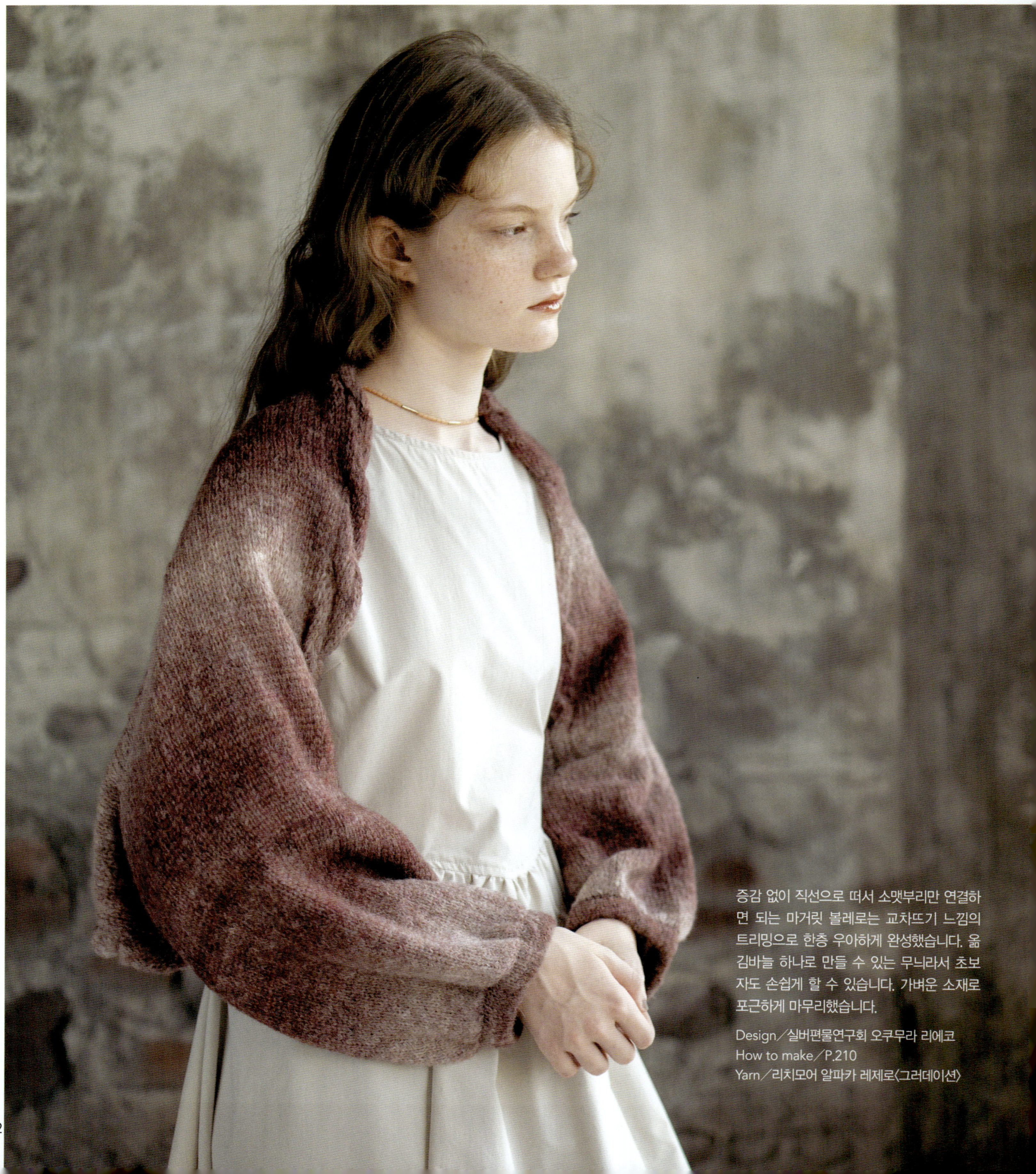

증감 없이 직선으로 떠서 소맷부리만 연결하면 되는 마거릿 볼레로는 교차뜨기 느낌의 트리밍으로 한층 우아하게 완성했습니다. 옮김바늘 하나로 만들 수 있는 무늬라서 초보자도 손쉽게 할 수 있습니다. 가벼운 소재로 포근하게 마무리했습니다.

Design／실버편물연구회 오쿠무라 리에코
How to make／P.210
Yarn／리치모어 알파카 레제로〈그러데이션〉

인상적인 트위스트 프린지를 수편기로 떠보았습니다. 수편기로 작업하면 프린지 길이가 가지런해져 한층 더 깔끔하고 정돈된 인상을 줍니다. 생각보다 간단하게 만들 수 있는 효과적인 기법입니다.

Design／실버편물연구회 오쿠무라 리에코
How to make／P.211
Yarn／다이아몬드케이토 다이아 도미나. 다이아 에포카

신·수편기 스이돈 강좌

이번에는 다이내믹한 조작이 매력적인 테두리뜨기를 소개합니다.
교차무늬처럼 입체적인 무늬와
캐리지를 크게 움직여서 만드는 프린지를 즐겨보세요.

촬영/혼마 노부히코

무늬 뜨는 법(마거릿)

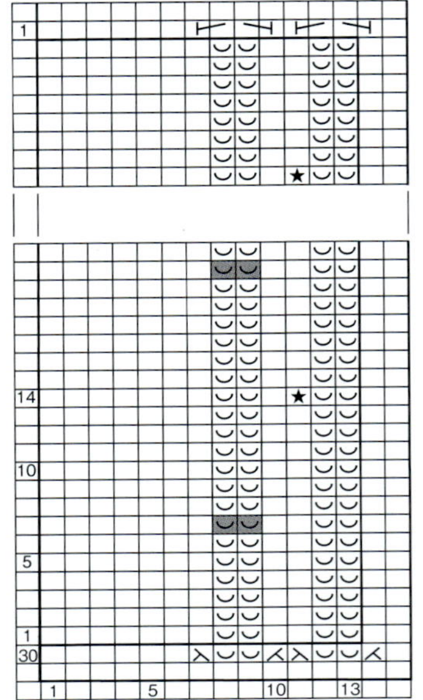
무늬뜨기(왼쪽 어깨)

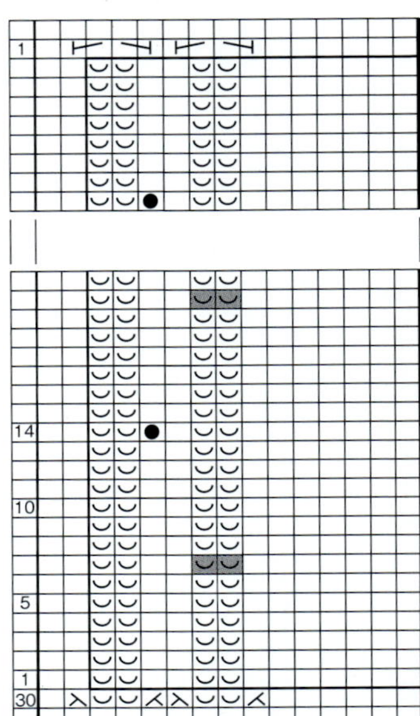
무늬뜨기(오른쪽 어깨)

□ = ⊟

☑ = 바늘 빼기

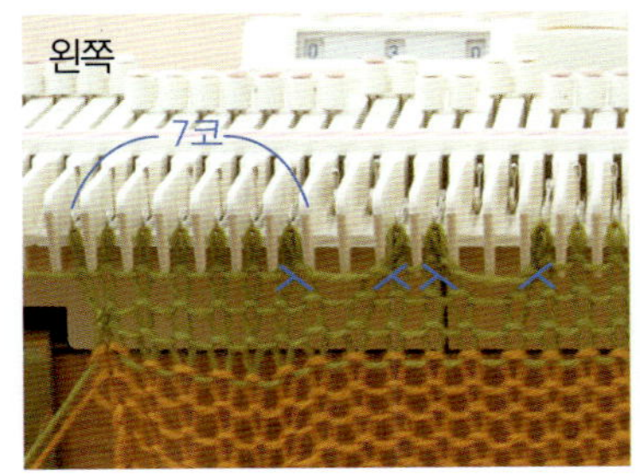

1
무늬뜨기가 시작되는 1단 앞에서, 바늘 빼기가 되는 코를 양쪽에 걸어 2코 모아뜨기를 합니다. 바늘 빼기 부분은 바늘을 A위치까지 내립니다.

2
14단을 뜹니다.

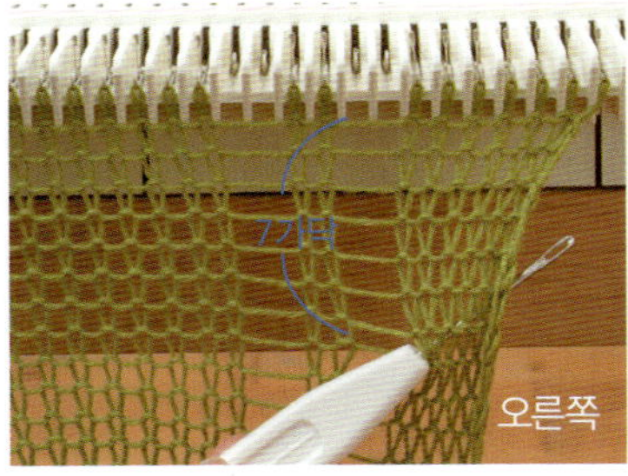

3
걸친 실의 7가닥 아래(☑☑의 위)에 옮김바늘을 넣습니다.

4
사진처럼 바깥쪽으로 돌리는데,

5
편물째 돌려서 ●의 바늘에 겁니다.

6
●의 바늘에 걸린 모습(바늘은 D위치로 꺼내둡니다).

7
왼쪽도 오른쪽과 똑같이 3~6의 요령으로 ★의 바늘에 겁니다.

8
바늘을 D위치로 꺼내서 1단을 뜨고,

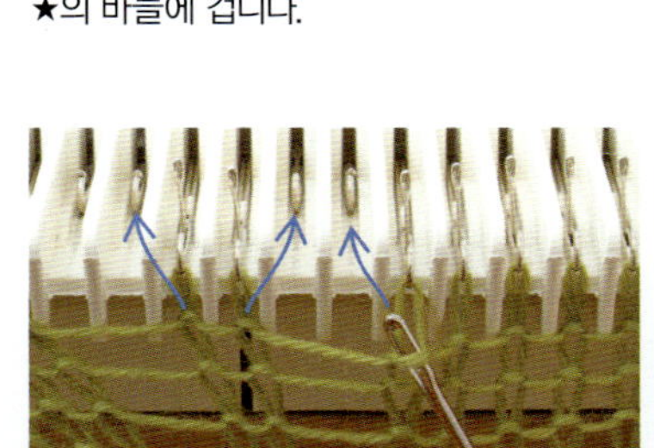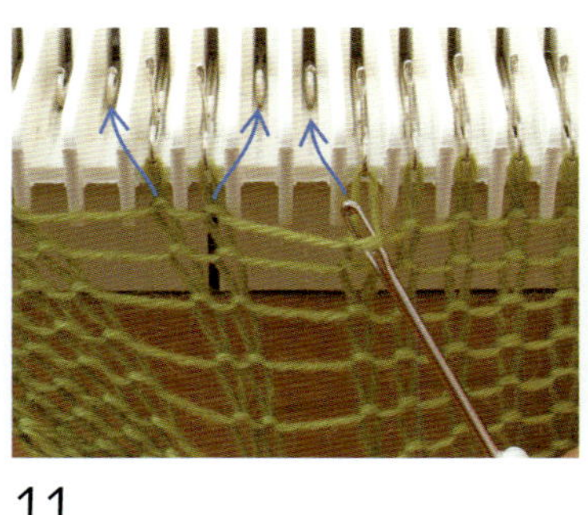

9
14단까지 뜹니다. 3~9를 반복하고 마지막은 7단을 뜹니다.

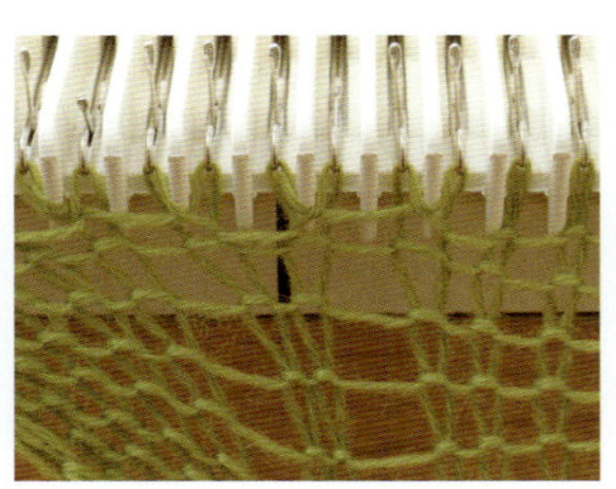

10
그대로 바늘을 꺼내서 메리야스뜨기 1단을 뜨고, 바늘 빼기한 옆 코에서 1단 아래에 있는 니들 루프에 옮김바늘을 넣어

11
바늘 빼기 코에 겁니다.

12
코 걸기가 끝난 모습.

13
다음 메리야스뜨기를 뜹니다.

프린지 뜨는 법(풀오버)

1
버림실 뜨기 기초코로 3코를 만들고, 작품을 뜨는 실로 바꿔서 1단을 뜹니다.

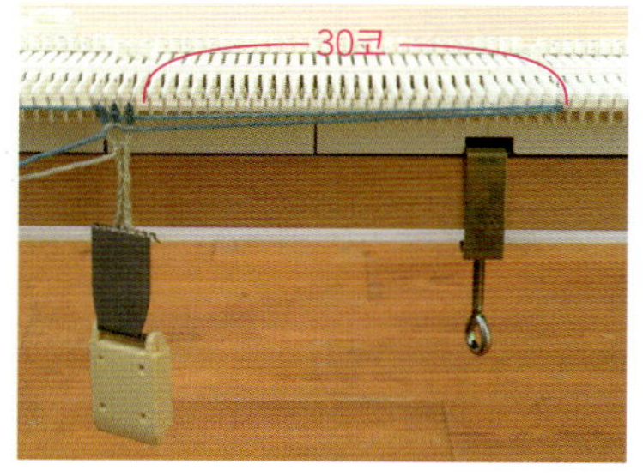

2
30번째 코의 바늘 1개를 D위치로 꺼내서 1단을 뜹니다.

3
2에서 뜬 30번째 코를 빼서 루프 안에 손가락을 넣고,

4
20번 꼬아줍니다. 2에서 D위치로 꺼낸 바늘을 A위치로 돌려놓습니다.

5
꼬아둔 부분의 중앙 부근을 반대쪽 손가락에 건 채로 손가락에 걸린 루프를 기초코 3코 중 오른쪽 가장자리 코에 걸고 꼬임을 정돈합니다.

6
프린지 1개가 생겼습니다. 3코를 D위치로 꺼내서 1단을 뜹니다.

7
2~6을 반복합니다.

8
뜨개 끝은 루프를 겹치고 나서 1단을 뜨고, 버림실 뜨기를 하고 편물을 수편기에서 **빼냅니다.**

2코 고무뜨기 기초코(풀오버) 필요한 콧수를 1코 걸러 하나씩 바늘 빼기로 버림실 뜨기 기초코를 합니다

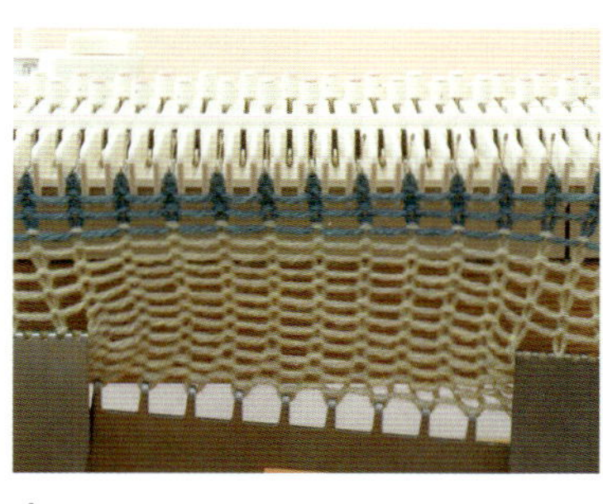

1
작품을 뜨는 실로 바꿔서 지정된 다이얼로 준비단을 3단 뜹니다(왼쪽 가장자리만 2코 연속해서 바늘을 꺼냅니다).

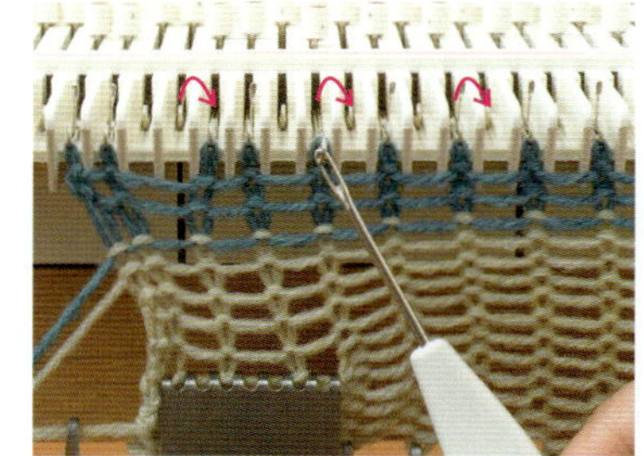

2
2코 걸러 2코 걸린 상태가 되도록 바늘에 걸린 코를 다시 겁니다.

3
2코 사이의 싱커 루프를 옮김바늘로 주워서 빈 바늘 2개 중 오른쪽 바늘에 겁니다.

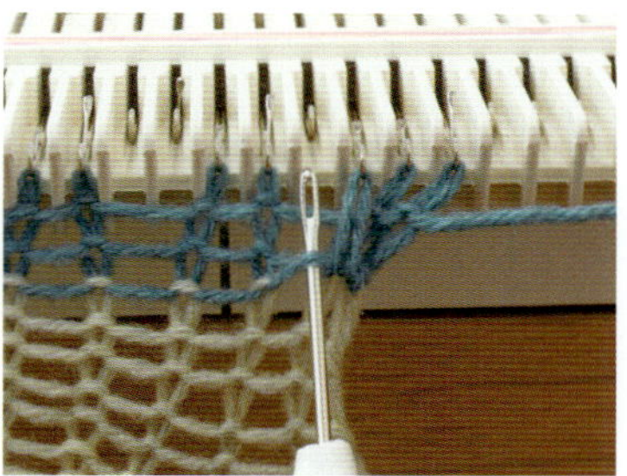

4
이어서 바늘 빼기 부분의 싱커 루프를 옮김바늘로 주워서 왼쪽 빈 바늘에 겁니다.

5
왼쪽 가장자리의 싱커 루프는 가장자리에서 2번째 바늘에 겁니다.

6
2코 고무뜨기 다이얼로 필요한 단수만큼 뜹니다.

7
겉뜨기로 되돌릴 코를 바늘에서 빼내어 코를 풉니다. 준비단의 첫 단에 타피를 넣고, 4단의 루프를 타피로 잡아서 겉뜨기로 되돌립니다.

8
이 요령으로 2코씩 2코 걸러 타피 되돌리기를 합니다.

내가 만든 '털실타래' 속 작품

〈털실타래 Vol.10〉 p.11
두돔 @dom_knit_00

실: 니팅(nitting) 캐시03–바른우드 6합
24년 겨울호 표지에 실린 게 예뻐서 마음에 두고 있다가 날이 쌀쌀해지자마자 코를 잡았어요! 뒷면이 트여 있는 디자인이라 맨살에 입지 않아도 되는 실을 써도 됐어요. 아란이 잘 드러날 수 있게 조금 탄탄한 실을 사용했어요. 근래 들어 가장 맘에 들게 완성된 작품이라 완성 후에도 열심히 입고 다니는 중입니다.

〈털실타래 Vol.13〉 p.56
민트그린 (@Mintgreen_knit)

실: 메인실(말라브리고 샤크+라쿤울+글로우레이스), 배색 1(캐시울+여운모헤어+파인울), 배색 2(프빌 2겹)
원하는 색감으로 만들기 위해 여러 가지 실을 합사했어요. 끈으로 묶는 랩 스타일 카디건인데 겹치지 않고 앞으로 묶을 수도 있어 다양한 연출이 가능한 디자인입니다.

〈털실타래 Vol.12〉 p.33
우하 @wooha_knitting

실: 다이소 일본제 UV 차단 뜨개실–옐로우
사랑스러우면서도 귀여운 볼레로!♡ 어떤 스타일에 매치해도 찰떡같이 예뻐서 여름 내내 교복처럼 입을 수 있었어요.^^ 엄마와 딸의 커플룩으로 완벽한 볼레로랍니다~!

〈털실타래 Vol.10〉 p.55
자유 @knit_jayou

실: 바늘이야기 베지터블–오트밀, 래디쉬
소매의 리본 장식이 귀여워서 떴어요. 소매 길이를 살짝 줄이고 단색의 면사로 떠서 여름옷으로 만들었어요. 심플하지만 어깨에 잡힌 턱이랑 소매 끝의 리본, 목 뒤쪽의 트임 포인트가 있어서 매력적이에요.

〈털실타래 Vol.6〉 p.17
이학선 (@son_man_se)

실: 낙양모사 헤르메스 콘사
기모감과 폭신한 질감의 100% 메리노울로 이루어져 적당한 두께의 실입니다. 둥근 요크의 멋진 무늬와 여성스럽게 조여진 소맷부리가와 비침무늬가 멋스러워 도전했습니다. 조금은 힘들었지만 완성하고는 만족감이 배가 되었습니다. 또한 책과는 조금 다른 분위기로 겨울의 따뜻함이 묻어나는 멋진 작품입니다.

〈털실타래 Vol.12〉 p.50
김시온 (@vitaminc_on)

실: 아드바크 피치스파클
너무너무 귀여운 토마토 텀블러백! 도안을 보자마자 바로 코바늘로 예쁘게 완성했습니다. 여름 내내 너무 잘 들고 다녔어요.

독자분들이 뜬 〈털실타래〉 속 작품을 소개합니다!
원작의 느낌을 살려 완성한 작품, 취향대로 디자인을 조금 변형한 작품, 다른 색으로 떠 새로운 느낌으로
만든 작품까지 모두 만나 보세요. 〈털실타래 Vol.1~14〉 속 작품을 만드셨다면 SNS에 사진과 한스미디어
(@hansmedia)를 태그해서 업로드해 주세요!

구성·편집 : 편집부

〈털실타래 Vol.11〉 p.18
문라잇 (@m_light_knitting)

실: 각종실상회 워시드코튼 솔리드
보자마자 인덱스 스티커 붙여놓고 드릉드릉하던
도안이었어요. 제 입맛에 맞게 변형한 덕분에 뜨
태기도 타파하고 너무 즐거웠습니다. 어찌나 귀여
운지 엄마가 참지 못하고 가져가셔서 나름 효녀가
되었답니다. ^^

〈털실타래 Vol.13〉 p.40
@dukong.knit (두콩니트)

실: 솜솜뜨개 메모리—폴라그레이 92g
부드러운 실로 가볍게 완성했어요. 건지 무늬가
부분부분 등장하여 포인트가 되어줘요(뜰 때도 재
밌는 건 덤). 토글 단추 포인트도 너무 귀엽지 않나
요?

〈털실타래 Vol.13〉 p.11
@candypowder 사탕가루

실: 야나 린다메리노
야나의 린다메리노 실의 컬러를 이용해 원작과는
조금 다른 느낌으로 작업했어요. 원작에선 채도
높은 블루와 머스터드 계열의 컬러로 키치한 무
드로 완성했는데, 린다메리노 실에는 콕콕 박힌
네프가 있어 빈티지한 컬러감으로 완성했습니다.

〈털실타래 Vol.3〉 p.13
@knitter_sjj

실: 니트컨테이너 면 100%
모델 사진이 너무 귀여워서 뜨게 되었어요. 사용
한 실과 게이지가 차이가 나서 무늬를 계산해서
사이즈를 조절해서 떴어요. 민소매, 반소매 다 어
울리고 수영복 위에 입어도 이뻐서 바캉스 패션
으로도 너무 좋았어요. 코바늘로 옷을 뜬 건 처
음인데 차트 도안이 은근히 보기 편해서 잘 완성
했습니다.

〈털실타래 Vol.13〉 p.93
크림(@theorganic32)

실: 울 4합+각종실상회 레이스얀—사일런스컬러
카라와 소매에 버블이 가득한 사랑스러운 카디
건입니다. 원작에서는 아란 굵기의 실을 사용해
서 아우터로 입도록 제작되었지만 4합 울실에 레
이스얀을 합사해서 코트 안에 입기 좋은 두께로
작업해 보았어요. 덕분에 활용도가 더 넓어졌어
요.

〈털실타래 Vol.11〉 p.18
뜨개정원(@ggomzi_sun)

실: 낙양모사 바당
뜨는 재미, 입는 재미 모두 갖춘 가디건입니다. 코
바늘로도 이렇게 예쁘고 깔끔한 가디건을 만들
수 있어요!

유월의 솔의
투데이즈 니트

Today's Knit

아름다운 무늬와 섬세한 디테일이 돋보이는 '유월의 솔' 니트
책 한 권으로 만나는 다채로운 뜨개 구조와 기법!

오늘 입고 싶은 '유월의 솔' 니트
옷의 완성도를 높이는 디테일은 물론,
착용감까지 챙겨 더욱 예쁘고 편안하게!

「뜨개꾼의 심심풀이 뜨개」

가장 안쪽 칸은 세척 전용인 '뜨개 붓 세척 통'이 있는 풍경

붓을 든다
물로 붓끝을 적신다

물감을 섞는다
밑그림을 따라 색을 칠한다
삭삭삭, 붓을 씻는다

가장 안쪽 칸은 '세척' 전용
맨 앞 칸은 '헹굼' 전용
가운데 두 칸은 번짐을 위한 깨끗한 물

색을 겹쳐 빛과 그림자를 만든다
삭삭삭, 붓을 씻는다
물을 머금어 번지고 흐려진다
삭삭삭, 다시 씻는다

뜨개로 단련한 집중력이 여기서 빛을 본다
기분 전환용으로도 딱 좋다

자,
손염색 모헤어의 번짐은
이쯤이면 괜찮겠지?

뜨개꾼 203gow(니마루산고)
색다른 뜨개 작품 '이상한 뜨개'를 제작하고 있다. 온 거리를 뜨개 작품으로 메우려는 게릴라 뜨개 집단 '뜨개 기습단'을 창설했다. 백화점 쇼윈도, 패션 잡지의 배경, 미술관과 갤러리 전시, 워크숍 등 다양하게 활동하고 있다.
https://203gow.weebly.com

글·사진/203gow 참고 작품

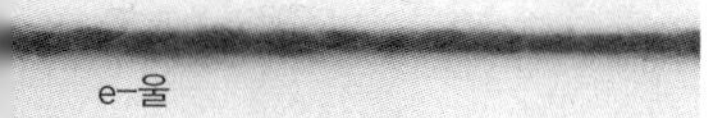

e—울

오른코 위 돌려 교차
뜨기(아래쪽 안뜨기)

왼코 위 돌려 교차
뜨기(아래쪽 안뜨기)

※일본어 사이트　　※일본어 사이트

재료
데오리야 e—울 에크뤼(13)
M···455g
L···500g

도구
대바늘 5호·3호

완성 크기
M···가슴둘레 102cm, 착장 56cm, 화장 71cm
L···가슴둘레 112cm, 착장 59cm, 화장 74cm

게이지
멍석뜨기(10×10) 22코×30단, 무늬뜨기
C(10×10) 29코×30단, 무늬뜨기 A 1무늬 22
코=8cm, 무늬뜨기 B 1무늬 11코=4cm, 무늬뜨기
A·B 30단=10cm

POINT
●몸판·소매···손가락에 실을 걸어서 기초코를 만
들어 뜨기 시작해 2코 고무뜨기로 뜹니다. 이어서
몸판은 멍석뜨기와 무늬뜨기 A·B·C, 소매는 멍
석뜨기와 무늬뜨기 A를 배치해 뜹니다. 줄임코는
2코 이상은 덮어씌우기, 1코는 가장자리 1코 세워
줄이기를 하는데, 마지막 단에서 코를 줄이며 뜨므
로 주의합니다. 소매 밑선의 늘림코는 1코 안쪽에
서 돌려뜨기 늘림코를 합니다.
●마무리···♥, ♡, ▲, △, ■끼리는 코와 단 잇기
를 합니다. 옆선·소매 밑선은 떠서 꿰매기를 합니
다. 목둘레는 지정 콧수를 주워 2코 고무뜨기로 원
형으로 뜹니다. 뜨개 끝은 느슨하게 덮어씌워 코막
음하고 안으로 접어 목둘레에 감칩니다.

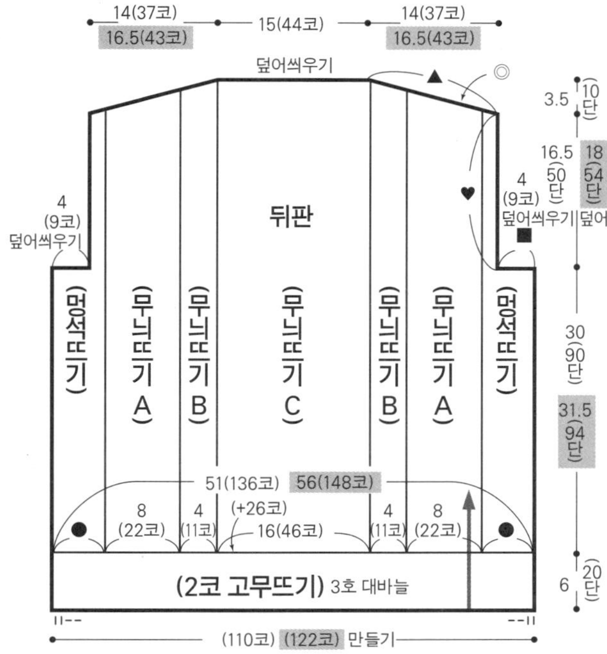

뒤판 / 앞판 도식 (몸판)

14(37코) / 16.5(43코) · 15(44코) · 14(37코) / 16.5(43코)

덮어씌우기

4(9코) 덮어씌우기

뒤판: 멍석뜨기 · 무늬뜨기 A · 무늬뜨기 B · 무늬뜨기 C · 무늬뜨기 B · 무늬뜨기 A · 멍석뜨기

앞판: 멍석뜨기 · 무늬뜨기 A · 무늬뜨기 B · 무늬뜨기 C · 무늬뜨기 B · 무늬뜨기 A · 멍석뜨기

3.5 / 10단
16.5 / 18 / 50 / 54단
30 / 90단
31.5 / 94단
6 / 20단

2단평
2-1-1
2-2-1
2-3-1
2-5-1
단 코 회

(22코) 덮어씌우기
(50단) (54단)

51(136코) 56(148코)
8(22코) 4(11코) 16(46코) 4(11코) 8(22코)
(+26코)

(2코 고무뜨기) 3호 대바늘

(110코) (122코) 만들기

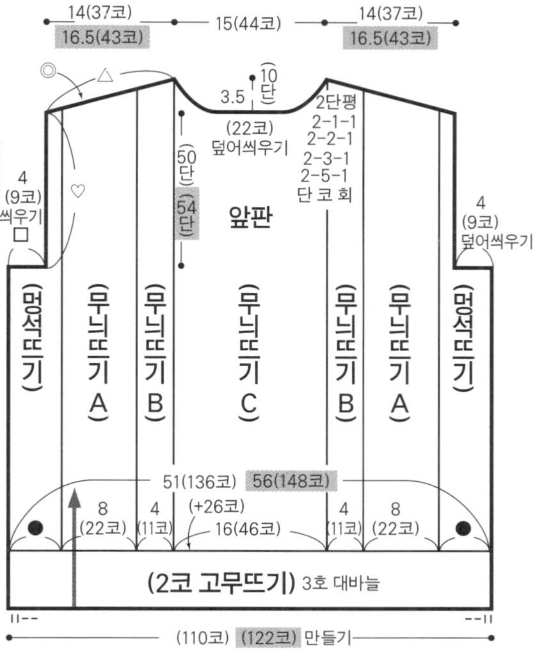

※지정하지 않은 것은 5호 대바늘로 뜬다.
※ 는 L, 그 외는 M 또는 공통.
● =5.5(12코) 8(18코)

◎=
(6코) 덮어씌우기
2단평
2-6-4
단 코 회
(7코) 덮어씌우기

(7코) 덮어씌우기
2단평
2-7-4
단 코 회
(8코) 덮어씌우기

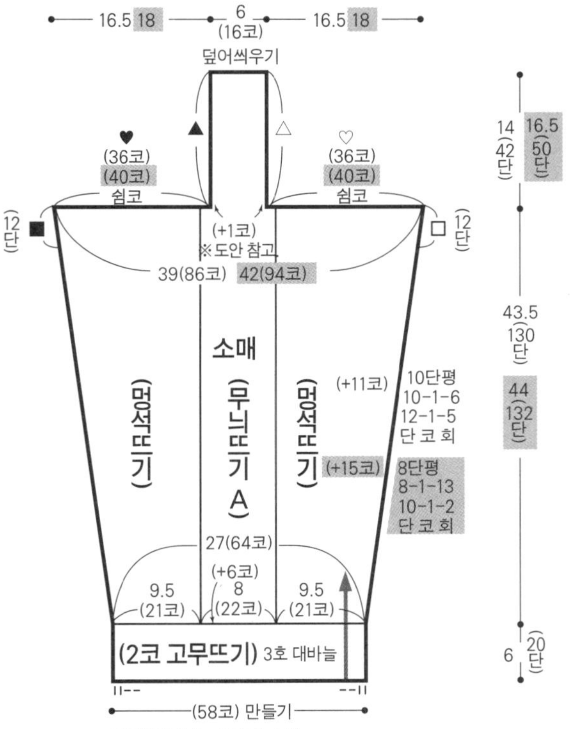

소매 도식

16.5 18 · 6(16코) · 16.5 18

덮어씌우기

(36코)(40코) 쉼코 · (36코)(40코) 쉼코

12단

(+1코)
※도안 참고
39(86코) 42(94코)

소매: 멍석뜨기 · 무늬뜨기 A · 멍석뜨기

14 / 16.5 / 42 / 50단
43.5 / 130단
44 / 132단
6 / 20단

10단평
10-1-6
12-1-5
단 코 회
(+11코)

8단평
8-1-13
10-1-2
단 코 회
(+15코)

27(64코)
(+6코)
9.5(21코) 8(22코) 9.5(21코)

(2코 고무뜨기) 3호 대바늘

(58코) 만들기

※맞춤 표시는 오른쪽 소매.

2코 고무뜨기

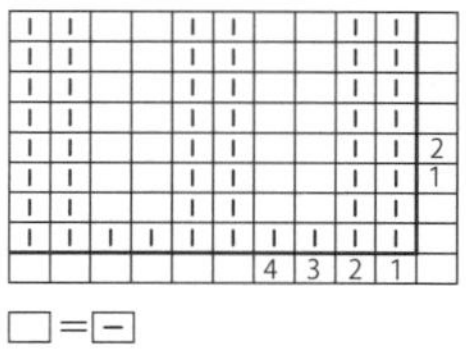

□=－

멍석뜨기

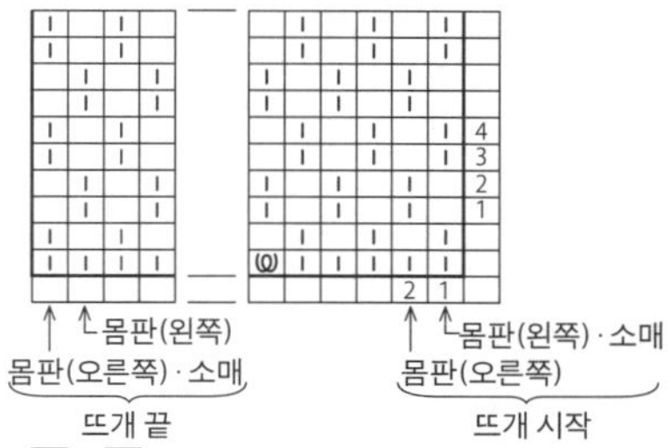

↑ 몸판(왼쪽)
몸판(오른쪽)·소매

↑ 몸판(왼쪽)·소매
몸판(오른쪽)

뜨개 끝　　뜨개 시작

□=－
回=감아코

※소매는 1단의 감아코를 겉뜨기로 뜬다.

무늬뜨기 A

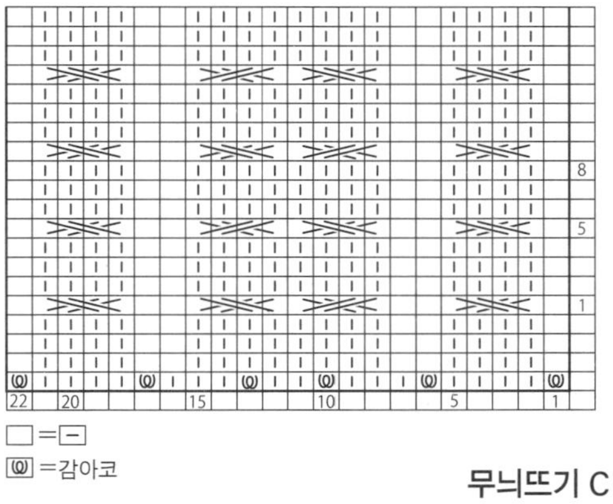

□=－
回=감아코

무늬뜨기 B

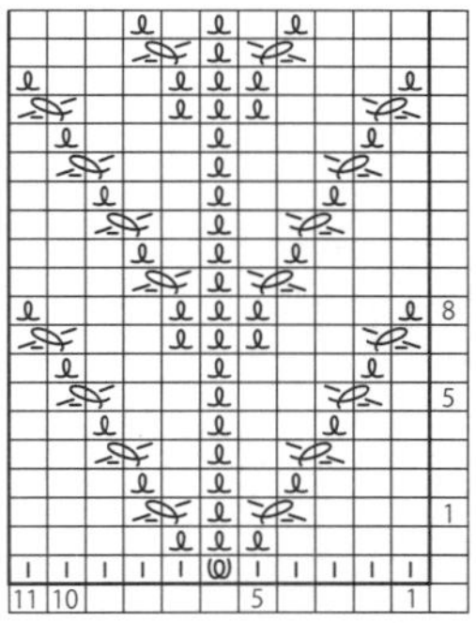

□=－
回=감아코

= 왼코 위 돌려 교차뜨기(아래쪽 안뜨기)
= 오른코 위 돌려 교차뜨기(아래쪽 안뜨기)

무늬뜨기 C

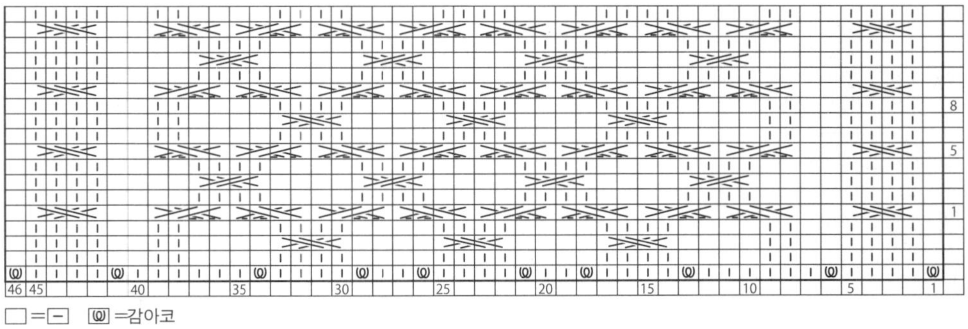

□=－　回=감아코

112페이지로 이어집니다. ▶

▶ 111페이지에서 이어집니다.

앞목둘레와 어깨의 줄임코(M)

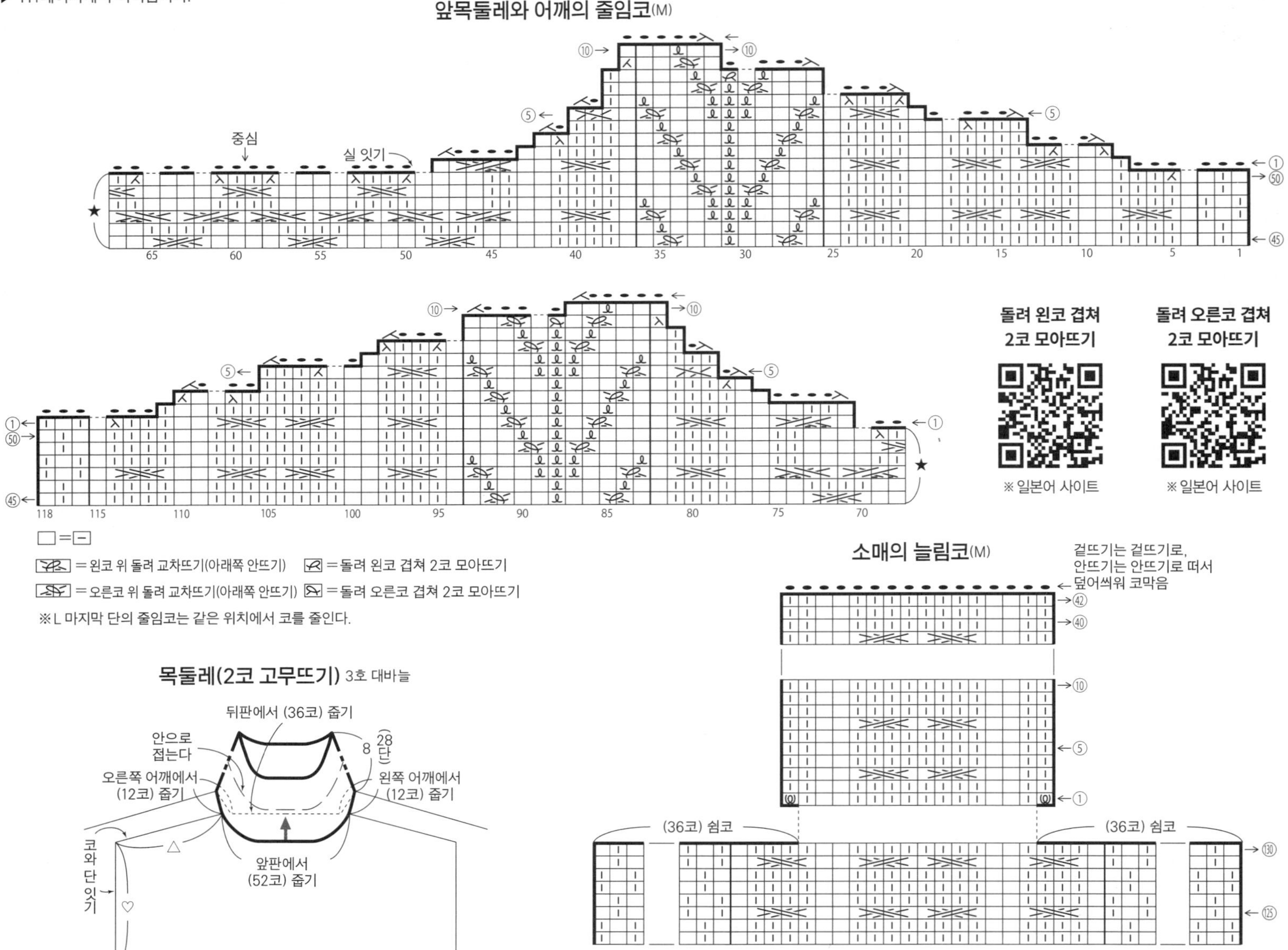

□ = □

◨ = 왼코 위 돌려 교차뜨기(아래쪽 안뜨기)   ◩ = 돌려 왼코 겹쳐 2코 모아뜨기

◪ = 오른코 위 돌려 교차뜨기(아래쪽 안뜨기)   ◪ = 돌려 오른코 겹쳐 2코 모아뜨기

※L 마지막 단의 줄임코는 같은 위치에서 코를 줄인다.

돌려 왼코 겹쳐 2코 모아뜨기
※일본어 사이트

돌려 오른코 겹쳐 2코 모아뜨기
※일본어 사이트

목둘레(2코 고무뜨기) 3호 대바늘

뒤판에서 (36코) 줍기
안으로 접는다
8 28 단
오른쪽 어깨에서 (12코) 줍기
왼쪽 어깨에서 (12코) 줍기
코와 단 잇기
앞판에서 (52코) 줍기

소매의 늘림코(M)

겉뜨기는 겉뜨기로, 안뜨기는 안뜨기로 떠서 덮어씌워 코막음

(36코) 쉼코   (36코) 쉼코

□ = □
◎ = 감아코

※L은 같은 요령으로 뜬다.

113페이지에서 이어집니다. ▶

무늬뜨기 B

□ = □

앞단 뜨는 법

M 사이즈   L 사이즈

2코 고무뜨기

아이코드
◎ = 감아코

1. 2코 고무뜨기를 뜨고 이어서 감아코로 3코 만든다
2. 왼쪽 끝 코가 위쪽이 되게 2코 고무뜨기 코를 줄이며 아이코드를 뜬다
3. 아이코드의 뜨개 끝은 마지막 단의 코에 실을 끼워 오므린다

아이코드 뜨는 법

※1단을 뜬 뒤 실 끝을 뒤에서 뜨개 시작 쪽으로 되돌려 같은 방향으로 2번째 단을 뜬다. 이 과정을 반복한다.

재료
데오리야 쿠 코드 잿빛 파란색(29)
M…435g
L…480g

도구
대바늘 10호·7호

완성 크기
M…가슴둘레 102cm, 착장 55.5cm, 화장 71cm
L…가슴둘레 110cm, 착장 56cm, 화장 77cm

게이지(10×10cm)
무늬뜨기 A 17코×24단, 무늬뜨기 B 24코×24단

POINT
●몸판·소매…몸판은 별도 사슬로 기초코를 만들어 뜨기 시작해 뒤판은 무늬뜨기 A, 앞판 M 사이즈는 무늬뜨기 B, L 사이즈는 무늬뜨기 A·B로 뜹니다. 뜨개 끝은 쉼코를 합니다. 밑단은 기초코 사슬을 풀어 코를 주워 2코 고무뜨기로 뜹니다. 뜨개 끝은 무늬를 이어서 뜨면서 덮어씌워 코막음합니다. 어깨는 뒤판과 앞판을 안끼리 맞대고 뒤판 콧수에 맞춰 코를 줄이며 덮어씌워 잇기를 합니다. 소매는 지정 위치에서 코를 주워 무늬뜨기 A와 2코 고무뜨기로 뜹니다. 소매 밑선의 줄임코는 가장자리에서 2번째와 3번째 코를 2코 모아뜨기를 합니다. 뜨개 끝은 밑단처럼 정리합니다.
●마무리…옆선·소매 밑선은 떠서 꿰매기를 합니다. 앞단은 지정 콧수를 주워 앞단 뜨는 법을 참고하며 뜹니다. 앞단과 뒤판의 ○, ●끼리는 코와 단 잇기를 합니다.

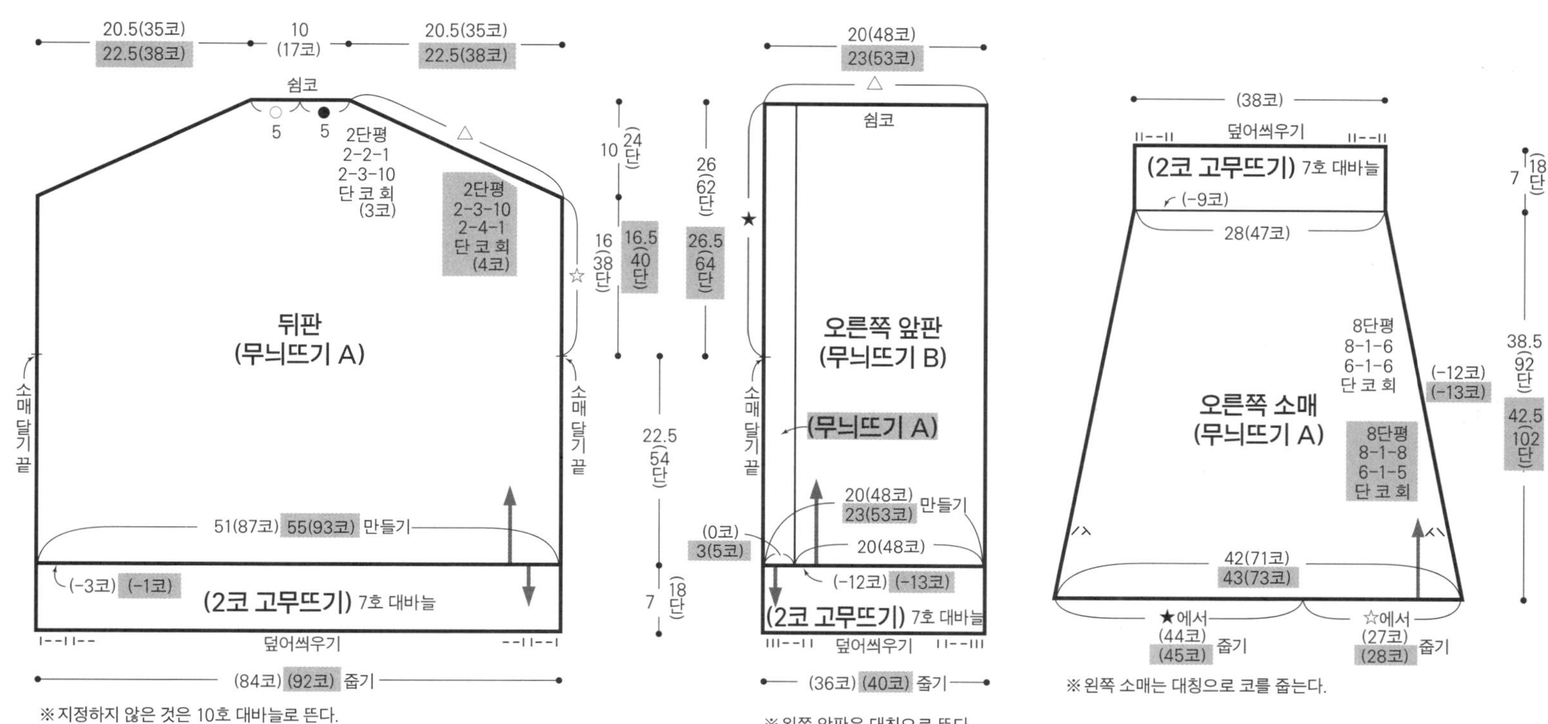

※ 지정하지 않은 것은 10호 대바늘로 뜬다.
※ █████ 는 L, 그 외는 M 또는 공통.
※ 제도는 L.

※ 왼쪽 앞판은 대칭으로 뜬다.

※ 왼쪽 소매는 대칭으로 코를 줄인다.

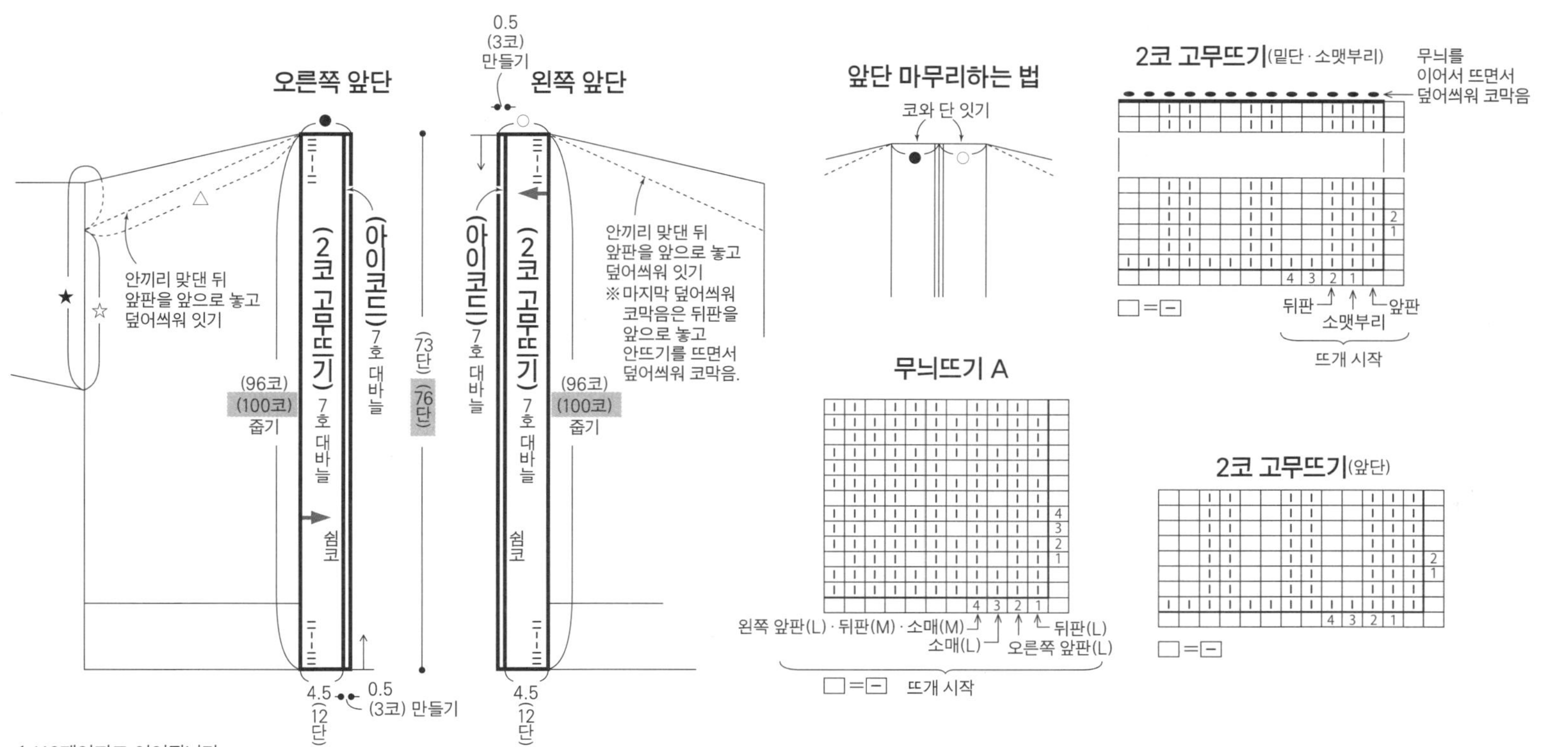

◀ 112페이지로 이어집니다.

아란 니트를 떠 보자

12 page ★★★

말리보

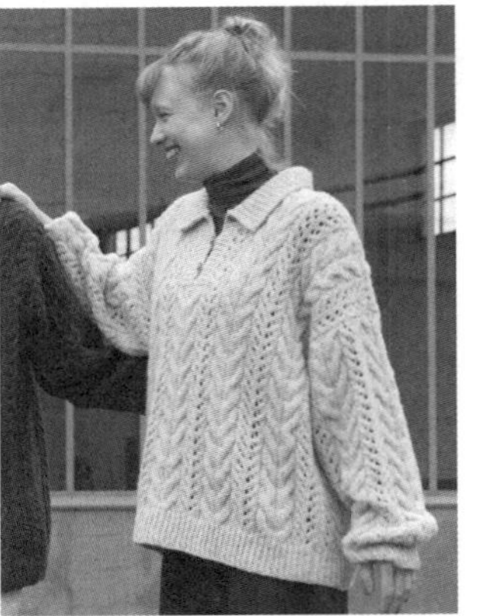

재료

keito 말리보 라이트그레이(MLB05)

M…470g 5콘

L…510g 6콘

공통…지름 15㎜ 단추 3개

도구

대바늘 10호·8호·6호, 코바늘 7/0호

완성 크기

M…가슴둘레 116㎝, 기장 59.5㎝, 화장 77㎝

L…가슴둘레 126㎝, 기장 63㎝, 화장 79.5㎝

게이지(10×10㎝)

무늬뜨기 A 19코×22.5단,

무늬뜨기 B 16코×22.5단

POINT

●몸판·소매…별도 사슬로 기초코를 만들어 뜨기 시작해 몸판은 무늬뜨기 A, 소매는 무늬뜨기 A·B를 배치해 뜹니다. 앞목둘레의 줄임코는 2코 이상은 덮어씌우기, 1코는 가장자리 1코 세워 줄이기를 합니다. 소매 밑선의 늘림코는 1코 안쪽에서 돌려뜨기 늘림코를 합니다. 밑단·소맷부리는 기초코 사슬을 풀어 코를 줍고, 앞단은 지정 콧수를 주워 양면 돌려 1코 고무뜨기로 뜹니다. 뜨개 끝은 무늬를 이어서 뜨면서 덮어씌워 코막음합니다. 앞단 가장자리는 앞중심의 쉼코와 코와 단 잇기로 연결합니다. 도안을 참고해 앞단 테두리를 빼뜨기를 떠서 정돈하고, 오른쪽 앞단에는 단춧고리를 만듭니다.

●마무리…어깨는 덮어씌워 잇기를 합니다. 칼라는 지정 콧수를 주워 양면 돌려 1코 고무뜨기로 뜨는데, 1단은 안면에서 뜨는 단이므로 주의합니다. 뜨개 끝은 밑단처럼 정리합니다. 칼라 가장자리는 빼뜨기 1단을 떠서 정돈합니다. 소매는 코와 단 잇기로 몸판과 연결합니다. 옆선·소매 밑선은 떠서 꿰매기를 합니다. 단추를 달아 마무리합니다.

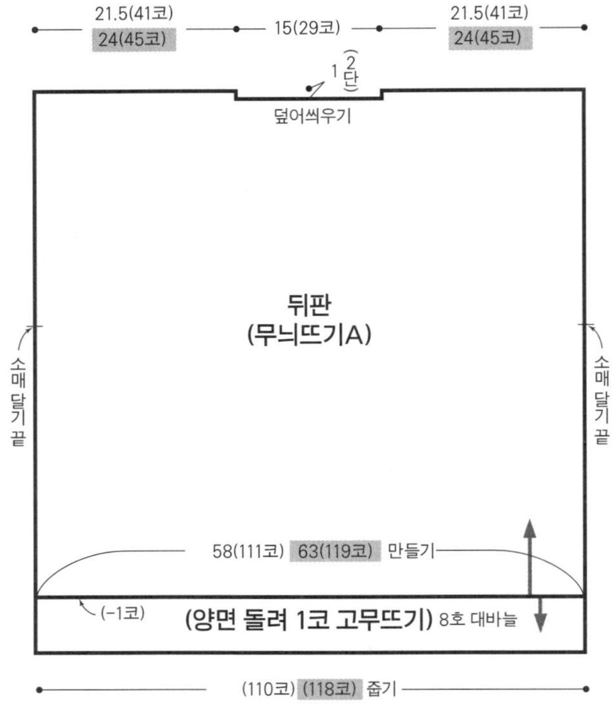

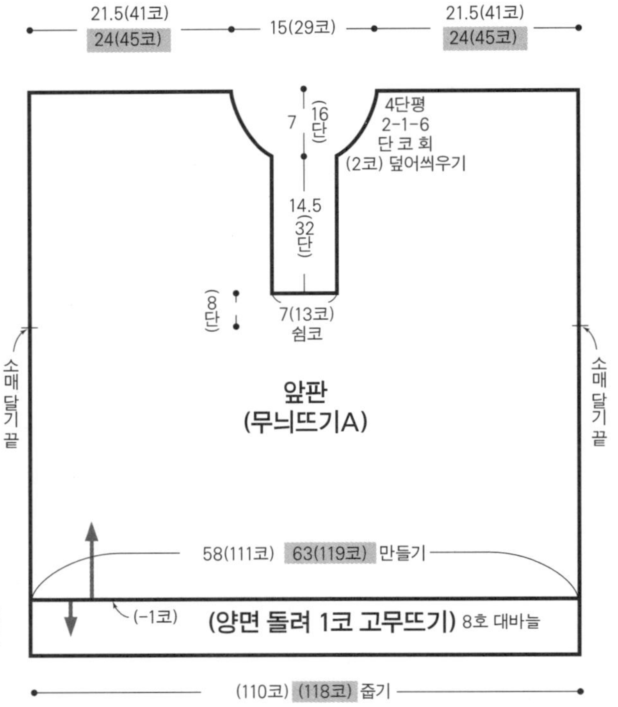

※ 지정하지 않은 것은 10호 대바늘로 뜬다.

※ [회색 칸] 는 L, 그 외는 M 또는 공통.

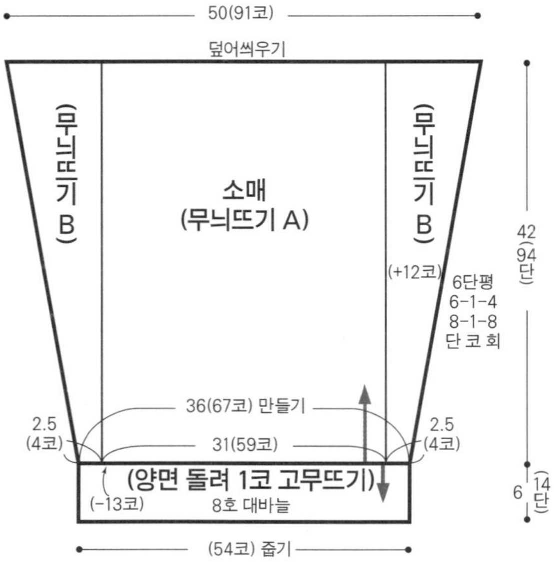

앞단
(양면 돌려 1코 고무뜨기) 8호 대바늘

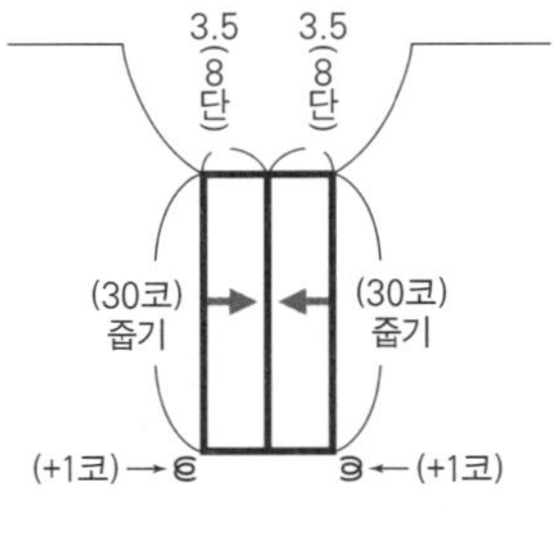

앞단 테두리와 단춧고리

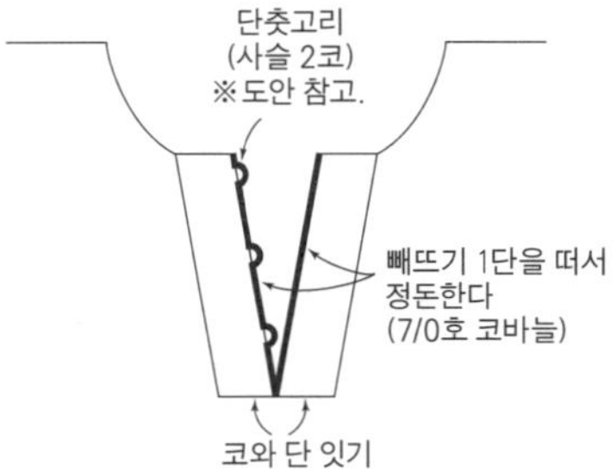

칼라(양면 돌려 1코 고무뜨기) 게이지 조정

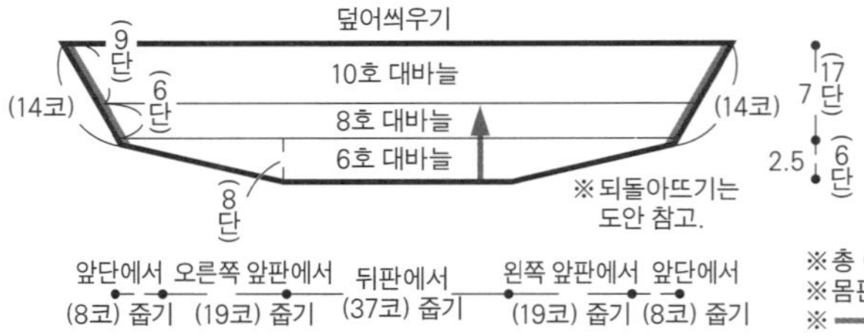

※총 (91코) 줍는다.

※몸판 걸면을 보면서 줍는다.

※ ━━ =빼뜨기 1단을 떠서 정돈한다(7/0호 코바늘).

무늬뜨기 A

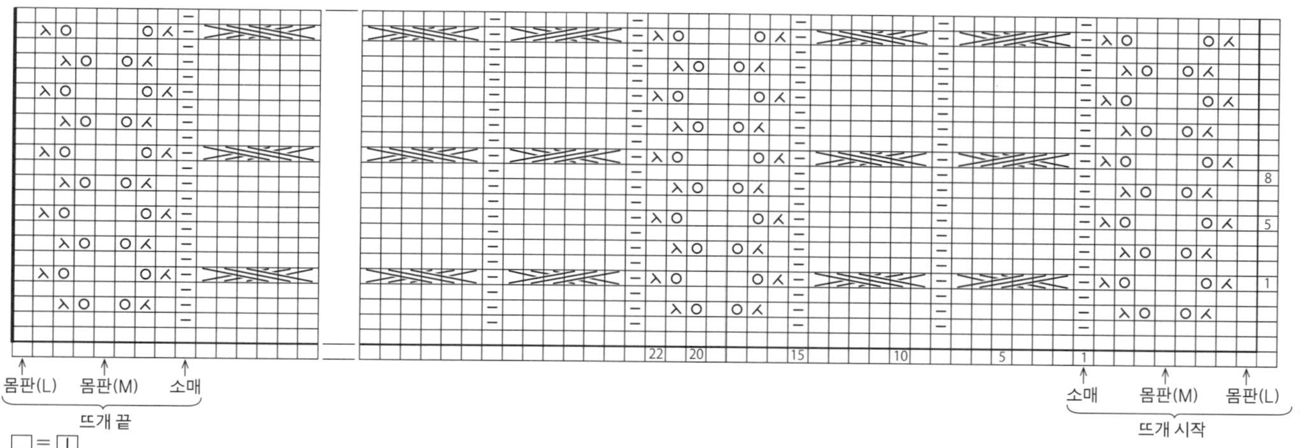

무늬뜨기 B

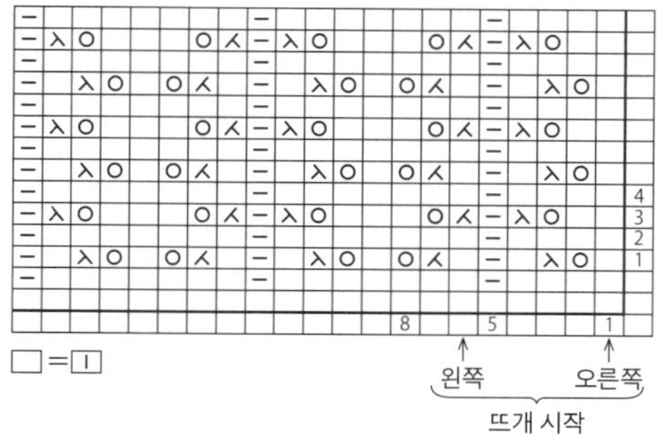

양면 돌려 1코 고무뜨기

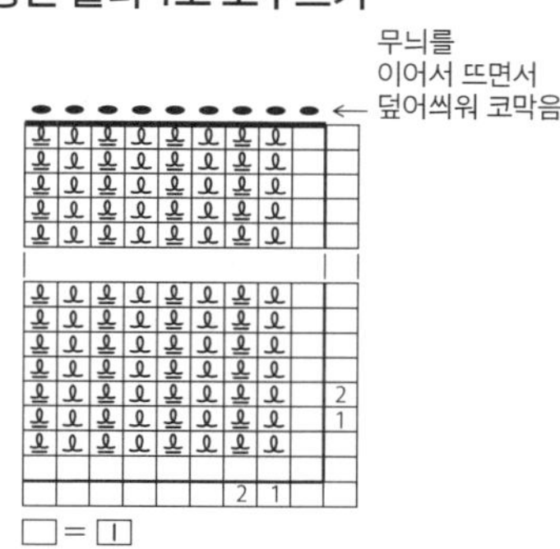

앞단 테두리와 단춧고리

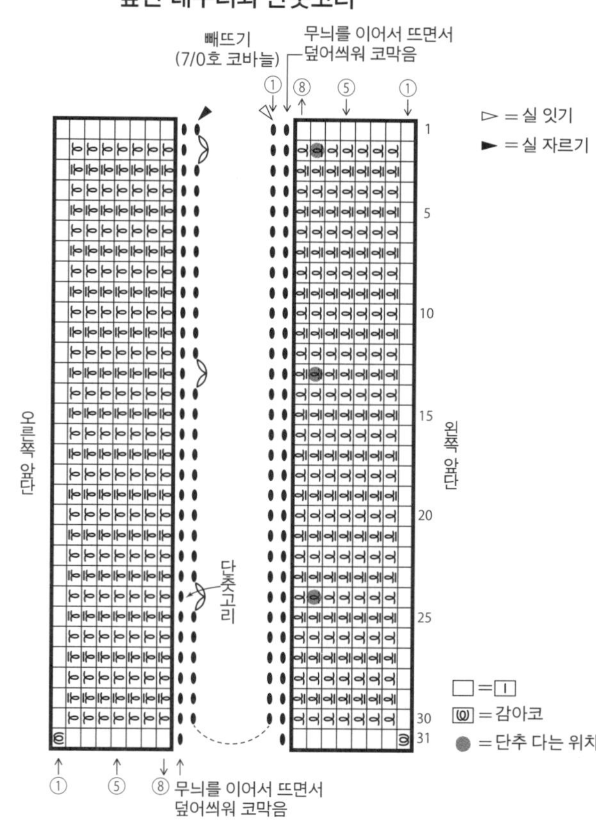

칼라의 되돌아뜨기

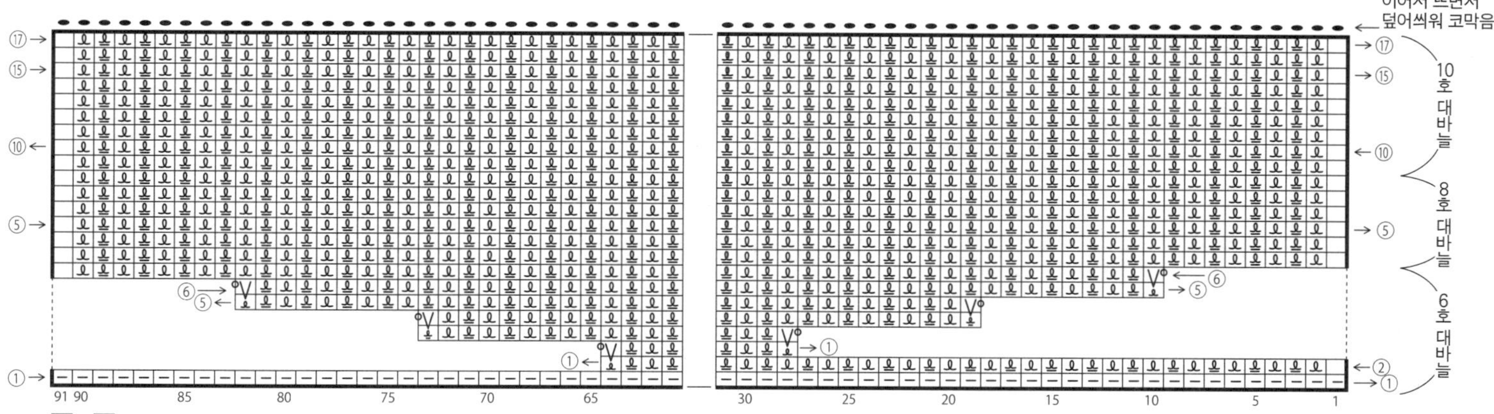

컴백

오른코 위 돌려 교차뜨기 / 왼코 위 돌려 교차뜨기
(아래쪽 안뜨기) / (아래쪽 안뜨기)

※ 일본어 사이트   ※ 일본어 사이트

재료
keito 컴백 초록색(06)
M…595g 6볼
L…665g 7볼

도구
대바늘 9호·7호

완성 크기
M…가슴둘레 106cm, 어깨너비 44cm, 기장 65cm, 소매길이 55cm
L…가슴둘레 110cm, 어깨너비 46cm, 기장 71cm, 소매길이 58cm

게이지
무늬뜨기 A(10×10cm) 20코×28단, 무늬뜨기 B·B'(10×10cm) 25코×28단, 무늬뜨기 C(10×10cm) 20.5코×28단, 무늬뜨기 D·D' 1무늬 16코=6cm, 28단=10cm

POINT
●몸판·소매…별도 사슬로 기초코를 만들어 뜨기 시작해 몸판은 무늬뜨기 A·B·B'·C로, 소매는 무늬뜨기 A·C·D·D'로 뜹니다. 목둘레의 줄임코는 도안을 참고하세요. 소매 밑선의 늘림코는 1코 안쪽에서 돌려뜨기 늘림코를 합니다. 소매의 뜨개 끝은 겉뜨기는 겉뜨기로, 안뜨기는 안뜨기로 떠서 덮어씌워 코막음합니다.

●마무리…어깨는 덮어씌워 잇기, 소매는 코와 단 잇기로 몸판과 연결하는데, 거싯의 코는 메리야스 잇기를 합니다. 옆선·소매 밑선은 떠서 꿰매기를 합니다. 밑단·소맷부리는 기초코 사슬을 풀어 코를 줍고, 목둘레는 지정 콧수를 주워 돌려 1코 고무뜨기로 원형으로 뜹니다. 뜨개 끝은 돌려 1코 고무뜨기 코막음을 합니다.

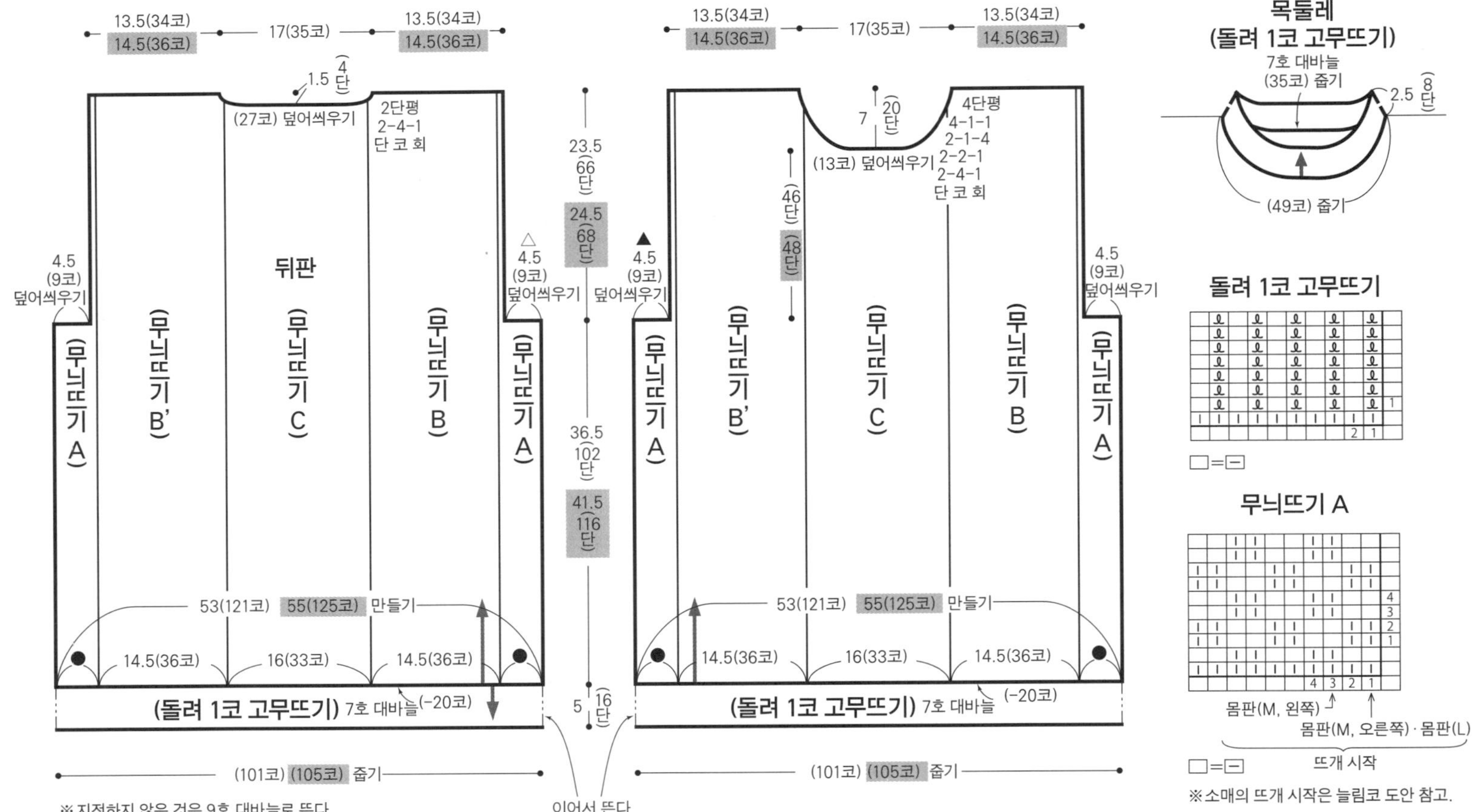

※지정하지 않은 것은 9호 대바늘로 뜬다.
※는 L, 그 외는 M 또는 공통.
※제도는 L.
●=4(8코) 5(10코)

목둘레
(돌려 1코 고무뜨기)
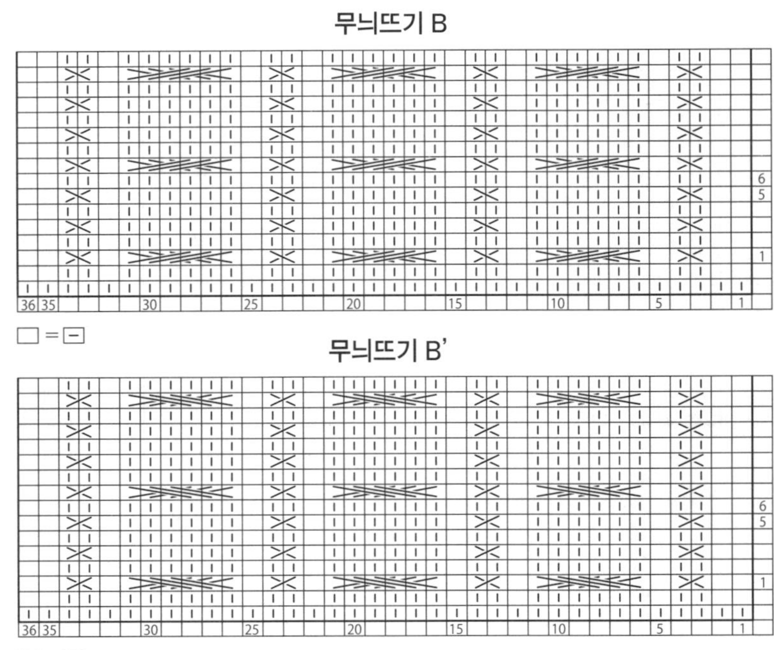

돌려 1코 고무뜨기

□=□

무늬뜨기 A

몸판(M, 왼쪽)
몸판(M, 오른쪽)·몸판(L)
뜨개 시작
□=□
※소매의 뜨개 시작은 늘림코 도안 참고.

무늬뜨기 B

무늬뜨기 D'   무늬뜨기 D

무늬뜨기 B'

□=□

L M
뜨개 끝
□=□

M L
뜨개 시작
□=□

무늬뜨기 C

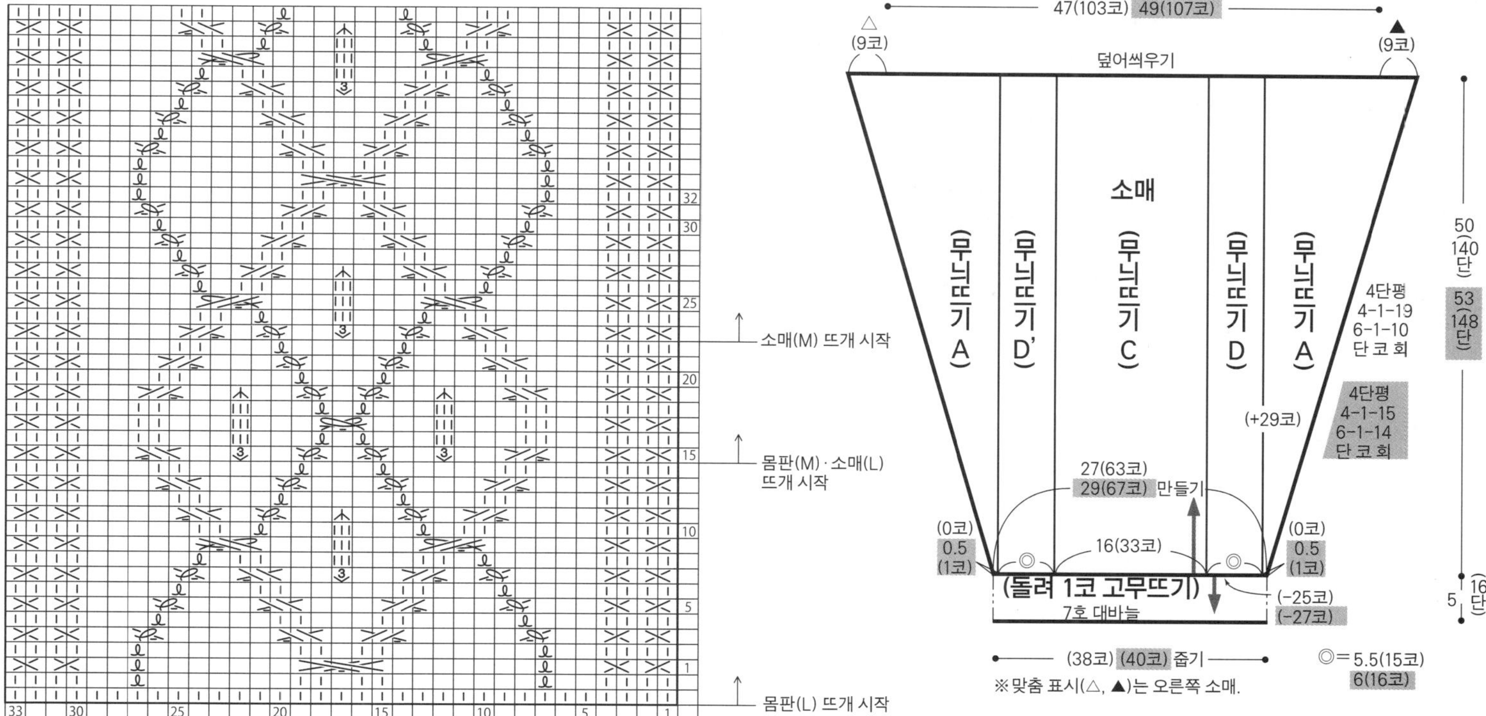

□ = −

※뜨개 시작 단에 ③가 있을 때는 별도 사슬에 ③를 뜬다.
　밑단·소맷부리의 코를 주울 때는 3개의 고리를 3코 모아뜨기를 해서 1코로 만든다.

= 오른코 위 2코 교차뜨기(중앙에 안뜨기 1코 넣기)　　= 오른코 위 돌려 교차뜨기(중앙에 안뜨기 1코 넣기)

= 오른코 위 돌려 교차뜨기(아래쪽 안뜨기)

= 왼코 위 돌려 교차뜨기(아래쪽 안뜨기)

= 1, 2의 코를 각각 다른 꽈배기바늘에 옮겨 뒤에 놓는다.
4 3 2 1　　 3, 4의 코를 겉뜨기로 뜬다. 2의 코가 가장 뒤쪽이 되게
　　　　　 안뜨기로 뜨고 1의 코를 돌려뜨기로 뜬다

= 3코 5단 구슬뜨기

= 1, 2의 코는 앞쪽, 3의 코는 뒤쪽이 되게 꽈배기바늘에
4 3 2 1　　 옮기고 4의 코를 돌려뜨기로 뜬다.
　　　　　 3의 코를 안뜨기로 뜨고 1, 2의 코를 겉뜨기로 뜬다

뒤목둘레의 줄임코 (공통)

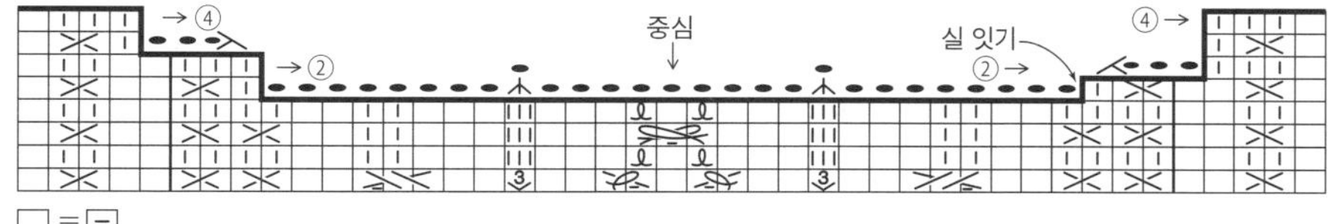

□ = −

앞목둘레의 줄임코 (공통)

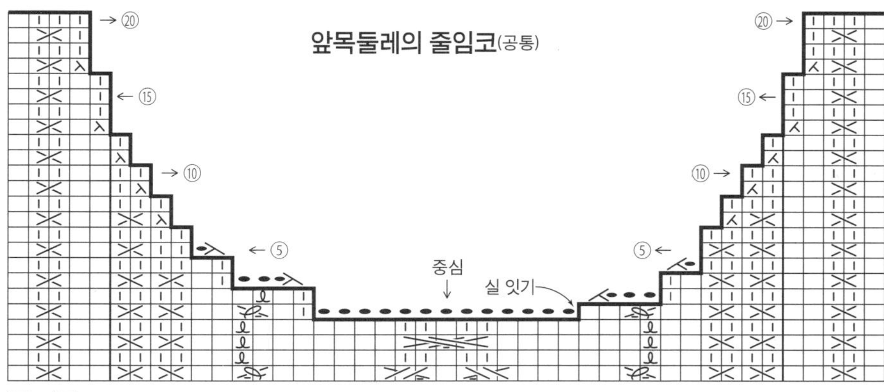

□ = −

소매 (오른쪽 도식)

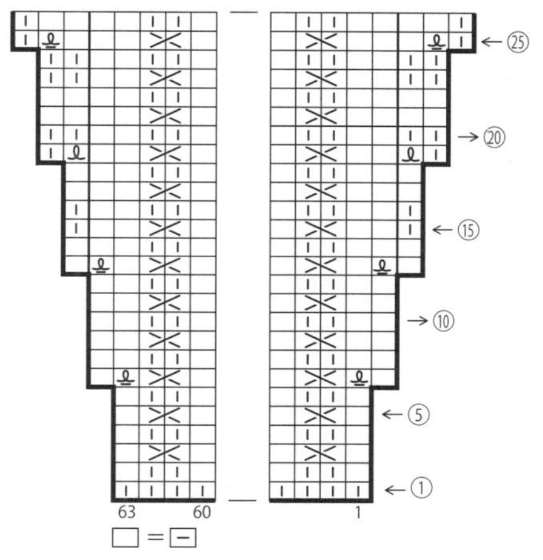

소매 밑선의 늘림코 (M)

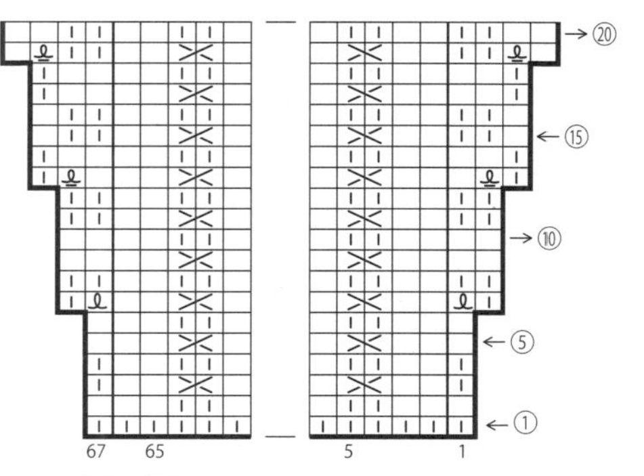

□ = −
　= 돌려뜨기 늘림코
　= 돌려 안뜨기 늘림코

소매 밑선의 늘림코 (L)

□ = −
　= 돌려뜨기 늘림코
　= 돌려 안뜨기 늘림코

3코 3단 구슬뜨기

※일본어 사이트

오른코 위 돌려 교차뜨기 (중앙에 안뜨기 1코 넣기)

※일본어 사이트

오른코 위 2코 교차뜨기 (중앙에 안뜨기 1코 넣기)

※일본어 사이트

멜란지나

오른코 위 돌려 교차뜨기　왼코 위 돌려 교차뜨기
(아래쪽 안뜨기)　　　　(아래쪽 안뜨기)

※일본어 사이트　　※일본어 사이트

재료

고소산업 게이토피에로 멜란지나 라즈베리(01)
M…325g 9볼
L…350g 9볼
모자…85g 3볼

도구

대바늘 8호, 코바늘 7/0호

완성 크기

M…가슴둘레 104cm, 어깨너비 42cm, 기장 59cm
L…가슴둘레 112cm, 어깨너비 46cm, 기장 59cm
모자…깊이 24cm

게이지(10×10cm)

멍석뜨기 16코×22단, 무늬뜨기 A·B 20코×22단

POINT

●베스트…손가락에 실을 걸어서 기초코를 만들어 뜨기 시작해 테두리뜨기, 멍석뜨기, 무늬뜨기 A로 뜹니다. 줄임코는 2코 이상은 덮어씌우기, 1코는 가장자리 1코 세워 줄이기를 합니다. 어깨는 덮어씌워 잇기, 옆선은 떠서 꿰매기를 합니다. 목둘레·진동둘레는 지정 콧수를 주워 테두리뜨기로 원형으로 뜹니다. 뜨개 끝은 무늬를 이어서 뜨면서 덮어씌워 코막음합니다.

●모자…손가락에 실을 걸어서 기초코를 만들어 뜨기 시작해 테두리뜨기, 무늬뜨기 B로 뜹니다. 슬릿 트임 끝까지 왕복해 뜬 뒤 양 끝의 코를 겹쳐 떠서 원형으로 만듭니다. 마지막 단은 도안을 참고해 코를 줄입니다. 뜨개 끝의 코는 오므려서 마무리합니다. 끈을 사슬뜨기로 뜨고, 이어서 슬릿 테두리를 짧은뜨기, 반대쪽 끈을 사슬뜨기로 뜹니다. 지정 위치에 태슬을 달아 마무리합니다.

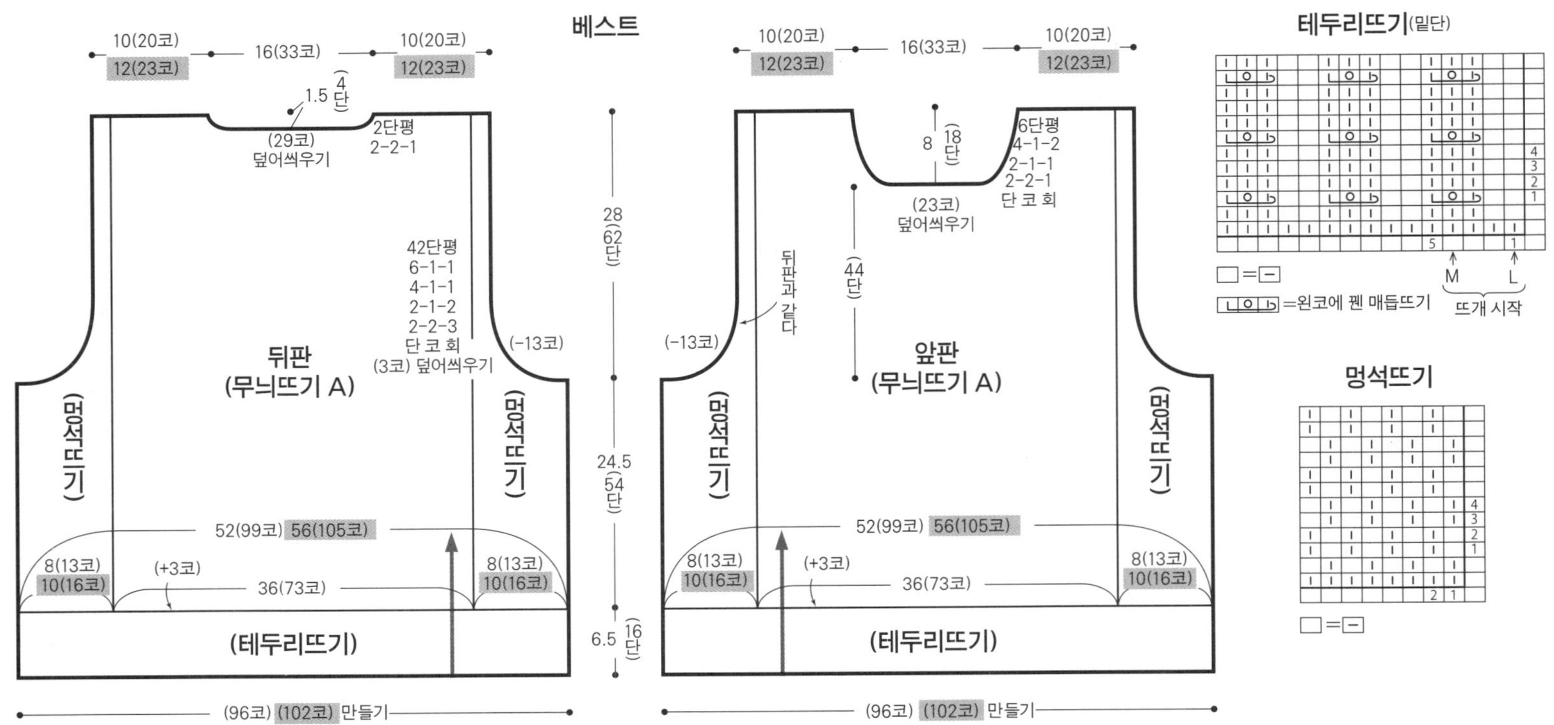

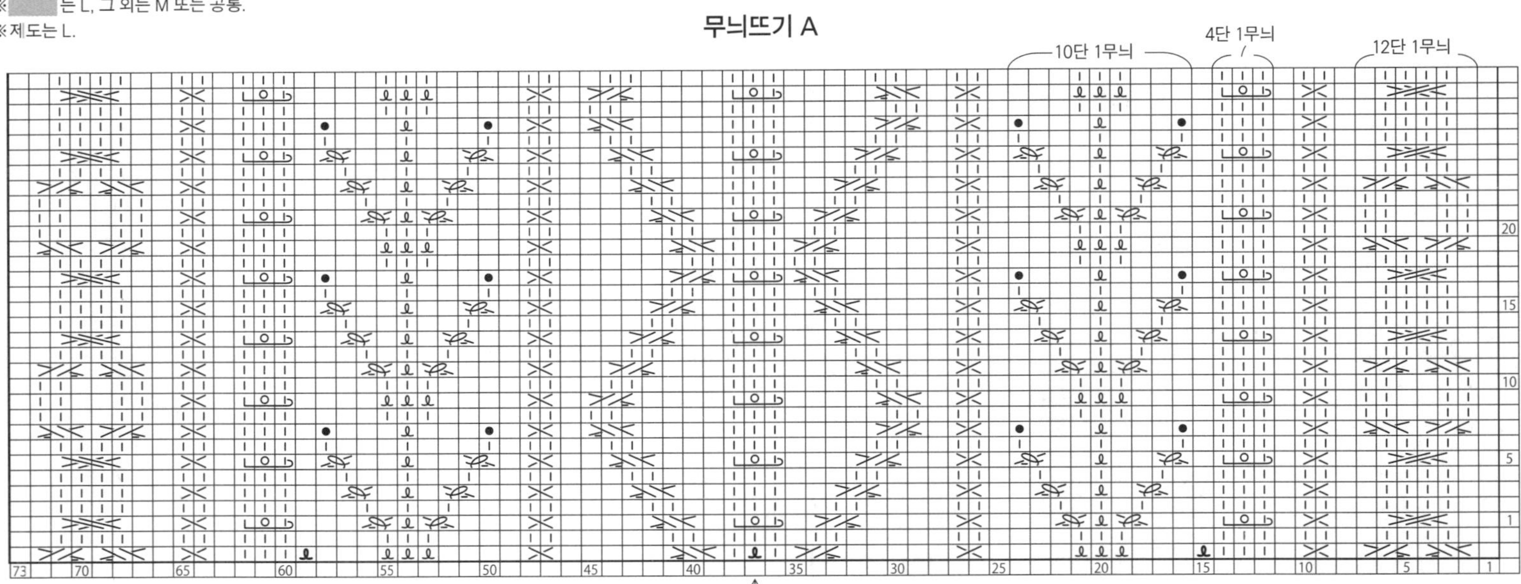

목둘레·진동둘레(테두리뜨기)

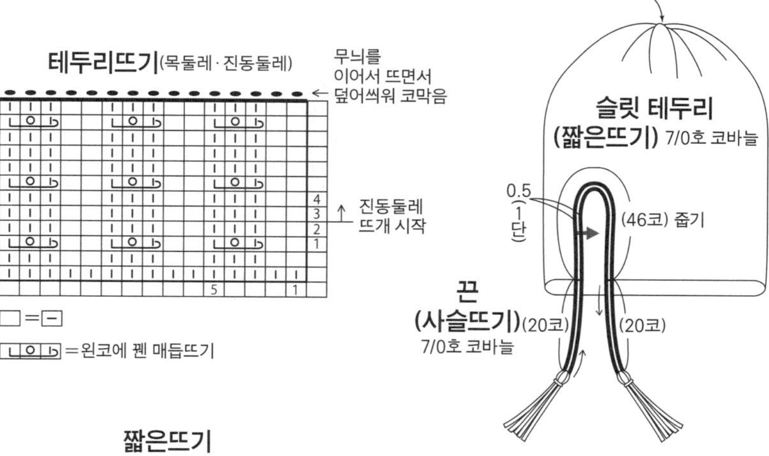

테두리뜨기(목둘레·진동둘레)

끈, 슬릿 테두리 뜨는 법
① 실을 15cm 남겨서 사슬(20코) 뜬다.
② 이어서 본체의 슬릿 테두리를 짧은뜨기로 뜬다
③ 이어서 사슬(20코)를 뜬 뒤 실을 15cm 남겨서 자른다
④ 양 끝에 태슬을 만든다

짧은뜨기

태슬 만드는 법 2개

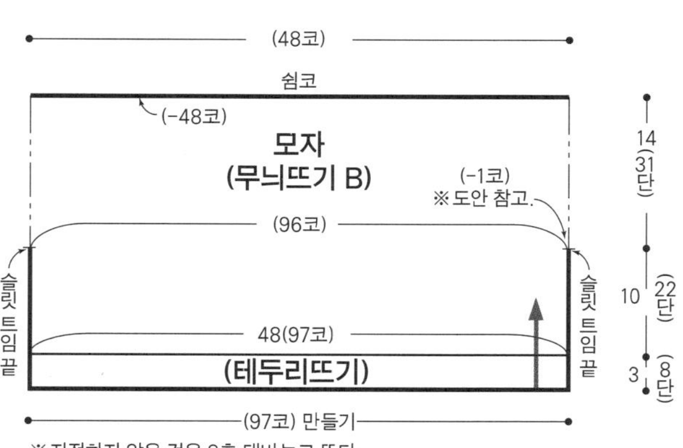

테두리뜨기

무늬뜨기 B

한길 긴뜨기 2코 구슬뜨기

□ = □
□□ = 왼코에 꿴 매듭뜨기
= 왼코 위 돌려 교차뜨기(아래쪽 안뜨기)
= 오른코 위 돌려 교차뜨기(아래쪽 안뜨기)
● = (7/0호 코바늘)

※★1단의 줄임코는 앞단 마지막 코와 함께 2코 모아뜨기를 한다.

저니

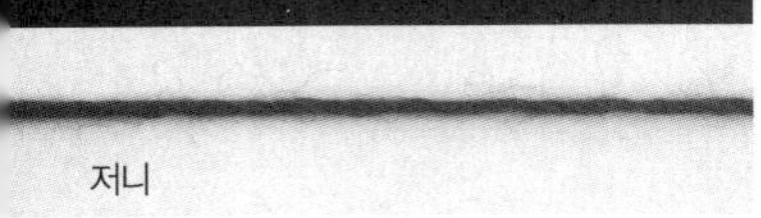

오른코 위 돌려 교차뜨기
《중앙에 안뜨기 1코 넣기》

왼코 위 돌려 교차뜨기
《중앙에 안뜨기 1코 넣기》

※ 일본어 사이트

※ 일본어 사이트

재료

Silk HASEGAWA 저니 파란색(W–25 BLUE)
M…510g 13볼
L…550g 14볼

도구

대바늘 5호·3호

완성 크기

M…가슴둘레 106cm, 기장 63.5cm, 화장 79.5cm
L…가슴둘레 112cm, 기장 66cm, 화장 84cm

게이지

안메리야스뜨기(10×10cm) 25코×33단, 무늬뜨기 A·C·C' 1무늬 15코=5cm, 무늬뜨기 B 1무늬 8코=2.5cm, 무늬뜨기 D 1무늬 18코=5.5cm, 무늬뜨기 E 1무늬 25코=9cm, 무늬뜨기 A~E 33단=10cm

POINT

●몸판·소매…손가락에 실을 걸어서 기초코를 만들어 뜨기 시작해 돌려 1코 고무뜨기로 뜹니다. 이어서 몸판은 안메리야스뜨기와 무늬뜨기 A·B·C·C'·D·E, 소매는 안메리야스뜨기와 무늬뜨기 B·C'·D를 배치해 뜹니다. 뒤목둘레의 줄임코는 덮어씌워 코막음, 앞목둘레의 줄임코는 도안을 참고하세요. 소매 밑선의 늘림코는 1코 안쪽에서 돌려뜨기 늘림코를 합니다. 소매의 뜨개 끝은 겉뜨기는 겉뜨기로, 안뜨기는 안뜨기로 떠서 덮어씌워 코막음합니다.

●마무리…어깨는 덮어씌워 잇기, 옆선·소매 밑선은 떠서 꿰매기를 합니다. 목둘레는 지정 콧수를 주워 돌려 1코 고무뜨기로 원형으로 뜹니다. 뜨개 끝은 느슨하게 덮어씌워 코막음하고 안으로 접어 감칩니다. 소매는 빼뜨기로 꿰매기를 해서 몸판과 연결합니다.

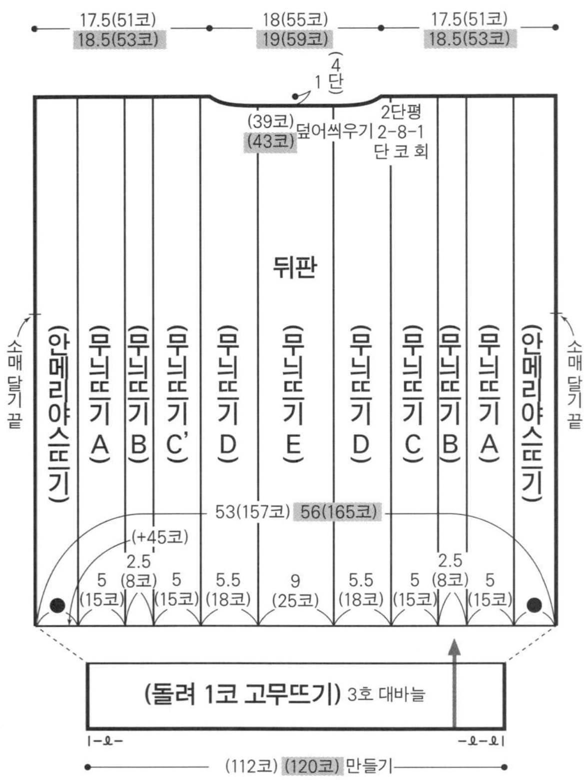

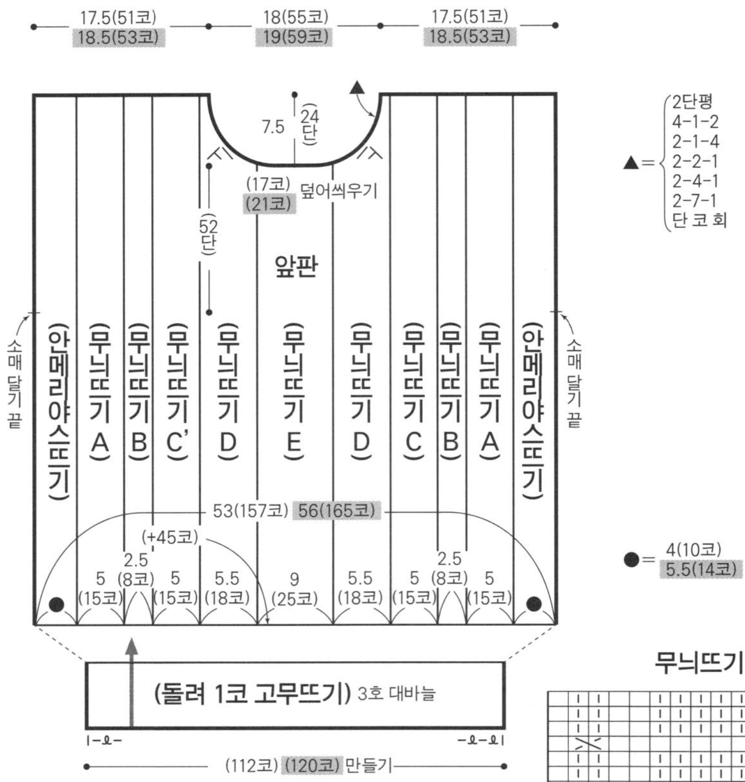

뒤판

안메리야스뜨기 / 무늬뜨기 A / 무늬뜨기 B / 무늬뜨기 C' / 무늬뜨기 D / 무늬뜨기 E / 무늬뜨기 D / 무늬뜨기 C / 무늬뜨기 B / 무늬뜨기 A / 안메리야스뜨기

17.5(51코) [18.5(53코)] / 18(55코) [19(59코)] / 17.5(51코) [18.5(53코)]

4 1단
(39코) [(43코)] 덮어씌우기 2단평 2-8-1 단 코 회
23(76단)
33.5(110단)
36(118단)
53(157코) [56(165코)]
(+45코)
소매 달기 끝
2.5(8코) / 5(15코) / 5(15코) / 5.5(18코) / 9(25코) / 5.5(18코) / 5(15코) / 5(15코) / 2.5(8코) / 5(15코)
(돌려 1코 고무뜨기) 3호 대바늘
7(26단)
(112코) [(120코)] 만들기

※ 지정하지 않은 것은 5호 대바늘로 뜬다.
※ [ ]는 L, 그 외는 M 또는 공통.

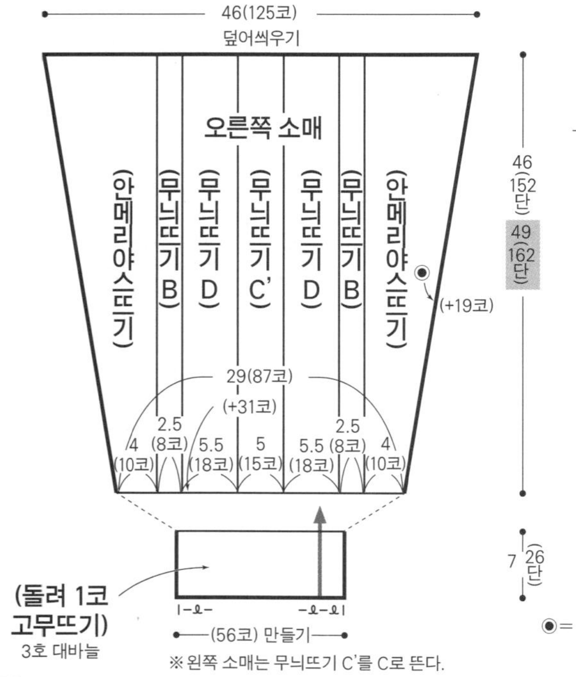

앞판

안메리야스뜨기 / 무늬뜨기 A / 무늬뜨기 B / 무늬뜨기 C' / 무늬뜨기 D / 무늬뜨기 E / 무늬뜨기 D / 무늬뜨기 C / 무늬뜨기 B / 무늬뜨기 A / 안메리야스뜨기

17.5(51코) [18.5(53코)] / 18(55코) [19(59코)] / 17.5(51코) [18.5(53코)]

7.5 (24단)
52단
(17코) [21코] 덮어씌우기
53(157코) [56(165코)]
(+45코)
소매 달기 끝
2.5(8코) / 5(15코) / 5(15코) / 5.5(18코) / 9(25코) / 5.5(18코) / 5(15코) / 5(15코) / 2.5(8코) / 5(15코)
(돌려 1코 고무뜨기) 3호 대바늘
(112코) [(120코)] 만들기

▲ =
2단평
4-1-2
2-1-4
2-2-1
2-4-1
2-7-1
단 코 회

● =
4(10코)
[5.5(14코)]

무늬뜨기 A

무늬뜨기 B

무늬뜨기 D

목둘레(돌려 1코 고무뜨기) 3호 대바늘

(44코) [46코] 줍기
접는다
9(28단)
(70코) [74코] 줍기

오른쪽 소매

안메리야스뜨기 / 무늬뜨기 B / 무늬뜨기 D / 무늬뜨기 C' / 무늬뜨기 D / 무늬뜨기 B / 안메리야스뜨기

46(125코) 덮어씌우기
46(152단)
49(162단)
(+19코)
29(87코)
(+31코)
4(10코) / 2.5(8코) / 5.5(18코) / 5(15코) / 5.5(18코) / 2.5(8코) / 4(10코)
(돌려 1코 고무뜨기) 3호 대바늘
(56코) 만들기
7(26단)

※ 왼쪽 소매는 무늬뜨기 C'를 C로 뜬다.

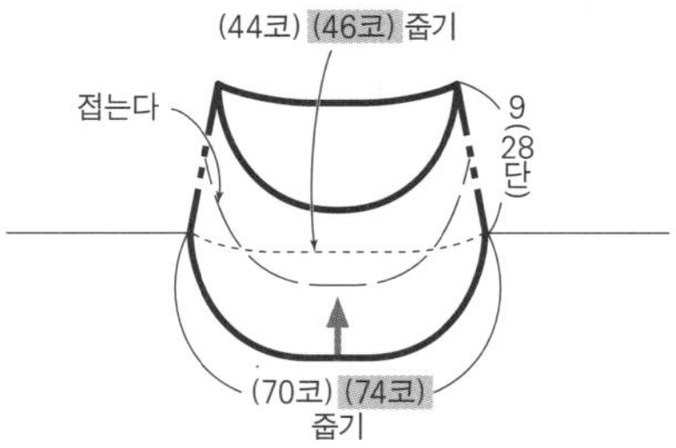

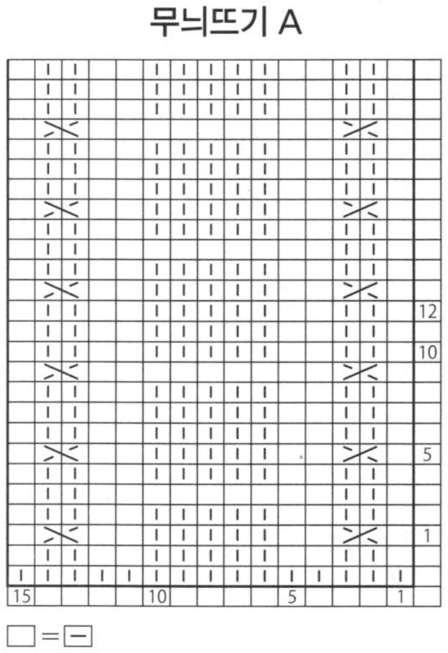

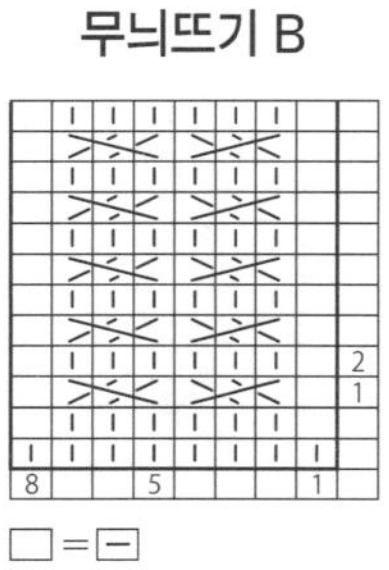

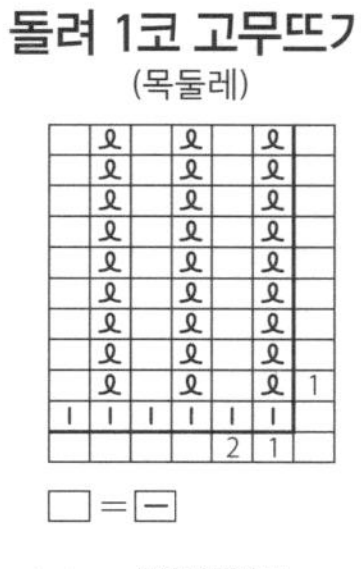

돌려 1코 고무뜨기 (목둘레)

돌려 1코 고무뜨기 (밑단·소맷부리)

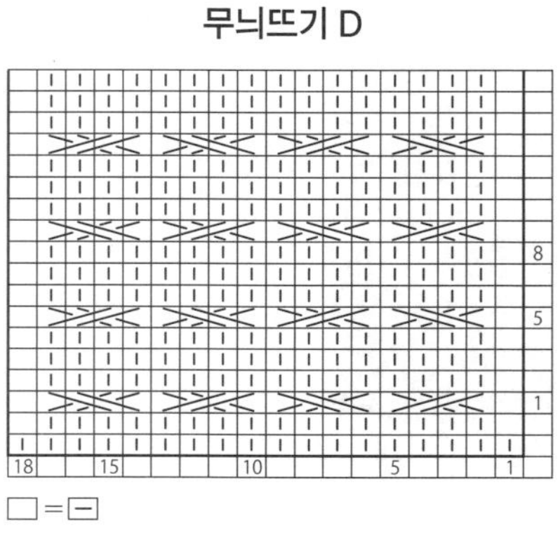

● =
6단평
6-1-3
8-1-16
단 코 회
[8단평
10-1-1
8-1-18
단 코 회]

무늬뜨기 C'　　　　　　　무늬뜨기 C　　　　　　　무늬뜨기 E

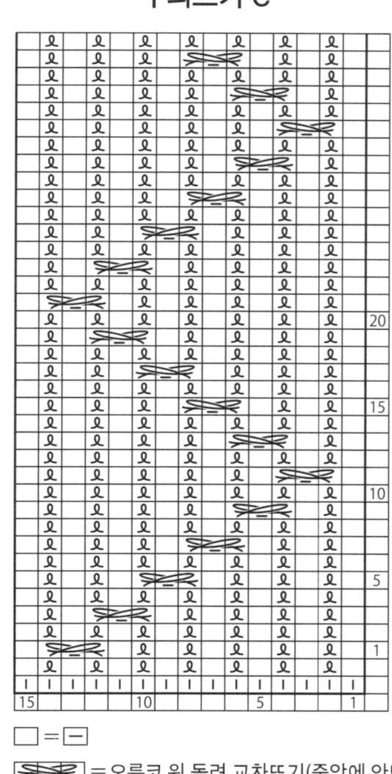

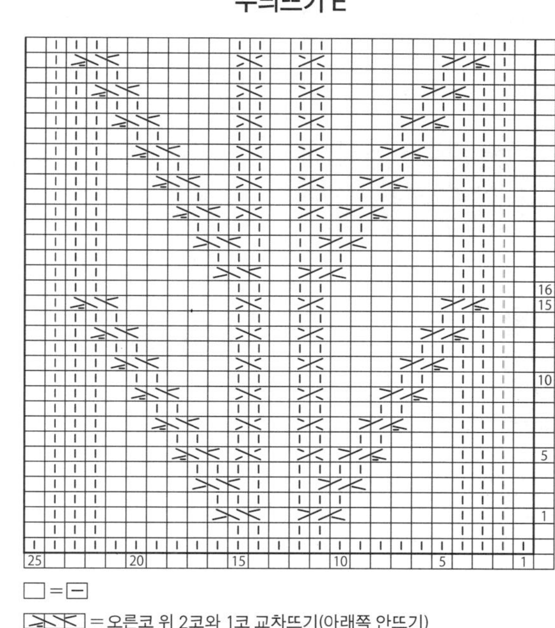

$\square = \boxminus$

$\square = \boxminus$

앞목둘레의 줄임코(M)

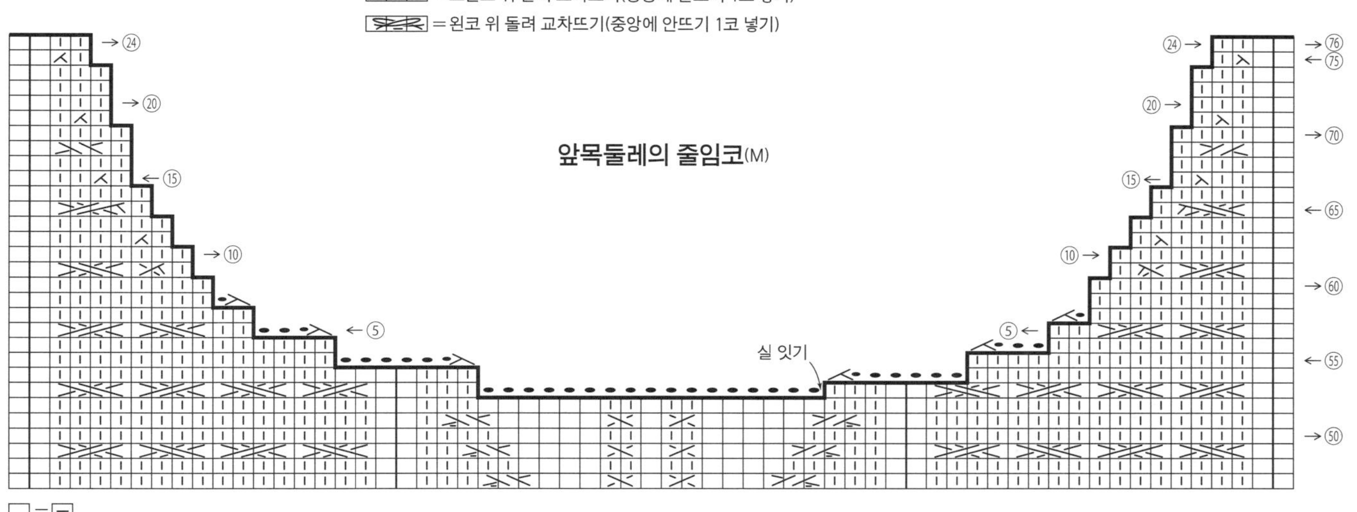

$\square = \boxminus$

앞목둘레의 줄임코(L)

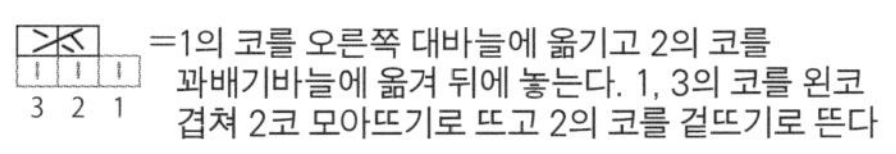

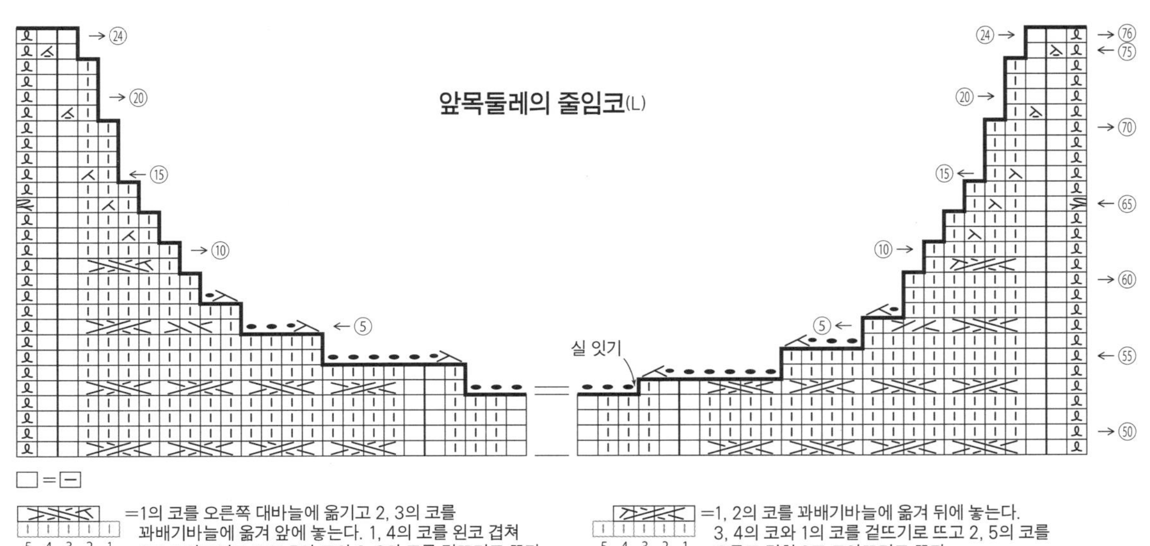

$\square = \boxminus$

저니

세이카12

3코 3단 구슬뜨기

※ 일본어 사이트

재료

Silk HASEGAWA 저니 베이지(WT-4 BEIGE), 세이카12 연황록색(23 GREEN) 실의 색이름·색번호·사용량은 도안의 표를 참고하세요.

도구

대바늘 8호·6호

완성 크기

M…가슴둘레 100㎝, 어깨너비 41㎝, 기장 55㎝
L…가슴둘레 110㎝, 어깨너비 45㎝, 기장 58㎝
스누드…목둘레 50㎝, 길이 29㎝

게이지

무늬뜨기 A(10×10㎝) 23.5코×28단, 무늬뜨기 D(10×10㎝) 29.5코×28단, 무늬뜨기 B 1무늬 13코=4㎝, 무늬뜨기 C 1무늬 24코=9㎝, 무늬뜨기 B·C 28단=10㎝

POINT

●공통…모두 베이지, 연황록색 각 1가닥을 합사해 뜬다.

●베스트…손가락에 실을 걸어서 기초코를 만들어 뜨기 시작해 2코 고무뜨기로 뜹니다. 이어서 무늬뜨기 A·B·C·D를 배치해 뜨는데, 1단의 늘림코는 도안을 참고하세요. 진동둘레·목둘레의 줄임코는 2코 이상은 덮어씌우기, 1코는 가장자리 1코 세워 줄이기를 합니다. 어깨는 덮어씌워 잇기, 옆선은 떠서 꿰매기를 합니다. 목둘레·진동둘레는 지정 콧수를 주워 2코 고무뜨기로 원형으로 뜹니다. 뜨개 끝은 2코 고무뜨기 코막음을 합니다.

●스누드…손가락에 실을 걸어서 기초코를 만들어 뜨기 시작해 2코 고무뜨기, 무늬뜨기 A·B·C·D를 배치해 원형으로 뜹니다. 뜨개 끝은 무늬를 이어서 뜨면서 덮어씌워 코막음합니다.

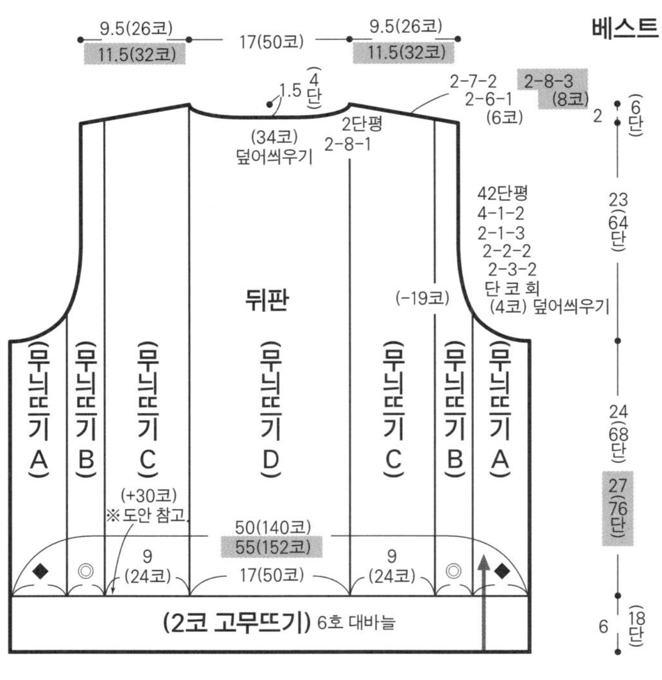

베스트

뒤판

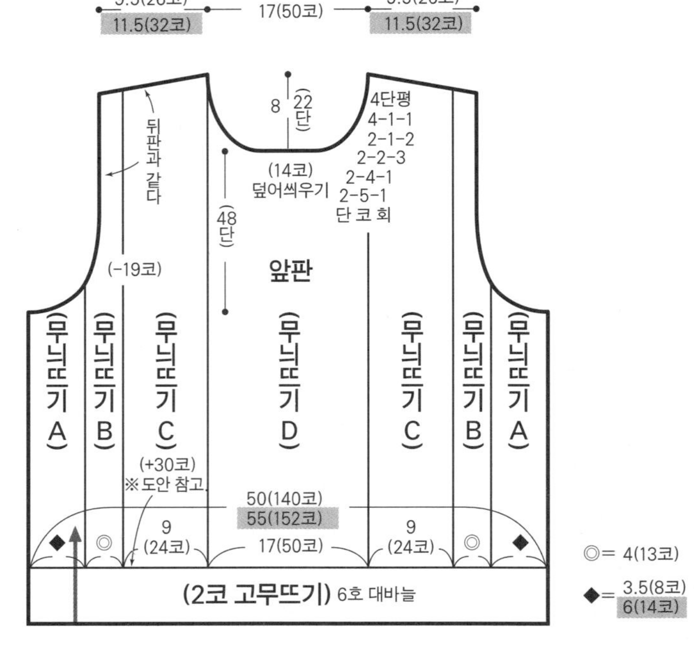

앞판

※지정하지 않은 것은 8호 대바늘로 뜬다.
※모두 베이지, 연황록색 각 1가닥을 합사해 뜬다.
※▨ 는 L, 그 외는 M 또는 공통.
※제도는 L.

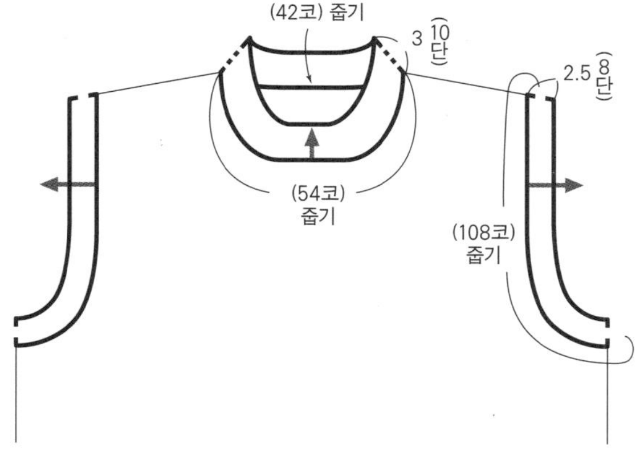

목둘레·진동둘레(2코 고무뜨기) 6호 대바늘

실 사용량

색이름(색번호)	M	L	스누드
베이지(WT-4 BEIGE)	245g 7볼	280g 7볼	75g 2볼
연황록색(23 GREEN)	65g 3볼	75g 3볼	20g 1볼

2코 고무뜨기(스누드 위쪽)

2코 고무뜨기 (목둘레·진동둘레·스누드 아래쪽)

□=Ⅰ

스누드

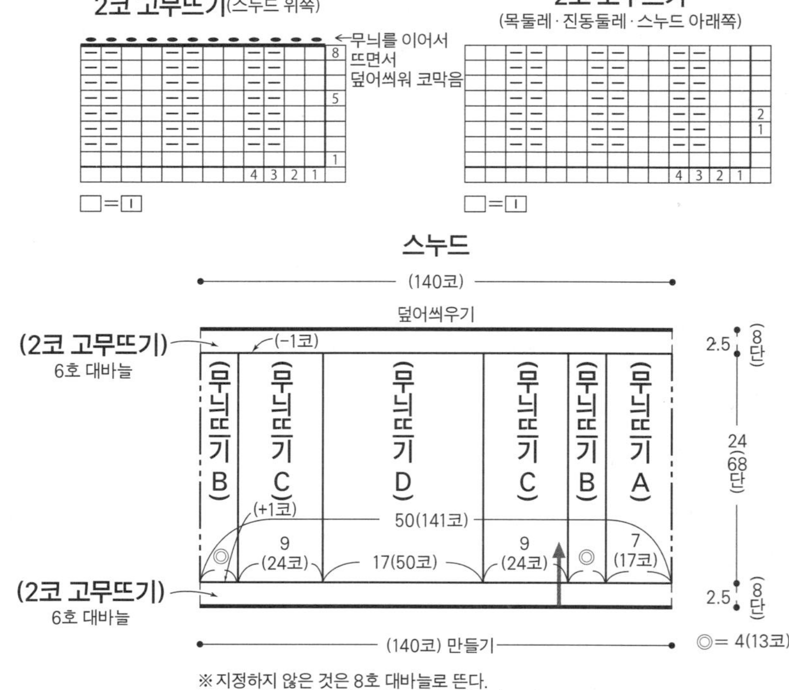

※지정하지 않은 것은 8호 대바늘로 뜬다.
※모두 베이지, 연황록색 각 1가닥을 합사해 뜬다.

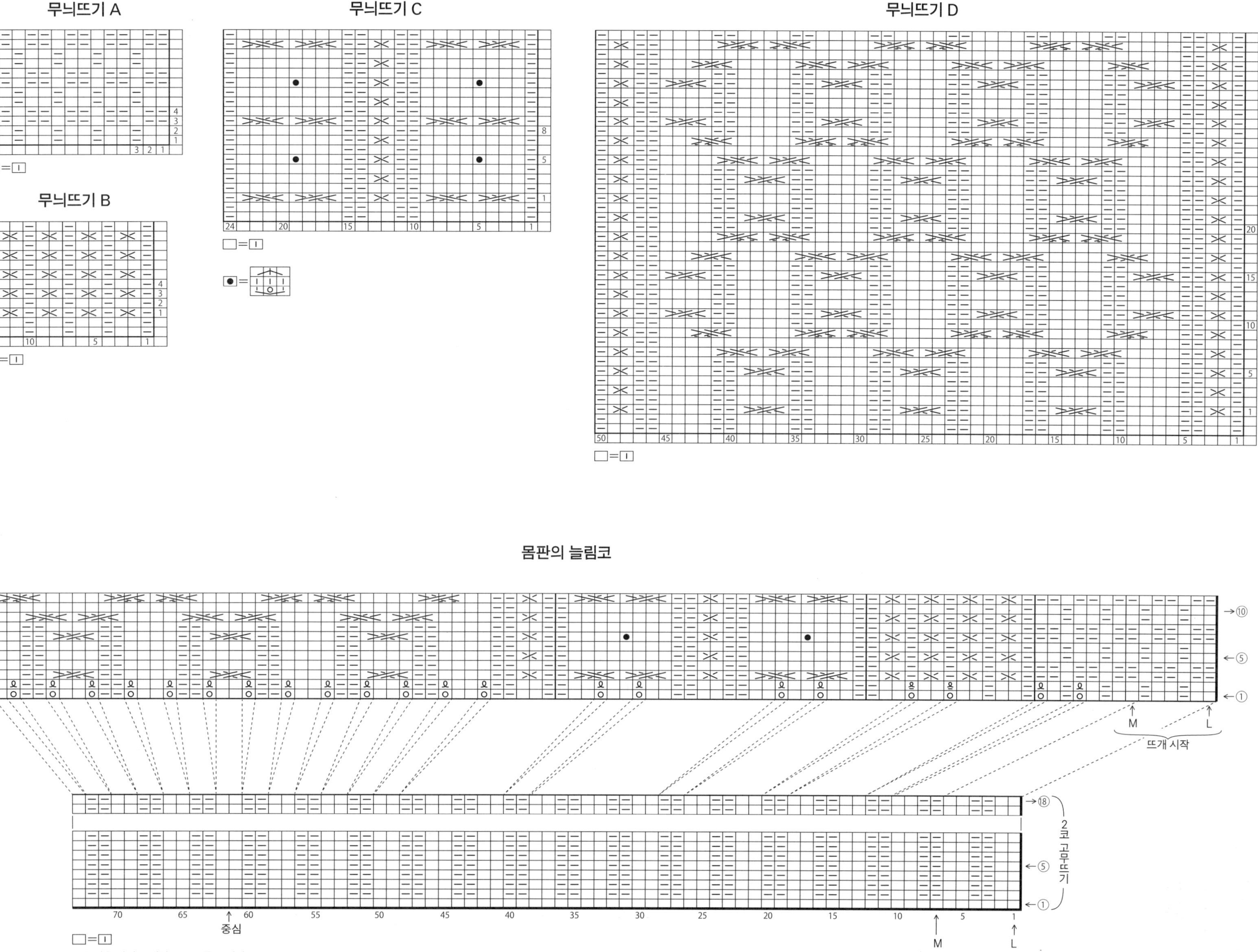

무늬뜨기 A
무늬뜨기 B
무늬뜨기 C
무늬뜨기 D
□=I
몸판의 늘림코
2코 고무뜨기
뜨개 시작
중심
M
L
□=I
※중심을 경계로 대칭으로 코를 늘린다.

오른코 위 돌려 교차뜨기
(아래쪽 안뜨기)

왼코 위 돌려 교차뜨기
(아래쪽 안뜨기)

※일본어 사이트

※일본어 사이트

재료
나이토상사 에브리데이 알파카 노란색(211)
M…505g 6볼
L…580g 6볼

도구
대바늘 6호·4호·5호, 코바늘 5/0호

완성 크기
M…가슴둘레 106㎝, 기장 56.5㎝, 화장 69.5㎝
L…가슴둘레 114㎝, 기장 61㎝, 화장 74㎝

게이지(10×10㎝)
멍석뜨기 22코×32단, 무늬뜨기 B 33코×32단,
무늬뜨기 C 28.5코×32단

POINT
●몸판·소매…손가락에 실을 걸어서 기초코를 만들어 뜨기 시작해 무늬뜨기 A·B·B'·C, 멍석뜨기를 배치해 뜹니다. 줄임코는 2코 이상은 덮어씌우기, 1코는 가장자리 1코 세워 줄이기를 합니다. 소매 밑선의 늘림코는 1코 안쪽에서 돌려뜨기 늘림코를 합니다.

●마무리…어깨는 덮어씌워 잇기를 합니다. 목둘레는 지정 콧수를 주워 게이지 조정을 하면서 무늬뜨기 A'로 원형으로 뜹니다. 뜨개 끝의 무늬를 이어서 뜨면서 덮어씌워 코막음합니다. 소매는 코와 단 잇기로 몸판과 연결합니다. 옆선·소매 밑선은 떠서 꿰매기를 합니다.

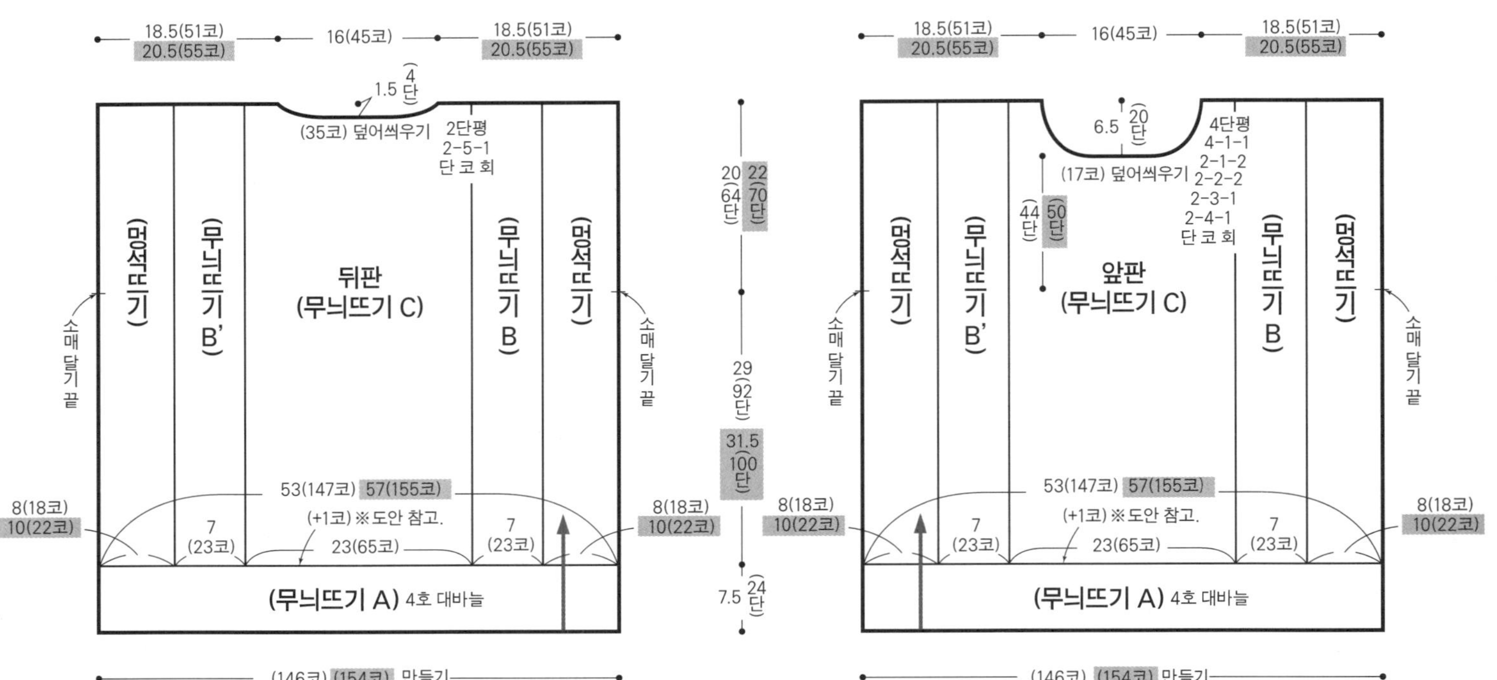

※지정하지 않은 것은 6호 대바늘로 뜬다.
※ ▨ 는 L, 그 외는 M 또는 공통.

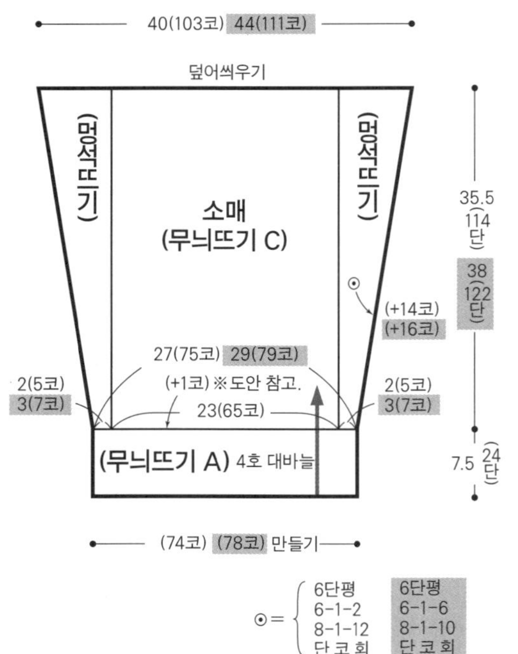

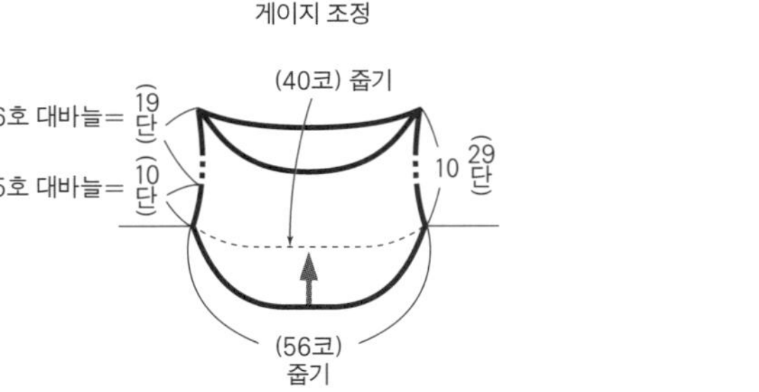

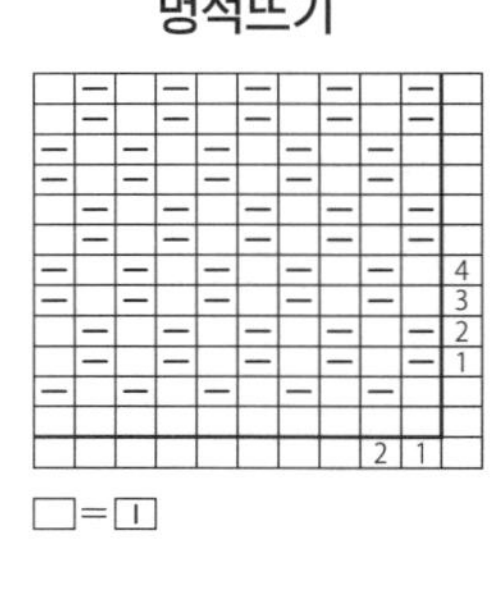

무늬뜨기 A

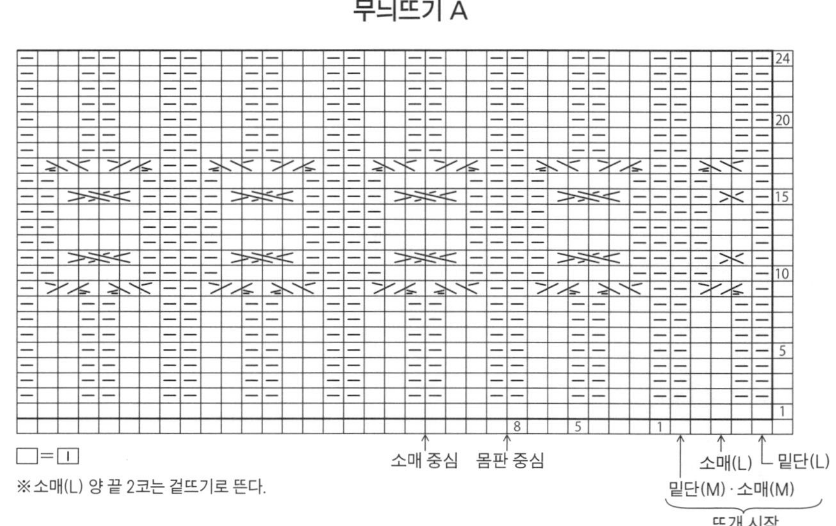

※소매(L) 양 끝 2코는 겉뜨기로 뜬다.

무늬뜨기 B·B'

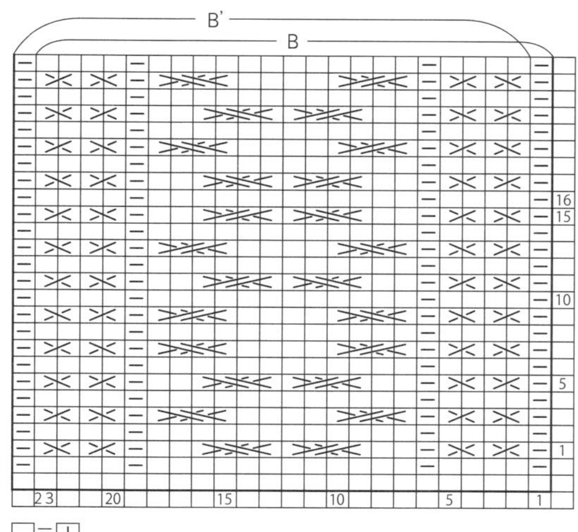

무늬뜨기 A'

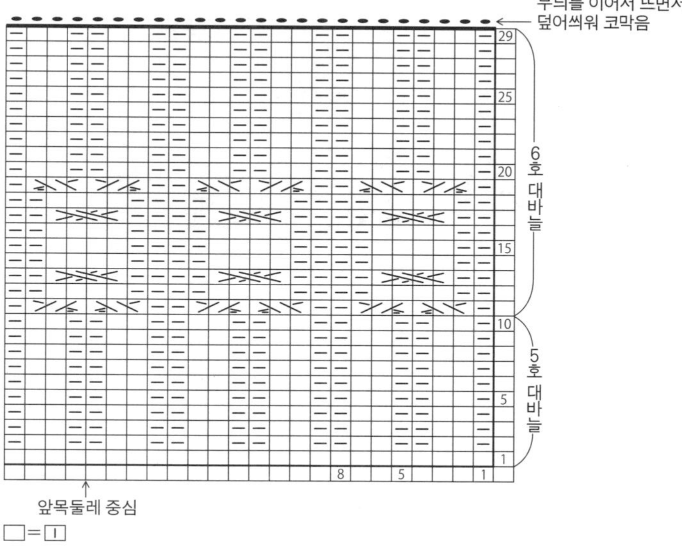

무늬뜨기 C

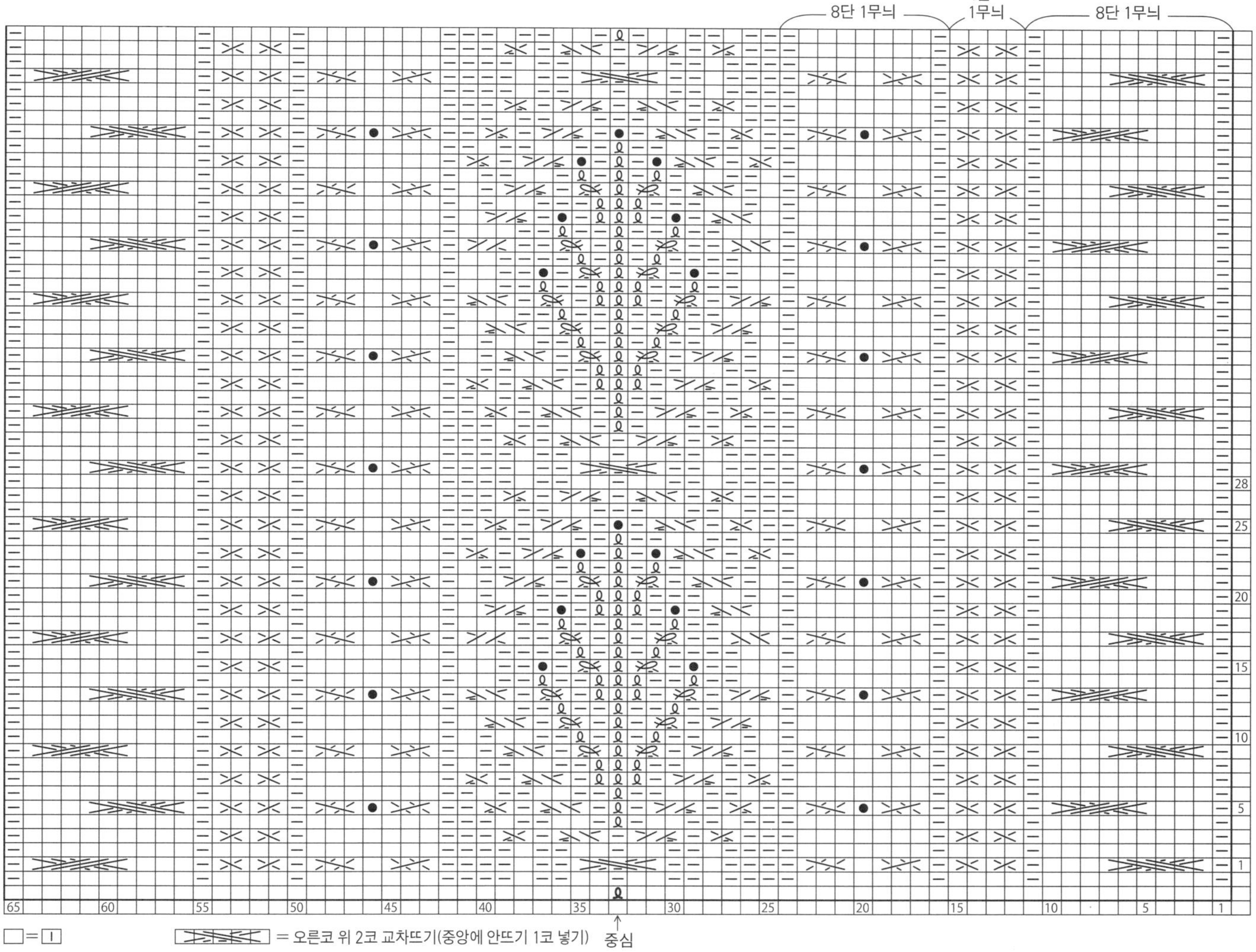

□ = ①
⧖ = 오른코 위 2코 교차뜨기(중앙에 안뜨기 1코 넣기)　중심

Ω = 돌려뜨기 늘림코　⧗ = 왼코 위 돌려 교차뜨기(아래쪽 안뜨기)

● = (5/0호 코바늘)　⧗ = 오른코 위 돌려 교차뜨기(아래쪽 안뜨기)

오른코 위 2코 교차뜨기
(중앙에 안뜨기 1코 넣기)

※ 일본어 사이트

실을 세로로 걸치는
배색무늬

※ 일본어 사이트

1코 고무뜨기 코막음
(원형뜨기)

※ 일본어 사이트

재료

나이토상사 에브리데이 멀티컬러 트위드
M…연그레이(303) 210g 3볼, 연갈색(302) 170g
2볼
L…연그레이(303) 225g 3볼, 연갈색(302) 180g
2볼

도구

대바늘 10호·8호

완성 크기

M…가슴둘레 102cm, 어깨너비 41cm, 기장 61.5cm
L…가슴둘레 108cm, 어깨너비 41cm, 기장 64.5cm

게이지

무늬뜨기 A ·A’ 1무늬 14코=8.5cm, 무늬뜨기 B
1무늬 8코=3.5cm, 무늬뜨기 C 1무늬 24코=12cm,
무늬뜨기 A ·A’·B ·C 23.5단=10cm. 메리야스뜨기(10×10cm) 15.5코×21.5단, 무늬뜨기 D(10×
10cm) 15.5코×23.5단

POINT

●몸판…손가락에 실을 걸어서 기초코를 만들어
뜨기 시작해 앞뒤 몸판은 1코 고무뜨기, 무늬뜨기
A ·A’·B ·C, 가터뜨기, 메리야스뜨기를 배치해 뜹
니다. 색 경계에서는 실을 세로로 걸쳐 뜹니다. 줄
임코는 2코 이상은 덮어씌우기, 1코는 가장자리
1코 세워 줄이기를 합니다. 옆선은 몸판처럼 뜨기
시작해 1코 고무뜨기, 무늬뜨기 D로 뜹니다.
●마무리…어깨는 덮어씌워 잇기를 합니다. 앞뒤
몸판과 옆선은 떠서 꿰매기를 합니다. 목둘레·진
동둘레는 지정 콧수를 주워 1코 고무뜨기로 원형
으로 뜹니다. 뜨개 끝은 1코 고무뜨기 코막음을 합
니다.

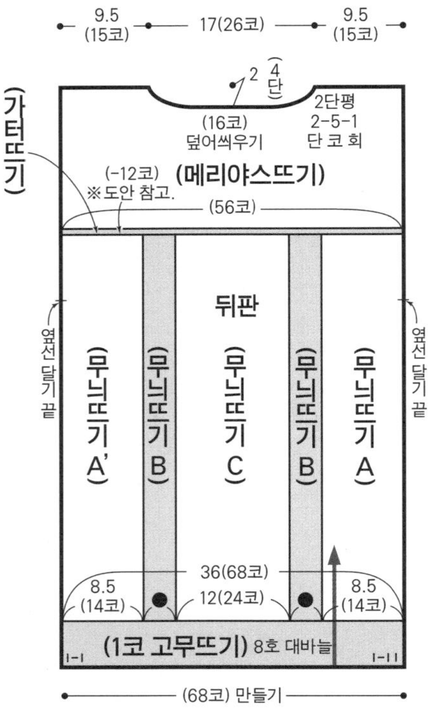

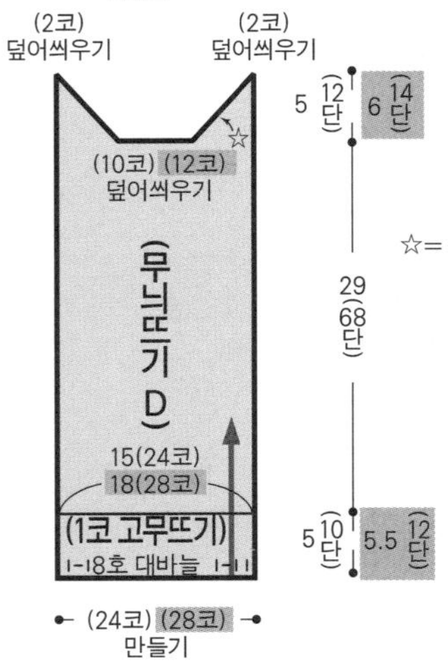

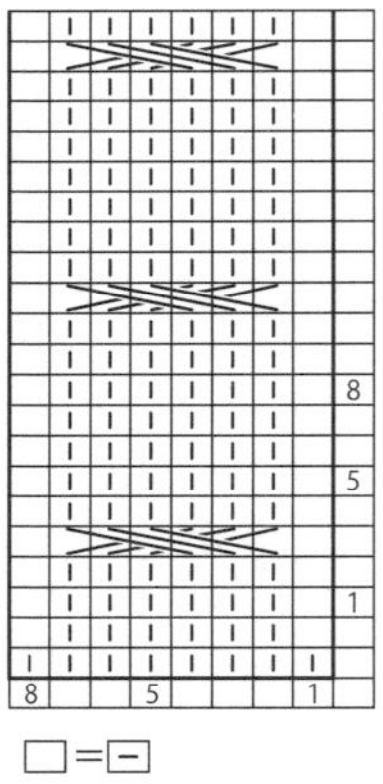

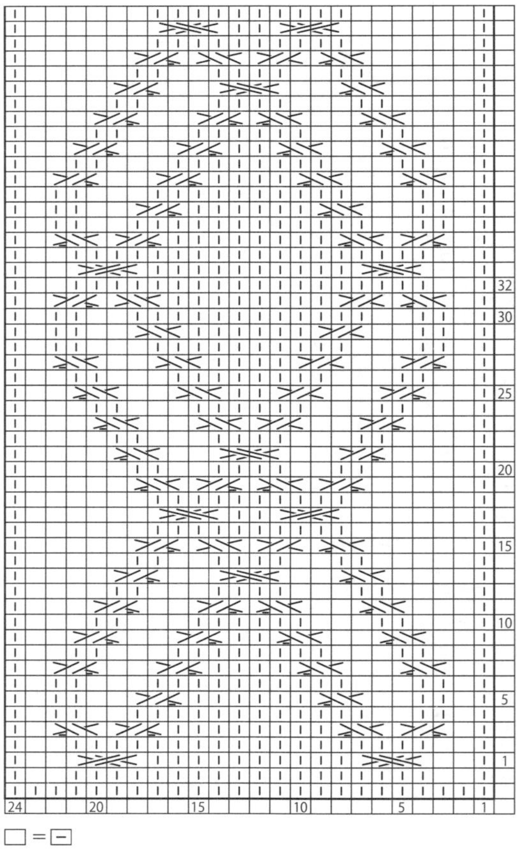

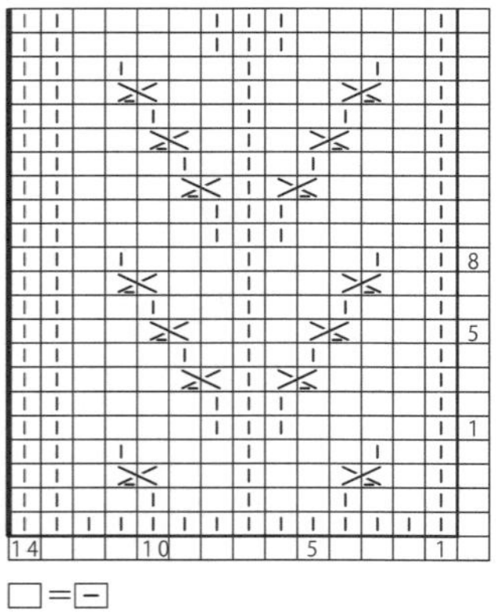

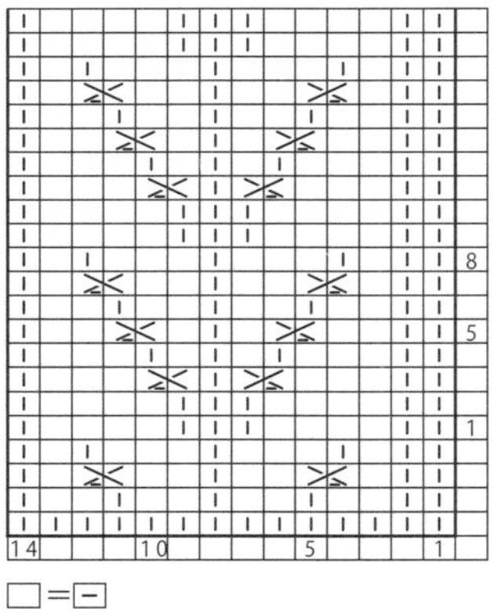

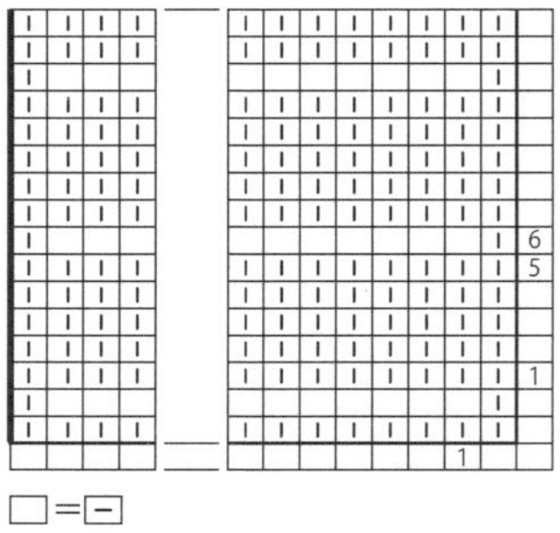

※ 지정하지 않은 것은 10호 대바늘로 뜬다.
※ █ 는 L, 그 외는 M 또는 공통.

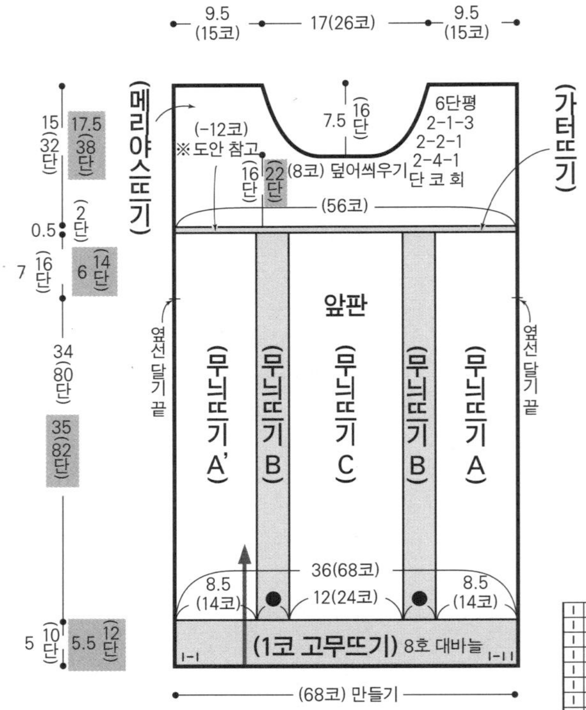

※ ☐ =연그레이
※ █ =연갈색
●=3.5(8코)

가터뜨기 1단의 줄임코

□=⊟

배색 { □=연그레이, ■=연갈색 }

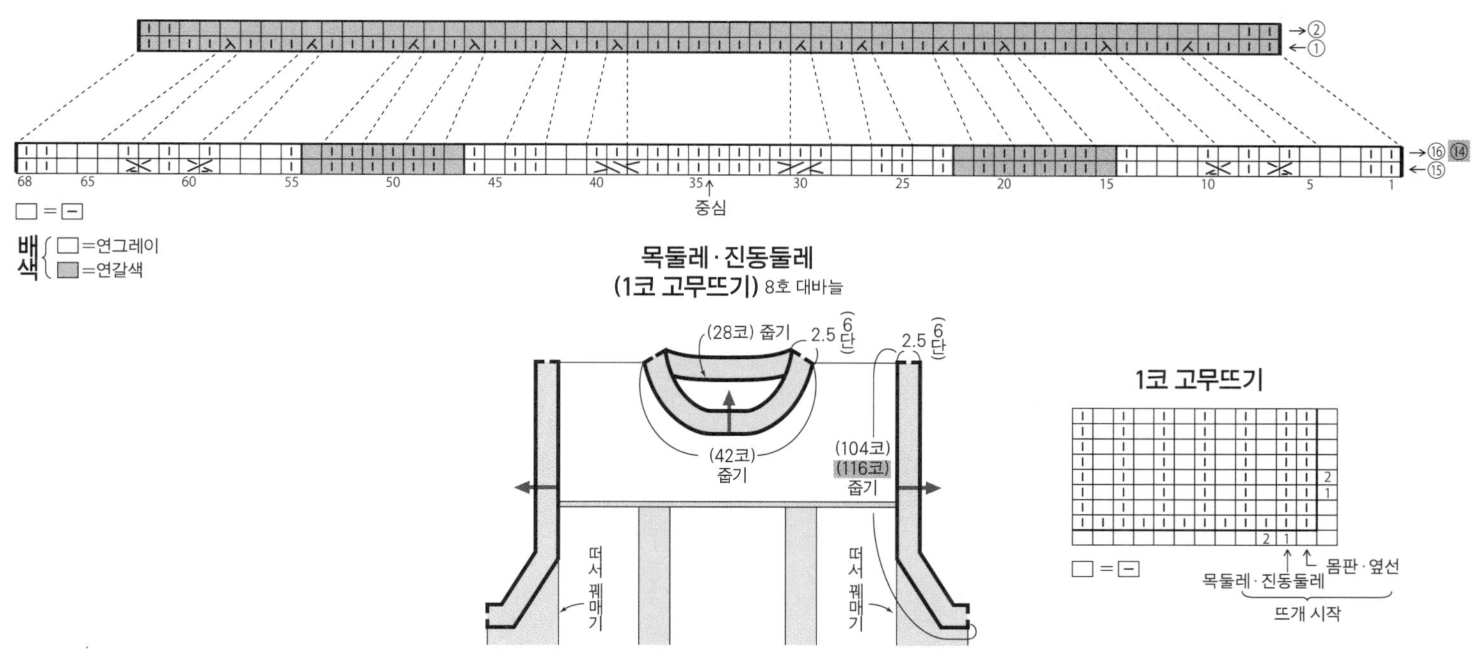

목둘레·진동둘레 (1코 고무뜨기) 8호 대바늘

1코 고무뜨기

□=⊟

128페이지에서 이어집니다. ◀

무늬뜨기 분산늘림코

□=⊡

ℓ =돌려뜨기 늘림코

ℓ =안 돌려뜨기 늘림코

테두리뜨기

□=⊡

■=코가 없는 부분

ℓ =돌려뜨기 늘림코

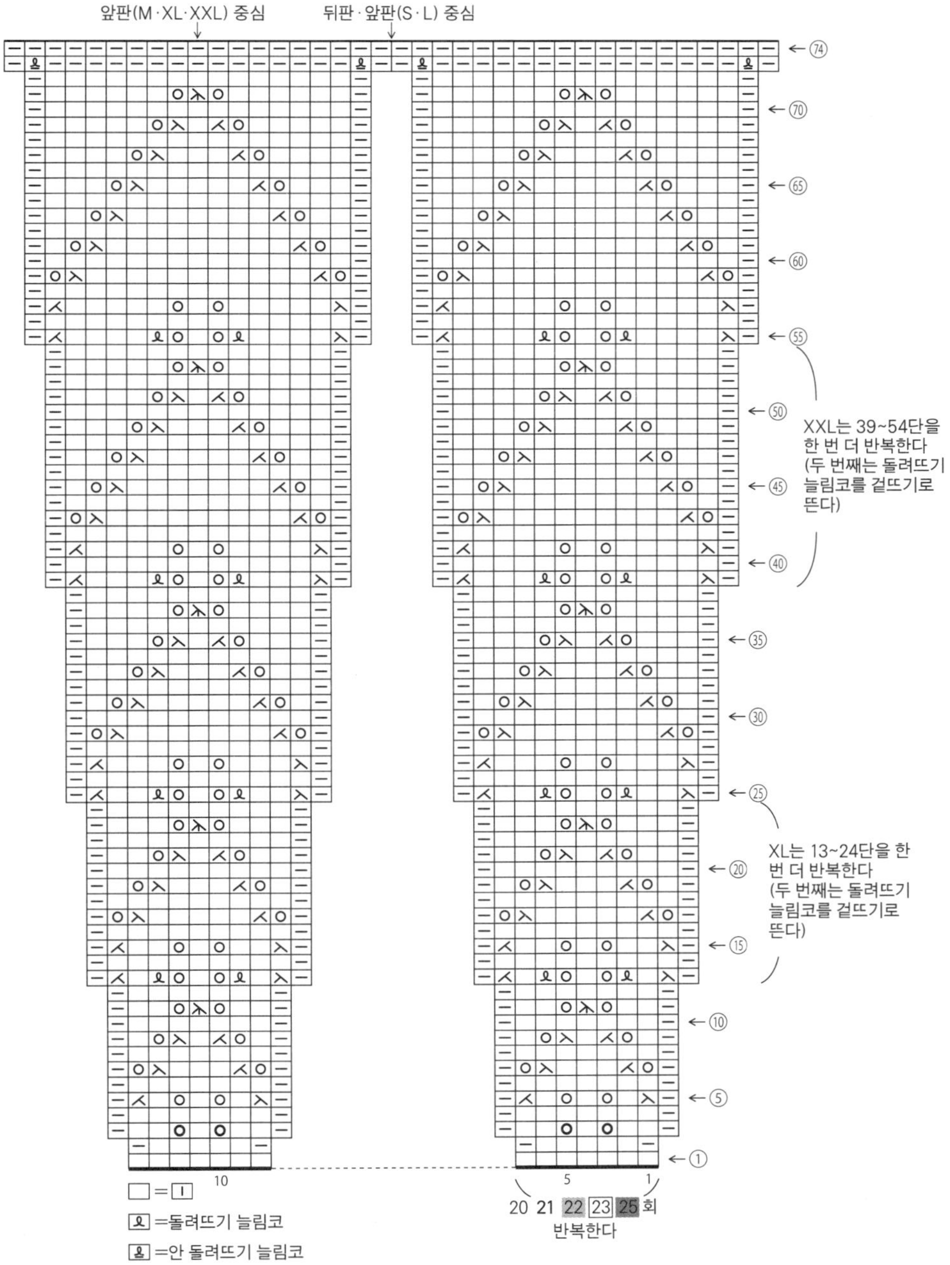

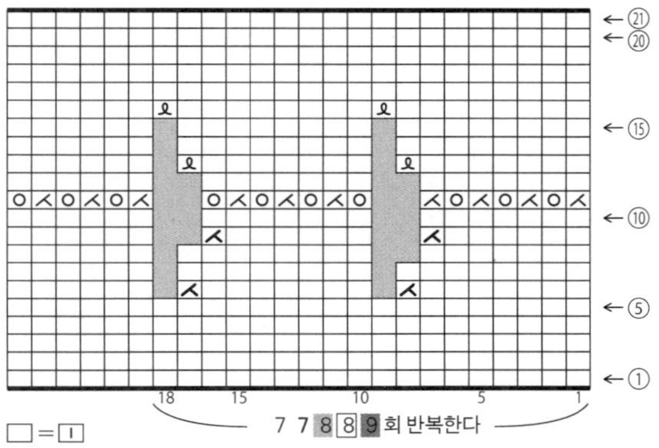

소매 밑선 줄임코(S·M)

□=⊡

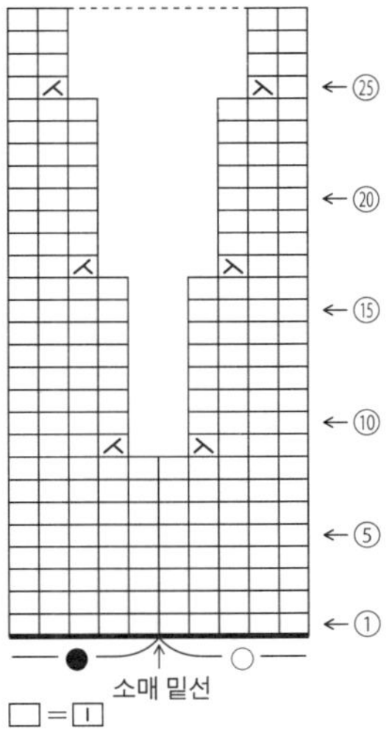

※L, XL, XXL는 같은 요령으로 줄임코한다.

재료

채피 얀×케이토 메리노 삭스 하늘색·분홍색 그러데이션(케이토와 놀자)

S…290g 3타래

M…325g 4타래

L…355g 4타래

XL…380g 4타래

XXL…415g 5타래

도구

대바늘 4호·3호

완성 크기

S…가슴둘레 95㎝, 기장 55.5㎝, 화장 69.5㎝

M…가슴둘레 101.5㎝, 기장 55.5㎝, 화장 71.5㎝

L…가슴둘레 106㎝, 기장 58㎝, 화장 72.5㎝

XL…가슴둘레 115.5㎝, 기장 61㎝, 화장 74.5㎝

XXL…가슴둘레 125.5㎝, 기장 63㎝, 화장 74.5㎝

게이지(10×10㎝)

무늬뜨기 27코×40단, 메리야스뜨기 27코×38단

POINT

●요크·몸판·소매…요크는 별도 사슬 기초코로 뜨개를 시작해서 무늬뜨기를 원형으로 뜹니다. 분산 늘림코는 도안을 참고하세요. 뒤판은 앞뒤 단차로 12단을 왕복으로 메리야스뜨기 하고 겨드랑이는 별도 사슬로 만듭니다. 몸판은 앞뒤판을 이어서 메리야스뜨기, 돌려 1코 고무뜨기를 합니다. 뜨개 끝은 돌려 1코 고무뜨기 코막음을 합니다. 소매는 겨드랑이·앞뒤 단차·요크의 쉼코에서 코를 주워서 메리야스뜨기, 돌려 1코 고무뜨기를 원형으로 뜹니다. 소매 밑선의 줄임코는 도안을 참고하세요. 뜨개 끝은 밑단과 같은 방법으로 뜹니다.

●마무리…목둘레는 기초코 사슬을 풀면서 코를 주워 테두리뜨기를 합니다. 증감코는 도안을 참고하세요. 뜨개 끝은 쉼코하고 안으로 접어서 메리야스잇기로 연결합니다.

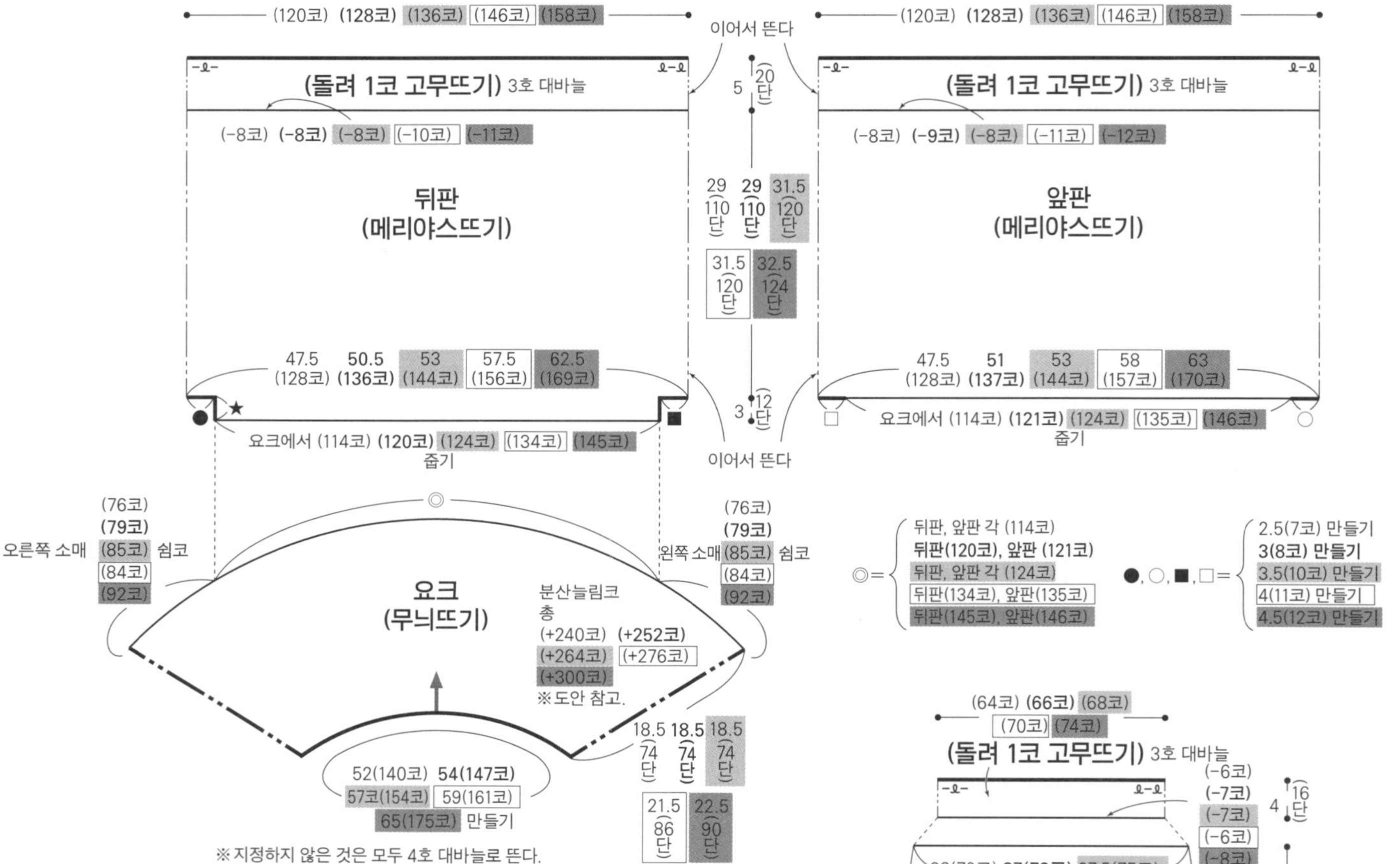

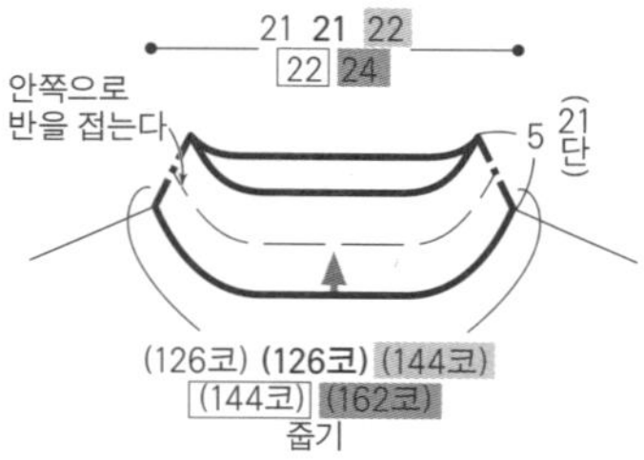

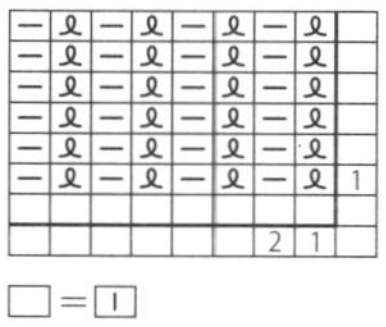

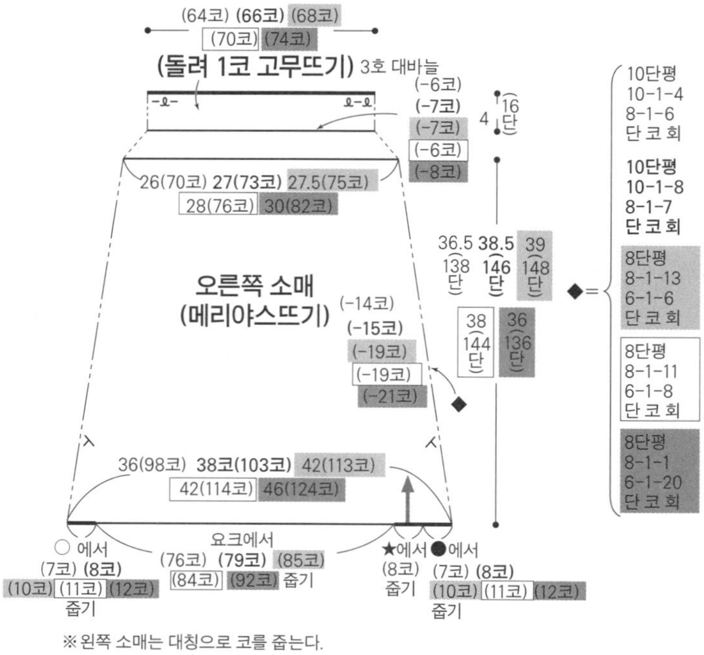

◀ 127페이지로 이어집니다.

멜란지나

파인 메리노 병태

**돌려 오른코 겹쳐
2코 모아뜨기**

※ 일본어 사이트

재료

고쇼산업 게이토피에로

M…멜란지나 에크뤼베이지(11) 525g 14볼, 파인
메리노 병태 체리레드(07) 20g 1볼·다크그린(08)
10g 1볼

L…멜란지나 에크뤼베이지(11) 565g 15볼, 파인
메리노 병태 체리레드(07) 20g 1볼·다크그린(08)
10g 1볼

공통…지름 18mm 단추 7개

도구

대바늘 9호, 코바늘 7/0호·6/0호

완성 크기

M…가슴둘레 100cm, 기장 49.5cm, 화장 71cm

L…가슴둘레 110cm, 기장 52cm, 화장 78cm

게이지(10×10cm)

멍석뜨기 17코×21.5단, 무늬뜨기 A 20.5코×
21.5단, 무늬뜨기 B 24코×21.5단

POINT

●몸판·소매…손가락에 실을 걸어서 기초코를 만
들어 뜨기 시작해 돌려 1코 고무뜨기, 멍석뜨기,
무늬뜨기 A·B·C를 배치해 뜹니다. 줄임코는 2
코 이상은 덮어씌우기, 1코는 가장자리 2코 세워
줄이기를 합니다. 오른쪽 앞판은 단춧구멍을 냅니
다. 소매 밑선의 늘림코는 1코 안쪽에서 돌려뜨기
늘림코를 합니다. 소매의 뜨개 끝의 겉뜨기는 겉뜨
기로, 안뜨기는 안뜨기로 떠서 덮어씌워 코막음합니
다. 무늬뜨기 A의 지정 위치에 자수를 놓습니다.

●마무리…어깨는 덮어씌워 잇기를 합니다. 목둘레
는 지정 콧수를 주워 돌려 1코 고무뜨기로 뜹니다.
뜨개 끝은 무늬를 이어서 뜨면서 덮어씌워 코막음
합니다. 소매는 코와 단 잇기로 몸판과 연결합니다.
옆선·소매 밑선은 떠서 꿰매기를 합니다. 밑단·앞
단·목둘레 가장자리, 소맷부리에 테두리뜨기를 뜹
니다. 단추를 달아 마무리합니다.

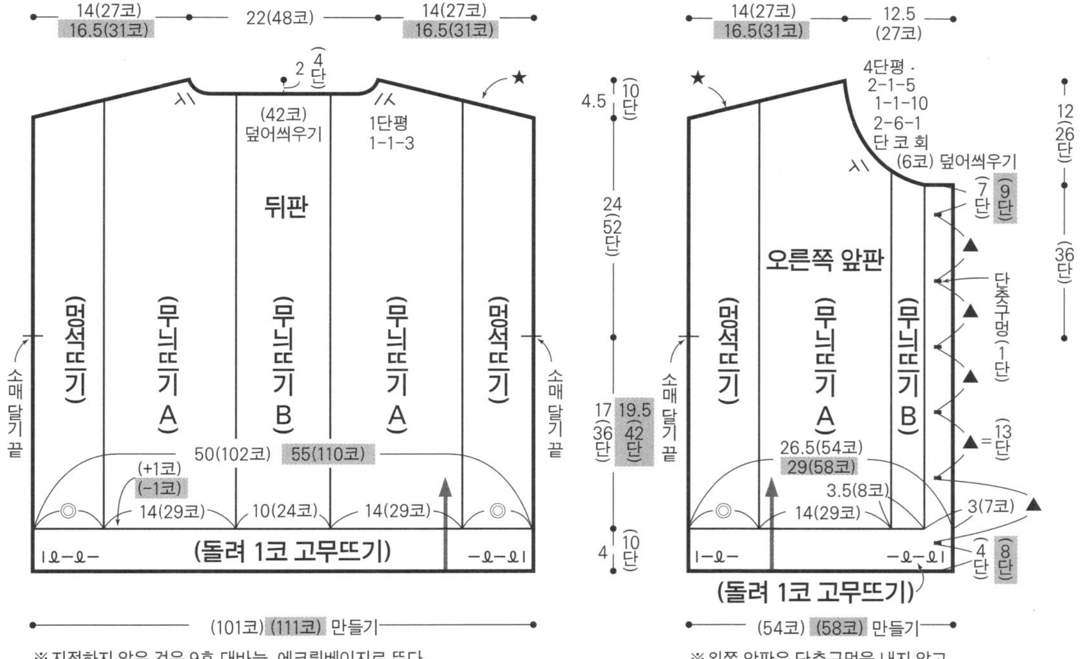

※ 지정하지 않은 것은 9호 대바늘, 에크뤼베이지로 뜬다.
※ ▨▨ 는 L, 그 외는 M 또는 공통.

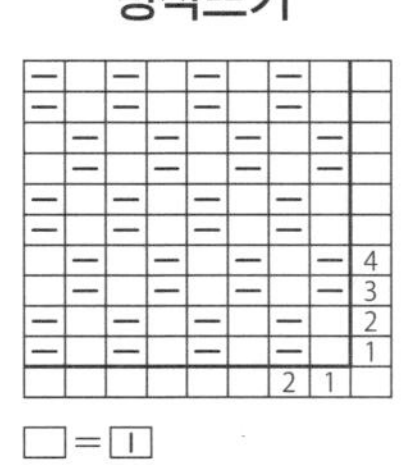

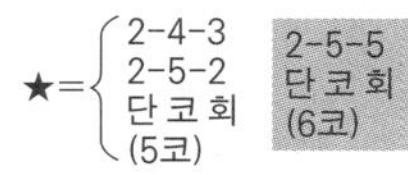

※ 왼쪽 앞판은 단춧구멍을 내지 않고
대칭으로 뜬다.

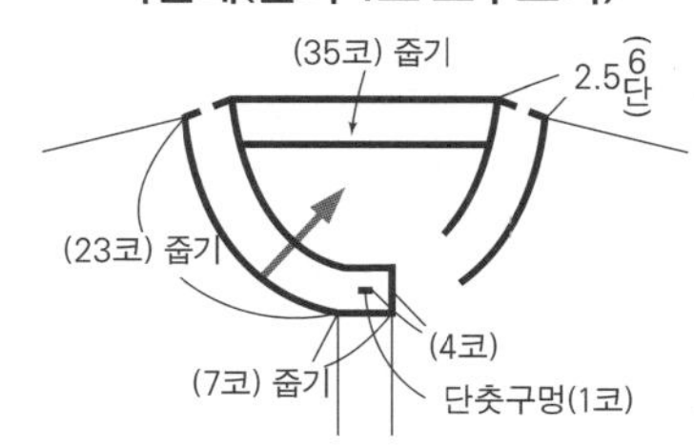

목둘레(돌려 1코 고무뜨기)

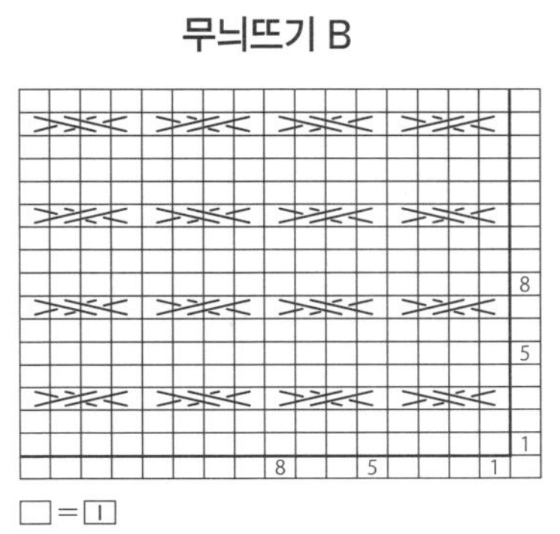

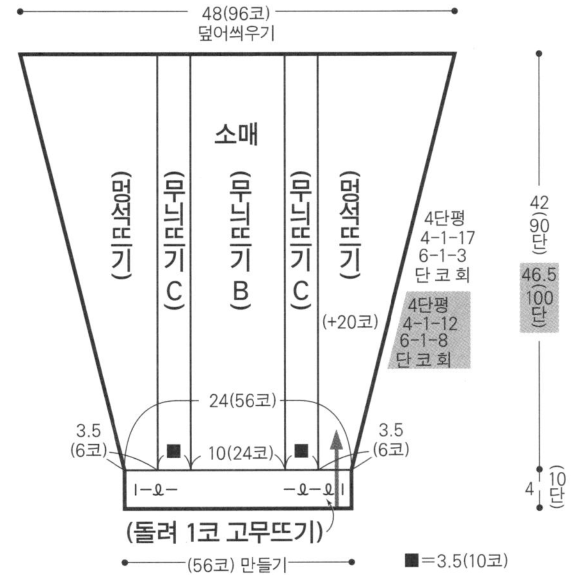

■ = 3.5(10코)

멍석뜨기

단춧구멍(목둘레)

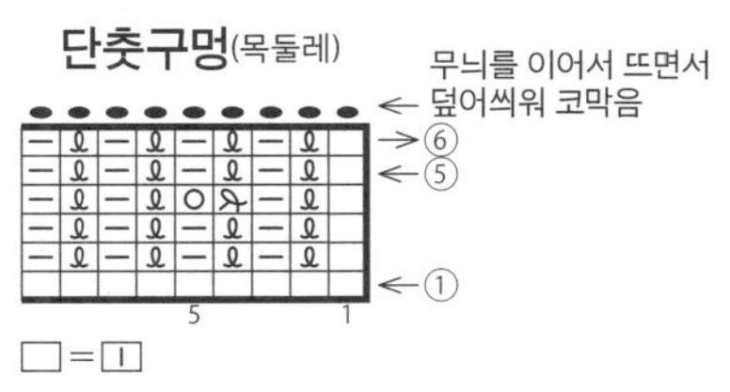

무늬뜨기 B

돌려 1코 고무뜨기

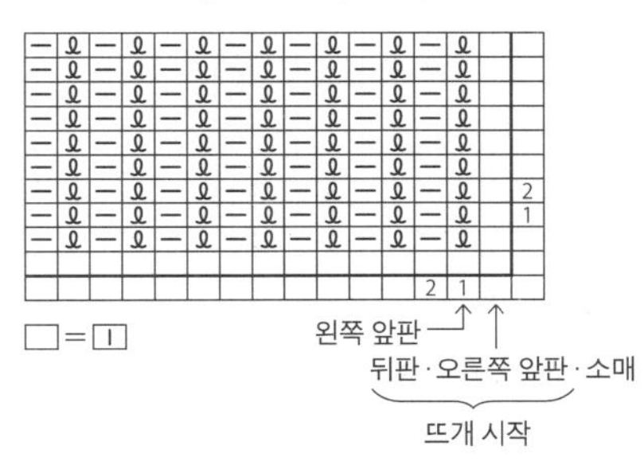

130페이지로 이어집니다. ▶

▶ 129페이지에서 이어집니다.

무늬뜨기 A

□=□

●= 긴뜨기 3코 구슬뜨기(7/0호 코바늘)

※자수 위치는 오른쪽 도안 참고.

무늬뜨기 A의 자수

● = 체리레드로 프렌치 노트 스티치(2회 감기)

▬ = 다크그린으로 스트레이트 스티치

무늬뜨기 C

□=□

프렌치 노트 스티치(2회 감기)

오른쪽 앞목둘레의 줄임코와 단춧구멍(L)

□=□

※M은 같은 요령으로 뜬다.

▷ = 실 잇기

▶ = 실 자르기

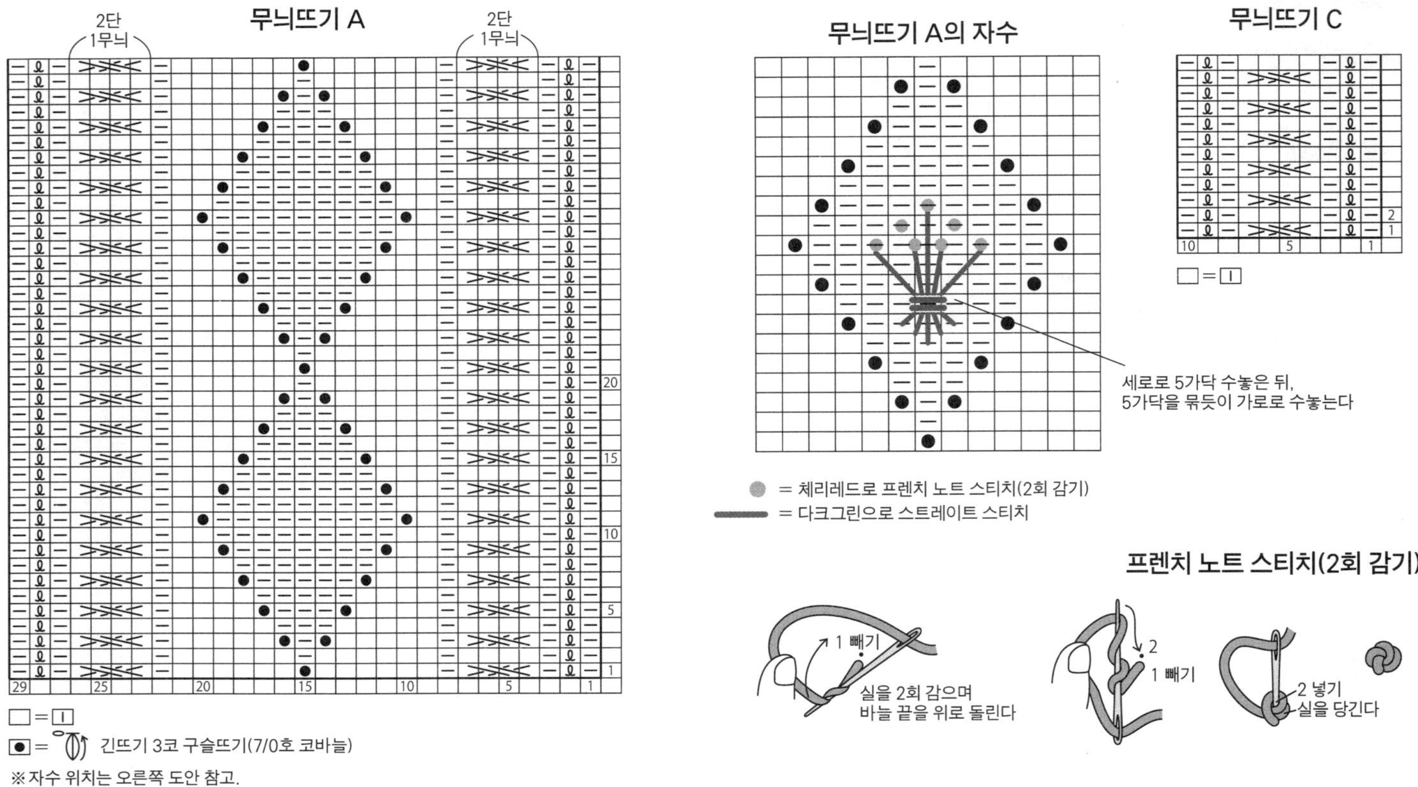

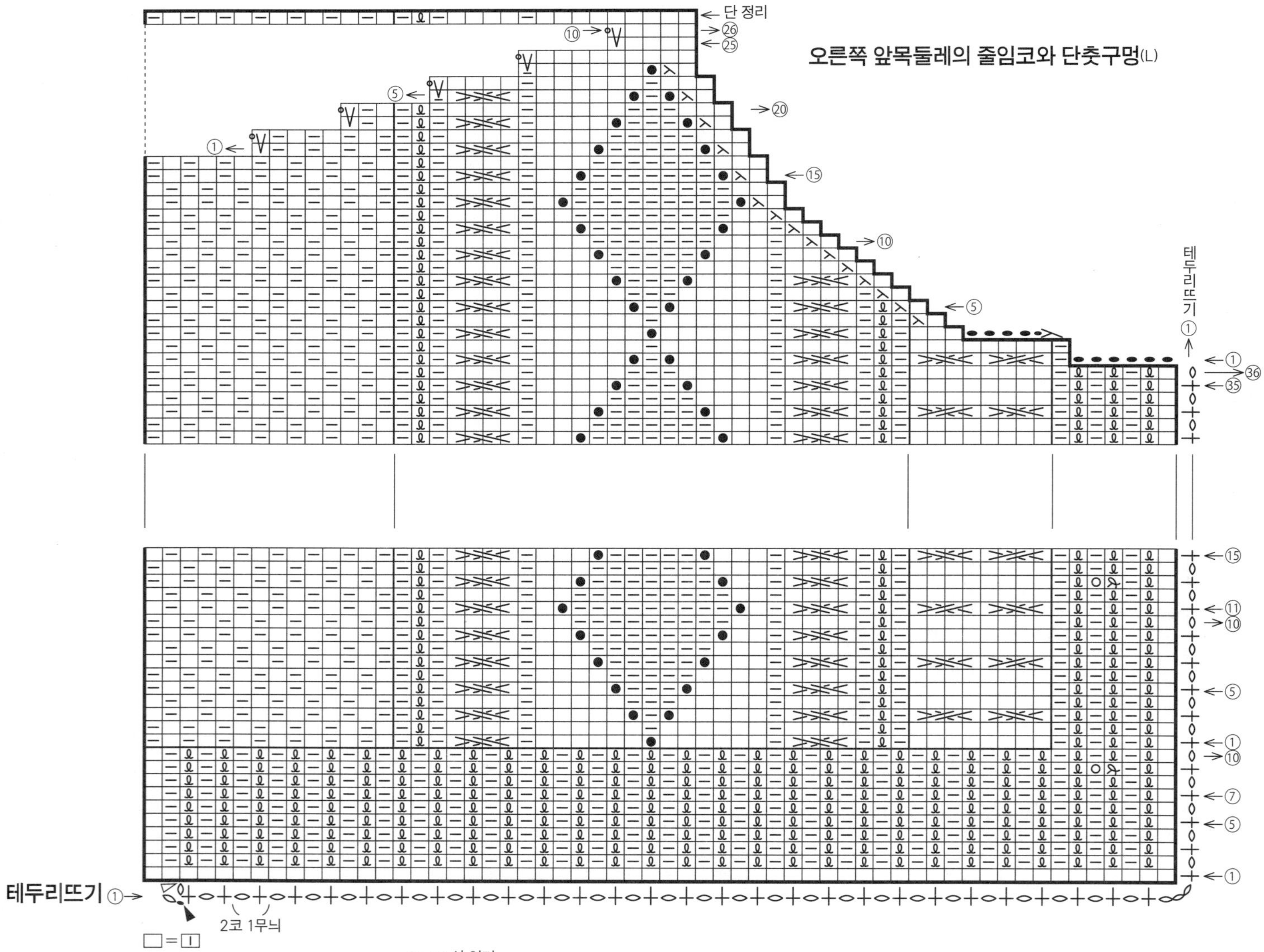

밑단·앞단·목둘레 가장자리(테두리뜨기)

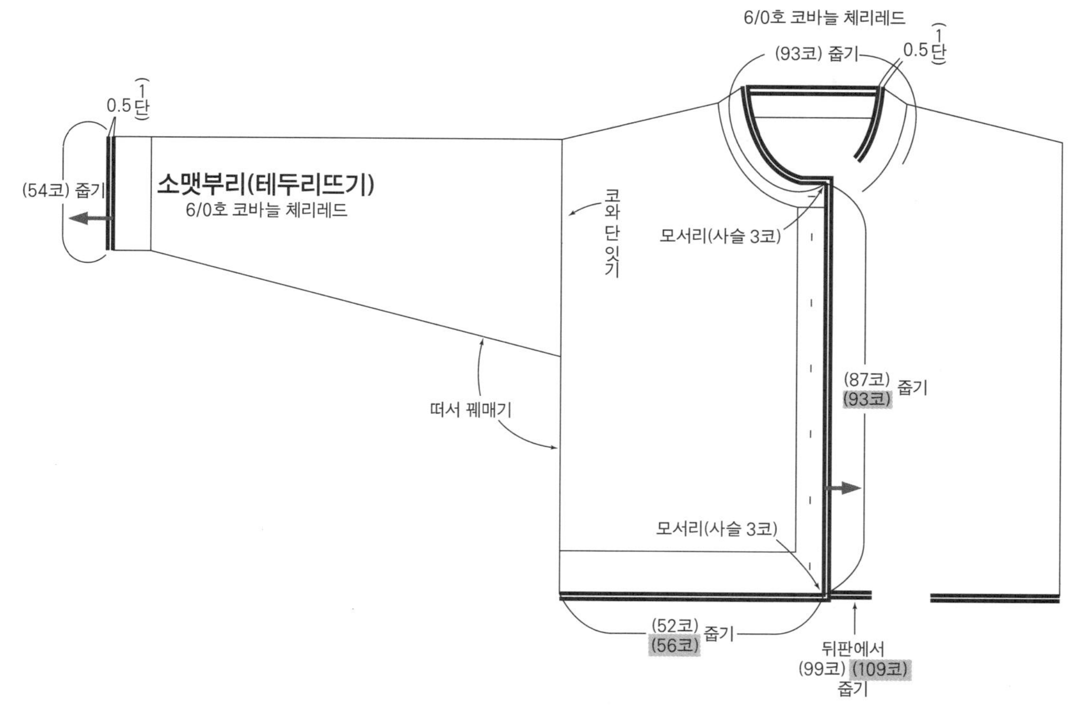

132페이지에서 이어집니다. ◀

래글런 선과 뒤판 목둘레 줄임코

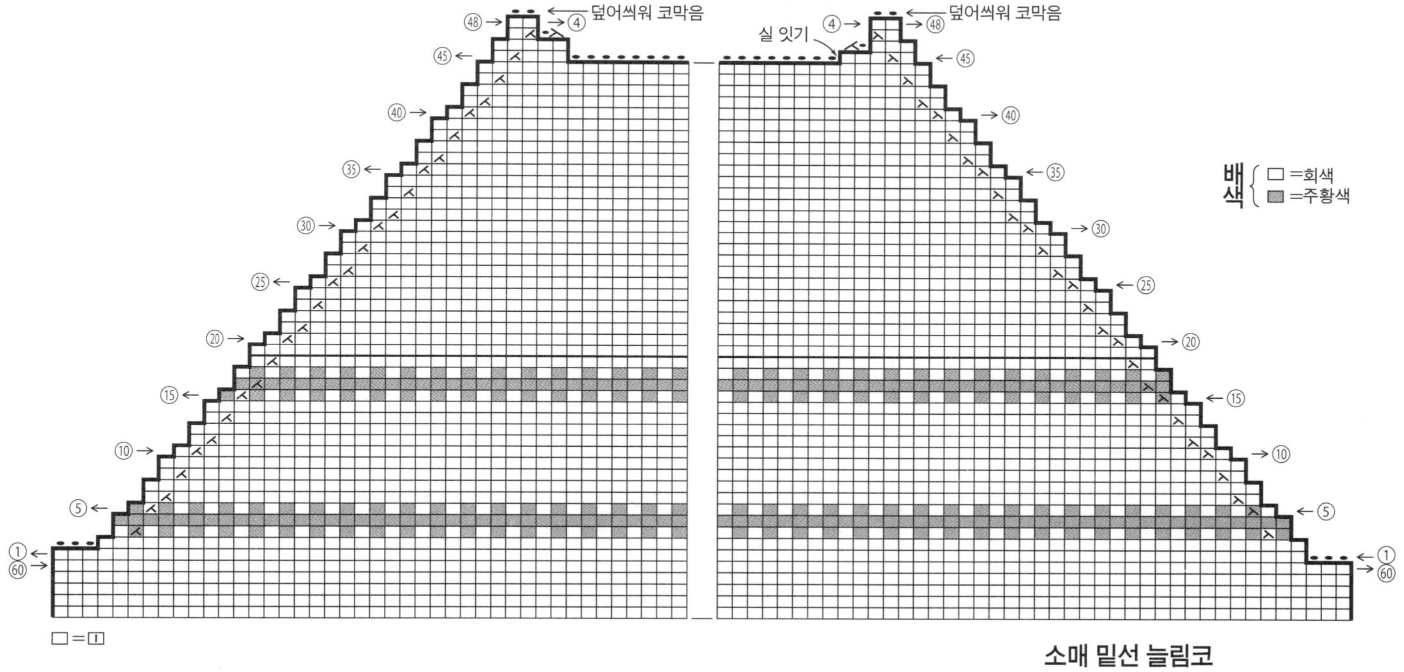

소매 밑선 늘림코

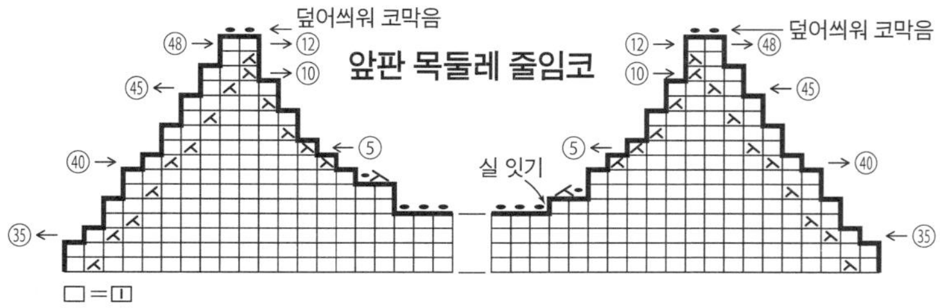

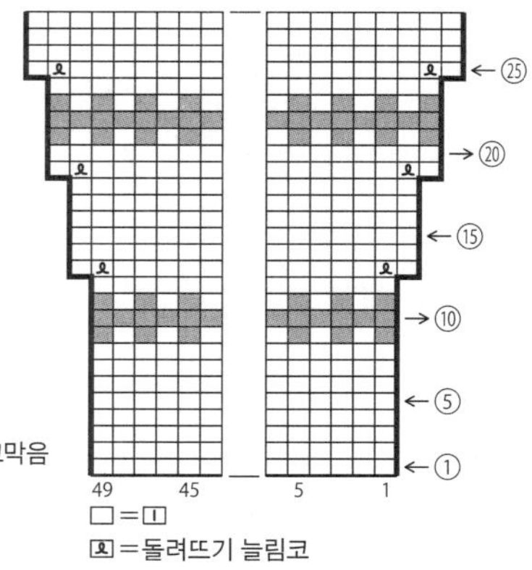

앞판 목둘레 줄임코

오른쪽 소매의 다트 줄임코

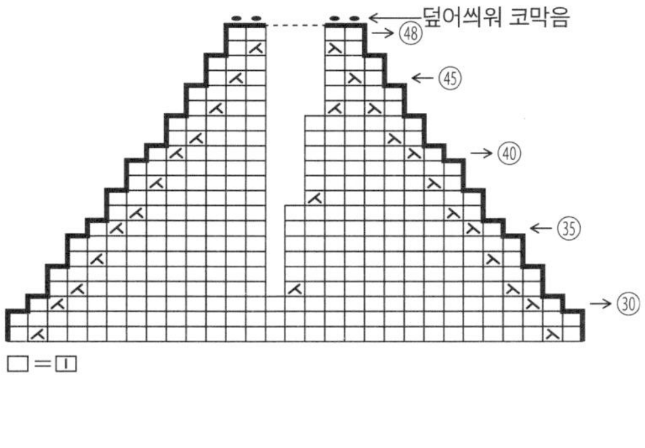

왼쪽 소매의 다트 줄임코

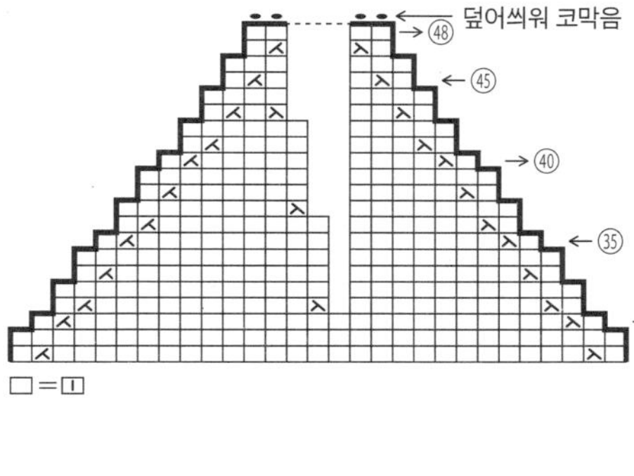

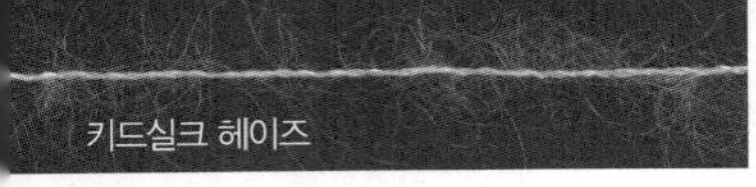

**실을 가로로 걸치는
배색무늬뜨기**

※ 일본어 사이트

재료
로완 키드실크 헤이즈 회색(639 Anthracite)
165g 7볼, 주황색(727 Campsis) 25g 1볼
도구
대바늘 11호·8호·6호
완성 크기
가슴둘레 112㎝, 기장 55㎝, 화장 70㎝
게이지(10×10㎝)
배색무늬뜨기, 메리야스뜨기 모두 17.5코×21.5단
POINT
●몸판·소매…모두 지정된 색을 2가닥으로 합사해서 뜬다. 손가락에 걸어서 만드는 기초코로 뜨개를 시작해서 1코 고무뜨기, 배색무늬뜨기, 메리야스뜨기를 합니다. 배색무늬뜨기는 실을 가로로 걸쳐서 뜨는 방법으로 뜹니다. 겨드랑이 코는 덮어씌우기, 래글런 선의 줄임코는 가장자리 2코를 세워서 줄임코합니다. 목둘레 줄임코는 2코부터는 덮어씌우기, 첫 코는 가장자리 1코를 세워서 줄임코합니다. 소매 밑선의 늘림코는 1코 안쪽에서 돌려뜨기 늘림코를 합니다. 다트 줄임코는 도안을 참고하세요.
●마무리…래글런 선·옆선·소매 밑선은 떠서 꿰매기, 겨드랑이 코는 메리야스 잇기를 합니다. 목둘레는 지정된 콧수만큼 주워서 1코 고무뜨기를 하는데 게이지를 조정하면서 원형으로 뜹니다. 뜨개 끝은 무늬를 이어서 뜨면서 걸기코 덮어씌워 코막음을 합니다.

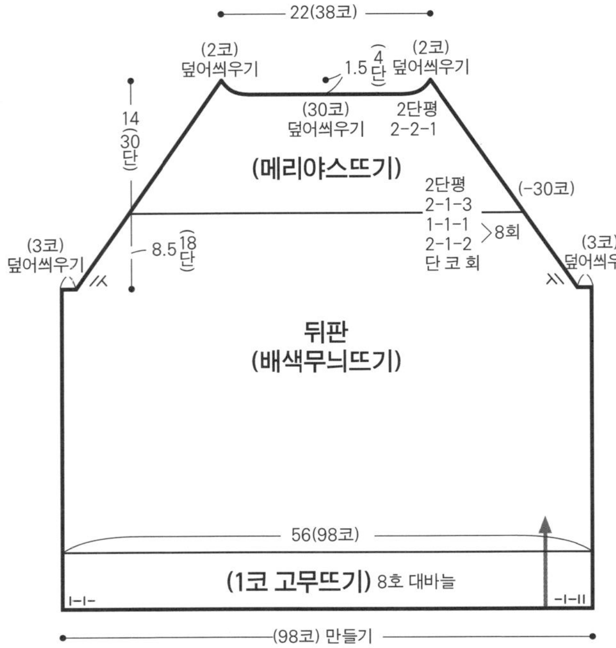

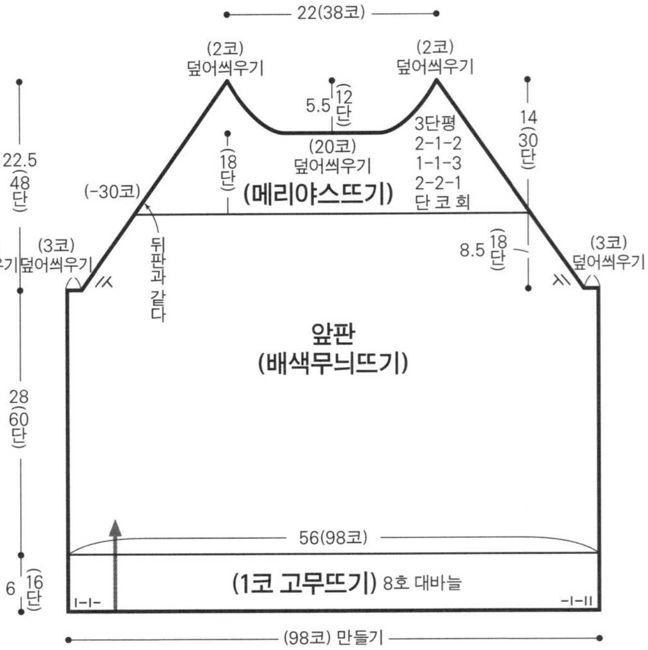

※ 모두 2가닥을 합사해서 뜬다.
※ 지정하지 않은 것은 모두 11호 대바늘로 뜬다.
※ 지정하지 않은 것은 모두 회색으로 뜬다.

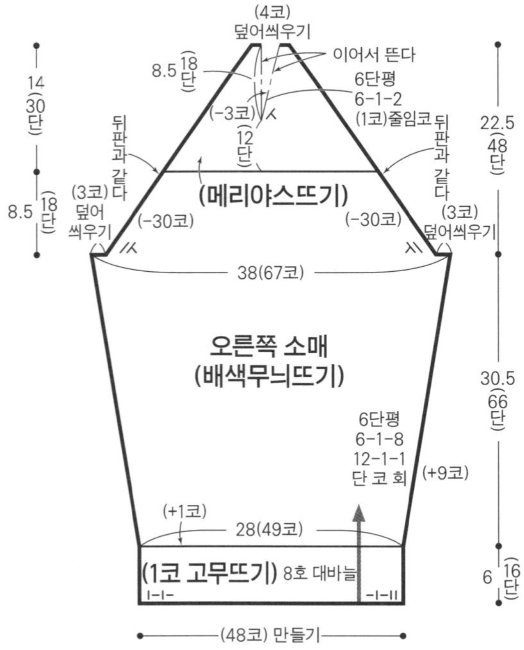

※ 왼쪽 소매는 대칭으로 뜬다.

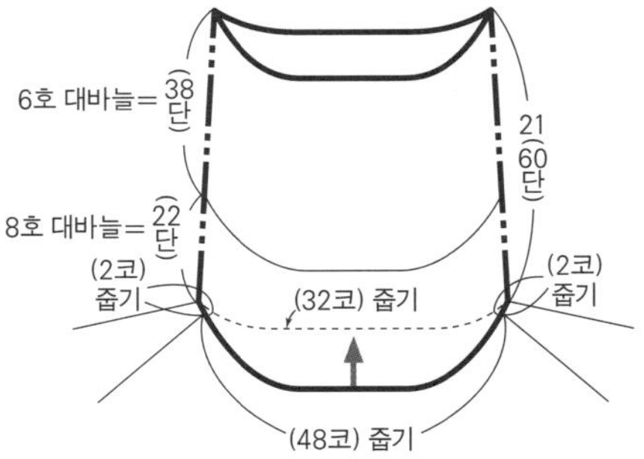

배색무늬뜨기

1코 고무뜨기(밑단·소맷부리)

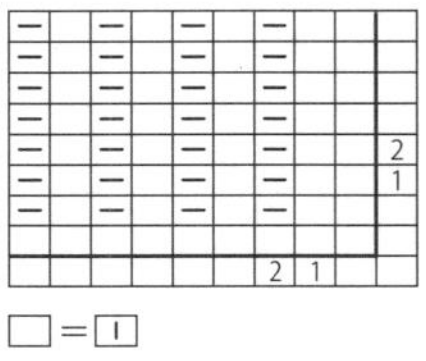

1코 고무뜨기(목둘레)

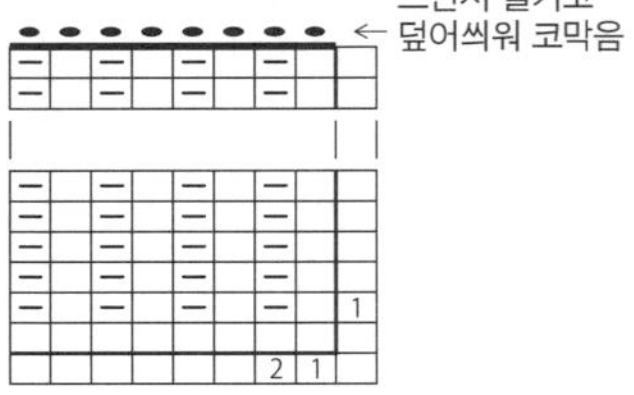

무늬를 이어서 뜨면서 걸기코 덮어씌워 코막음

※걸기코 덮어씌워 코막음→P.146

□ = [1]

배색 { □=회색 ▨=주황색 }

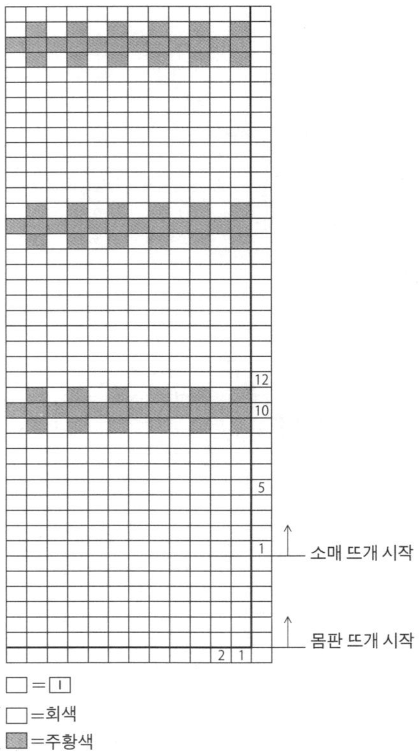

◀ 131페이지로 이어집니다.

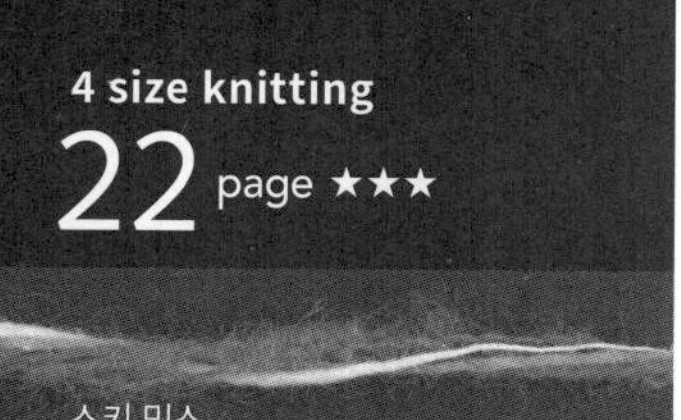

재료

스키 얀 스키 믹스　실의 색이름·색번호·사용량은 도안의 표를 참고하세요.

도구

대바늘 7호·5호, 코바늘 7/0호

완성 크기

S…가슴둘레 102㎝, 기장 55.5㎝, 화장 67.5㎝
M…가슴둘레 110㎝, 기장 55.5㎝, 화장 69.5㎝
L…가슴둘레 118㎝, 기장 60.5㎝, 화장 71.5㎝
XL…가슴둘레 126㎝, 기장 60.5㎝, 화장 73.5㎝

게이지(10×10㎝)

줄무늬 무늬뜨기 19코×37단

POINT

●몸판·소매…손가락에 실을 걸어서 기초코를 만들어 뜨기 시작해 1코 고무뜨기, 줄무늬 무늬뜨기로 뜹니다. 목둘레의 줄임코는 도안을 참고해 뜹니다. 뜨개 끝은 쉼코를 합니다.

●마무리…어깨는 빼뜨기로 잇기를 합니다. 칼라는 지정 위치에서 코를 주워 2코 고무뜨기, 가터뜨기로 뜹니다. 뜨개 끝은 덮어씌워 코막음합니다. 이어서 칼라의 옆선과 앞트임에서 코를 주워 칼라 테두리를 메리야스뜨기로 뜹니다. 뜨개 끝은 안면에서 덮어씌워 코막음합니다. 칼라 테두리를 안으로 접고 칼라 테두리의 1단을 주운 위치에 감칩니다. 소매는 몸판이 앞쪽이 되게 겉끼리 맞대어 시침핀으로 고정하고, 소매의 코를 7/0호 코바늘로 몸판 안면으로 빼내면서 빼뜨기로 코막음을 합니다. 옆선·소매 밑선은 떠서 꿰매기를 합니다.

S·M

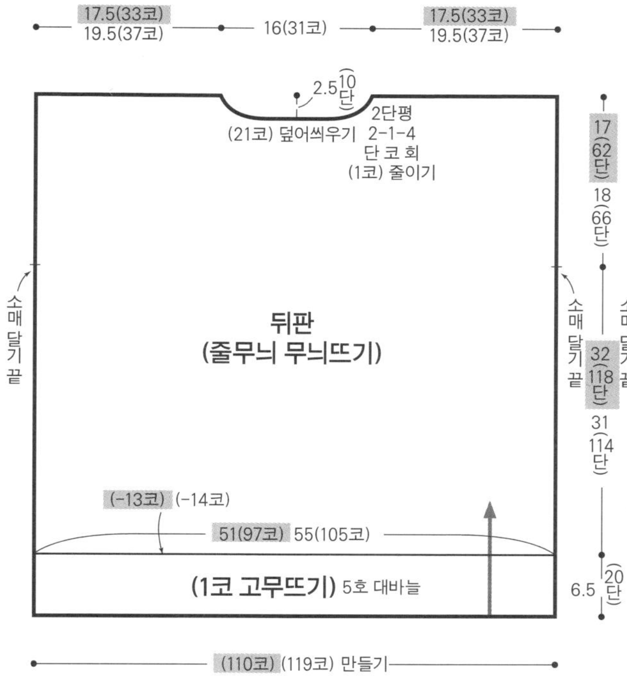

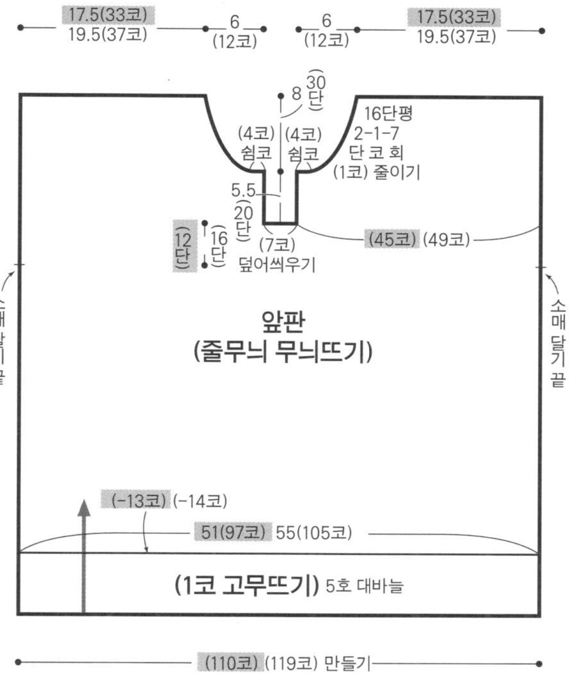

뒤판 (줄무늬 무늬뜨기)

앞판 (줄무늬 무늬뜨기)

(1코 고무뜨기) 5호 대바늘

칼라 테두리 (메리야스뜨기) 5호 대바늘

마무리하는 법

안으로 접어 감친다

※ 지정하지 않은 것은 7호 대바늘로 뜬다.
※ 지정하지 않은 것은 라이트그레이로 뜬다.
※ □□□는 S, 그 외는 M 또는 공통.

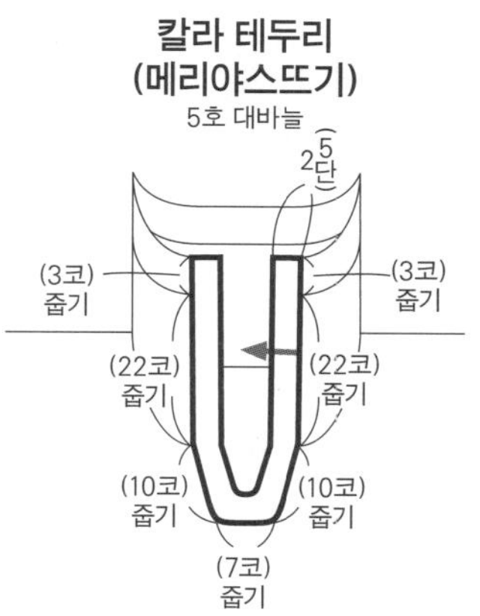

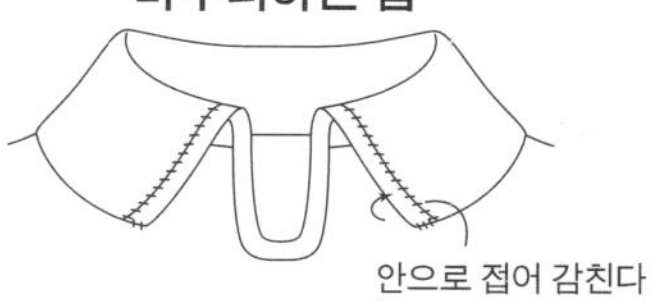

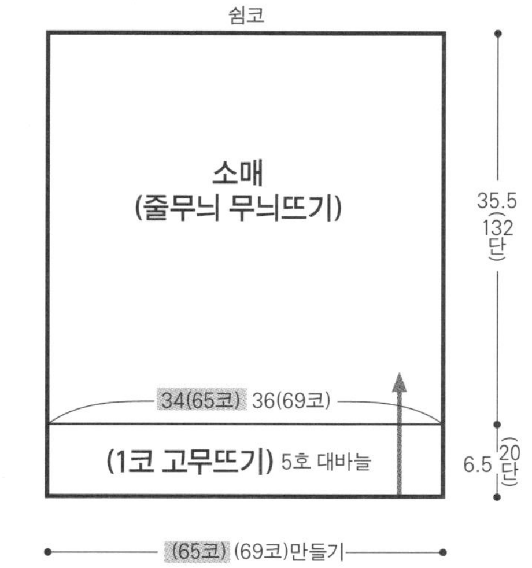

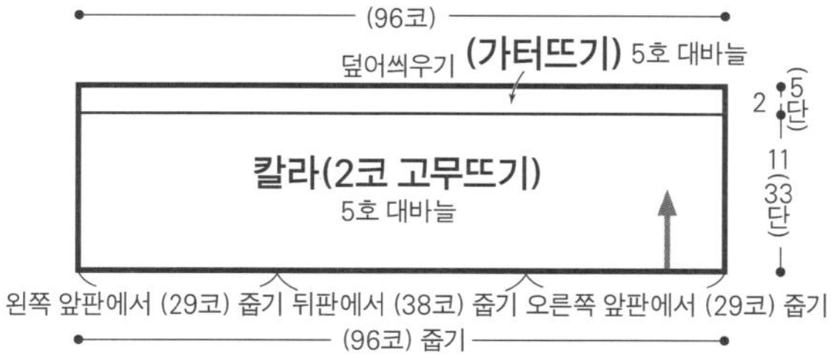

쉼코

소매 (줄무늬 무늬뜨기)

(1코 고무뜨기) 5호 대바늘

칼라(2코 고무뜨기) 5호 대바늘 (가터뜨기) 5호 대바늘

왼쪽 앞판에서 (29코) 줍기 뒤판에서 (38코) 줍기 오른쪽 앞판에서 (29코) 줍기 (96코) 줍기

※ 몸판 겉면을 보면서 줍는다.

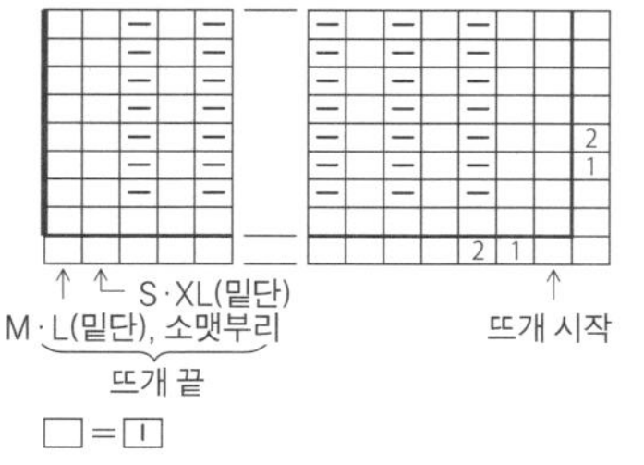

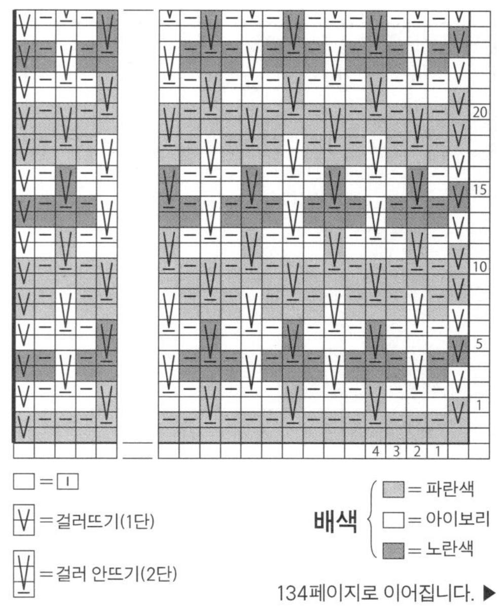

1코 고무뜨기

뜨개 끝
M·L(밑단), 소맷부리
S·XL(밑단)
뜨개 시작
□ = ☐

줄무늬 무늬뜨기

☐ = ☐
☑ = 걸러뜨기(1단)
☒ = 걸러 안뜨기(2단)

배색
□ = 파란색
□ = 아이보리
□ = 노란색

134페이지로 이어집니다. ▶

L·XL

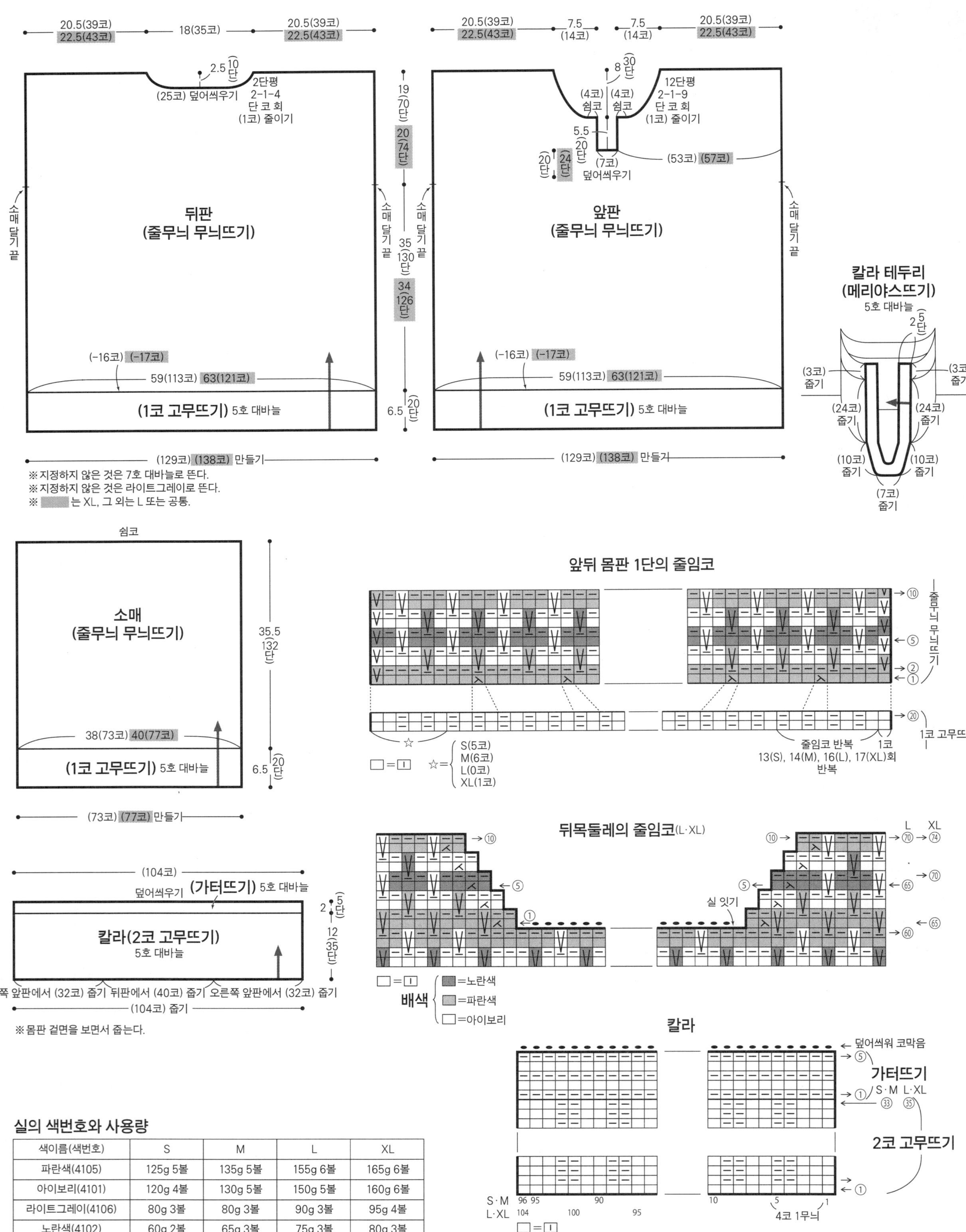

※ 지정하지 않은 것은 7호 대바늘로 뜬다.
※ 지정하지 않은 것은 라이트그레이로 뜬다.
※ ▨ 는 XL, 그 외는 L 또는 공통.

※ 몸판 겉면을 보면서 줍는다.

실의 색번호와 사용량

색이름(색번호)	S	M	L	XL
파란색(4105)	125g 5볼	135g 5볼	155g 6볼	165g 6볼
아이보리(4101)	120g 4볼	130g 5볼	150g 5볼	160g 6볼
라이트그레이(4106)	80g 3볼	80g 3볼	90g 3볼	95g 4볼
노란색(4102)	60g 2볼	65g 3볼	75g 3볼	80g 3볼

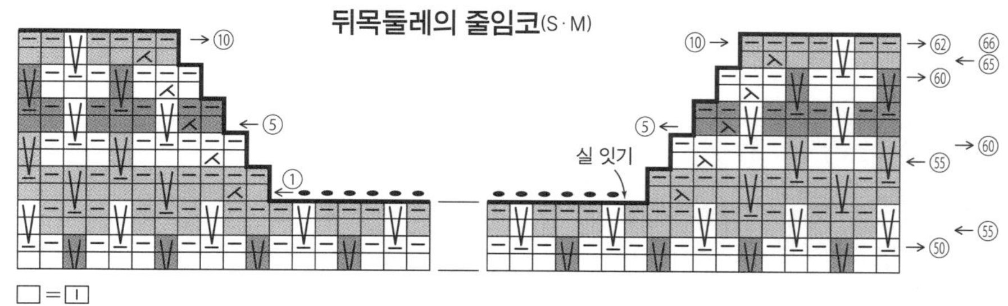

뒤목둘레의 줄임코(S·M)

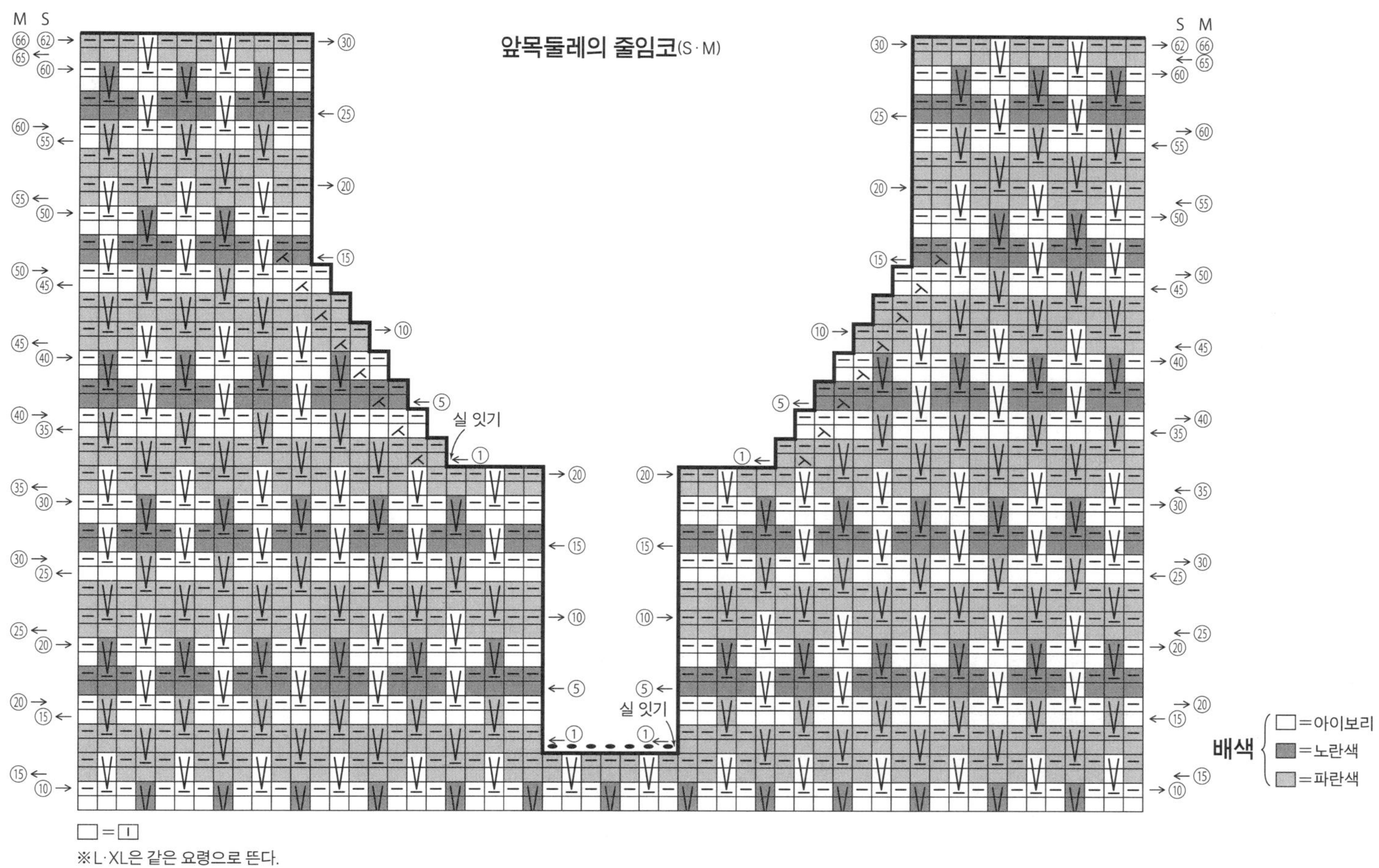

앞목둘레의 줄임코(S·M)

※L·XL은 같은 요령으로 뜬다.

136페이지에서 이어집니다. ◀

모자의 분산 줄임코

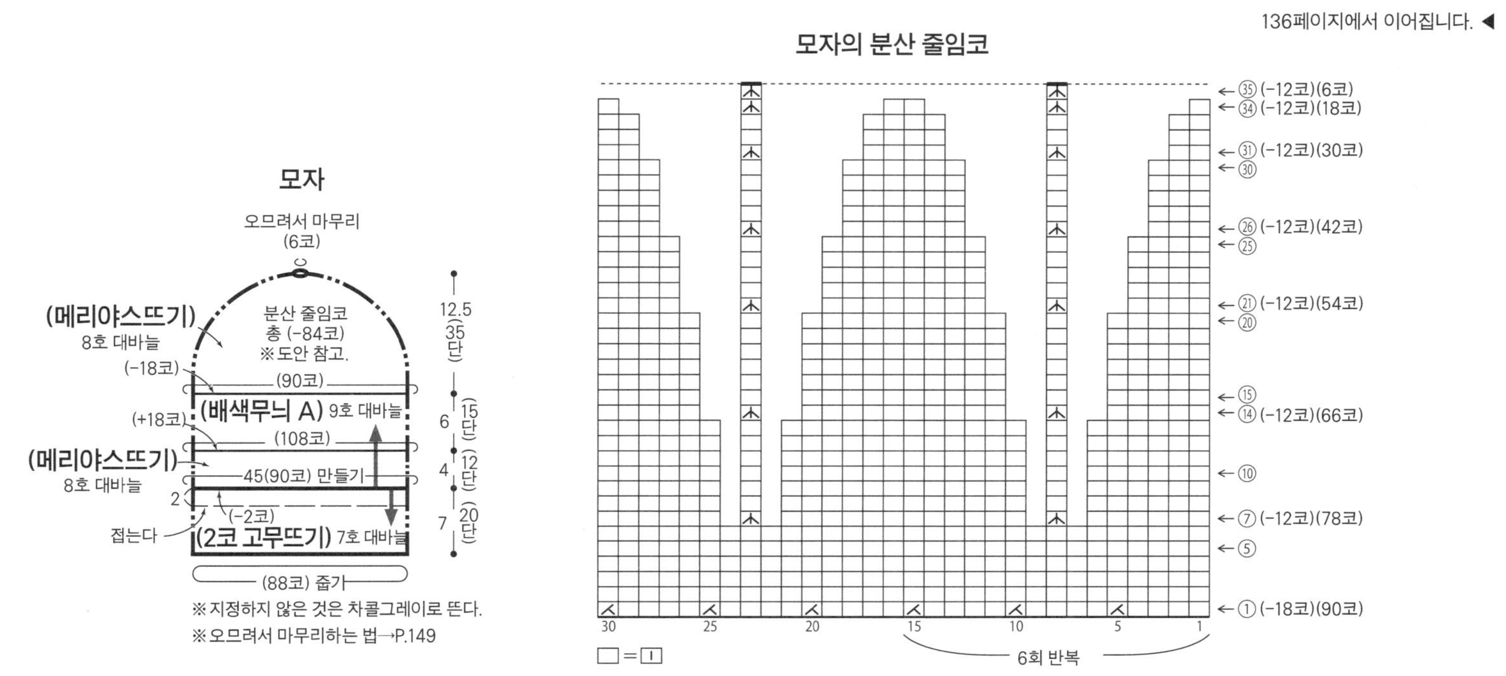

브라우니2

**실을 가로로 걸치는
배색무늬**

※ 일본어 사이트

재료
고쇼산업 게이토피에로 브라우니2
실의 색이름·색번호·사용량은 도안의 표를 참고
하세요.

도구
대바늘 9호·8호·7호

완성 크기
[베스트] 가슴둘레 100㎝, 어깨너비 43㎝, 기장
58.5㎝
[모자] 머리둘레 45㎝, 깊이 24.5㎝

게이지(10×10㎝)
메리야스뜨기 20코×28단, 배색무늬 A 22.5코×
25단(베스트)

POINT
●베스트…별도 사슬로 기초코를 만들어 뜨기 시
작해 배색무늬 A·B, 메리야스뜨기로 뜹니다. 배
색무늬는 실을 가로로 걸치는 방법으로 뜹니다. 줄
임코는 2코 이상은 덮어씌우기, 1코는 가장자리 1
코 세워 줄이기를 합니다. 밑단은 기초코 사슬을
풀어 코를 주워 2코 고무뜨기로 뜹니다. 뜨개 끝은
무늬를 이어서 뜨면서 덮어씌워 코막음합니다. 어
깨는 덮어씌워 잇기, 옆선은 떠서 꿰매기를 합니다.
목둘레·진동둘레는 지정 콧수를 주워 2코 고무뜨
기로 원형으로 뜹니다. 뜨개 끝은 밑단처럼 정리합
니다.
●모자…별도 사슬로 기초코를 만들어 뜨기 시작
해 메리야스뜨기, 배색무늬 A로 원형으로 뜹니다.
분산 줄임코는 도안을 참고하세요. 뜨개 끝은 오므
려서 마무리합니다. 입구는 기초코 사슬을 풀어 코
를 주워 2코 고무뜨기로 원형으로 뜹니다. 뜨개 끝
은 무늬를 이어서 뜨면서 덮어씌워 코막음합니다.

베스트

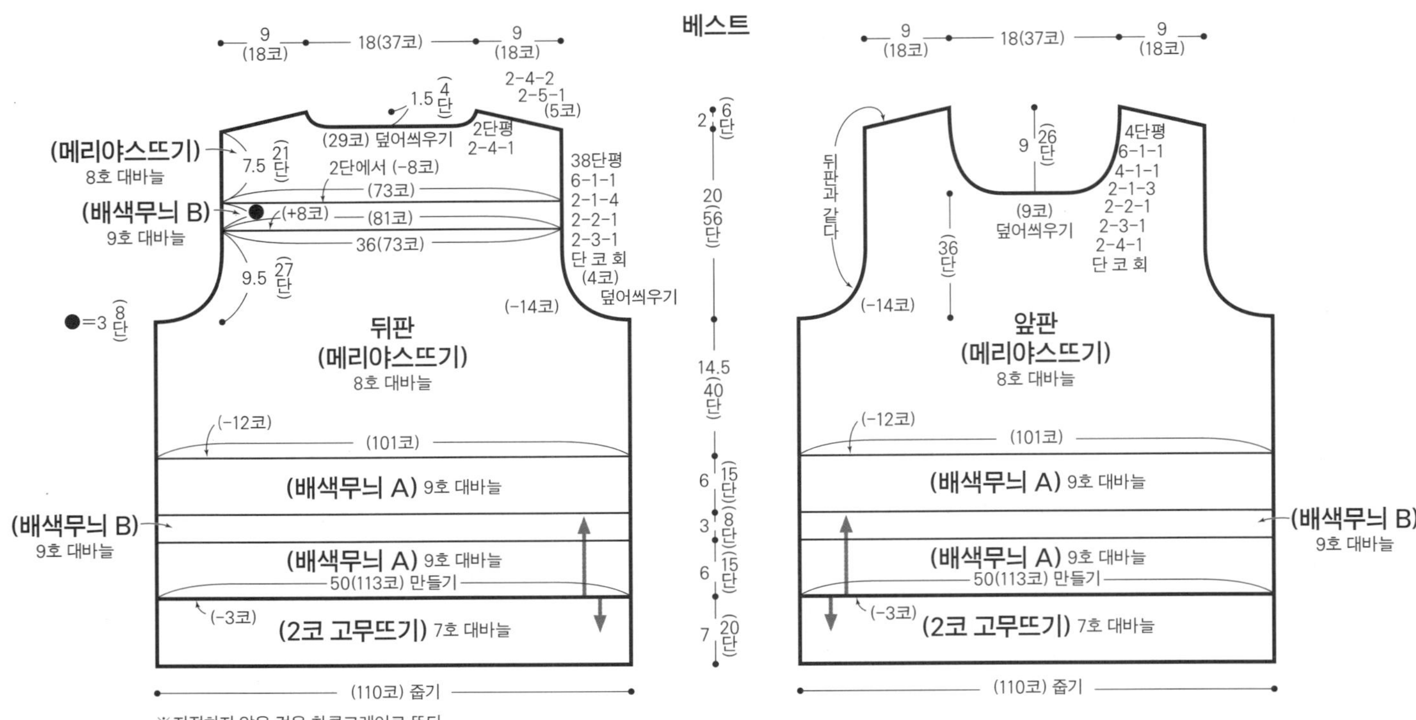

※지정하지 않은 것은 차콜그레이로 뜬다.

목둘레·진동둘레(2코 고무뜨기) 7호 대바늘

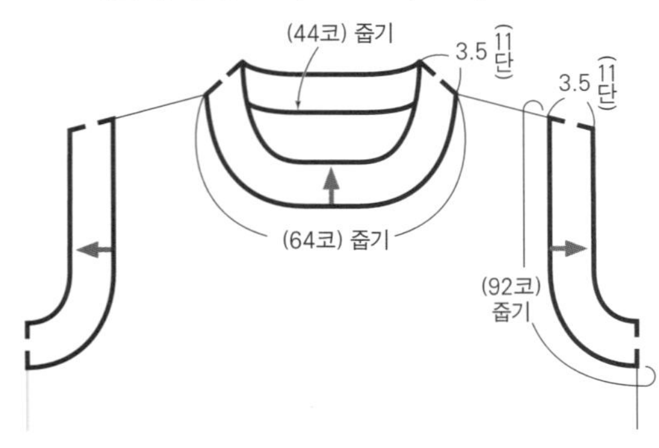

배색무늬 A

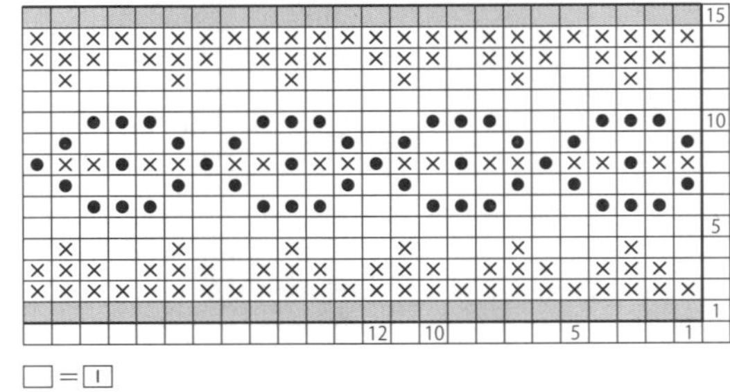

□ = I

2코 고무뜨기

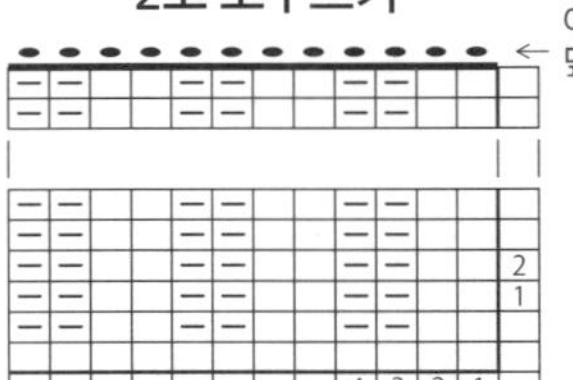

□ = I

배색무늬 B

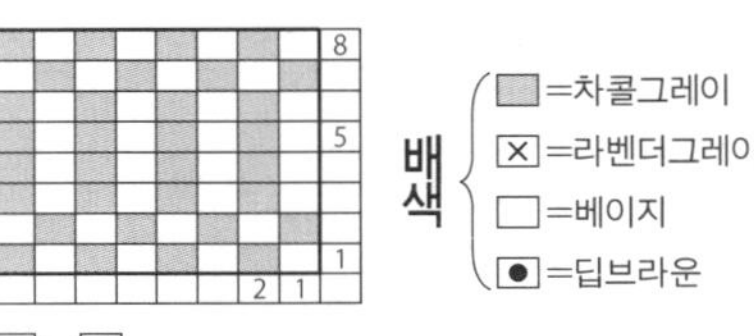

□ = I

■=차콜그레이
☒=라벤더그레이
□=베이지
●=딥브라운

실의 색번호와 사용량

색이름(색번호)	베스트	모자
차콜그레이(05)	225g 6볼	45g 2볼
베이지(01)	50g 2볼	10g 1볼
라벤더그레이(09)	25g 1볼	5g 1볼
딥브라운(21)	15g 1볼	5g 1볼

◀ 모자 뜨는 법은 135페이지로 이어집니다.

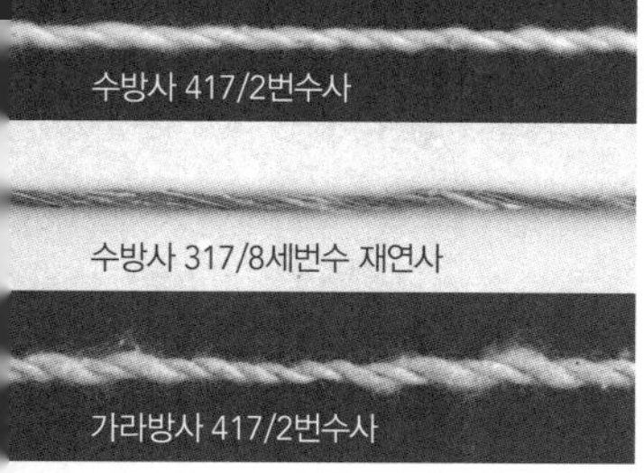

재료
마스히사 염직연구소 수방사 417/2번수사 에크뤼(No.8013-000) 175g 2타래, 수방사 317/8세번수 재연사 감물 염색(No.8041-214) 170g 2타래, 가라방사 417/2번수사 갈색 목화(No.7802-100) 85g 1타래

도구
대바늘 6호·3호·4호

완성 크기
가슴둘레 106cm, 어깨너비 42cm, 기장 55.5cm, 소매길이 48.5cm

게이지(10×10cm)
메리야스뜨기(에크뤼, 갈색 목화)·줄무늬 무늬뜨기 20코×30단, 메리야스뜨기(감물 염색) 20코×27.5단, 무늬뜨기 24.5코×26단

POINT
●몸판·소매…에크뤼·갈색 목화는 1가닥, 감물 염색은 2가닥으로 뜹니다. 손가락에 실을 걸어서 기초코를 만들어 뜨기 시작해 돌려 1코 고무뜨기로 뜹니다. 이어서 몸판은 메리야스뜨기, 줄무늬 무늬뜨기, 무늬뜨기, 소매는 메리야스뜨기, 줄무늬 무늬뜨기로 뜹니다. 진동둘레의 줄임코, 무늬 경계 위치의 늘림코는 도안을 참고하세요. 목둘레·소매산의 줄임코는 2코 이상은 덮어씌우기, 1코는 가장자리 1코 세워 줄이기를 합니다. 소매 밑선의 늘림코는 1코 안쪽에서 돌려뜨기 늘림코를 합니다.
●마무리…어깨는 덮어씌워 잇기, 옆선·소매 밑선은 떠서 꿰매기를 합니다. 목둘레는 지정 콧수를 주워 돌려 1코 고무뜨기로 원형으로 뜹니다. 뜨개 끝은 겉뜨기는 겉뜨기로, 돌려 안뜨기는 안뜨기로 떠서 덮어씌워 코막음합니다. 소매는 빼뜨기로 잇기를 해서 몸판과 연결합니다.

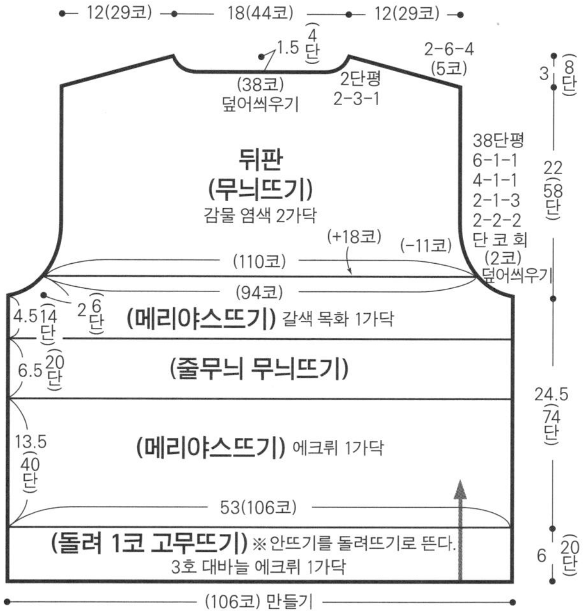

뒤판 (무늬뜨기)
감물 염색 2가닥

12(29코) — 18(44코) — 12(29코)
1.5 / 4단
2-6-4 (5회)
2단평 2-3-1
(38코) 덮어씌우기
38단평 6-1-1 / 4-1-1 / 2-1-3 / 2-2-2 단 코 회
(2코) 덮어씌우기
(+18코) (−11코)
(110코)
(94코)
(메리야스뜨기) 갈색 목화 1가닥
4.5 / 14단
2 / 6단
6.5 / 20단
(줄무늬 무늬뜨기)
13.5 / 40단
(메리야스뜨기) 에크뤼 1가닥
53(106코)
(돌려 1코 고무뜨기) ※안뜨기를 돌려뜨기로 뜬다. 3호 대바늘 에크뤼 1가닥
6 / 20단
(106코) 만들기
3 / 8단
22 / 58단
24.5 / 74단

※지정하지 않은 것은 6호 대바늘로 뜬다.

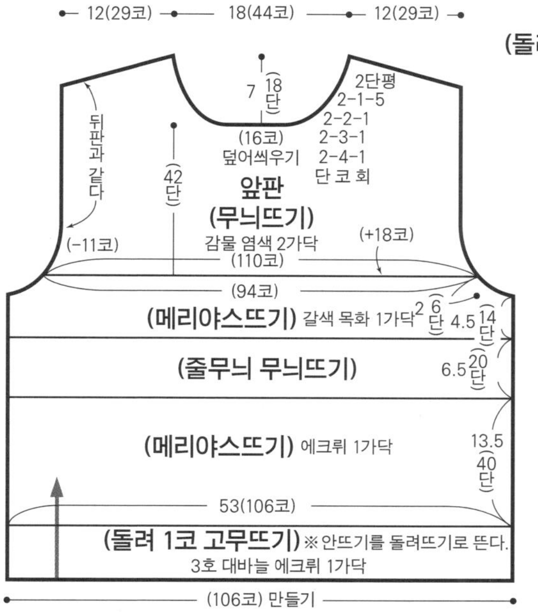

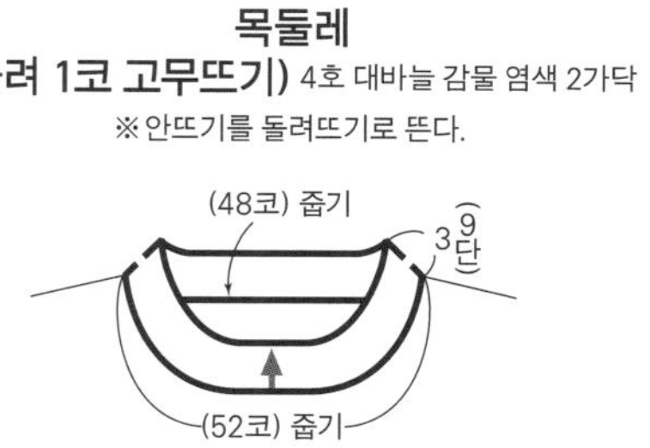

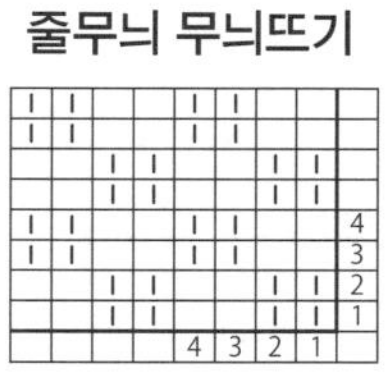

앞판 (무늬뜨기)
감물 염색 2가닥

12(29코) — 18(44코) — 12(29코)
7 / 18단
2단평 2-1-5 / 2-2-1 / 2-3-1 / 2-4-1 단 코 회
(16코) 덮어씌우기
뒤판과 같다
42 / 단
(−11코) (+18코)
(110코)
(94코)
(메리야스뜨기) 갈색 목화 1가닥
2 / 6단
4.5 / 14단
6.5 / 20단
(줄무늬 무늬뜨기)
13.5 / 40단
(메리야스뜨기) 에크뤼 1가닥
53(106코)
(돌려 1코 고무뜨기) ※안뜨기를 돌려뜨기로 뜬다. 3호 대바늘 에크뤼 1가닥
6 / 20단
(106코) 만들기

목둘레 (돌려 1코 고무뜨기)
4호 대바늘 감물 염색 2가닥
※안뜨기를 돌려뜨기로 뜬다.

(48코) 줍기
3 / 9단
(52코) 줍기

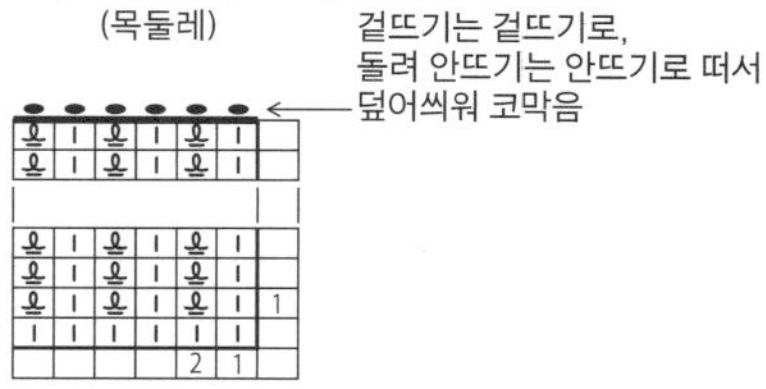

돌려 1코 고무뜨기 (목둘레)
겉뜨기는 겉뜨기로, 돌려 안뜨기는 안뜨기로 떠서 덮어씌워 코막음

줄무늬 무늬뜨기

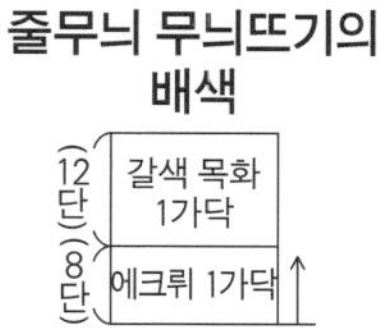

줄무늬 무늬뜨기의 배색
12단 갈색 목화 1가닥
8단 에크뤼 1가닥

□=□

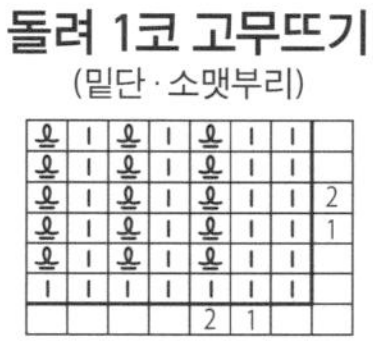

돌려 1코 고무뜨기 (밑단·소맷부리)

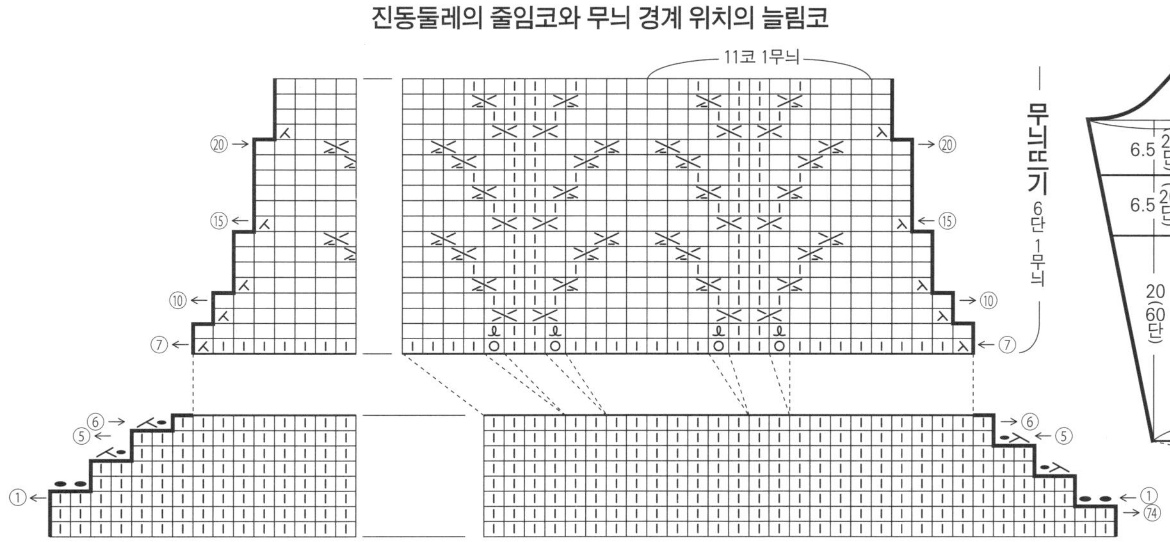

진동둘레의 줄임코와 무늬 경계 위치의 늘림코
11코 1무늬
무늬뜨기 6단 1무늬

소매 (메리야스뜨기)

(32코) 덮어씌우기
2단평 2-3-1 / 2-1-1 / 2-2-1 / 2-1-1 >3회
2-2-3 / 2-3-1 (4코)덮어씌우기
9.5 / 26단
(메리야스뜨기) 감물 염색 2가닥
(−26코)
42(84코)
6.5 / 20단 (메리야스뜨기) 갈색 목화 1가닥
6.5 / 20단 (줄무늬 무늬뜨기)
20 / 60단 소매 (메리야스뜨기) 에크뤼 1가닥
33 / 100단
(+14코)
(+12코)
2단평 6-1-1 / 8-1-1 >7회 단 코 회
28(56코)
(돌려 1코 고무뜨기) 3호 대바늘 에크뤼 1가닥
※안뜨기를 돌려뜨기로 뜬다.
6 / 20단
(44코) 만들기

□=□
→ = 안면에서 를 뜬다
→ = 안면에서 를 뜬다

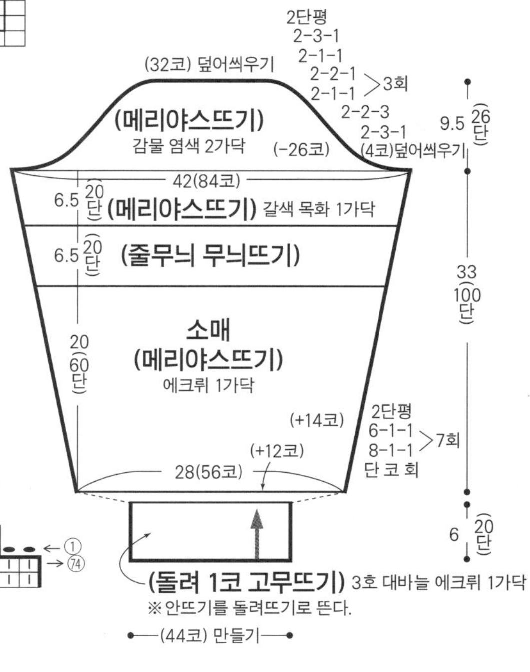

재료

마스히사 염직연구소 가라방사 317/2번수사 쪽
염색(No.7502–217) 280g 3타래

도구

코바늘 6/0호·5/0호

완성 크기

가슴둘레 106㎝, 어깨너비 45㎝, 기장 59㎝

게이지(10×10㎝)

무늬뜨기 20코×14단

POINT

●몸판…사슬뜨기로 기초코를 만들어 뜨기 시작
해 무늬뜨기로 뜹니다. 줄임코는 도안을 참고하세
요.

●마무리…어깨·옆선은 사슬뜨기와 빼뜨기로 꿰
매기를 합니다. 밑단·목둘레·진동둘레는 지정 콧
수를 주워 테두리뜨기로 원형으로 뜹니다.

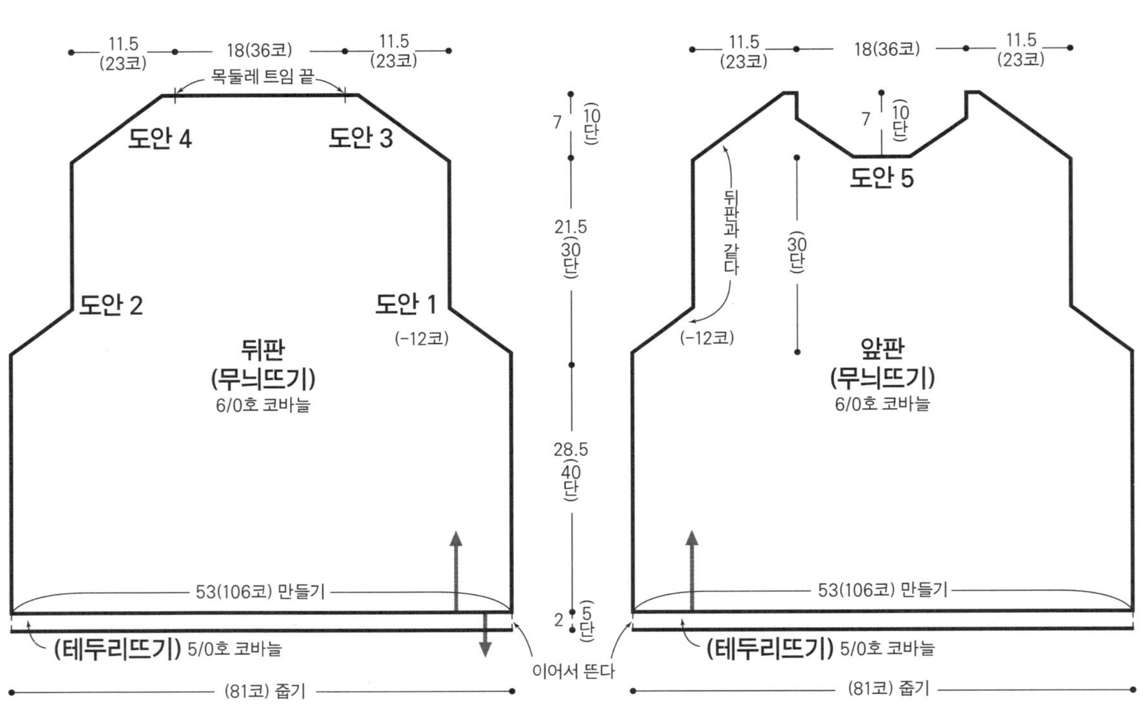

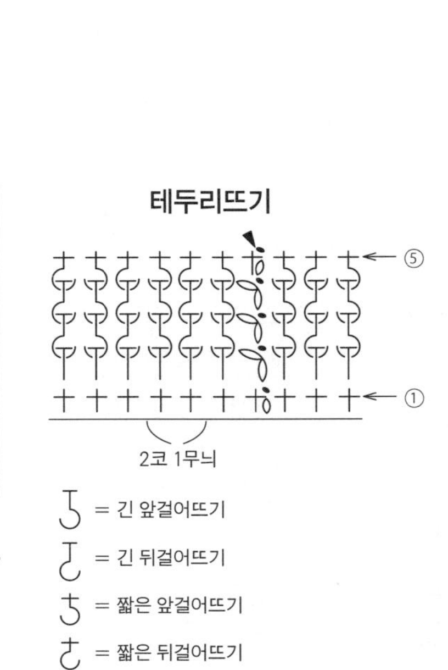

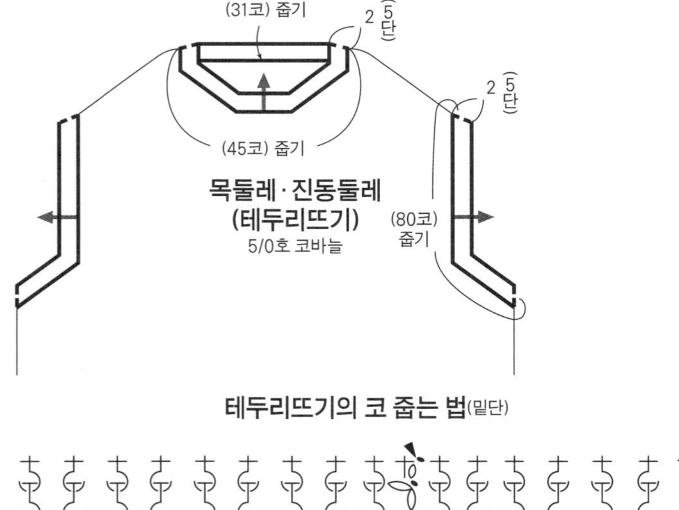

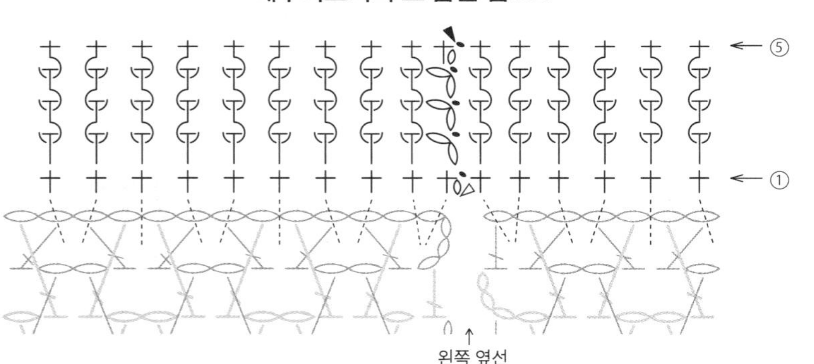

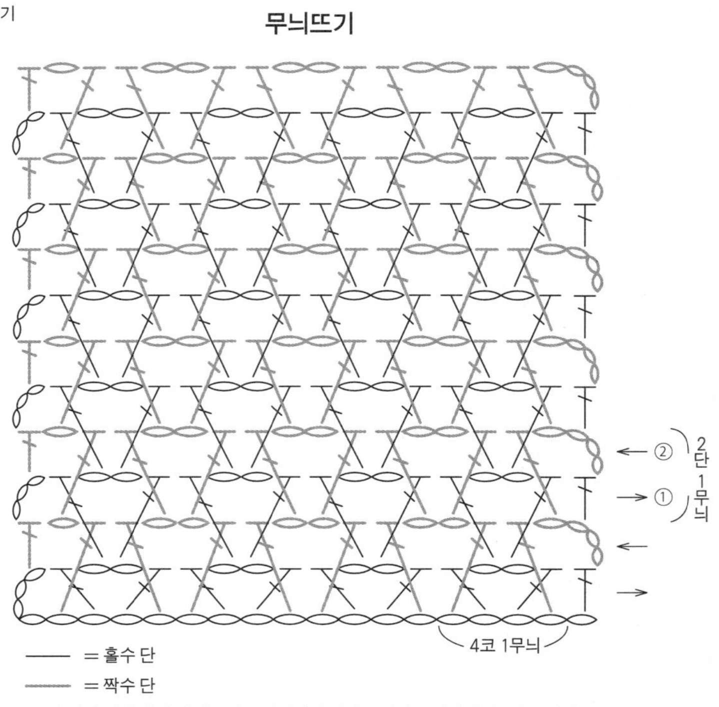

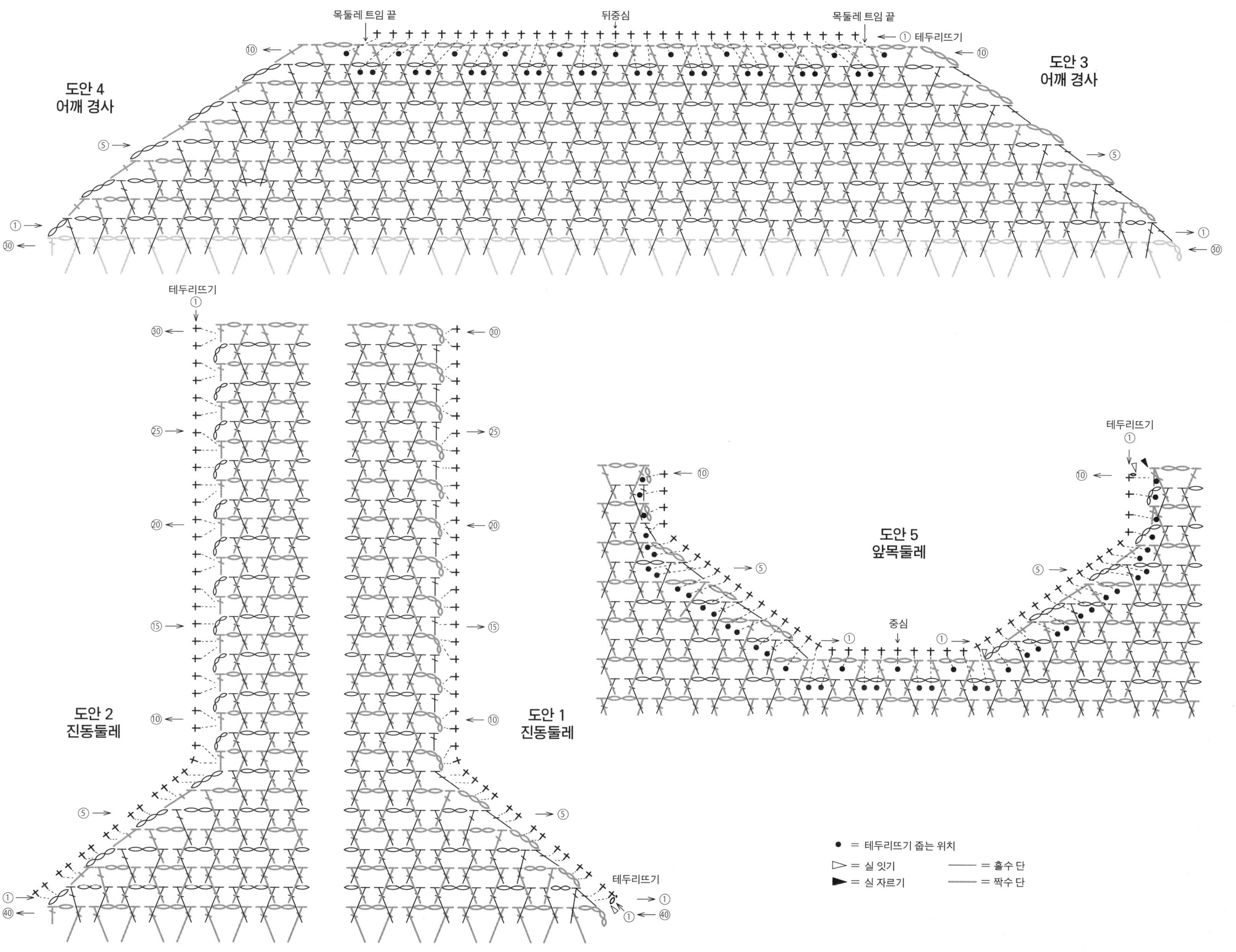

목둘레 트임 끝
뒤중심
목둘레 트임 끝
① 테두리뜨기
도안 3
어깨 경사
도안 4
어깨 경사
테두리뜨기
도안 2
진동둘레
도안 1
진동둘레
테두리뜨기
도안 5
앞목둘레
중심
테두리뜨기
● = 테두리뜨기 줄는 위치
▷ = 실 잇기
▶ = 실 자르기
= 홀수 단
= 짝수 단

실을 가로로 걸치는 배색무늬

※ 일본어 사이트

재료
고쇼산업 게이토피에로 순모 중세 베이지그레이 (402) 265g 7볼, 보르도(414)·에크뤼베이지(436) 각 15g 1볼, 덜그린(413)·모카브라운(422)·네이비(439) 각 10g 1볼

도구
대바늘 2호·3호·4호·1호

완성 크기
가슴둘레 104㎝, 착장 53.5㎝, 화장 76㎝

게이지(10×10㎝)
배색무늬 31코×36단, 무늬뜨기 30코×44단

POINT
●몸판·소매…손가락에 실을 걸어서 기초코를 만들어 뜨기 시작해 2코 고무뜨기, 배색무늬, 무늬뜨기로 원형으로 뜹니다. 배색무늬는 실을 가로로 걸치는 방법으로 뜹니다. 소매 밑선의 늘림코는 도안을 참고하세요. 거싯은 맞춤 표시끼리 메리야스 잇기를 합니다. 요크는 몸판과 소매에서 코를 주워 무늬뜨기로 원형으로 뜹니다. 분산 줄임코는 도안을 참고하세요. 이어서 되돌아뜨기를 하면서 메리야스뜨기로 뜹니다.

●마무리…목둘레는 지정 콧수를 주워 2코 고무뜨기로 원형으로 뜹니다. 뜨개 끝은 무늬를 이어서 뜨면서 덮어씌워 코막음합니다.

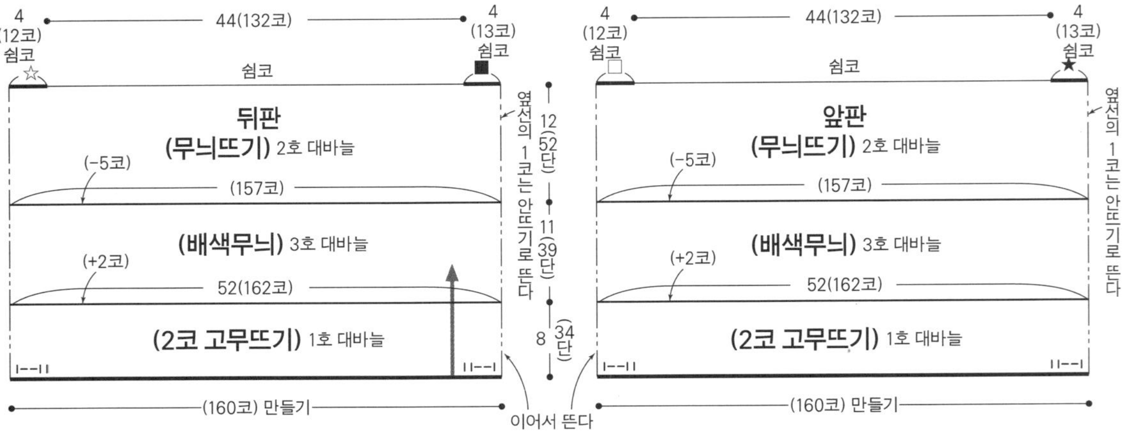

뒤판 도안

4 (12코) 쉼코 ☆ — 44(132코) — 4 (13코) 쉼코 ■ — 쉼코

뒤판 (무늬뜨기) 2호 대바늘
(−5코) (157코)
(배색무늬) 3호 대바늘
(+2코) 52(162코)
(2코 고무뜨기) 1호 대바늘
(160코) 만들기

옆선의 1코는 안뜨기로 뜬다
12 (52단) · 11 (39단) · 8 (34단)

앞판 도안

4 (12코) 쉼코 — 44(132코) — 4 (13코) 쉼코 ★

앞판 (무늬뜨기) 2호 대바늘
(−5코) (157코)
(배색무늬) 3호 대바늘
(+2코) 52(162코)
(2코 고무뜨기) 1호 대바늘
(160코) 만들기

옆선의 1코는 안뜨기로 뜬다
이어서 뜬다

※지정하지 않은 것은 베이지그레이로 뜬다.

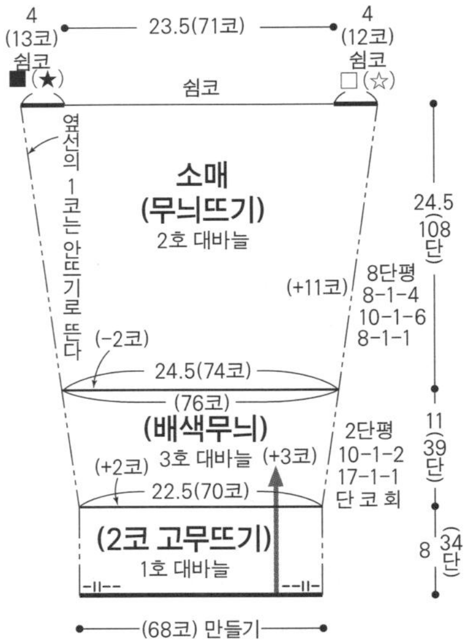

소매 도안

4 (13코) 쉼코 ■ (★) — 23.5(71코) — 4 (12코) 쉼코 □ (☆)
옆선의 1코는 안뜨기로 뜬다
쉼코

소매 (무늬뜨기) 2호 대바늘
(+11코)
24.5 108단
8단평 8-1-4 10-1-6 8-1-1
(−2코) 24.5(74코) (76코)
(배색무늬) 3호 대바늘 (+3코)
2단평 10-1-2 17-1-1 단 코 회
22.5(70코)
(2코 고무뜨기) 1호 대바늘
11 39단 · 8 34단
(68코) 만들기
※( ) 안은 왼쪽 소매의 맞춤 표시.

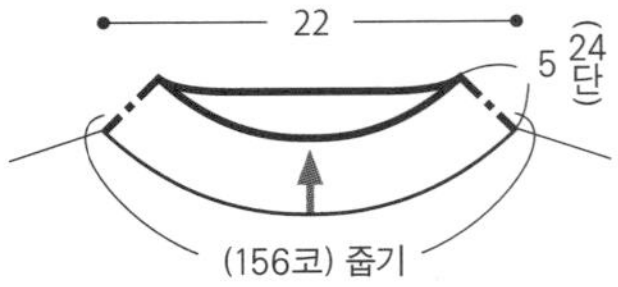

목둘레(2코 고무뜨기) 1호 대바늘
22 — 5 24단
(156코) 줍기

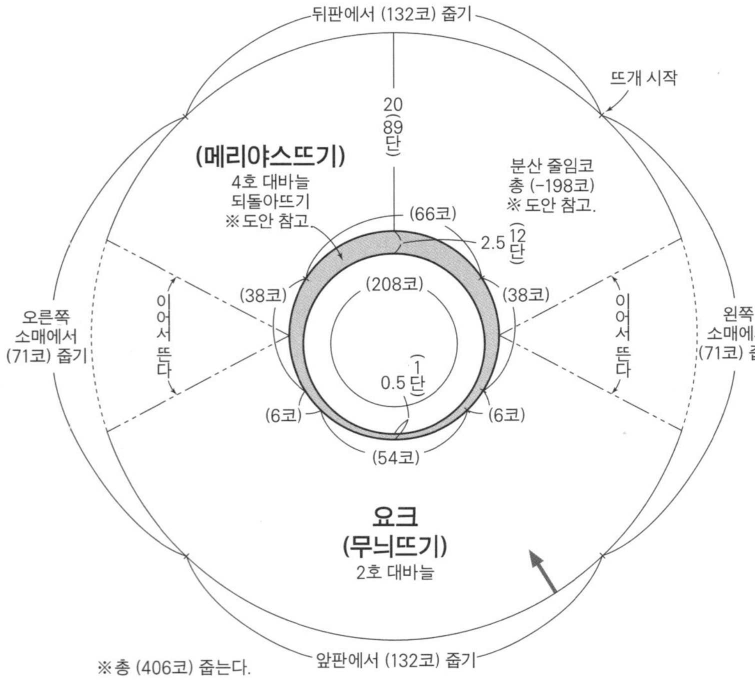

요크 도안

뒤판에서 (132코) 줍기
뜨개 시작
20 89단
분산 줄임코 총 (−198코) ※도안 참고.

(메리야스뜨기) 4호 대바늘 되돌아뜨기 ※도안 참고
(66코)
2.5 12단
(38코) (38코)
(208코)
(1) 0.5단
(6코) (6코)
(54코)
오른쪽 소매에서 (71코) 줍기
왼쪽 소매에서 (71코) 줍기
이어서 뜬다

요크 (무늬뜨기) 2호 대바늘
앞판에서 (132코) 줍기
※총 (406코) 줍는다.

2코 고무뜨기(목둘레)
무늬를 이어서 뜨면서 덮어씌워 코막음
← 24 ← 20 ← 10 ← 5 ← 1
20 15 10 5 1 반복
□ = 1

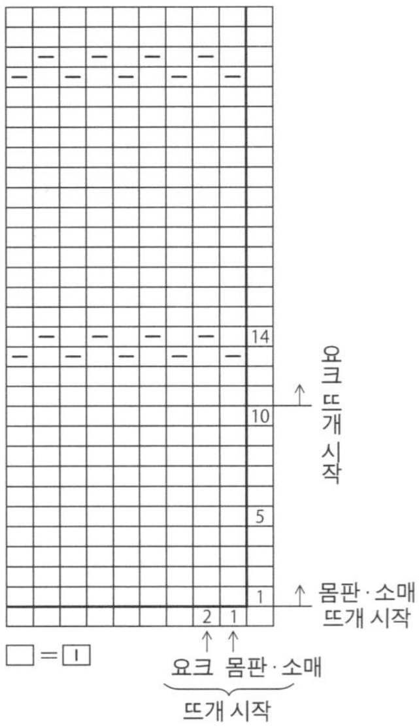

2코 고무뜨기(밑단·소맷부리)
□ = 1
4 3 2 1
소매 몸판 뜨개 시작

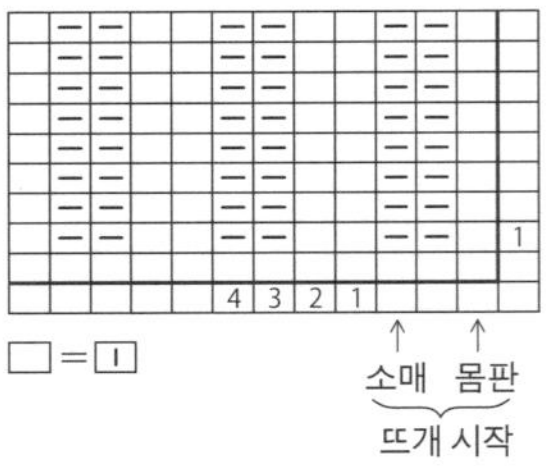

무늬뜨기
14 10 5 2 1
□ = 1
요크 몸판·소매 뜨개 시작
요크 뜨개 시작
몸판·소매 뜨개 시작

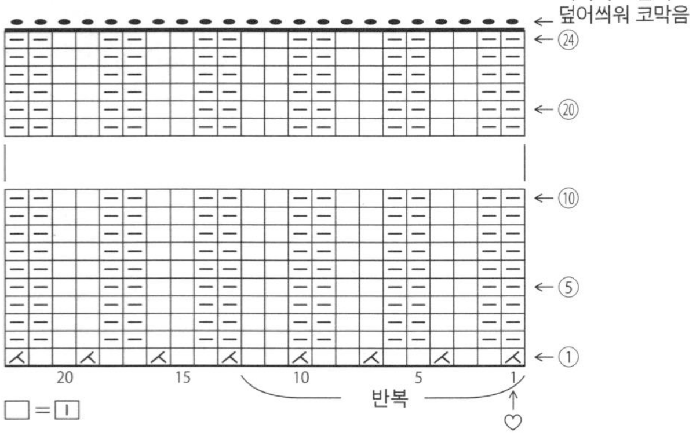

소매 밑선의 늘림코
무늬뜨기 ← ① ← 39 ← 35 ← 30 ← 25 ← 20 ← 15 ← 10 ← 5 ← ①
5 1 70 69 65
배색무늬

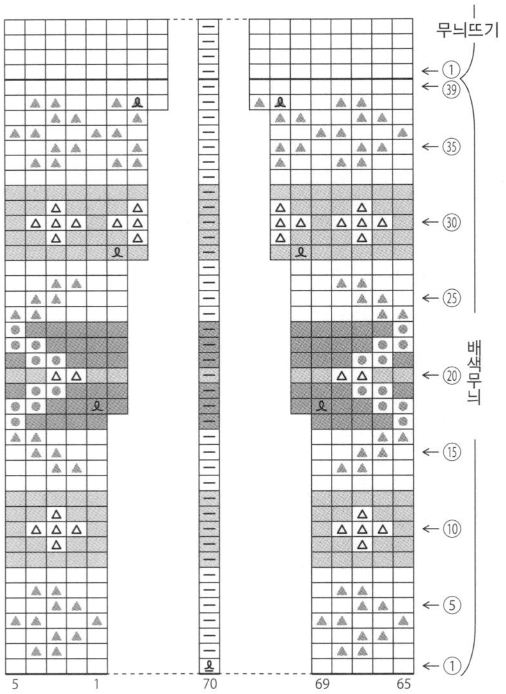

□ = 1
♧ = 돌려 안뜨기 늘림코
♧ = 돌려뜨기 늘림코

배색
□ = 베이지그레이
▲ = 보르도
▨ = 에크뤼베이지
△ = 덜그린
▧ = 모카브라운
● = 네이비

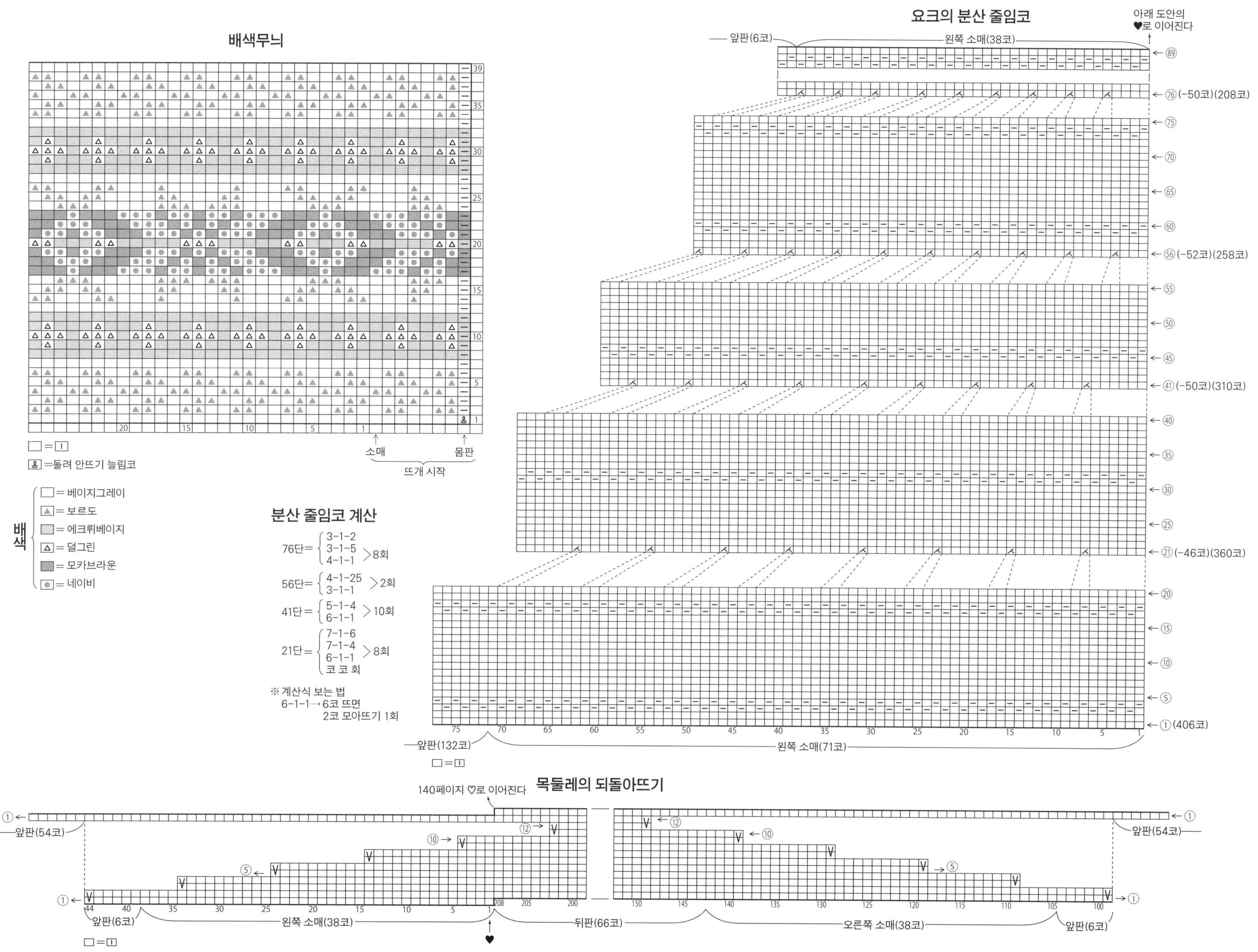
배색무늬
요크의 분산 줄임코
아래 도안의 ♥로 이어진다
앞판(6코)
왼쪽 소매(38코)
(89)
(76)(−50코)(208코)
(75)
(70)
(65)
(60)
(56)(−52코)(258코)
(55)
(50)
(45)
(41)(−50코)(310코)
(40)
(35)
(30)
(25)
(21)(−46코)(360코)
(20)
(15)
(10)
(5)
(1)(406코)
□ = □
소매
몸판
뜨개 시작
□ = □
& = 돌려 안뜨기 늘림코
앞판(132코)
왼쪽 소매(71코)
배
색
□ = 베이지그레이
▲ = 보르도
= 에크뤼베이지
△ = 덜그린
= 모카브라운
● = 네이비
분산 줄임코 계산
76단 = { 3-1-2 / 3-1-5 / 4-1-1 } 8회
56단 = { 4-1-25 / 3-1-1 } 2회
41단 = { 5-1-4 / 6-1-1 } 10회
21단 = { 7-1-6 / 7-1-4 / 6-1-1 } 8회
코 코 회
※ 계산식 보는 법
6-1-1→6코 뜨면
2코 모아뜨기 1회
목둘레의 되돌아뜨기
140페이지 ♡로 이어진다
앞판(54코)
앞판(54코)
(12)
(10)
(5)
앞판(6코)
왼쪽 소매(38코)
뒤판(66코)
오른쪽 소매(38코)
앞판(6코)
□ = □

재료

하마나카 하마나카모헤어, itoa 아미구루미, 콜포쿨. 실의 색이름·색번호·사용량·부자재는 도안의 표를 참고하세요.

도구

코바늘 3/0호·4/0호

완성 크기

도안 참고.

POINT

●도안을 참고해서 각 파트를 뜹니다. 마무리하는 법을 참고해서 완성합니다.

흰머리오목눈이 실 사용량과 부자재(6마리)

사용실	색이름(색번호)	사용량	부자재
하마나카 모헤어	에크뤼(61)	30g 2볼	수예용 솜, 수예용 접착제 적당량 펠릿 24g 지름 4.5cm 천×12장 인형 눈 솔리드 아이(H221-335-1 검정색) 지름 3.5mm×12개
하마나카 모헤어	분홍색(62)	적당량 1볼	
콜포쿨	검정색(18)	10g 1볼	
콜포쿨	회색(14)	3g 1볼	

※ 모두 3/0호 코바늘로 뜬다.

무게추 만드는 법

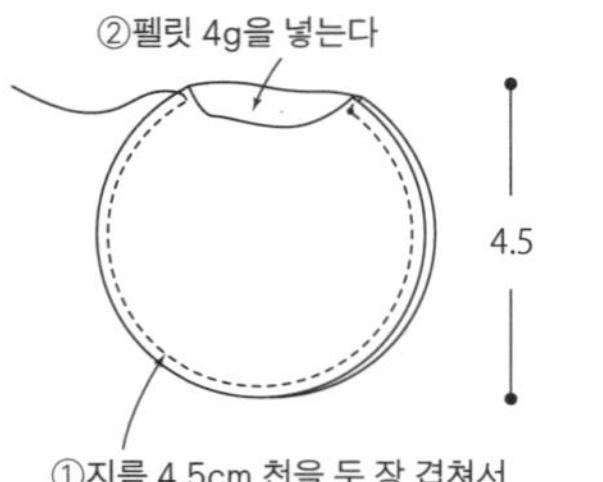
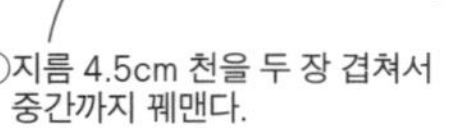

②펠릿 4g을 넣는다

4.5

①지름 4.5cm 천을 두 장 겹쳐서 중간까지 꿰맨다.

③남은 부분을 마저 꿰맨다.

▷ =실 잇기
► =실 자르기

흰머리오목눈이

본체 에크뤼 6장

←㉓ (−6코)(6코)
←㉒ (−2코)(12코)
←㉑ (−6코)(14코)
←⑳ (−2코)(20코)
←⑲ (−6코)(22코)
←⑰ (−6코)(28코)
←⑮
←⑪ (+6코)(34코)
←⑩
←⑨ (+4코)(28코)
←⑥ (24코)

머리

등·꽁지 6장

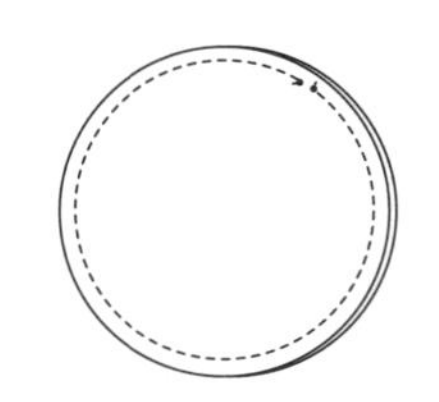
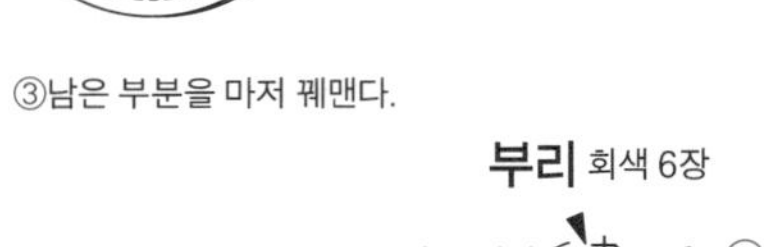

→③
→②
→①
→①

(사슬 18코)

부리 회색 6장

다는 위치 ←①

다리 회색 12장

←①

머리 늘림코

단수	콧수	
5단	24코	(+3코)
4단	21코	(+3코)
3단	18코	(+6코)
2단	12코	(+6코)
1단	6코	

※22단을 뜬 후에 안에 무게추와 솜을 채운다.
※23단은 22단을 반으로 접어서 2코 모아뜨기로 주워서 뜬다.

◖ = 3단 짧은뜨기 코머리의 뒤 반 코를 주워서 빼뜨기한다
◖ = 사슬 기초코의 반코를 주워서 빼뜨기한다.

배색 { — =검정색 / — =분홍색 / ▨ =에크뤼 }

날개 12장

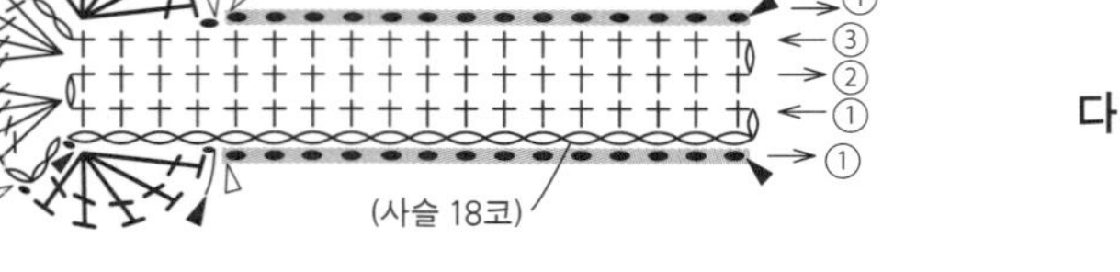

(사슬 8코)

②
①

배색 { — =에크뤼 / — =검정색 }

흰머리오목눈이 마무리하는 법

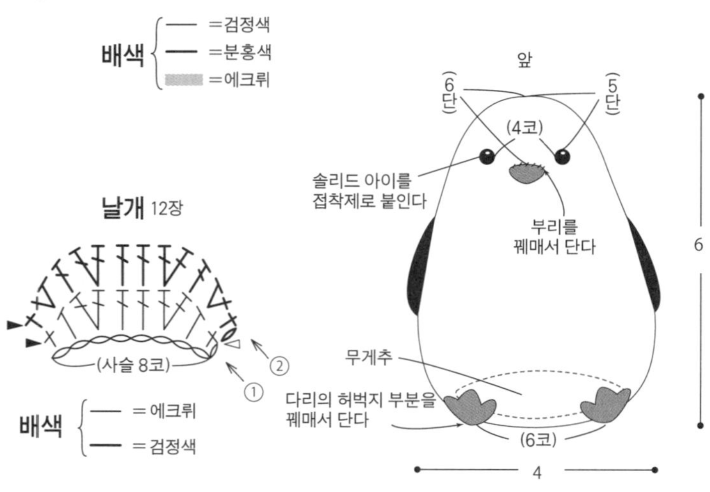

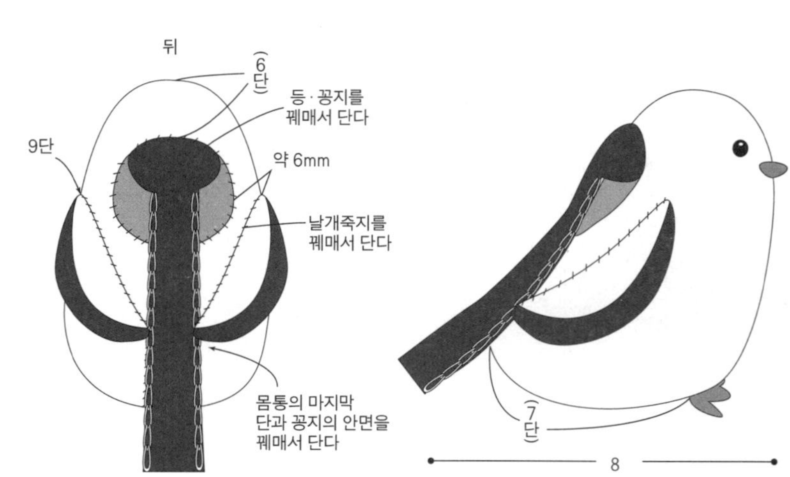

동전 지갑

※ 18단은 짧은 이랑뜨기를 한다.

동전 지갑 실 사용량과 부자재(1개)

사용실	색이름(색번호)	사용량	부자재
itoa 아미구루미	에크뤼(302)	10g 1볼	아미구루미 EYE 야마다카 단추 (H220-640-1 검정색) 4mm×2개 동전 지갑용 프레임 (H207-017-4 앤틱) 1개
	검정색(318)	2g 1볼	
	분홍색(304)	적당량 1볼	
콜포쿨	회색(14)	적당량 1볼	낚싯줄 적당량

※ 모두 4/0호 코바늘로 뜬다.

▷ = 실 잇기
► = 실 자르기

부리
1장 회색

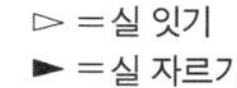

본체

본체 늘림코

단수	콧수	
7단	48코	(+6코)
6단	42코	(+7코)
5단	35코	(+7코)
4단	28코	(+7코)
3단	21코	(+7코)
2단	14코	(+7코)
1단	7코	

⊥ = 17단의 코머리 뒤 반 코를 주워서 짧은뜨기한다

날개 2장   등 1장

날개 배색 { ─── = 에크뤼   ─── = 검정색 }

등 배색 { ─── = 검정색   ─── = 분홍색 }

마무리하는 법

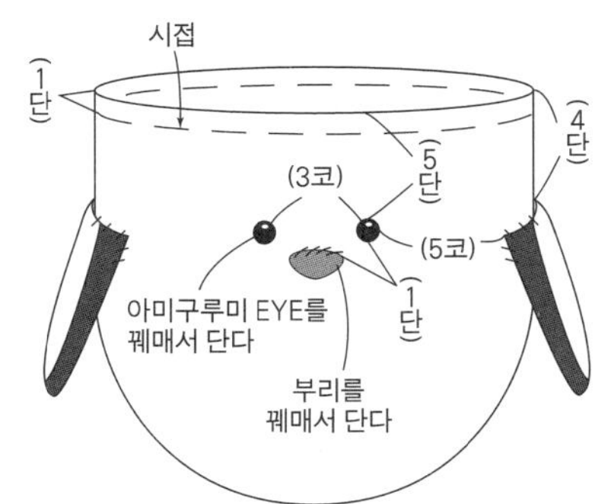

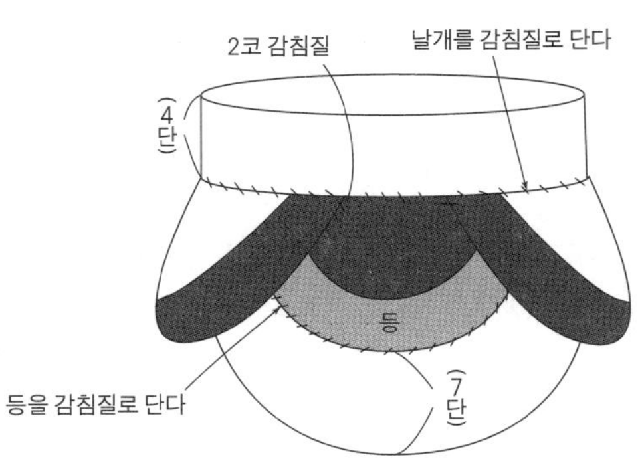

동전 지갑 프레임 다는 법

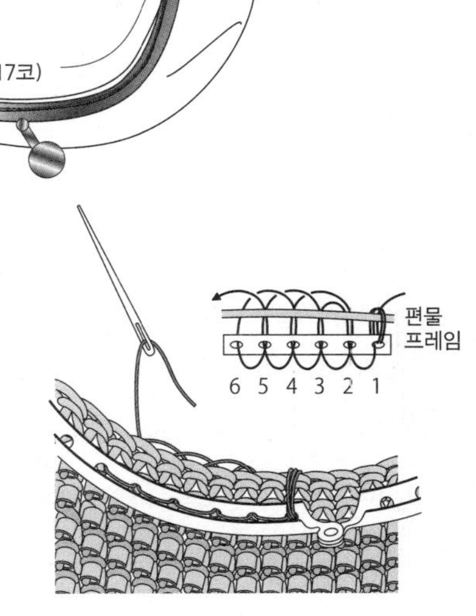

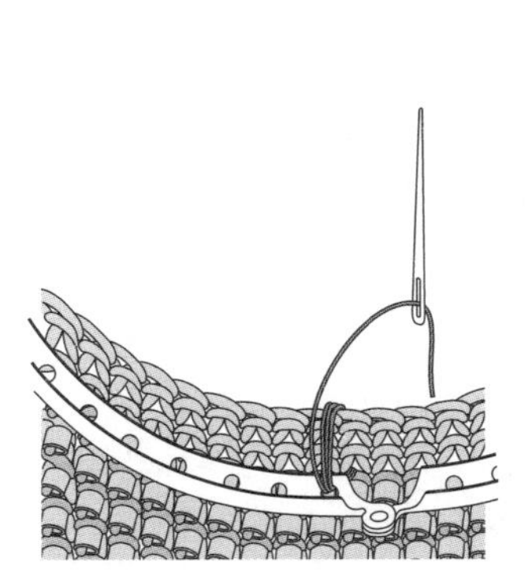

1 바늘음질 시작은 같은 구멍에 2~3번 바늘을 넣어서 꿰매서 고정한다.

2 반박음질하는 요령으로 편물을 프레임에 단다. 프레임의 바느질 구멍과 본체의 중심이 잘 맞도록 본체의 뜨개 코 간격을 동일하게 조절한다.

한길 긴 앞걸어뜨기　　한길 긴 뒤걸어뜨기

※일본어 사이트　　※일본어 사이트

재료
로완 키드실크 헤이즈 겨자색(684 Eve Green)
195g 8볼
도구
코바늘 6/0호
완성 크기
가슴둘레 102㎝, 기장 40㎝, 화장 37㎝
게이지
모티브 1변=10㎝, 무늬뜨기 A(10×10㎝) 19.5코
×11단

POINT
●몸판…모두 2가닥으로 합사해서 뜹니다. 모티브를 지정된 장수만큼 떠서 빼뜨기로 연결합니다. 양 옆선은 무늬뜨기 A, 밑단은 무늬뜨기 B로 왕복뜨기를 합니다.
●마무리…옆선은 빼뜨기 사슬 잇기를 합니다. 목둘레는 짧은뜨기를 1단 떠서 정리합니다. 소맷부리는 지정된 콧수만큼 주워서 무늬뜨기 B를 원형으로 뜹니다.

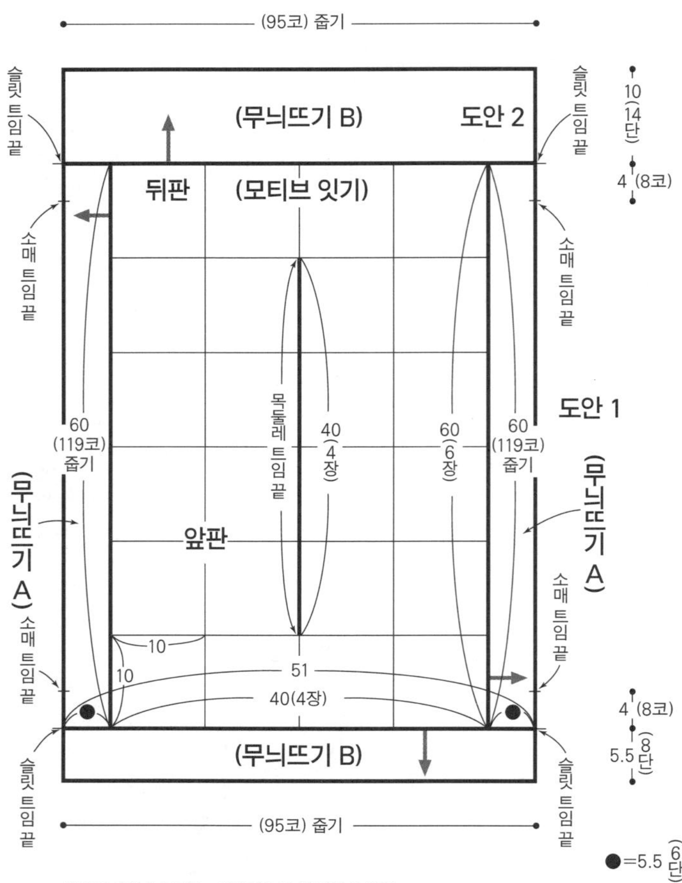

※모두 6/0호 코바늘, 2가닥으로 합사해서 뜬다.
※모티브끼리는 겉면을 맞대고 빼뜨기로 잇는다.

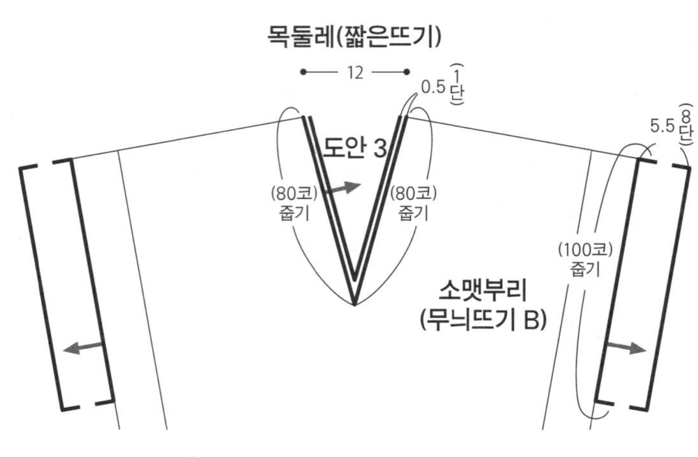

무늬뜨기 A

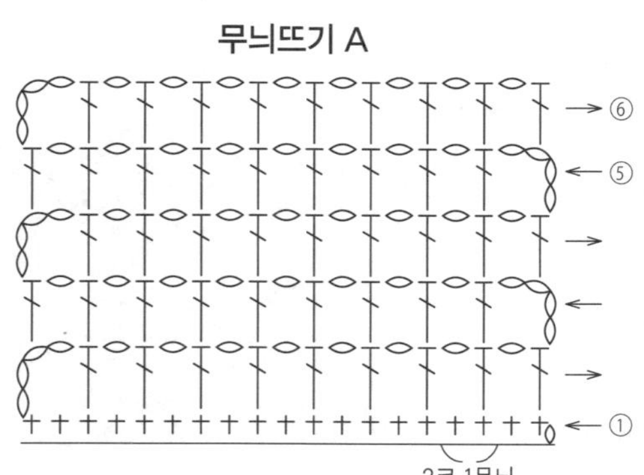

모티브 24장　► = 실 자르기

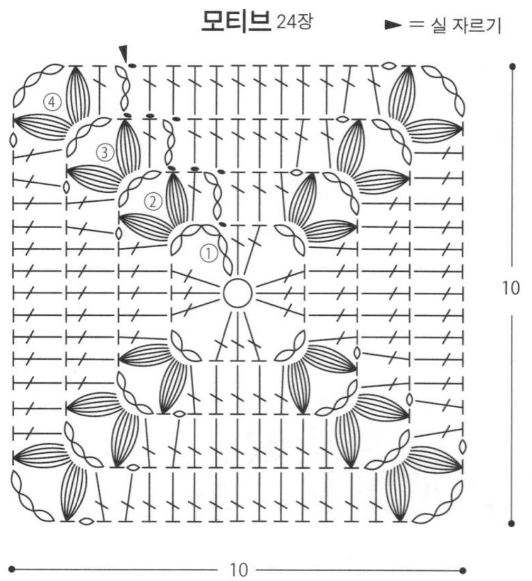

= 긴뜨기 6코 구슬뜨기(다발로 줍는다)

무늬뜨기 B(밑단)

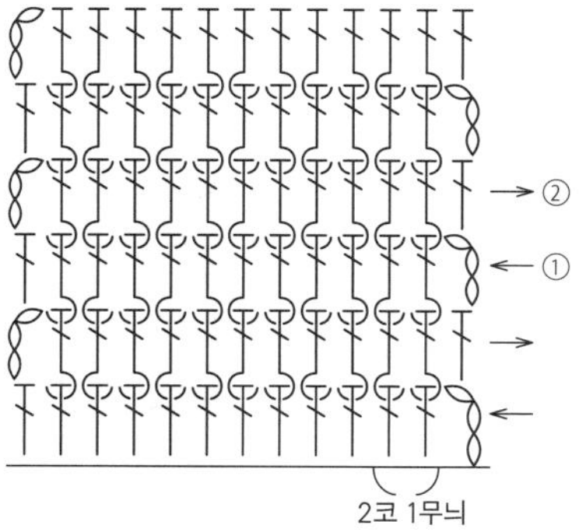

2코 1무늬

무늬뜨기 B(소맷부리)

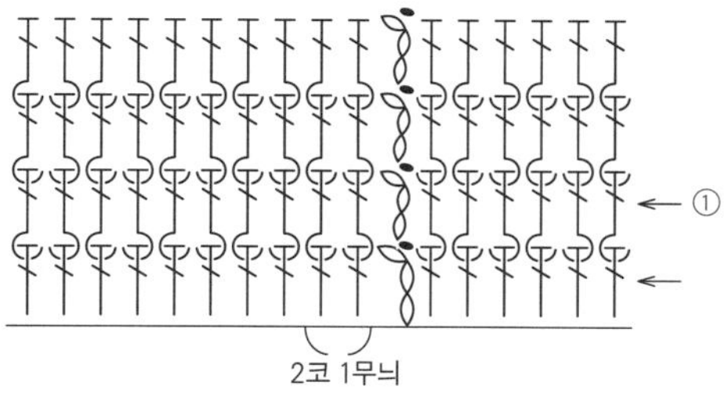

2코 1무늬

= 한길 긴 앞걸어뜨기
※ 안면을 보고 뜰 때는 뒤걸어뜨기를 한다.

= 한길 긴 뒤걸어뜨기
※ 안면을 보고 뜰 때는 앞걸어뜨기를 한다.

모티브 잇는 법

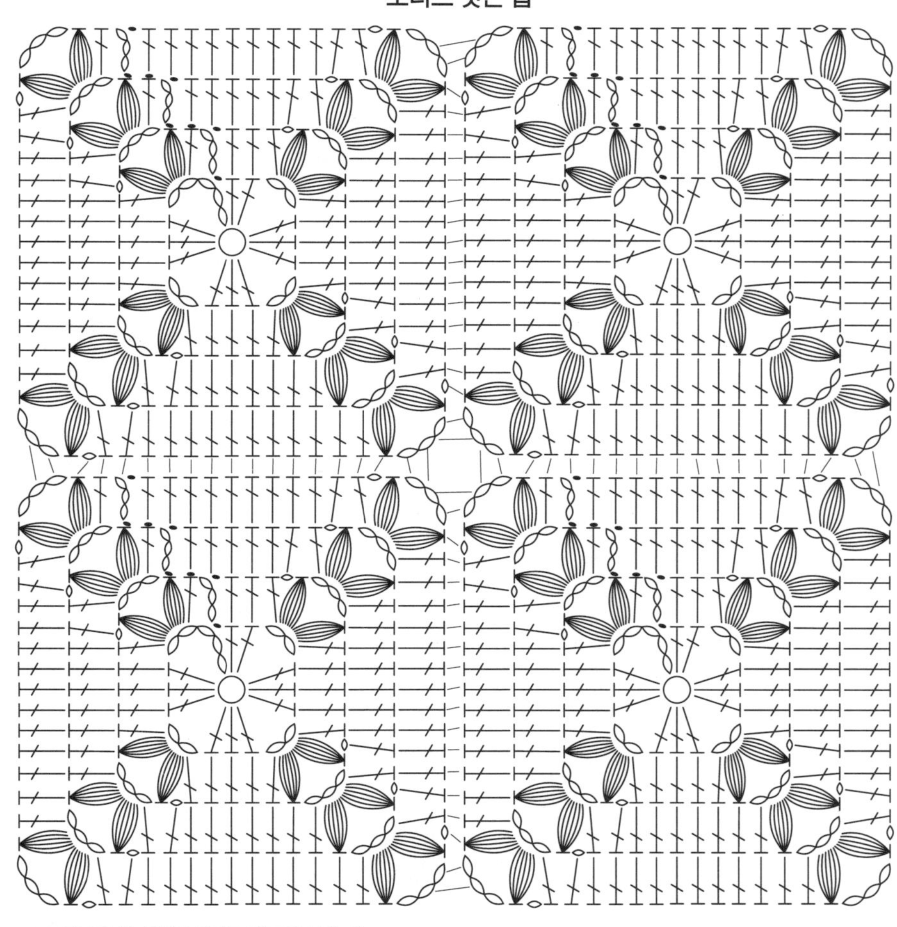

※ 모티브끼리는 겉면을 맞대고 빼뜨기로 잇는다.

▷ = 실 잇기
► = 실 자르기

도안 2 밑단

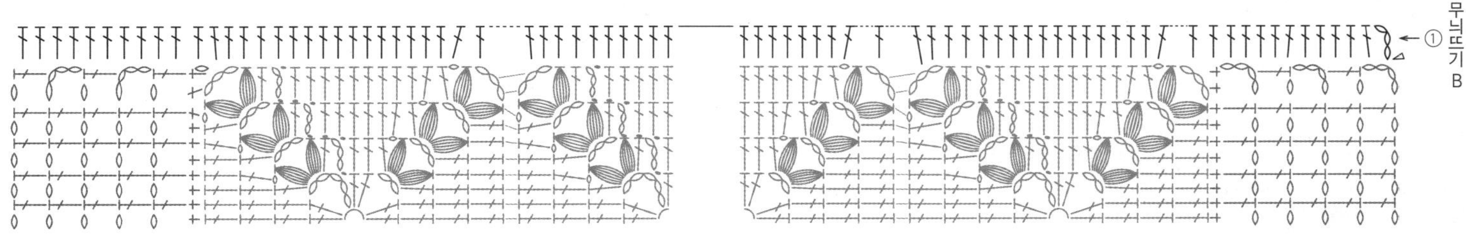

146페이지로 이어집니다. ▶

▶ 145페이지에서 이어집니다.

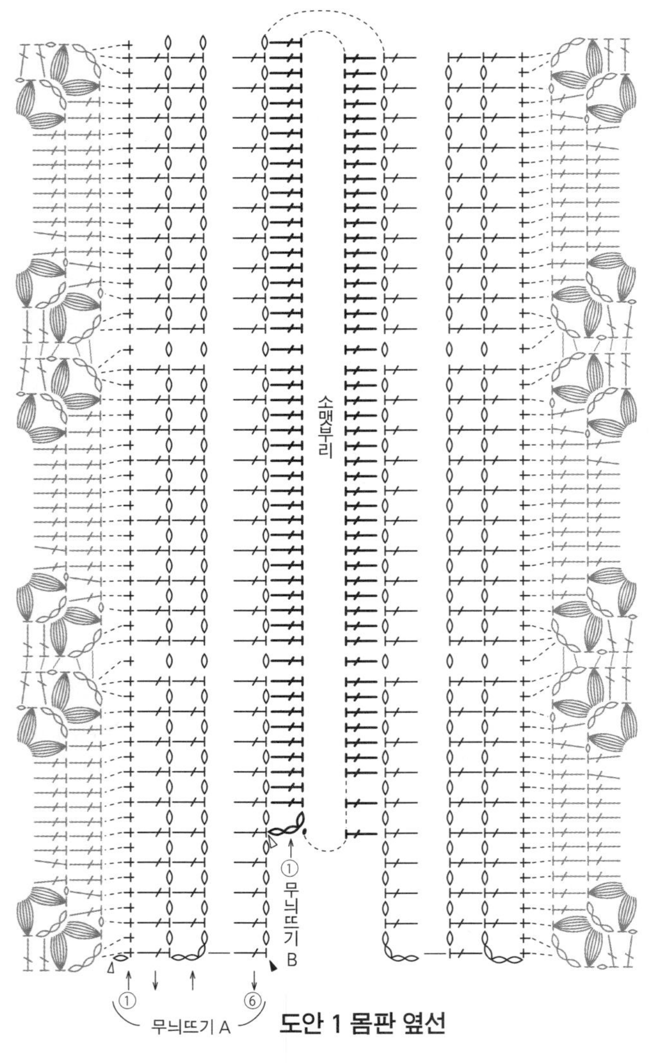

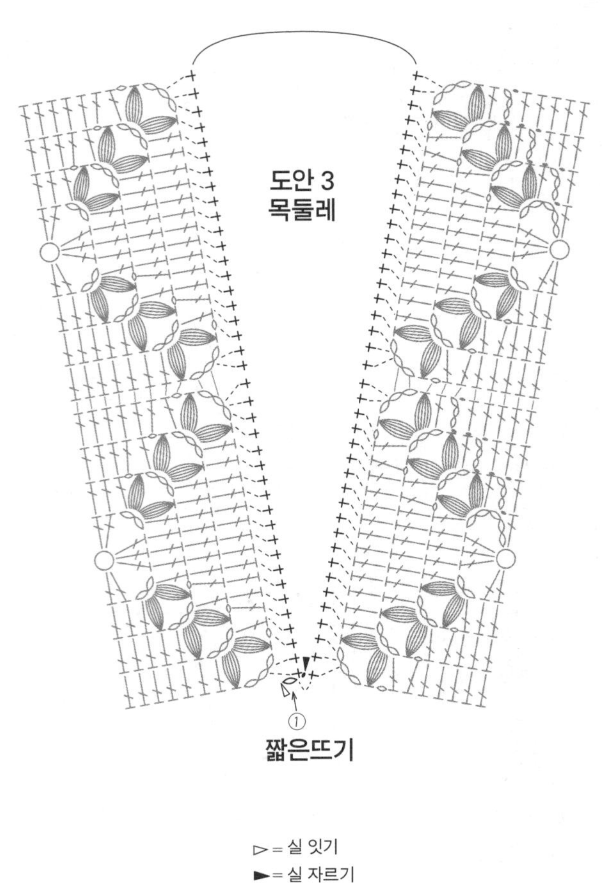

걸기코 덮어씌워 코막음

1 먼저 걸기코를 하고

2 첫 코는 무늬를 이어서 뜨므로 걸뜨기한다.

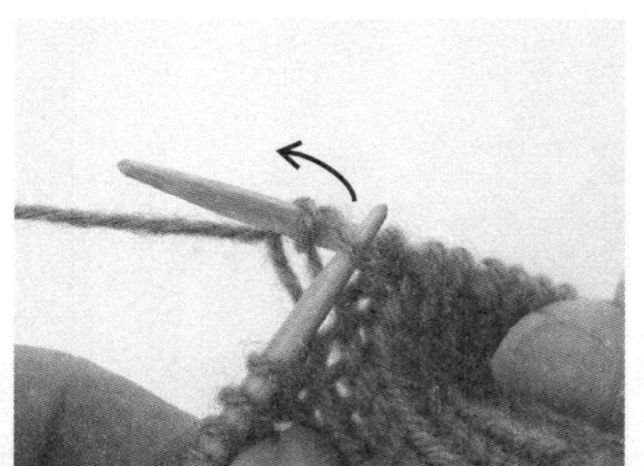

3 걸기코에 바늘을 넣어서 2에서 뜬 코에 덮어씌운다.

4 계속해서 오른쪽 코를 덮어씌워서 기본 덮어씌우기를 한다.

5 걸기코 덮어씌우기를 1코 완성했다.

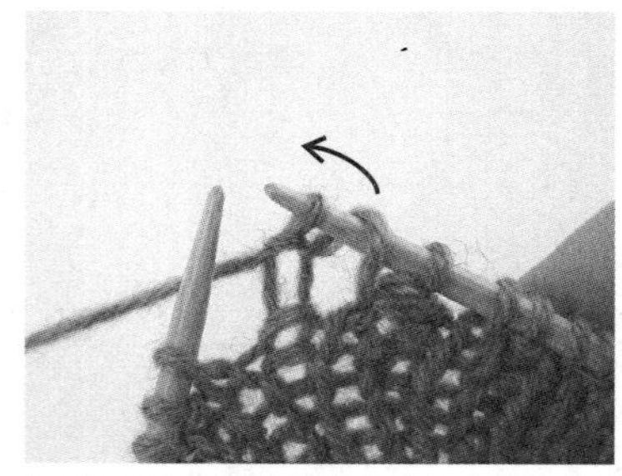

6 계속해서 걸기코한 다음, 앞 단의 무늬를 이어서 뜨므로 안뜨기하고, 걸기코를 덮어씌운다.

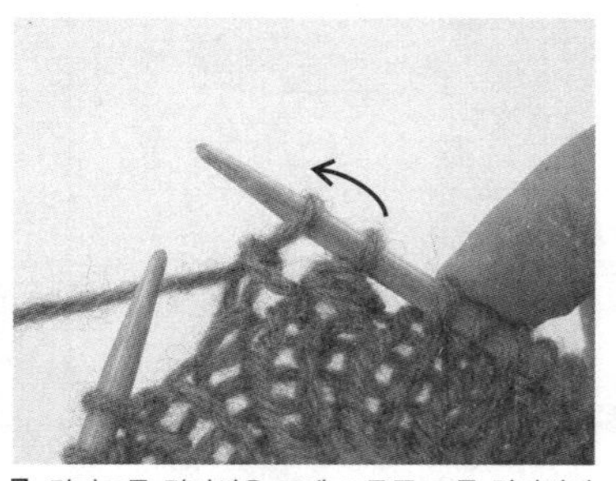

7 걸기코를 덮어씌운 코에 오른쪽 코를 덮어씌워서 기본 덮어씌우기를 한다.

8 2코를 덮어씌운 모습. 1~7를 반복한다.

쉽게 떠서 더 귀여운 옷과 소품

43 page ★★★

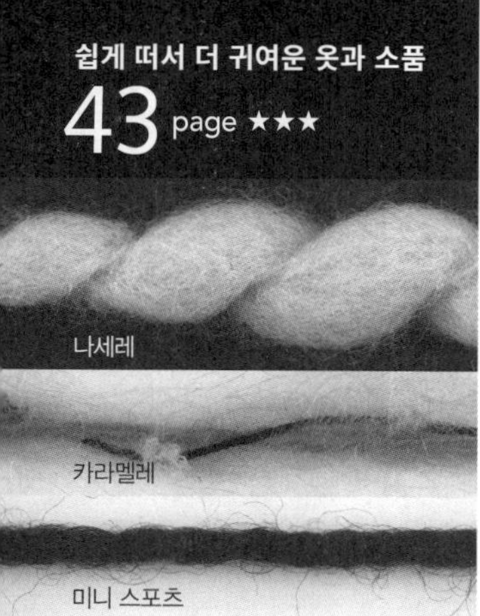

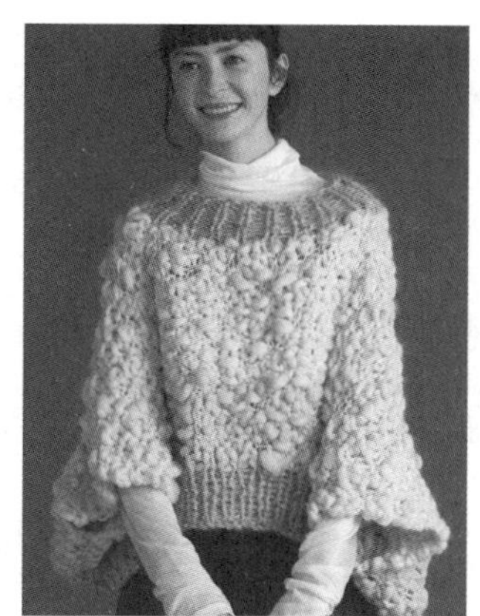

재료

퍼피 나세레 민트 그린(703) 270g 6볼, 스카이 블루(704) 140g 3볼, 카라멜레 하늘색 계열 믹스(107) 50g 1볼, 미니 스포츠 하늘색(722) 50g 1볼

도구

대바늘 15㎜·10㎜

완성 크기

기장 39㎝, 화장 46㎝

게이지(10×10㎝)

멍석뜨기 5.5코×9단

POINT

●몸판…손가락에 걸어서 만드는 기초코로 뜨개를 시작해서 1코 고무뜨기, 멍석뜨기를 합니다. 목둘레 트임은 도안을 참고하세요. 뜨개 끝은 무늬를 이어서 뜨면서 느슨하게 덮어씌워 코막음합니다.

●마무리…목둘레는 지정된 콧수만큼 주워서 1코 고무뜨기를 원형으로 뜹니다. 뜨개 끝은 밑단과 같은 방법으로 뜹니다. 옆선은 하늘색으로 떠서 꿰매기하는데 스카이 블루 부분은 반 코 떠서 꿰매기를 합니다.

1코 고무뜨기(목둘레)

멍석뜨기

1코 고무뜨기(앞판 밑단)

1코 고무뜨기(뒤판 밑단)

목둘레 트임 뜨는 법

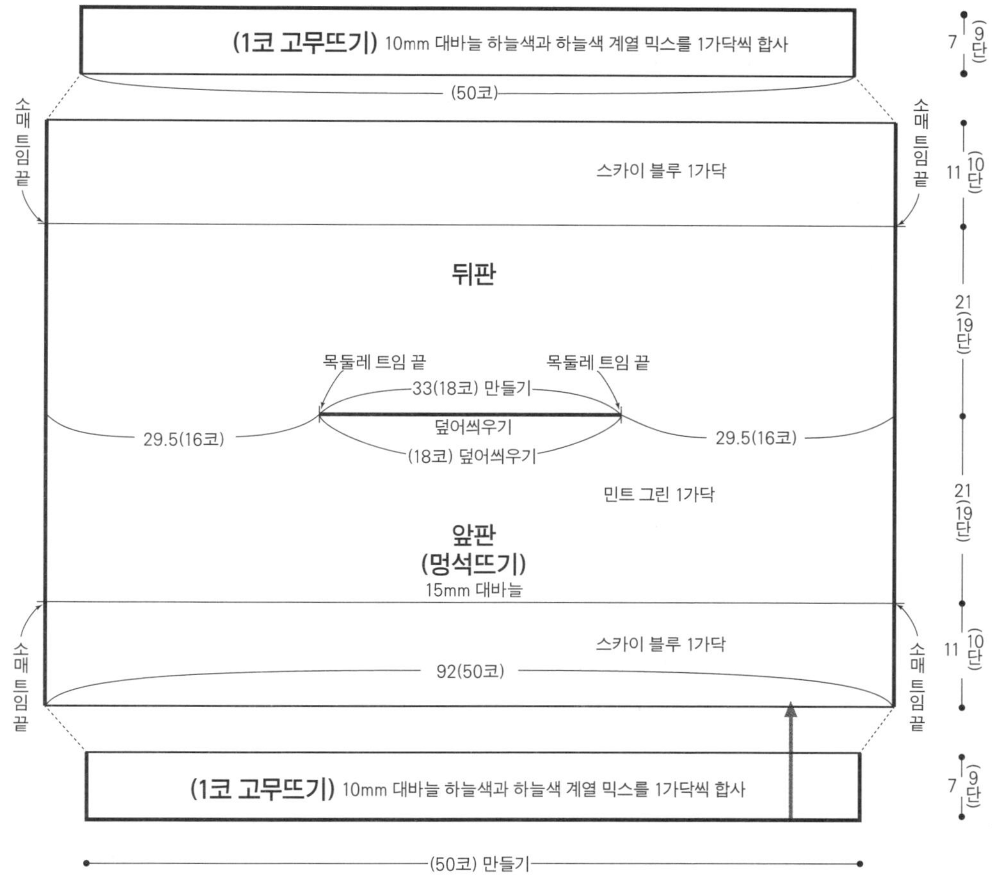

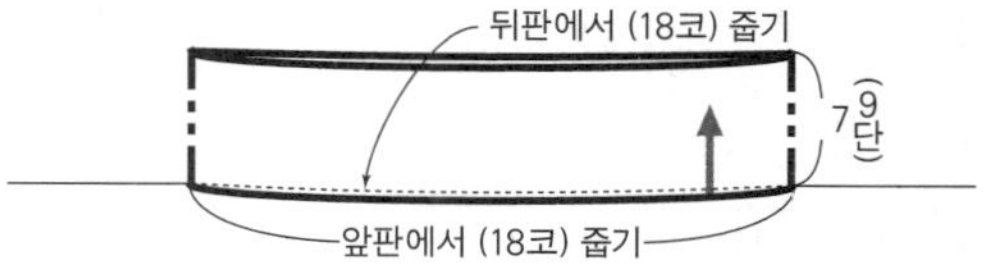

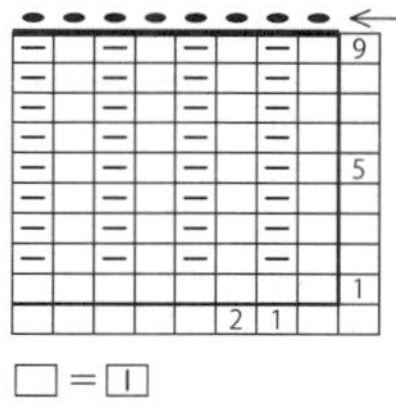

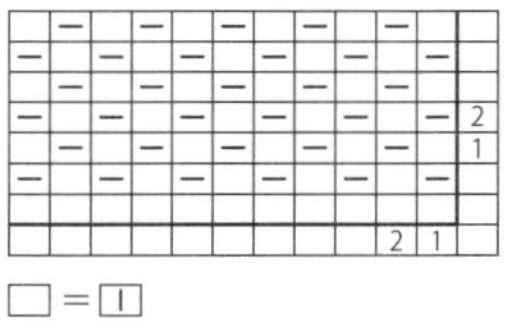

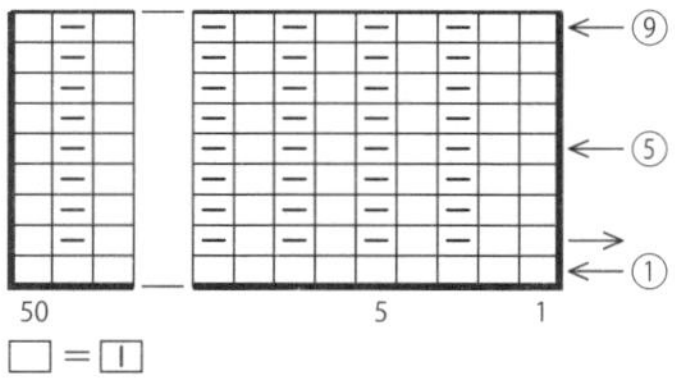

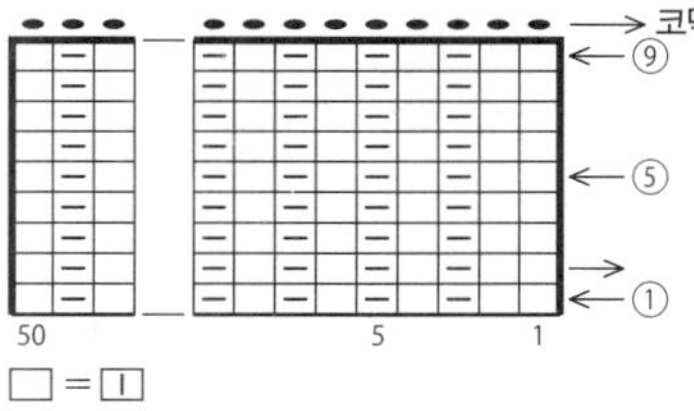

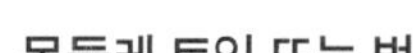

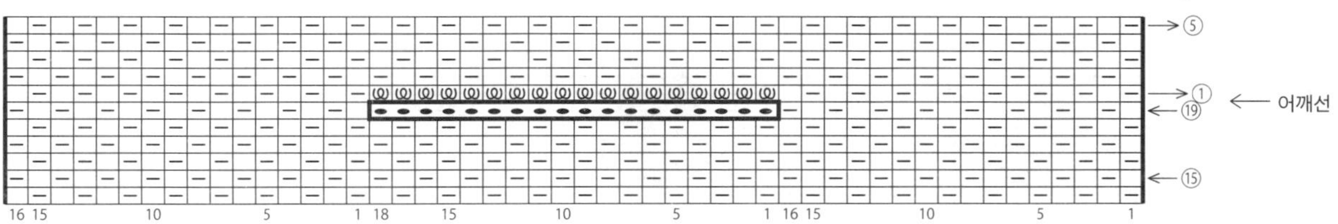

카라멜레

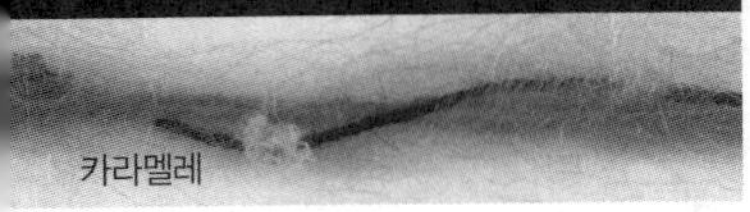

끌어올려뜨기(2단)

※ 일본어 사이트

1코 고무뜨기 코막음 (원형뜨기)

※ 일본어 사이트

재료
퍼피 카라멜레 주황색 계열 믹스(103)
[베스트] 285g 6볼
[모자] 60g 2볼
도구
대바늘 8mm·15호
완성 크기
[베스트] 가슴둘레 100cm, 기장 49cm, 화장 25cm
[모자] 머리둘레 51cm, 깊이 24.5cm
게이지(10×10cm)
무늬뜨기 11코×17단
POINT
●베스트…손가락에 걸어서 만드는 기초코로 뜨개를 시작해서 1코 고무뜨기, 무늬뜨기를 합니다. 앞판 목둘레의 줄임코는 도안을 참고하세요. 뜨개 끝은 쉼코를 하는데 마지막 단의 무늬는 패턴이 바뀌니 주의하세요. 어깨는 덮어씌워 잇기를 합니다. 목둘레는 지정된 콧수만큼 주워서 1코 고무뜨기를 원형으로 뜹니다. 뜨개 끝은 1코 고무뜨기 코막음을 합니다. 옆선은 지정된 콧수만큼 주워서 1코 고무뜨기를 합니다. 뜨개 끝은 무늬를 이어서 뜨면서 덮어씌워 코막음합니다. 옆선의 앞뒤판은 코와 코를 맞대고 감침질 잇기합니다.
●모자…손가락에 걸어서 만드는 기초코로 뜨개를 시작해서 1코 고무뜨기, 무늬뜨기를 합니다. 분산줄임코는 도안을 참고하세요. 뜨개 끝은 조여서 코막음을 합니다.

베스트

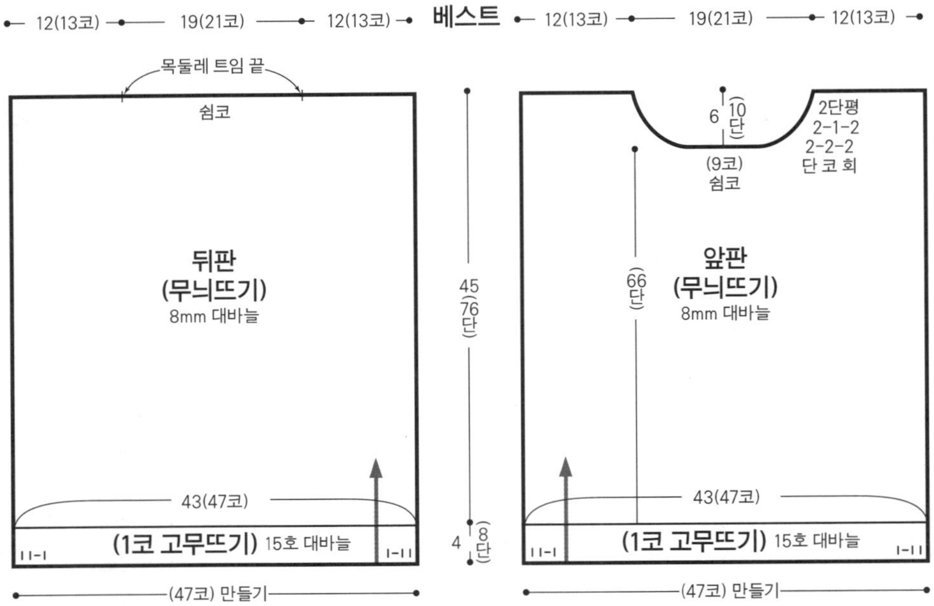

12(13코) — 19(21코) — 12(13코) · 베스트 · 12(13코) — 19(21코) — 12(13코)

뒤판 (무늬뜨기) 8mm 대바늘
목둘레 트임 끝
쉼코
45 (76단)
4 (8단)
43(47코)
(1코 고무뜨기) 15호 대바늘
(47코) 만들기

앞판 (무늬뜨기) 8mm 대바늘
6 (10단)
(9코) 쉼코
2단평
2-1-2
2-2-2
단 코 회
66단
43(47코)
(1코 고무뜨기) 15호 대바늘
(47코) 만들기

무늬뜨기

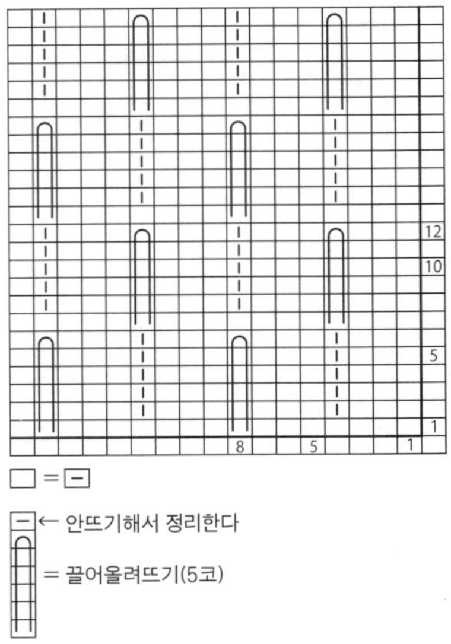

□ = □
□ = 안뜨기해서 정리한다
= 끌어올려뜨기(5코)

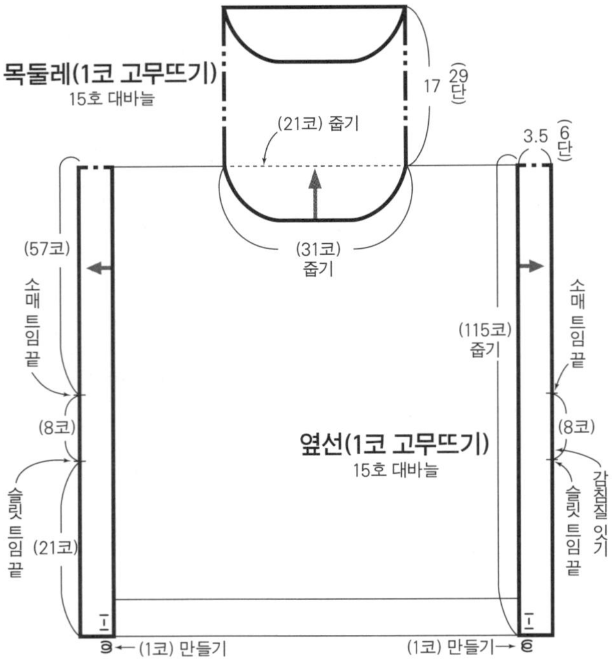

목둘레(1코 고무뜨기) 15호 대바늘
(21코) 줍기
17 (29단)
3.5 (6단)
(31코) 줍기

옆선(1코 고무뜨기) 15호 대바늘
(57코)
소매 트임 끝
(8코)
슬릿 트임 끝
(21코)
(115코) 줍기
소매 트임 끝
(8코)
감침질 잇기
슬릿 트임 끝
(1코) 만들기
(1코) 만들기

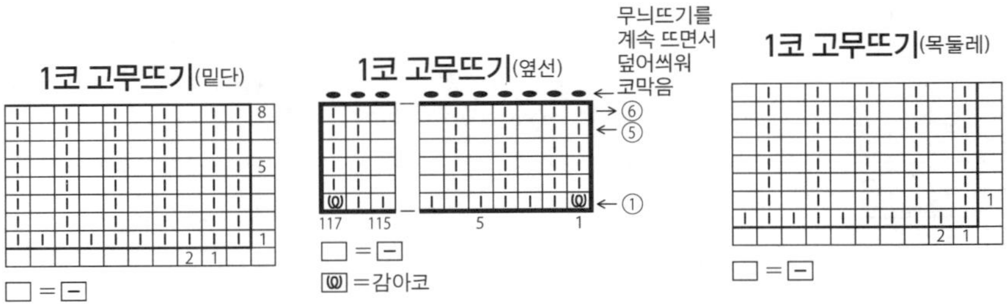

1코 고무뜨기(밑단)
□ = □

1코 고무뜨기(옆선)
무늬뜨기를 계속 뜨면서 덮어씌워 코막음
117 115 5 1
□ = □
= 감아코

1코 고무뜨기(목둘레)
□ = □

앞판 목둘레 줄임코

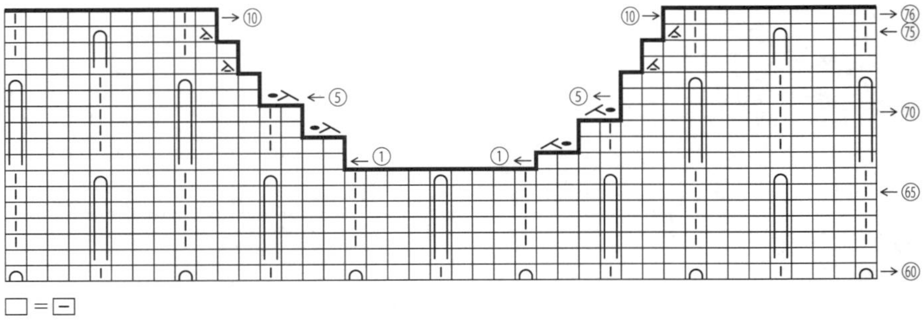

□ = □

뒤판 목둘레 트임

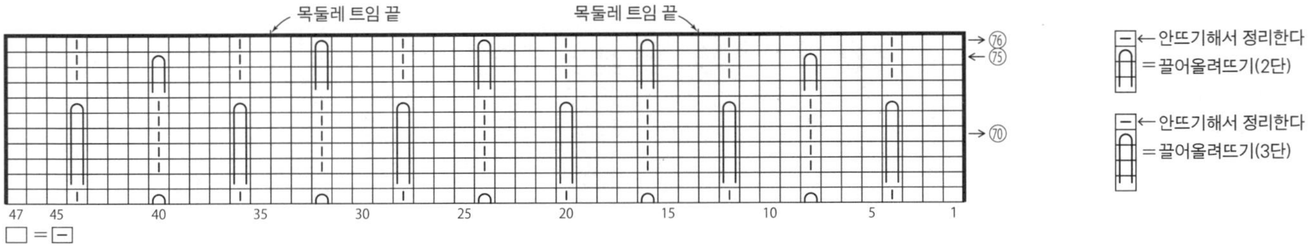

목둘레 트임 끝   목둘레 트임 끝
47 45 40 35 30 25 20 15 10 5 1
□ = □

= 안뜨기해서 정리한다
= 끌어올려뜨기(2단)

= 안뜨기해서 정리한다
= 끌어올려뜨기(3단)

149페이지로 이어집니다. ▶

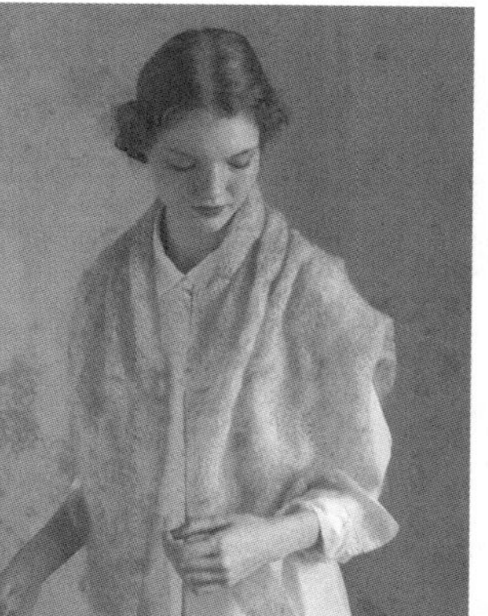

재료

채피 얀×케이토 코쿤 모헤어 분홍색 계열 믹스(케이토가 피었다) 85g 2타래

도구

대바늘 5호

완성 크기

폭 148㎝, 길이 77㎝(실측 크기)

게이지(10×10㎝)

무늬뜨기 24.5코×32단

POINT

●손가락에 걸어서 만드는 기초코로 뜨개를 시작하고 가터뜨기를 하는데 기초코가 너무 빡빡하지 않게 주의하세요. 계속해서 도안을 참고해 줄임코 하면서 무늬뜨기합니다. 뜨개 끝은 마지막 단 코에 실을 통과시켜 조입니다.

숄

150페이지로 이어집니다. ▶

▶ 148페이지에서 이어집니다.

오므려서 마무리

콧수가 많으면 1코 건너뛰면서 실을 통과시켜
2번에 나눠서 조인다

모자 분산줄임코

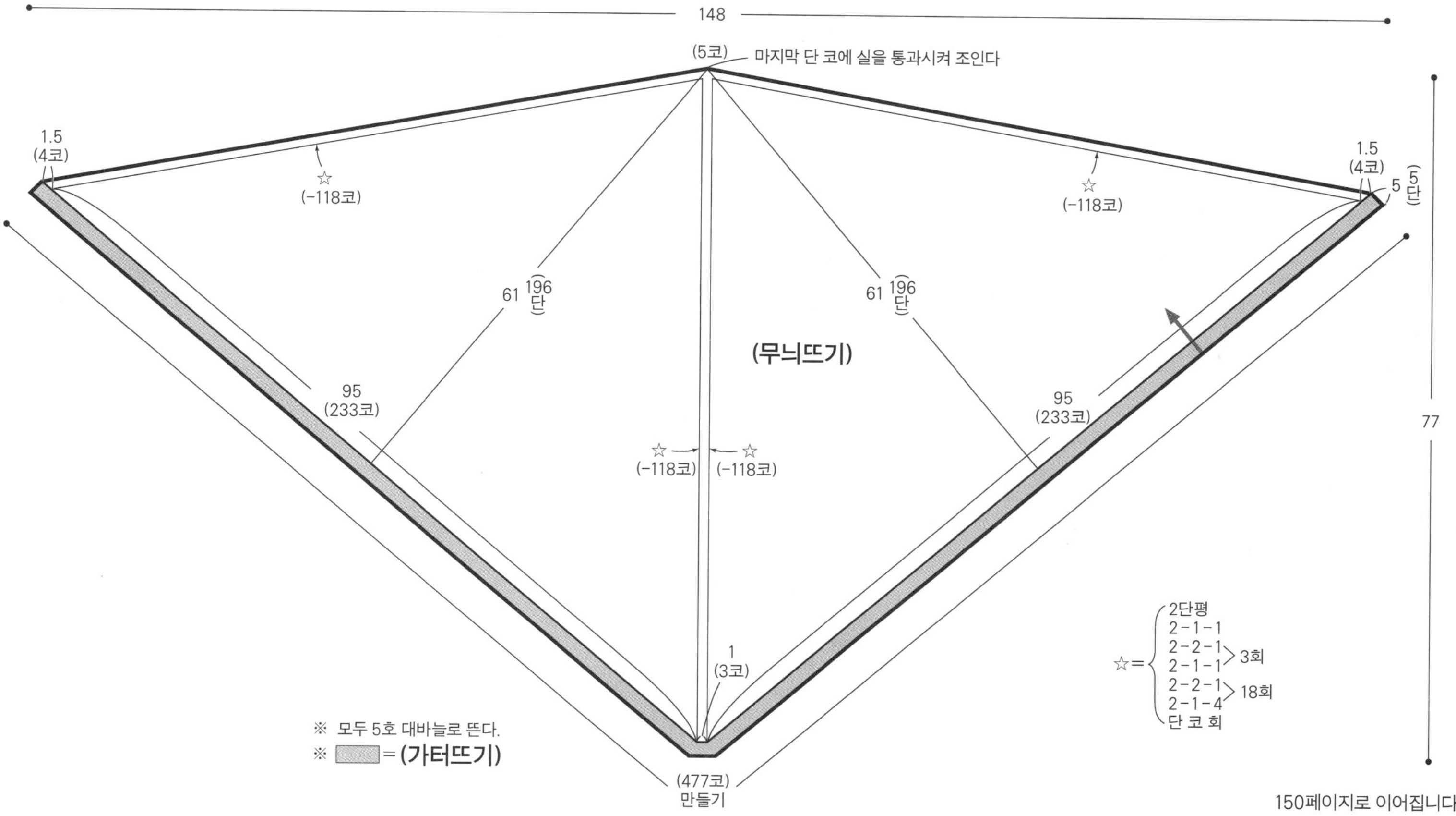

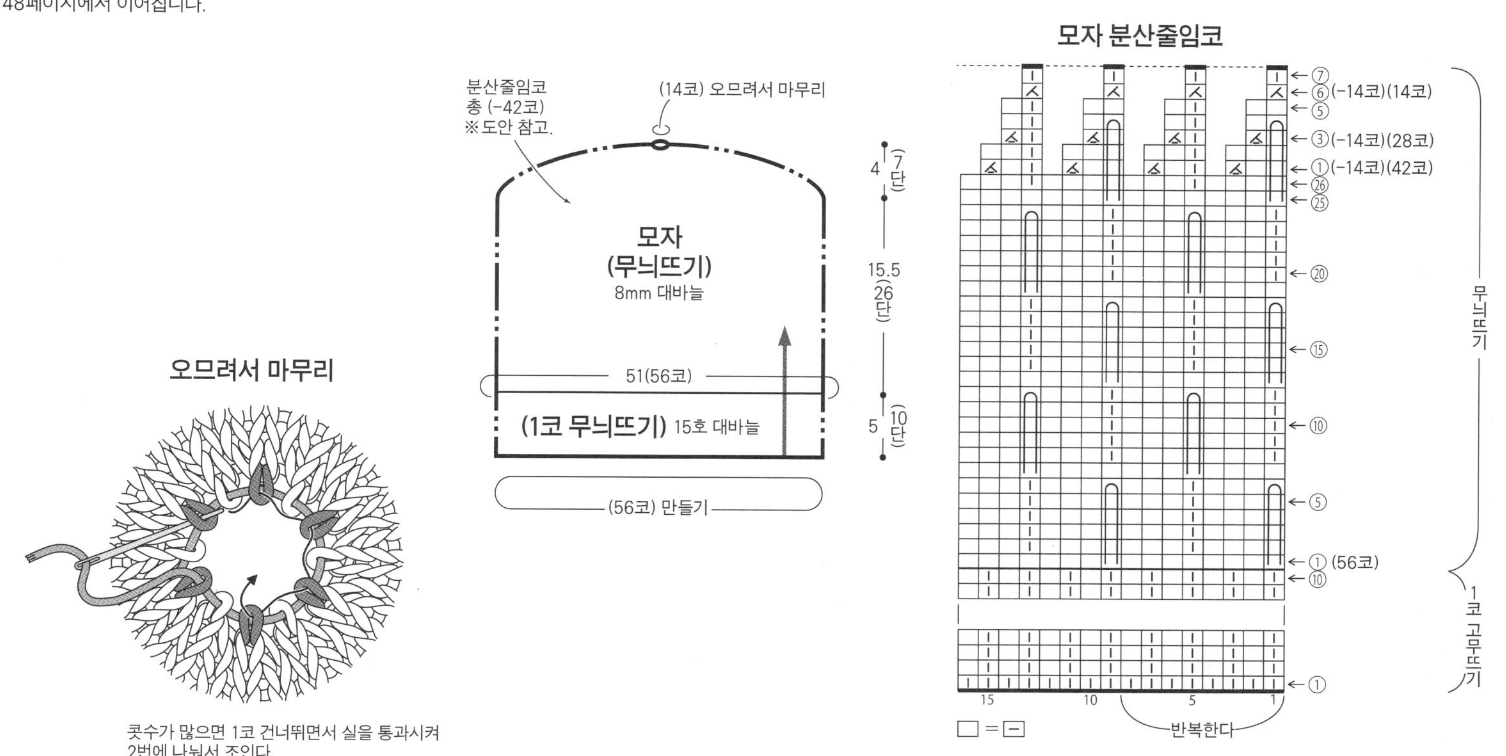

▶ 149페이지에서 이어집니다.

무늬뜨기

= 24코 20단 1무늬

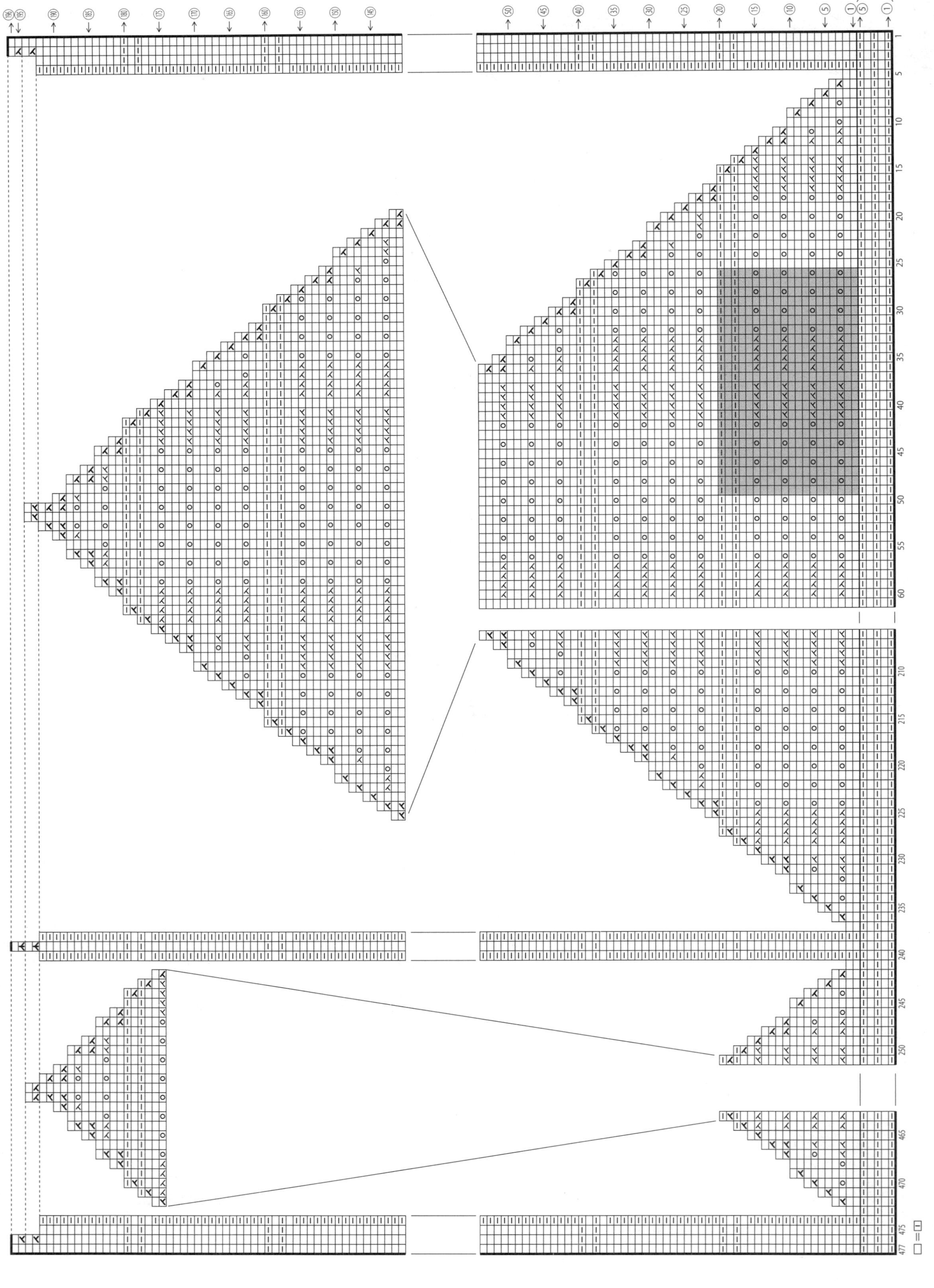

□ = □

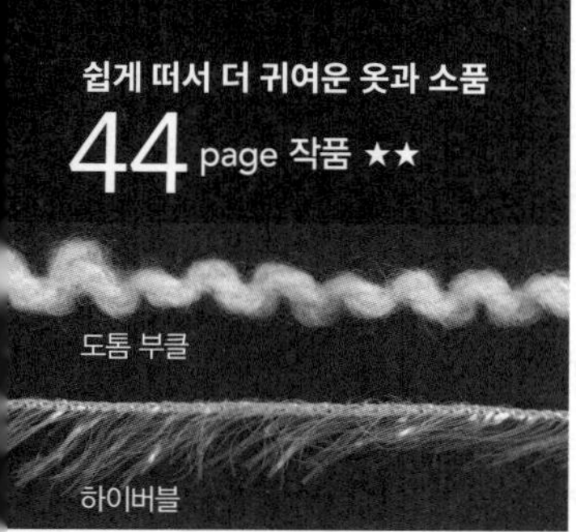

재료

[풀오버] 나이토상사 도톰 부클 에크뤼(01) 660g
7볼, 하이버블 에크뤼(2) 50g 1볼
[바부슈카] 나이토상사 도톰 부클 에크뤼(01) 35g
1볼, 하이버블 에크뤼(2) 10g 1볼

도구

코바늘 10/0호·8/0호·6/0호

완성 크기

[풀오버] 가슴둘레 110cm, 기장 46.5cm, 화장 73cm
[바부슈카] 폭 13cm, 길이 49cm(끈 길이 미포함)

게이지(10×10cm)

무늬뜨기 A 12코×4.5단, 한길 긴뜨기 10코×5단

POINT

●풀오버…몸판은 사슬뜨기 기초코로 뜨개를 시
작해서 무늬뜨기 A를 합니다. 몸판 장식은 지정된
위치에서부터 코를 주워서 무늬뜨기 B·B'를 합니
다. 어깨는 감침질 잇기합니다. 소매는 지정된 콧수
만큼 주워서 몸판과 같은 방법으로 뜨고, 소매 장
식도 몸판 장식과 같은 방법으로 뜹니다. 옆선, 소
매 밑선은 빼뜨기 사슬 꿰매기를 합니다.
●바부슈카…본체는 사슬뜨기 기초코로 뜨개를
시작해서 한길 긴뜨기를 합니다. 증감코는 도안을
참고하세요. 계속해서 끈을 뜨고, 반대쪽의 끈은
지정된 위치에 실을 이어서 뜹니다. 장식은 지정된
위치에서 코를 주워서 테두리뜨기를 원형으로 뜹
니다.

풀오버

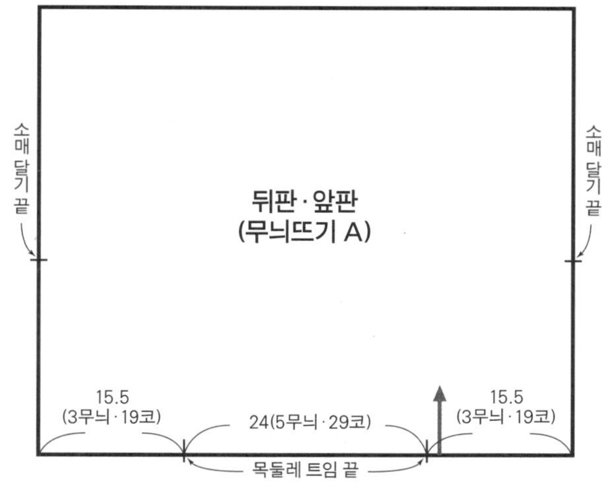

뒤판·앞판
(무늬뜨기 A)

소매 달기 끝

소매 달기 끝

26(12단)

20.5(10단)

15.5
(3무늬·19코)

24(5무늬·29코)

15.5
(3무늬·19코)

목둘레 트임 끝

55(11무늬·사슬67코) 만들기

※지정하지 않은 것은 모두 10/0호 코바늘, 도톰 부클로 뜬다.

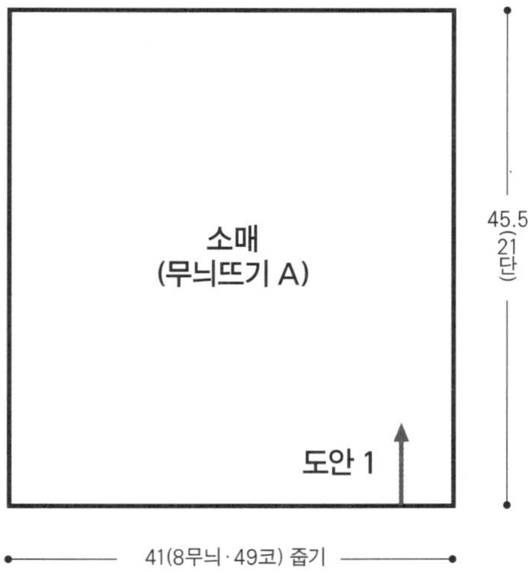

소매
(무늬뜨기 A)

45.5(21단)

도안 1

41(8무늬·49코) 줍기

무늬뜨기 A

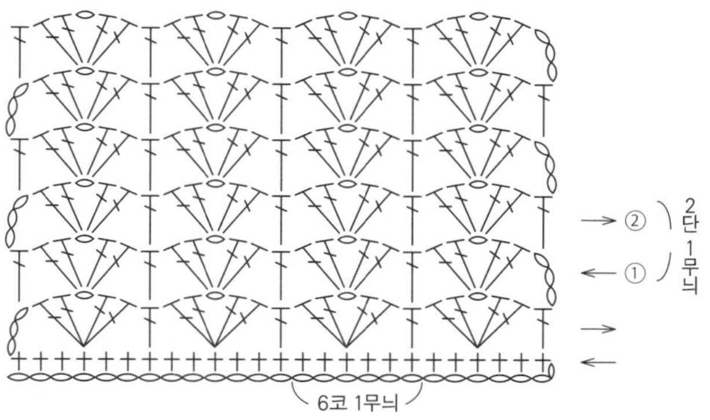

6코 1무늬

②
← ②
→ ① 1무늬

몸판 장식 8/0호 코바늘 하이버블

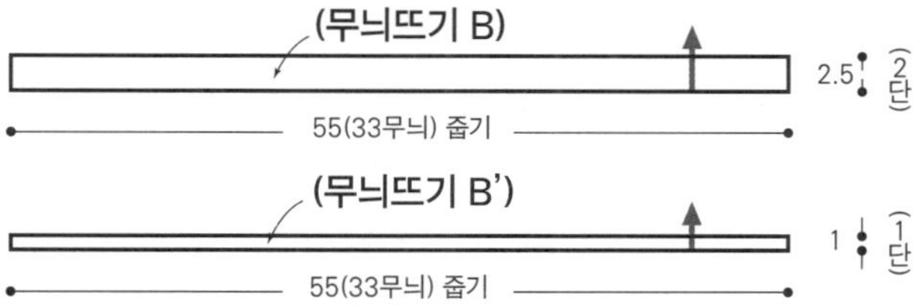

(무늬뜨기 B)

55(33무늬) 줍기

2.5(2단)

(무늬뜨기 B')

55(33무늬) 줍기

1(1단)

소매 장식 8/0 코바늘 하이버블

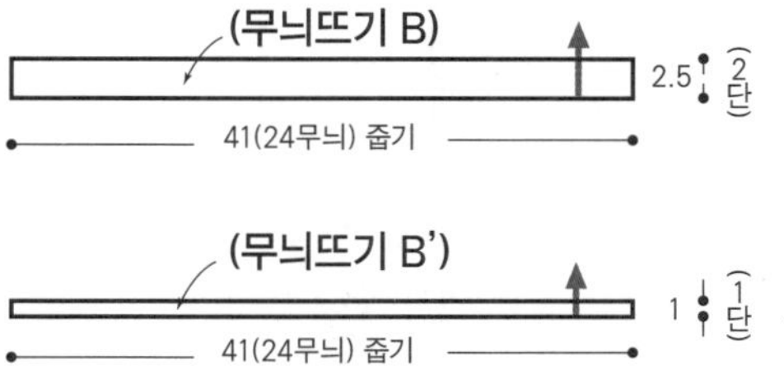

(무늬뜨기 B)

41(24무늬) 줍기

2.5(2단)

(무늬뜨기 B')

41(24무늬) 줍기

1(1단)

무늬뜨기 B

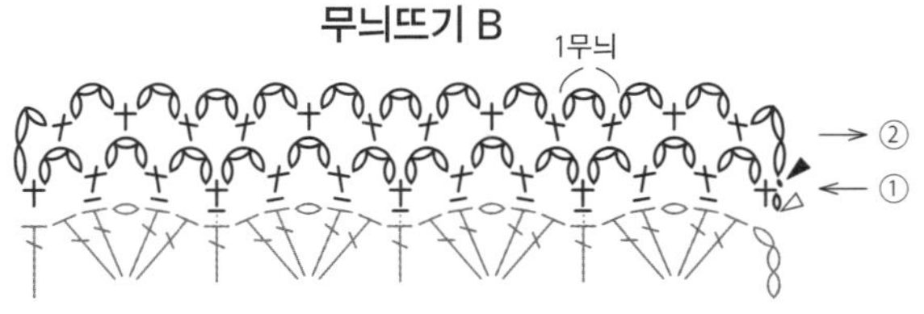

1무늬

② →
① ←

▷ = 실 잇기
▶ = 실 자르기

± = 무늬뜨기 A의 다음 단 코를 피하면서 한길 긴뜨기 뒤 반 코를 주워서 뜬다

무늬뜨기 B'

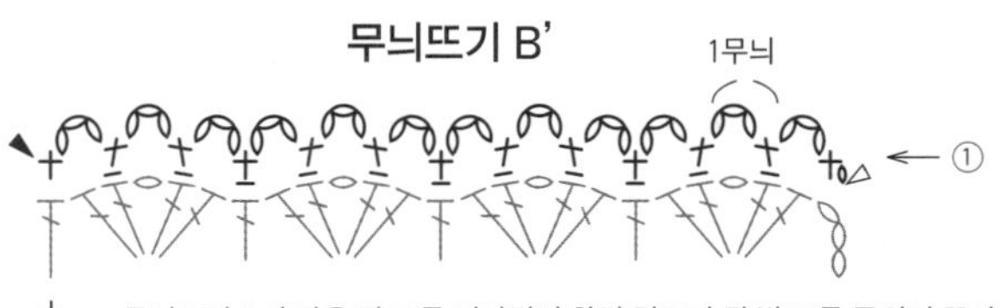

1무늬

① ←

± = 무늬뜨기 A의 다음 단 코를 피하면서 한길 긴뜨기 뒤 반 코를 주워서 뜬다

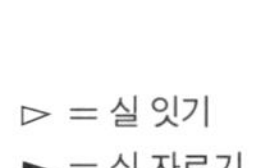

152페이지로 이어집니다. ▶

▶ 151페이지에서 이어집니다.

도안 1 소매

장식 뜨기 다는 위치

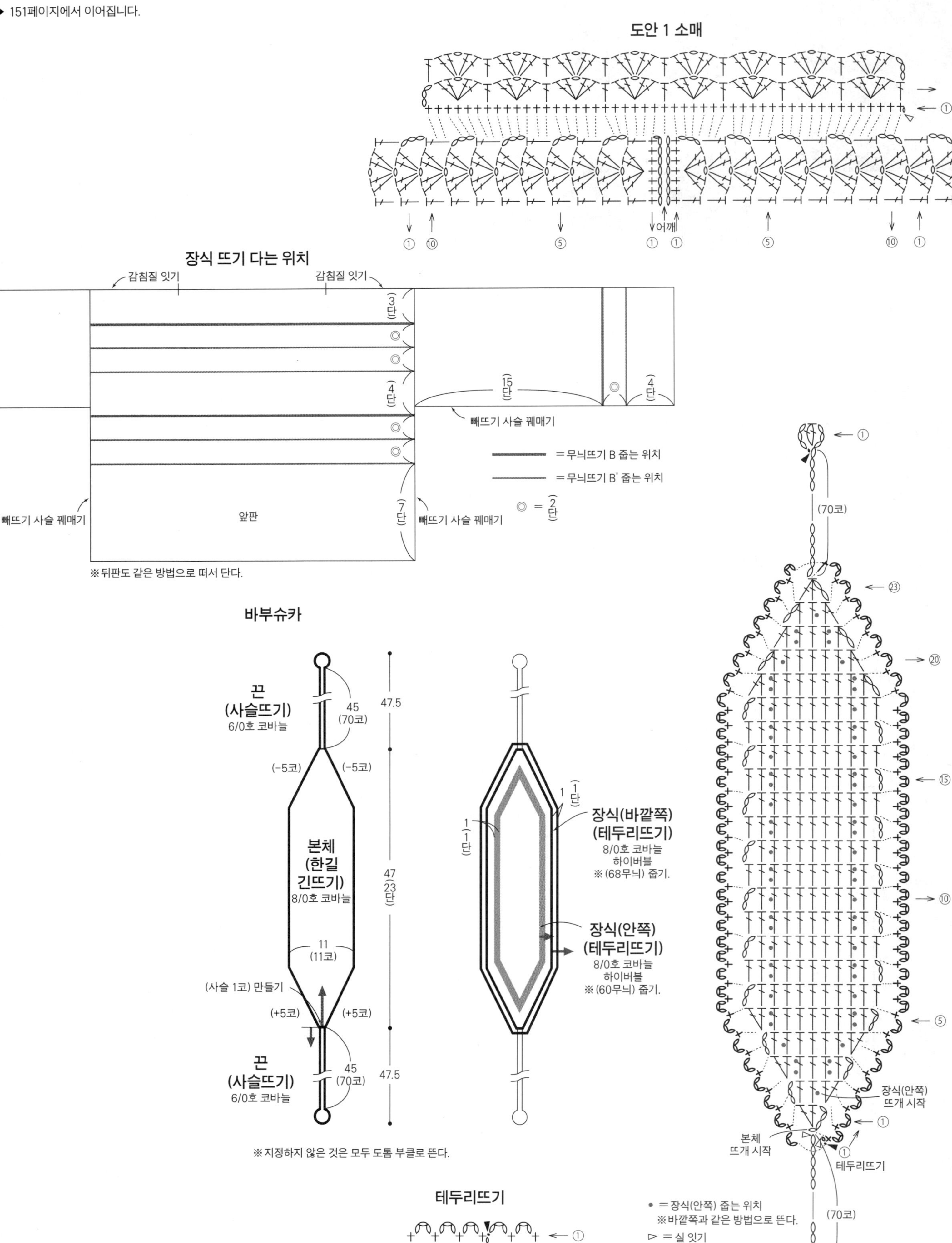

바부슈카

테두리뜨기

재료
올림포스 시젠노 쓰무기 mofu 샤베트 라임(211) 170g 6볼, 피치 핑크(210) 65g 3볼, 아이스 그레이(205) 35g 2볼

도구
대바늘 8호

완성 크기
가슴둘레 120cm, 기장 50cm, 화장 73.5cm

게이지(10×10cm)
메리야스뜨기 14코×25.5단

POINT
●몸판…뒤판·앞판은 손가락에 걸어서 만드는 기초코로 뜨개를 시작해서 1코 고무뜨기, 줄무늬 무늬뜨기 A, 메리야스뜨기를 합니다. 앞판 목둘레는 중심은 쉼코를 하고, 줄임코는 가장자리에서 3번째 코와 4번째 코를 2코 모아뜨기합니다. 어깨는 빼뜨기잇기를 합니다. 옆선·소매는 지정된 위치에서부터 코를 주워서 줄무늬 가터뜨기, 줄무늬 무늬뜨기 B, 메리야스뜨기, 줄무늬 1코 고무뜨기를 합니다. 소매 밑선·소맷부리의 줄임코는 도안을 참고하세요. 뜨개 끝은 무늬를 이어서 뜨면서 덮어씌워 코막음합니다.
●마무리…옆선은 빼뜨기잇기, 소매 밑선은 떠서 꿰매기합니다. 목둘레는 지정된 콧수만큼 주워서 메리야스뜨기, 줄무늬 무늬뜨기 C를 원형으로 뜹니다. 뜨개 끝은 소맷부리와 같은 방법으로 뜹니다.

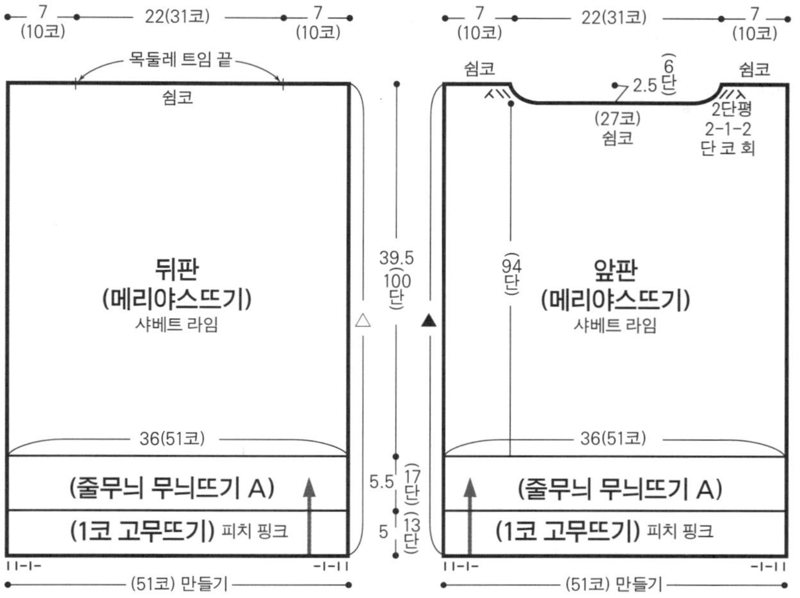

뒤판·앞판 도안

7 (10코)   22(31코)   7 (10코)

목둘레 트임 끝 / 쉼코

뒤판 (메리야스뜨기) 샤베트 라임

39.5 (100단)

36(51코)

(줄무늬 무늬뜨기 A)

(1코 고무뜨기) 피치 핑크

5.5 (17단) / 5 (13단)

(51코) 만들기

※ 모두 8호 대바늘로 뜬다.

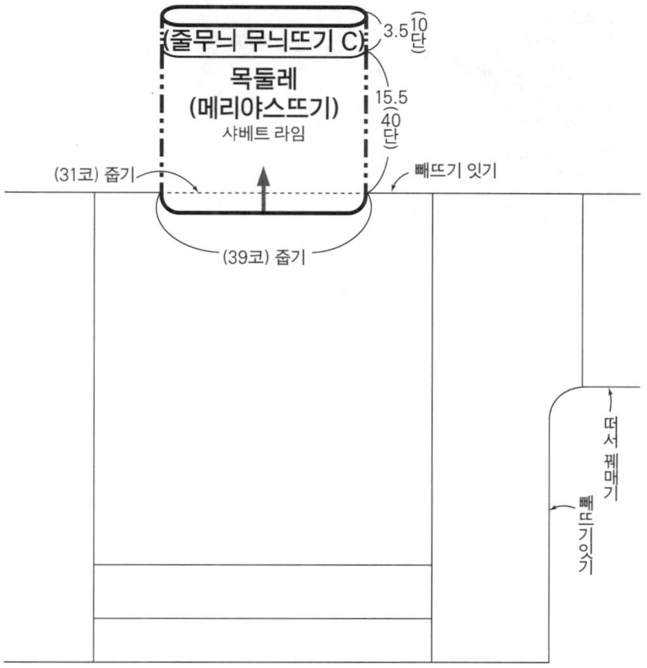

7 (10코)   22(31코)   7 (10코)

쉼코 / 2.5 (6단) / (27코) 쉼코 / 2단평 2-1-2 단 코 회

앞판 (메리야스뜨기) 샤베트 라임

94단

36(51코)

(줄무늬 무늬뜨기 A)

(1코 고무뜨기) 피치 핑크

(51코) 만들기

목둘레 도안

(줄무늬 무늬뜨기 C) 3.5 (10단)

목둘레 (메리야스뜨기) 샤베트 라임 / 15.5 (40단)

(31코) 줍기 / 빼뜨기 잇기 / (39코) 줍기

떠서 꿰매기 / 빼뜨기잇기

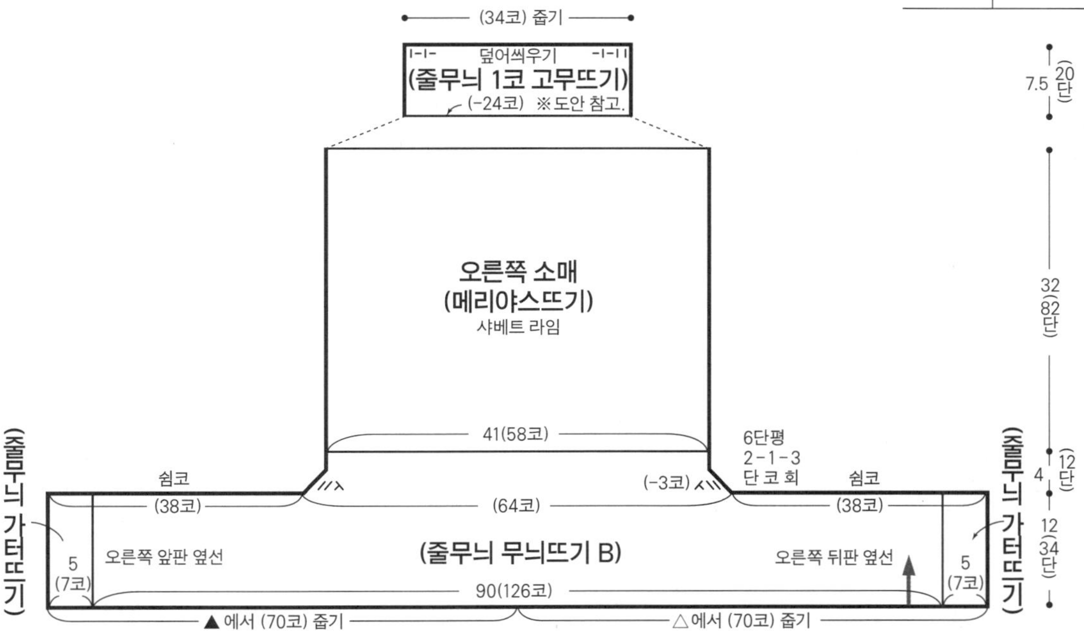

소매 도안

(34코) 줍기

덮어씌우기 **(줄무늬 1코 고무뜨기)** (−24코) ※ 도안 참고.

오른쪽 소매 (메리야스뜨기) 샤베트 라임

7.5 (20단)

32 (82단)

4 (12단)

12 (34단)

41(58코)

6단평 2-1-3 단 코 회 (−3코)

쉼코 / (38코) / (64코) / (38코) / 쉼코

(줄무늬 무늬뜨기 B)

오른쪽 앞판 옆선 / 오른쪽 뒤판 옆선

줄무늬 가터뜨기

5 (7코)

90(126코)

▲에서 (70코) 줍기   △에서 (70코) 줍기

※ 왼쪽 앞판 옆선·뒤판 옆선·왼쪽 소매는 같은 방법으로 뜬다.

1코 고무뜨기

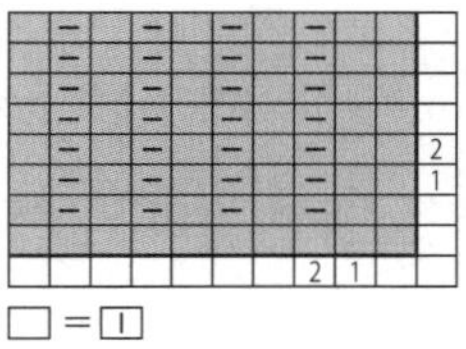

□ = ▯

줄무늬 무늬뜨기 A

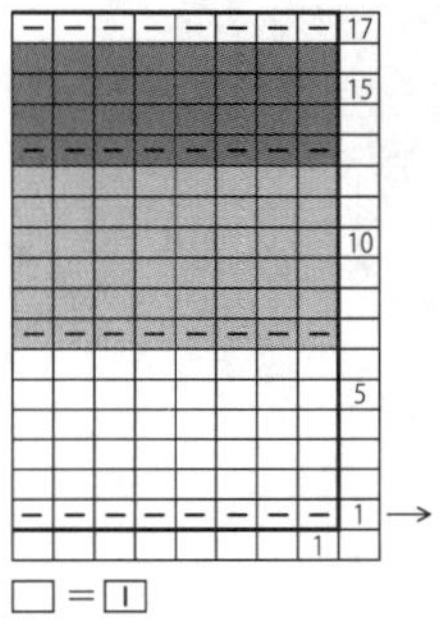

줄무늬 무늬뜨기 C

피치 핑크로 무늬를 이어서 뜨면서 덮어씌워 코막음

□ = ▯

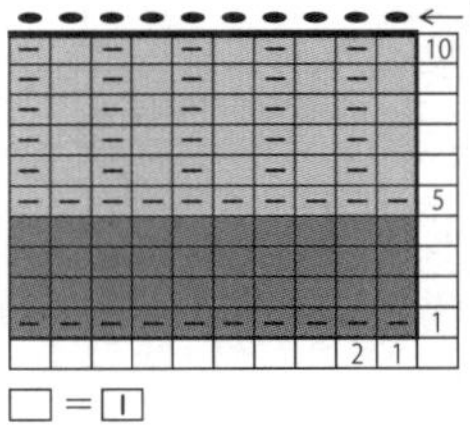

배색
□ = 샤베트 라임
▨ = 피치 핑크
■ = 아이스 그레이

154페이지로 이어집니다. ▶

▶ 153페이지에서 이어집니다.

소매 밑선 줄임코

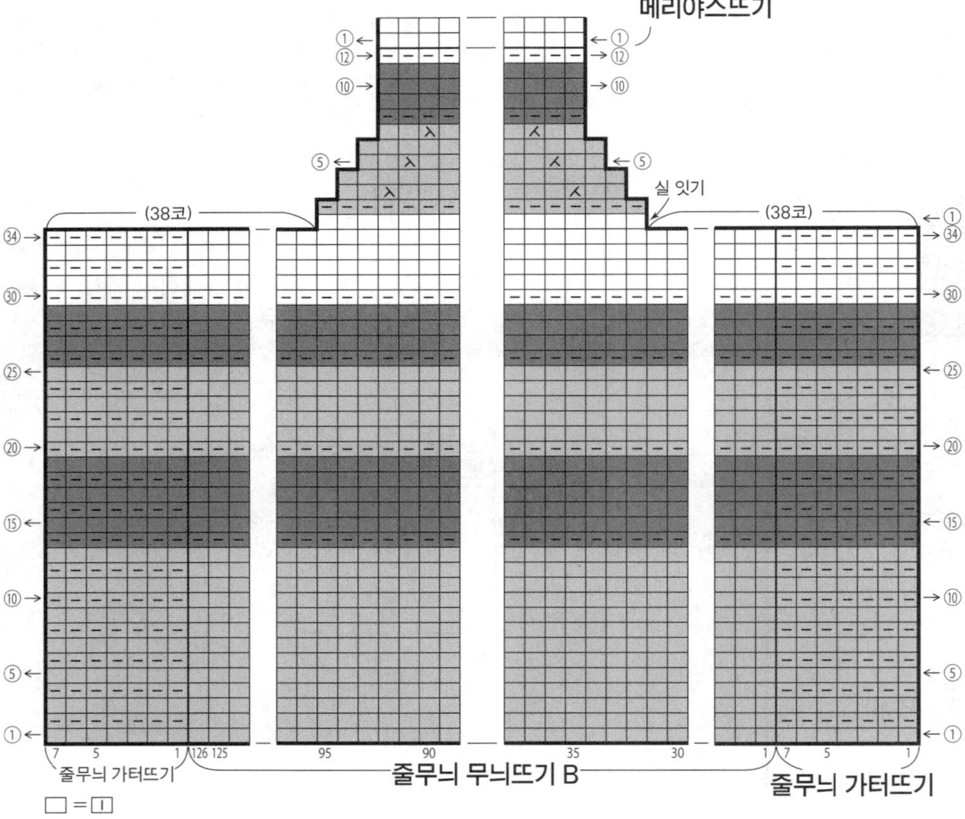
메리야스뜨기
실 잇기
(38코)
(38코)
줄무늬 가터뜨기
줄무늬 무늬뜨기 B
줄무늬 가터뜨기
□ = Ⅰ

소맷부리 줄임코

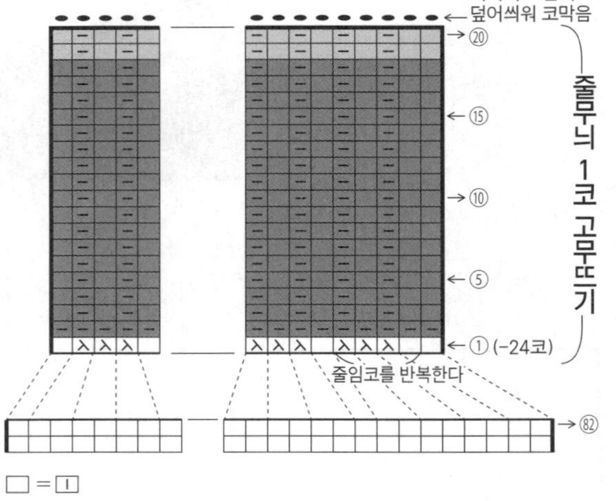
피치 핑크로 무늬를 이어서 뜨면서 덮어씌워 코막음
줄무늬 1코 고무뜨기
① (-24코)
줄임코를 반복한다
□ = Ⅰ

배색
- □ = 샤베트 라임
- ■ = 아이스 그레이
- ▒ = 피치 핑크

모티브 잇는 방법

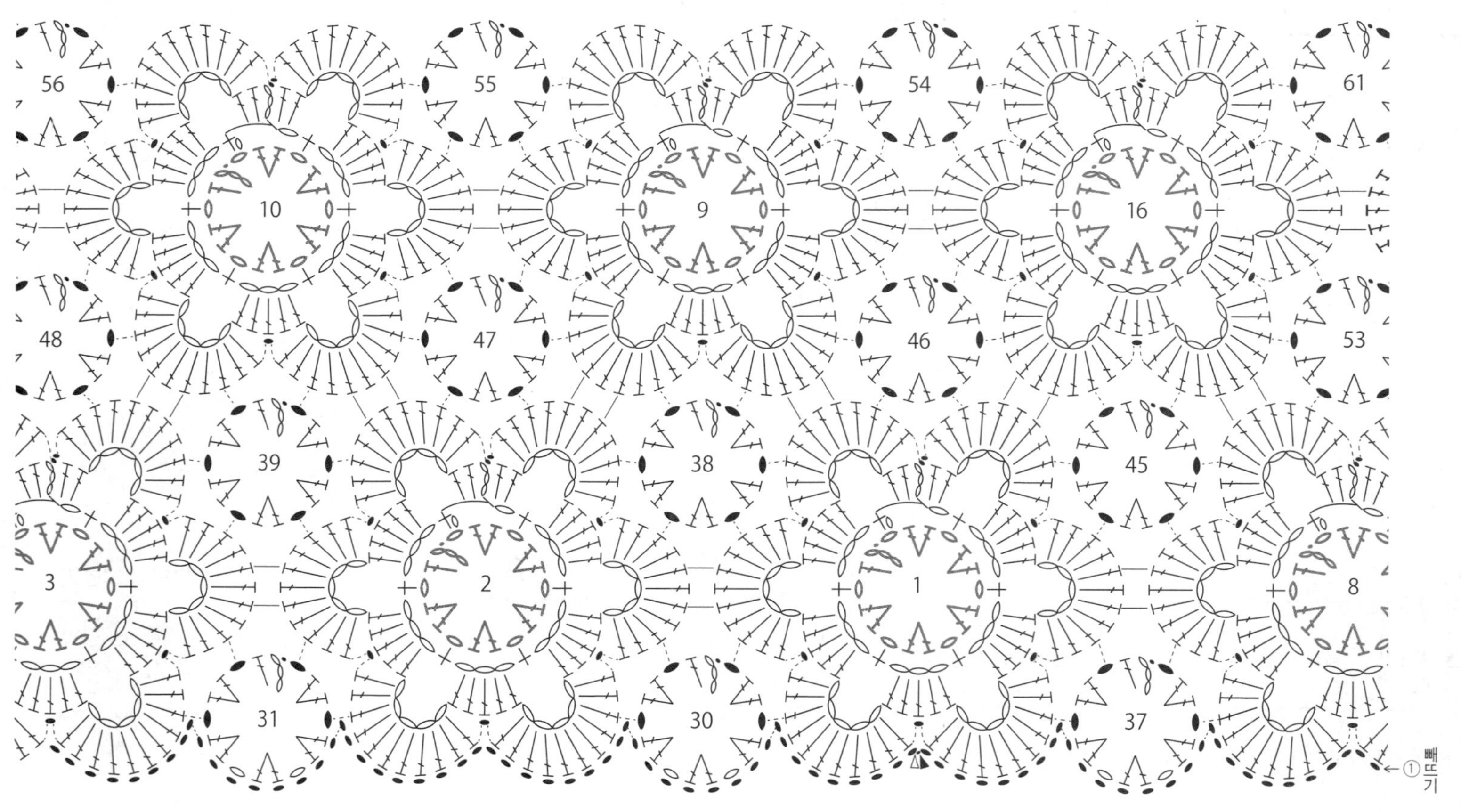

①빼뜨기

도안 1 밑단

▷ = 실 잇기
▶ = 실 자르기

모티브 A 잇는 방법

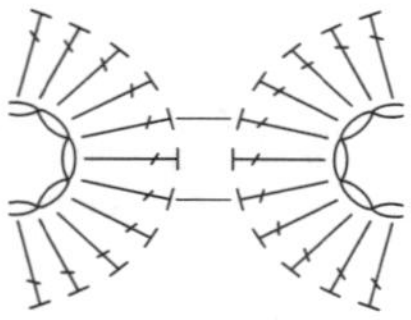

한길 긴뜨기를 4코 뜨고 코에서 바늘을 빼서
연결할 모티브의 한길 긴뜨기 7번째 코에
바늘을 넣고 빼두었던 코와 함께 빼뜨기한다.
다시 한길 긴뜨기를 2코 뜨고, 같은 요령으로
5번째 코를 연결한다.

재료
나이토상사 뉴하이 소프트 진회색(41) 180g 4볼,
연지색(14) 70g 2볼, 연갈색(05) 30g 1볼
도구
코바늘 6/0호
완성 크기
가슴둘레 100㎝, 기장 50㎝

게이지
모티브 크기는 도안 참고.
POINT
●모티브 잇기로 뜹니다. 모티브는 매직링 기초코
로 뜨개를 시작해서 2장부터는 마지막 단에서 다
음 모티브와 연결하면서 뜹니다. 밑단, 목둘레, 진
동둘레는 안면을 보면서 빼뜨기 1단을 뜹니다.

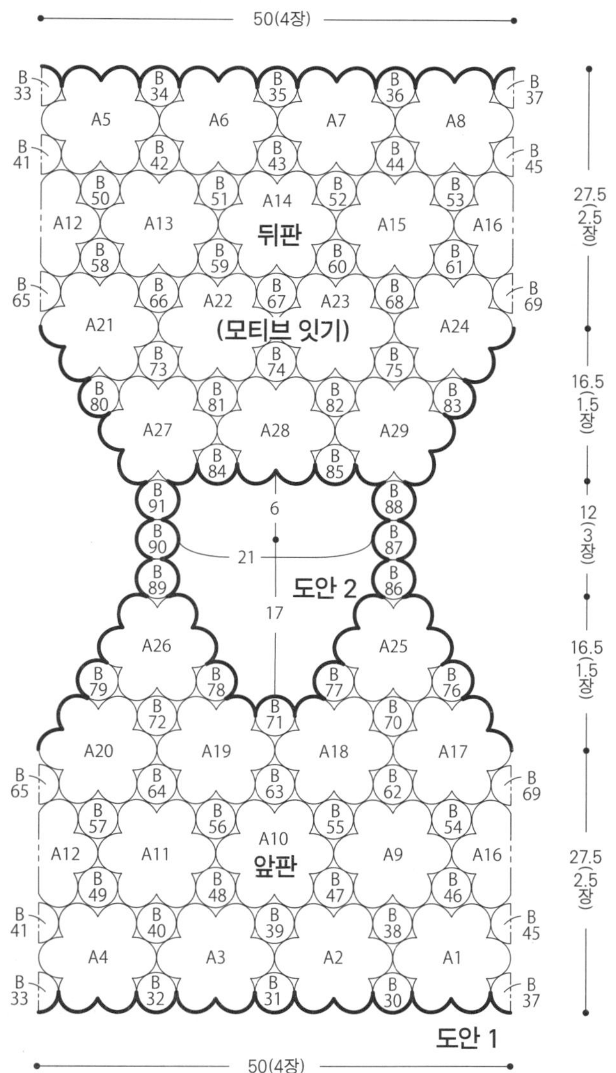

※모두 6/0호 코바늘로 뜬다.
※모티브 안의 숫자는 연결 순서를 나타낸다.

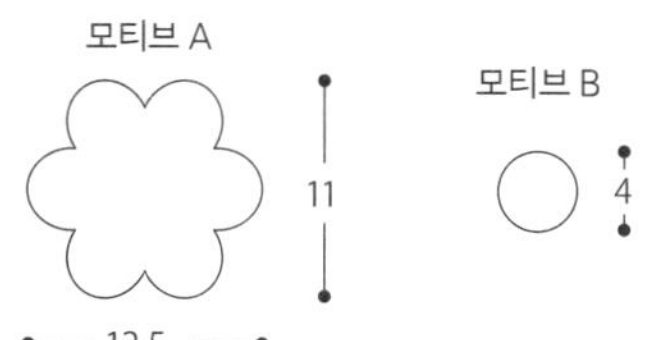

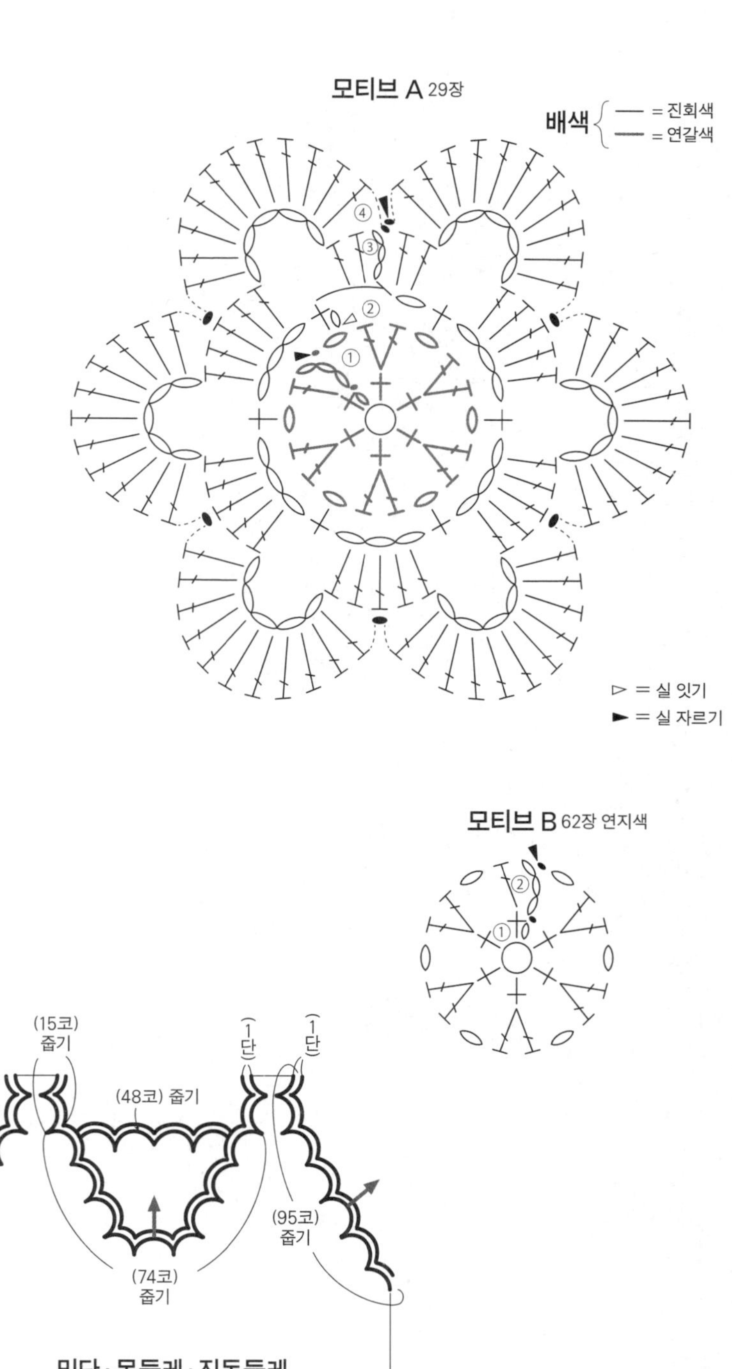

156페이지로 이어집니다. ▶

▶ 155페이지에서 이어집니다.

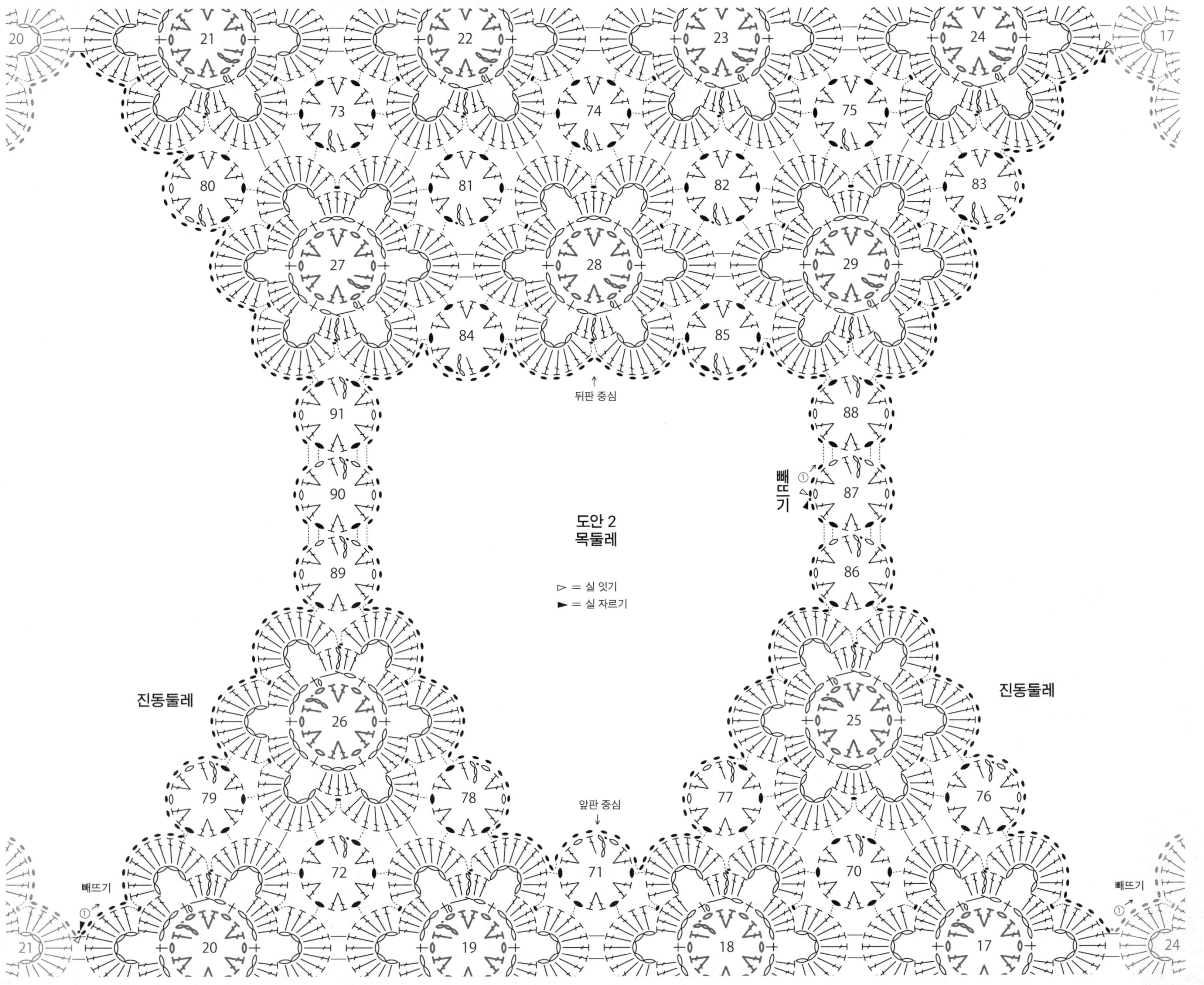

쉽게 떠서 더 귀여운 옷과 소품

49 page 작품 ★★

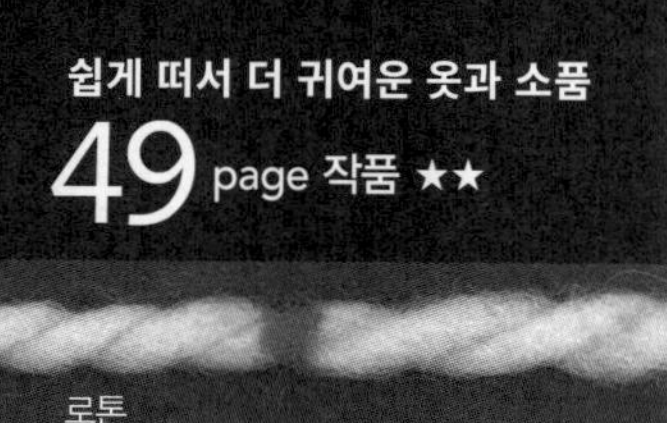

로톤

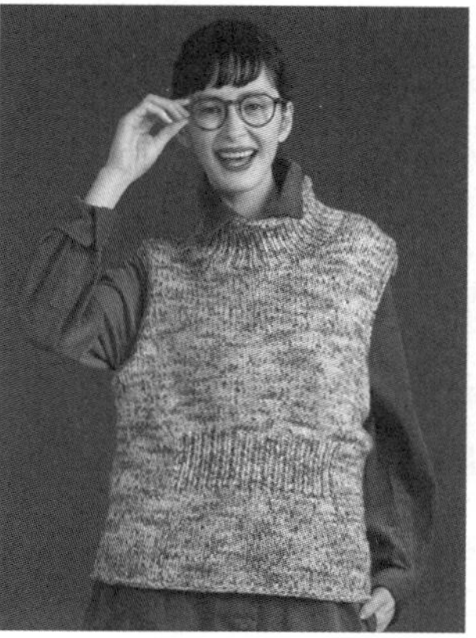

재료
스키얀 로톤(656) 에크뤼·갈색·파란색 계열 295g 6볼

도구
대바늘 14호·13호

완성 크기
가슴둘레 100㎝, 어깨너비 39㎝, 기장 58㎝

게이지(10×10㎝)
메리야스뜨기 13코×19단

POINT

●몸판…손가락에 걸어서 만드는 기초코로 뜨개를 시작해서 가터뜨기, 메리야스뜨기, 1코 고무뜨기를 합니다. 진동둘레, 목둘레 줄임코는 2코부터는 덮어씌우기, 첫 코는 가장자리 1코를 세워서 줄임코하는데, 목둘레 중심 코는 쉼코합니다.

●마무리…어깨는 덮어씌워 잇기, 옆선은 떠서 꿰매기합니다. 지정된 콧수만큼 주워서 목둘레는 1코 고무뜨기, 가터뜨기, 진동둘레는 메리야스뜨기를 원형으로 뜹니다. 뜨개 끝은 덮어씌워 코막음합니다.

※지정하지 않은 것은 모두 14호 대바늘로 뜬다.

가터뜨기(밑단)

□ = I

가터뜨기(목둘레)

□ = I

1코 고무뜨기(뒤판·앞판)

□ = I

1코 고무뜨기(목둘레)

□ = I

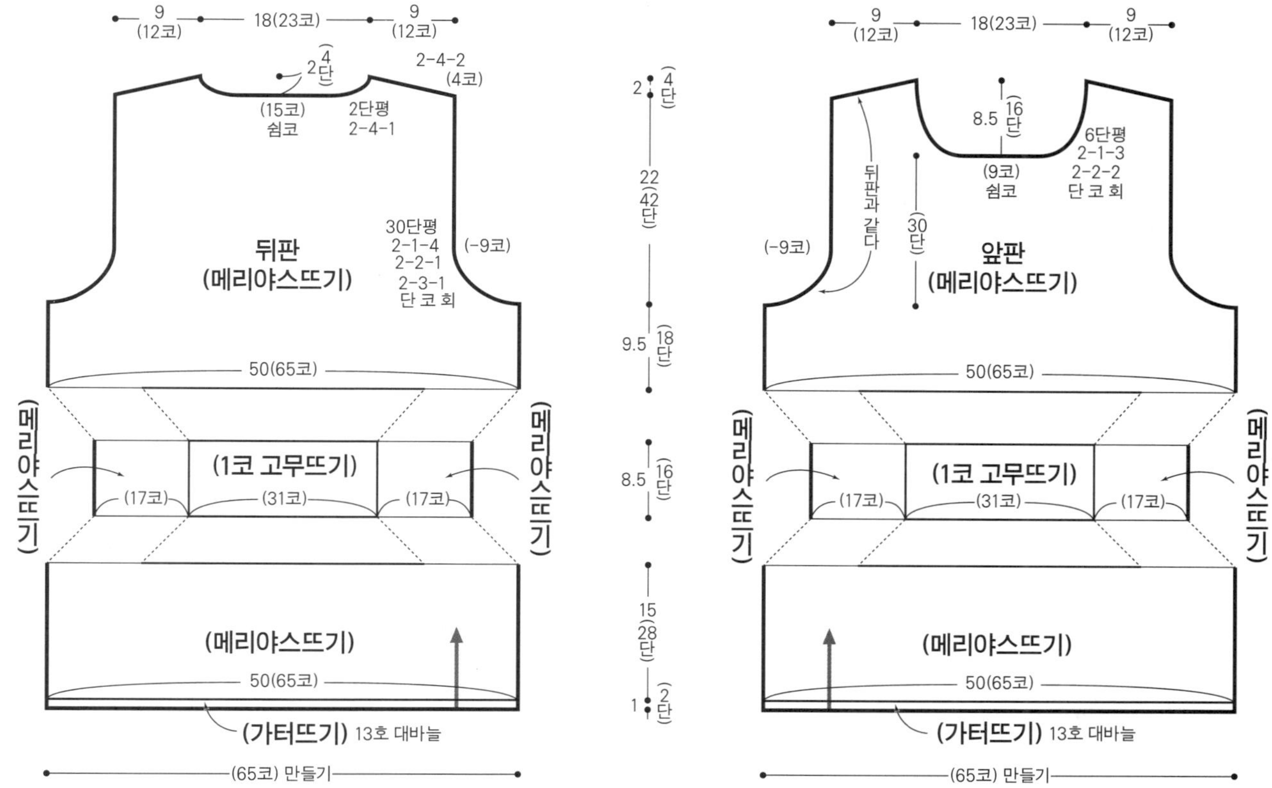

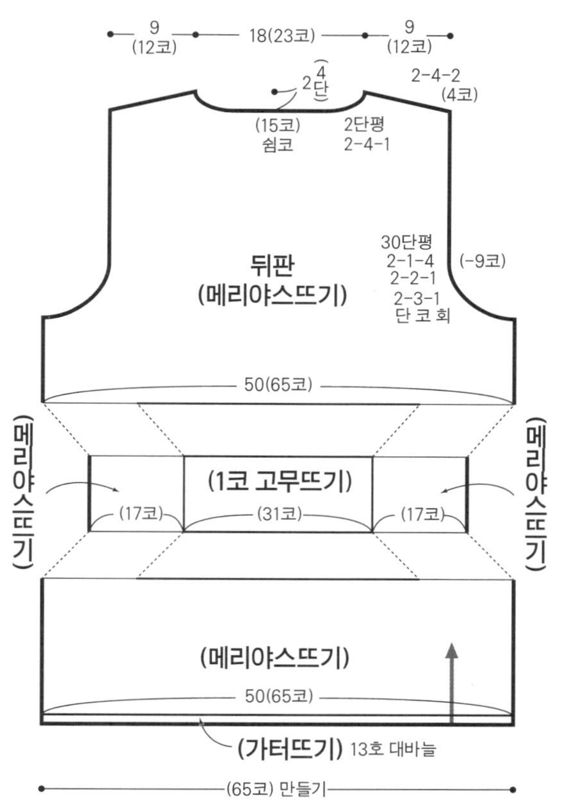

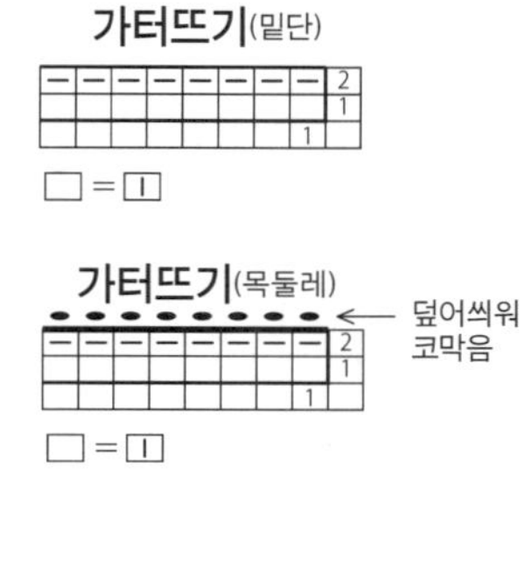

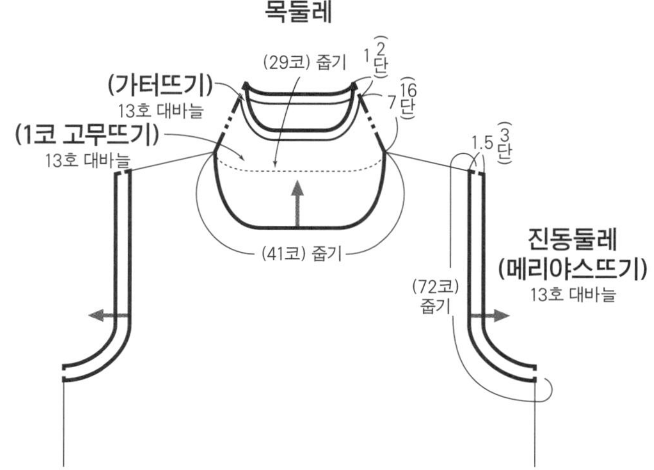

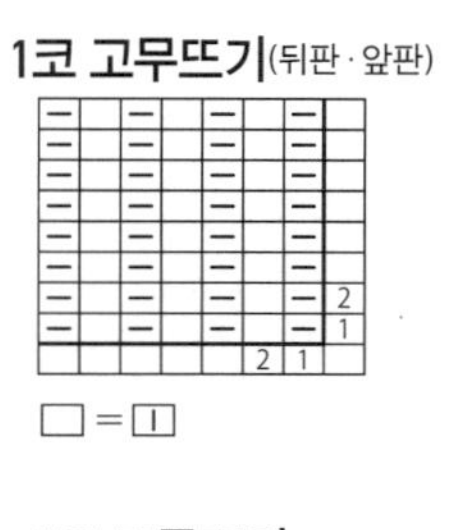

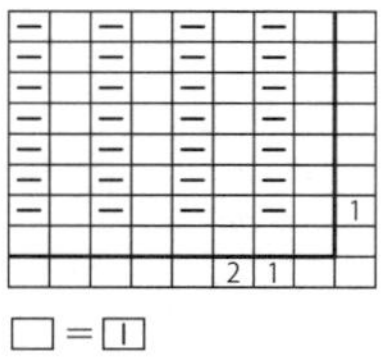

재료

올림포스 시젠노 쓰무기 SEN 버블검 핑크(307)

[비스티에] 140g 4볼

[핸드워머] 35g 1볼

도구

코바늘 5/0호

완성 크기

[비스티에] 가슴둘레 96㎝, 기장 43.5㎝

[핸드워머] 손바닥 둘레 21㎝, 기장 15.5㎝

게이지

무늬뜨기 B(10×10cm) 26.5코×16단, 무늬뜨기 C(10×10cm) 27.5코×20단, 무늬뜨기 D 1무늬 =4.4㎝, 11단=7㎝, 무늬뜨기 E 1무늬=3.9㎝, 5단 =4cm

POINT

●뷔스티에…뒤판 '위', 앞판 '위'는 사슬뜨기 기초 코로 뜨개를 시작해서 무늬뜨기 A, B를 뜹니다. 늘림코는 도안을 참고하세요. 2장부터는 뜨개 끝에서 먼저 뜬 편물에 빼뜨기합니다. 첫장은 미리 남겨둔 뜨개 끝 꼬리실로 4장의 빼뜨기를 원형으로 뜹니다. 뒤판·앞판 '아래'는 지정된 콧수만큼 주워서 무늬뜨기 B, C, D를 원형으로 왕복뜨기합니다. 어깨는 감침질 잇기로 연결합니다. 목둘레, 진동둘레는 지정된 콧수만큼 주워서 짧은뜨기 1단을 떠서 정리합니다.

●핸드워머…사슬뜨기 기초코로 뜨개를 시작해서 테두리뜨기, 무늬뜨기 B, C, E를 원형으로 왕복뜨기합니다. 엄지손가락 위치는 사슬뜨기 기초코를 합니다. 증감코는 도안을 참고하세요. 엄지손가락 둘레는 지정된 콧수만큼 주워서 테두리뜨기를 합니다.

뷔스티에

뒤판 '위'·앞판 '위' 4장

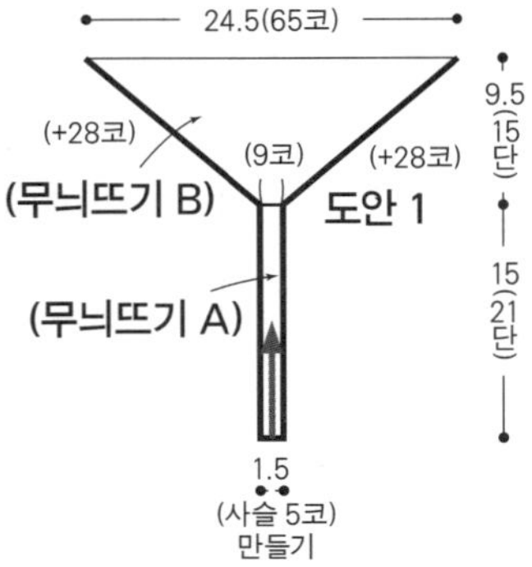

24.5(65코)

9.5 (15 단)

(+28코) (9코) (+28코)

(무늬뜨기 B) 도안 1

(무늬뜨기 A)

15 (21 단)

1.5 (사슬 5코) 만들기

※ 모두 5/0호 코바늘로 뜬다.
※ 마지막 단까지 뜨개를 끝내면 도안을 참고해서 빼뜨기로 4장을 연결해 원형으로 만든다.

무늬뜨기 A

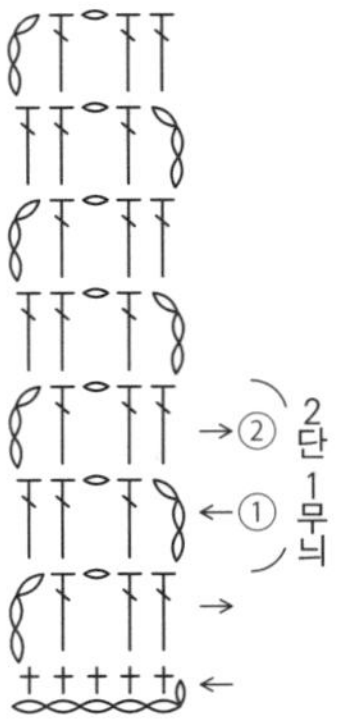

→② 2 단 1 ←① 무 늬

→

무늬뜨기 B (뒤판·앞판 '아래')

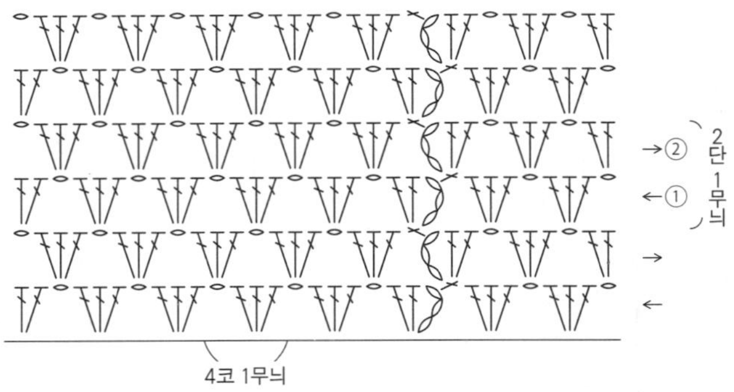

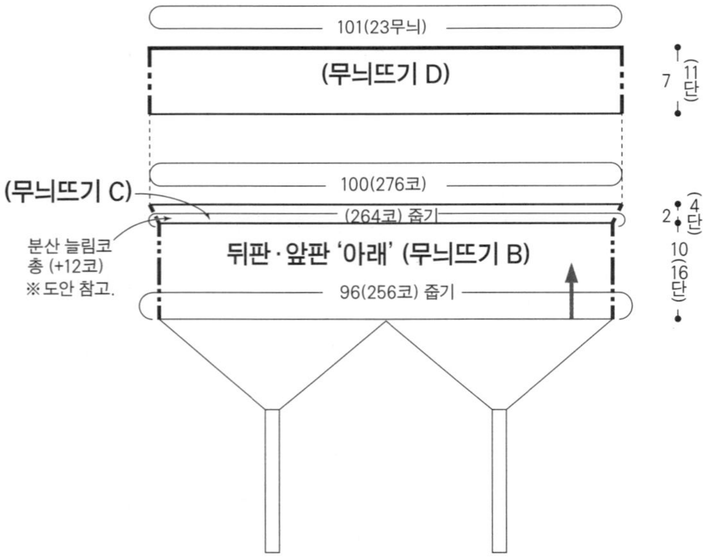

→② 2 단 1 ←① 무 늬

→

←

4코 1무늬

101(23무늬)

(무늬뜨기 D)

7 (11 단)

(무늬뜨기 C)

100(276코)

2 (4 단)

(264코) 줄기

분산 늘림코 총 (+12코) ※도안 참고.

뒤판·앞판 '아래' (무늬뜨기 B)

10 (16 단)

96(256코) 줄기

목둘레·진동둘레(짧은뜨기)

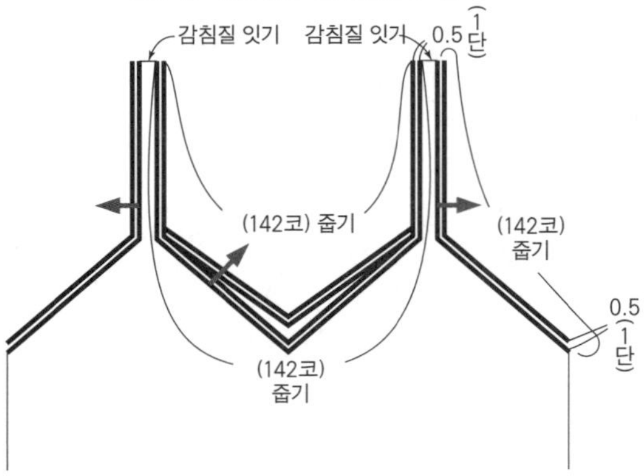

감침질 잇기   감침질 잇기   0.5 (1 단)

(142코) 줄기   (142코) 줄기

(142코) 줄기

0.5 (1 단)

► = 실 자르기

짧은뜨기

+ + + + +0+ + + ←①

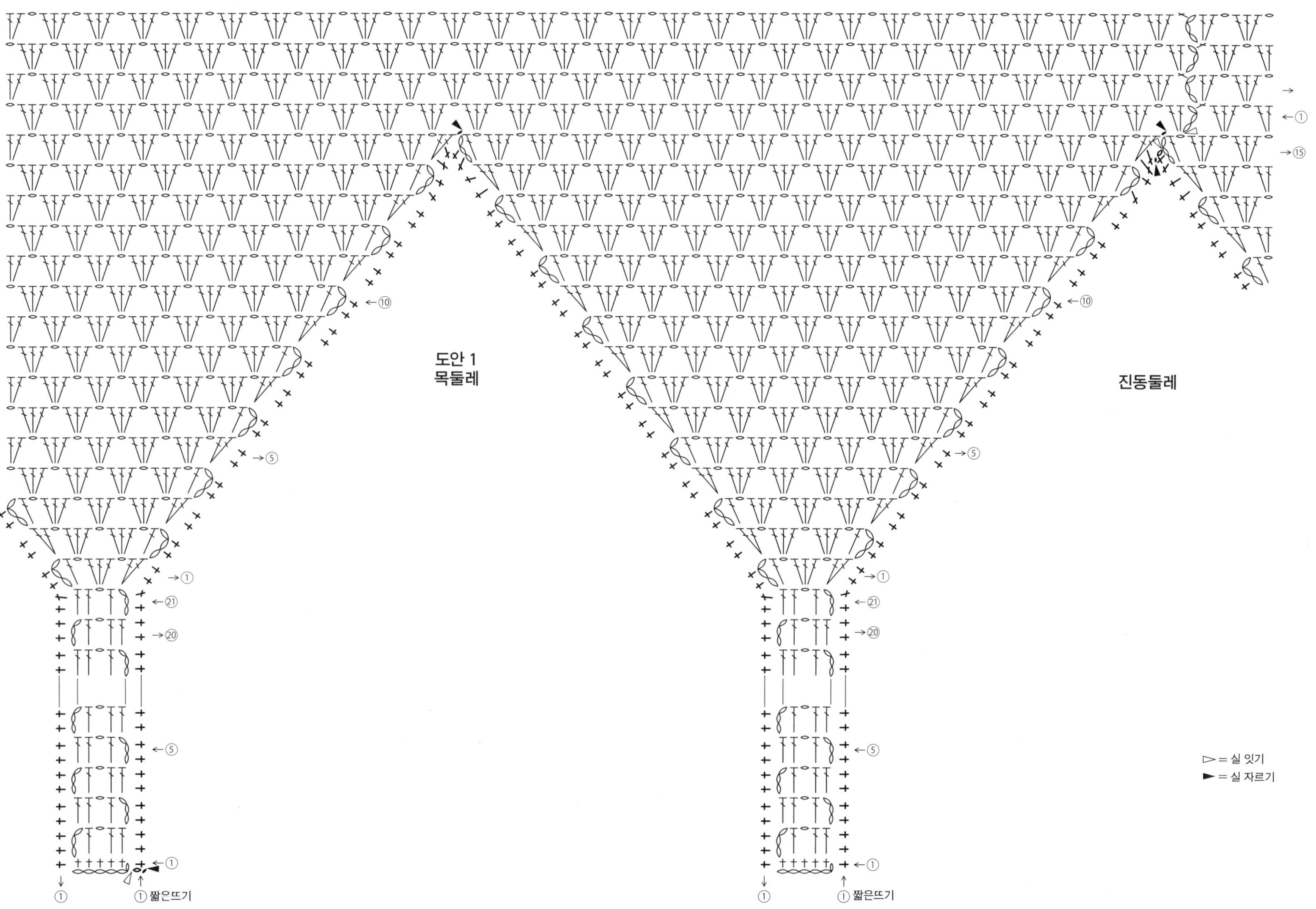

160페이지로 이어집니다. ▼

▶ 159페이지에서 이어집니다.

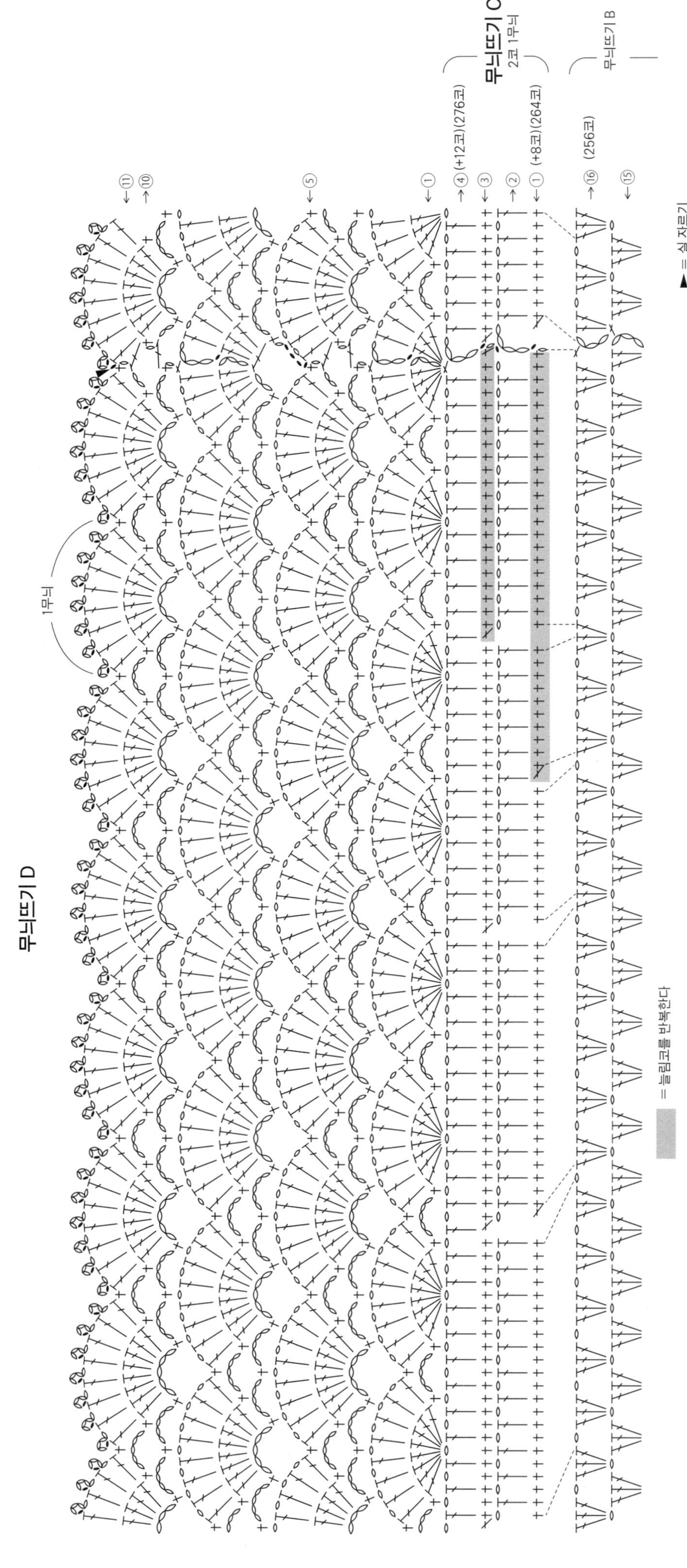

핸드워머

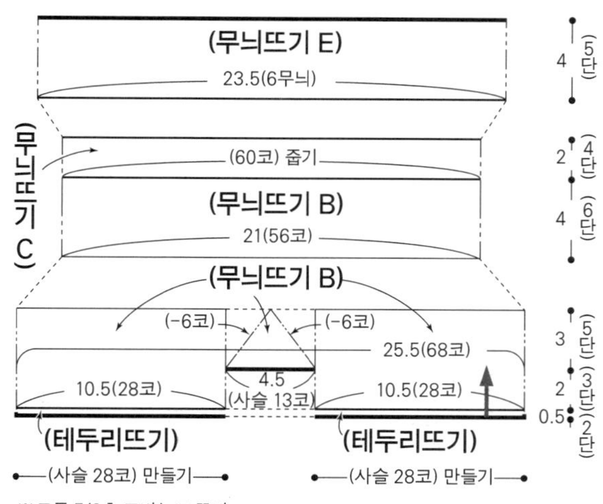

※ 모두 5/0호 코바늘로 뜬다.
※ 총 (56코)를 만든다.

엄지손가락 둘레
(테두리뜨기)

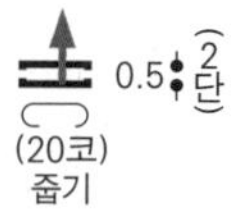

0.5 2단
(20코)
줍기

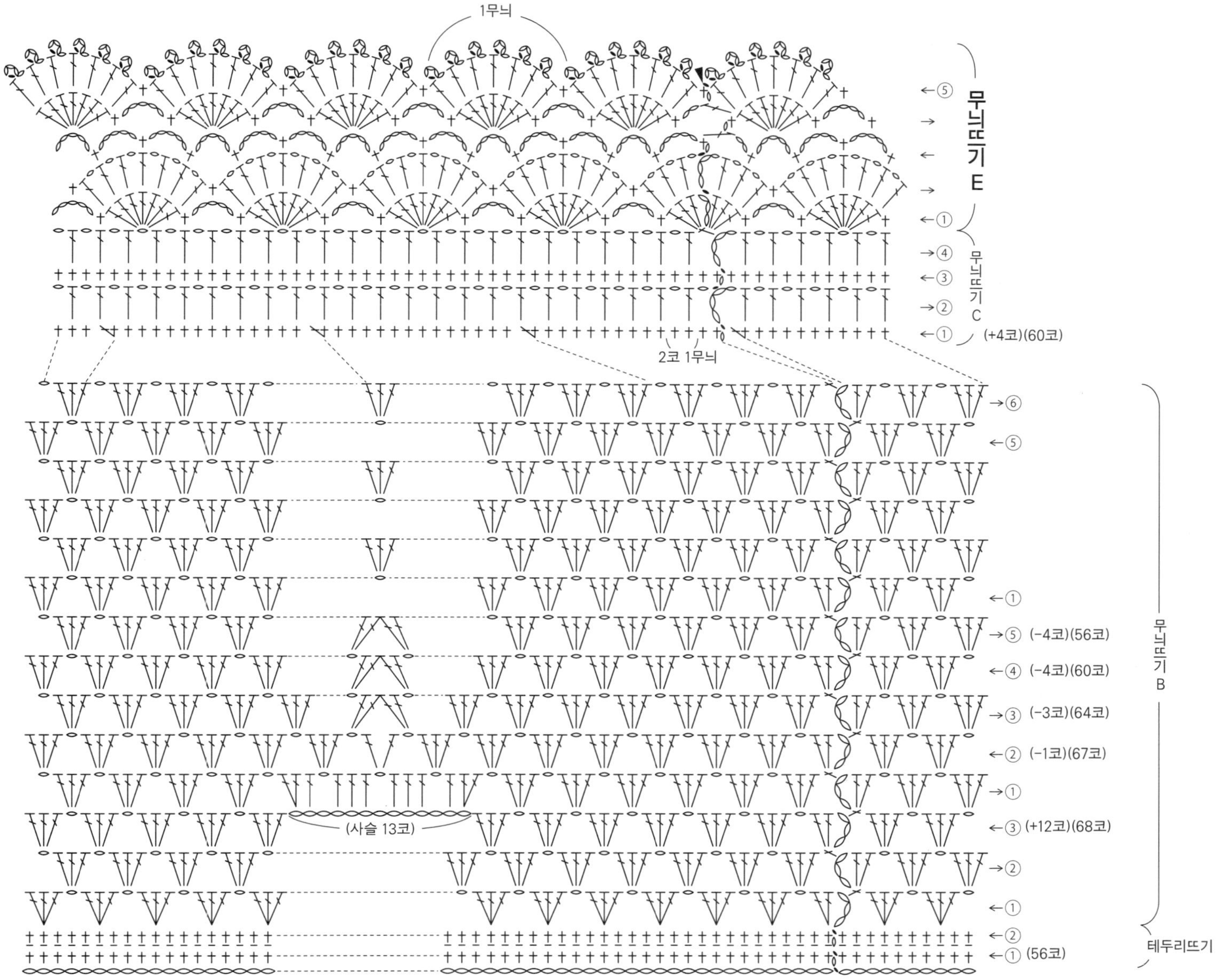

1무늬

무늬뜨기 E
←⑤
→
→
←①

무늬뜨기 C
←④
←③
→②
←① (+4코)(60코)

2코 1무늬

→⑥
←⑤

←①
→⑤ (−4코)(56코)
←④ (−4코)(60코)
→③ (−3코)(64코)
→② (−1코)(67코)
→①
←③ (+12코)(68코)
→②
←①

(사슬 13코)

무늬뜨기 B

테두리뜨기
←②
←① (56코)

엄지손가락 둘레 코 줍는 법

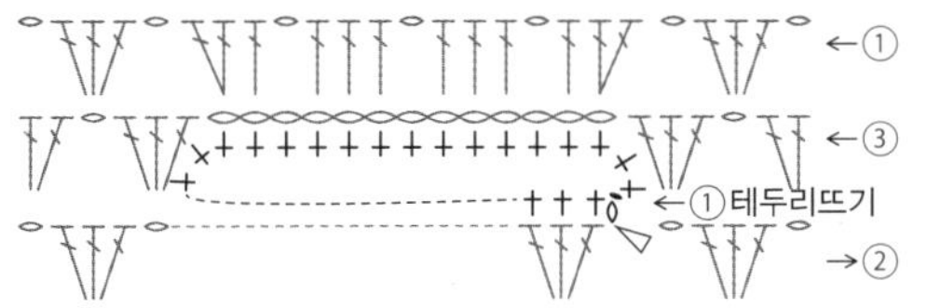

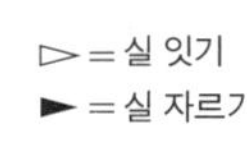

테두리뜨기(엄지손가락 둘레)

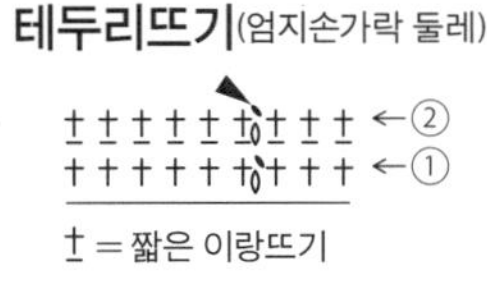

Ŧ = 짧은 이랑뜨기

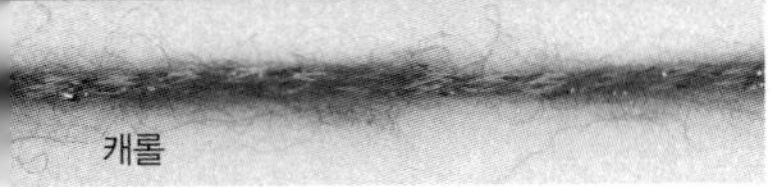

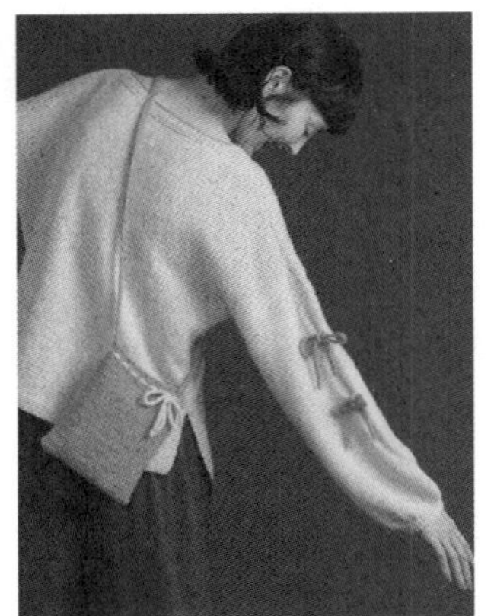

재료

[풀오버] 스키얀 캐롤 연회색(551) 235g 5볼, 초록색(555) 10g 1볼

[가방] 스키얀 캐롤 초록색(555) 35g 1볼, 연회색(551) 5g 1볼

도구

대바늘 8호·7호, 코바늘 6/0호

완성 크기

[풀오버] 가슴둘레 104㎝, 기장 52㎝, 화장 69㎝

[가방] 폭 16㎝, 깊이 18㎝

게이지(10×10㎝)

메리야스뜨기 19.5코×26단,

무늬뜨기 20코×15단

POINT

●풀오버…몸판은 손가락에 걸어서 만드는 기초코로 뜨개를 시작해서 가터뜨기와 메리야스뜨기를 합니다. 목둘레 줄임코는 2코부터는 덮어씌우기,

첫 코는 가장자리 1코를 세워서 줄임코하는데 앞판 중심의 19코는 쉼코합니다. 어깨는 빼뜨기잇기합니다. 소매는 지정된 위치에서 코를 주워서 메리야스뜨기를 하는데 지정된 위치에 끈을 통과시킬 구멍을 냅니다. 계속해서 소맷부리는 첫단에서 줄임코하고 가터뜨기를 합니다. 뜨개 끝은 덮어씌워 코막음합니다. 옆선·소매 밑선은 떠서 꿰매기합니다. 목둘레는 지정된 콧수만큼 주워서 줄무늬 가터뜨기를 원형으로 뜹니다. 뜨개 끝은 안뜨기하면서 덮어씌워 코막음합니다. 끈을 떠서 지정된 위치를 통과시켜서 묶습니다.

●가방…사슬뜨기 기초코로 뜨개를 시작해서 바닥을 짧은뜨기합니다. 계속해서 옆면은 무늬뜨기와 테두리뜨기를 원형으로 뜹니다. 어깨끈과 장식끈을 뜨고, 마무리하는 법을 참고해 어깨끈을 지정된 위치에 꿰매서 달고, 장식 끈을 통과시켜서 완성합니다.

풀오버

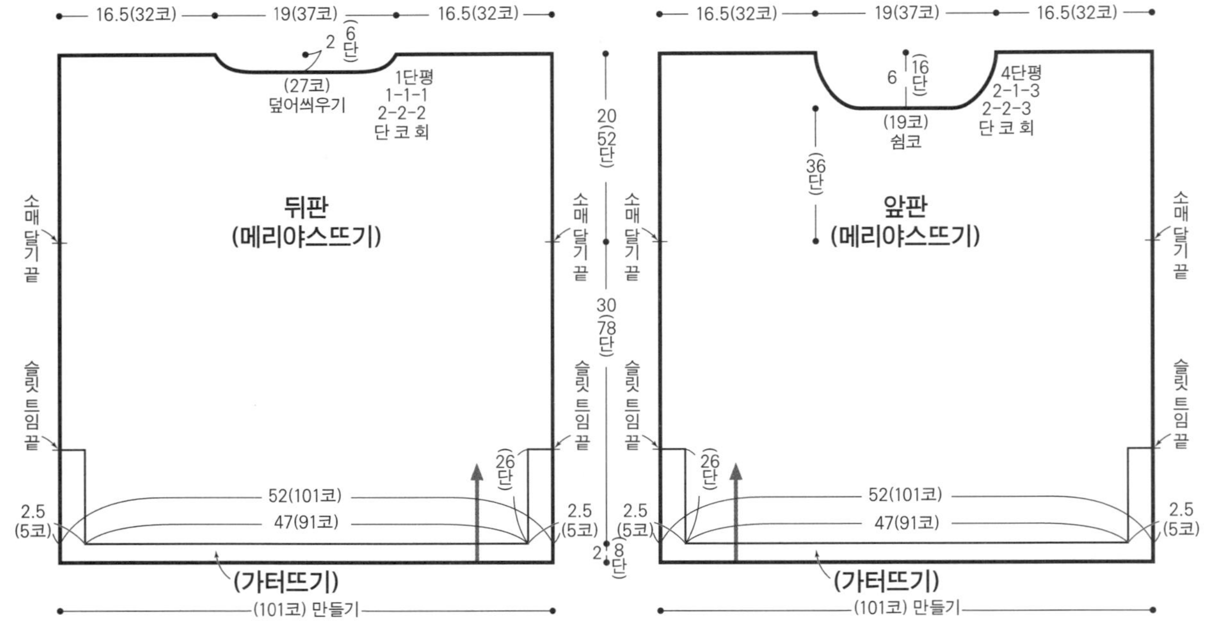

16.5(32코) — 19(37코) — 16.5(32코)

뒤판
(메리야스뜨기)

2 6단
(27코) 덮어씌우기
1단평
1-1-1
2-2-2
단 코 회

소매 달기 끝

슬릿 트임 끝

52(101코)
47(91코)
26단

2.5(5코)

(가터뜨기)

(101코) 만들기

20(52단)

30(78단)

16.5(32코) — 19(37코) — 16.5(32코)

앞판
(메리야스뜨기)

6 16단
(19코) 쉼코
4단평
2-1-3
2-2-3
단 코 회

36단

소매 달기 끝

슬릿 트임 끝

52(101코)
47(91코)
26단

2.5(5코)

2 8단

(가터뜨기)

(101코) 만들기

※지정하지 않은 것은 모두 8호 대바늘, 연회색으로 뜬다.

가터뜨기

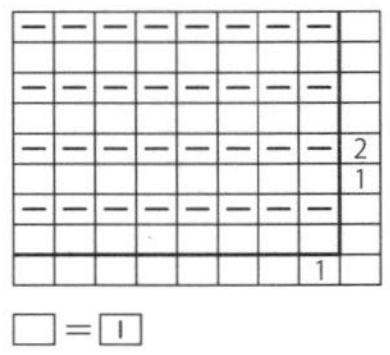

					2
					1

□ = ①

줄무늬 가터뜨기 (목둘레)

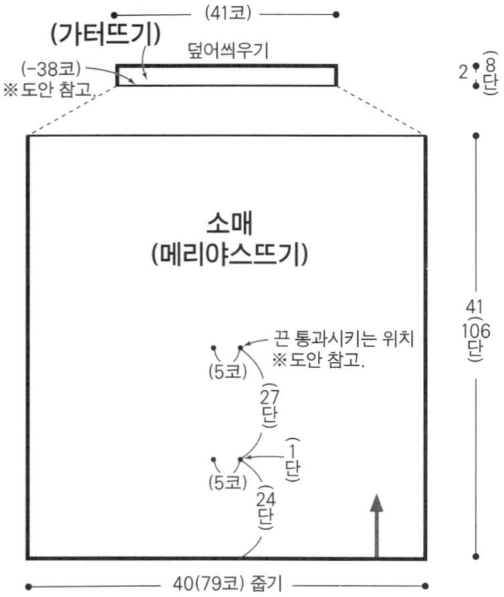

초록색으로
← 안뜨기하면서
덮어씌워 코막음
9

5

1

□ = ①

배색 □ = 연회색
■ = 초록색

끈(이중 사슬뜨기) 4줄
6/0호 코바늘 초록색

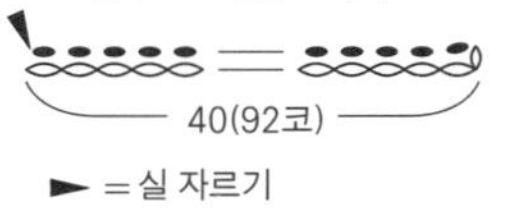

40(92코)

► = 실 자르기

2 8단

(가터뜨기)

(41코)

덮어씌우기

(-38코)
※도안 참고.

소매
(메리야스뜨기)

끈 통과시키는 위치
※도안 참고.
(5코)

27단
(5코)
1단
24단

40(79코) 줍기

41(106단)

목둘레(줄무늬 가터뜨기) 7호 대바늘

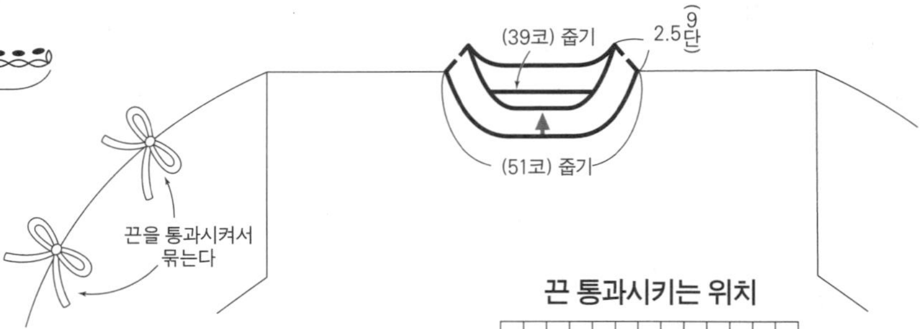

(39코) 줍기 2.5(9단)

(51코) 줍기

끈을 통과시켜서 묶는다

소매 줄임코

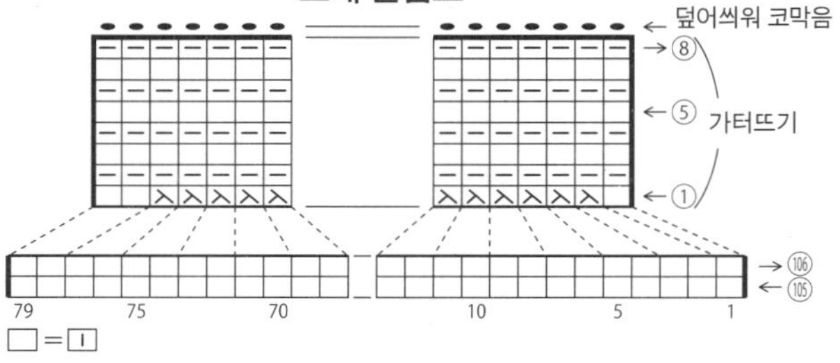

덮어씌워 코막음
8
5 가터뜨기
1
106
105

79 75 70   10 5 1

□ = ①

끈 통과시키는 위치

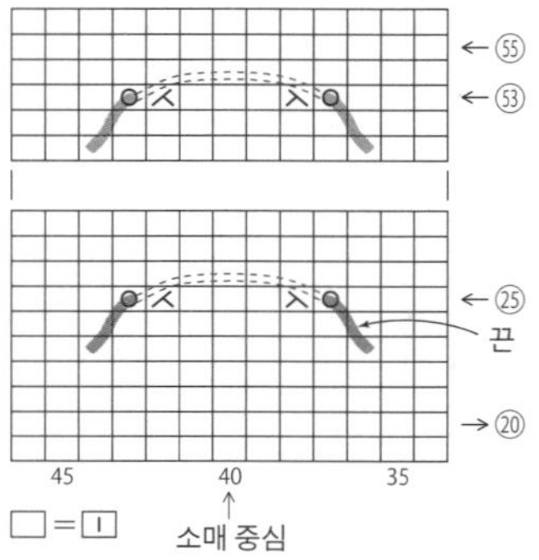

← 55
← 53

← 25
끈
← 20

45 40 35

□ = ①

소매 중심

가방

※ 모두 6/0호 코바늘로 뜬다.
※ 지정하지 않은 것은 모두 초록색으로 뜬다.

어깨끈

장식 끈(이중 사슬뜨기) 연회색

► = 실 자르기

마무리하는 법

164페이지에서 이어집니다. ◀

뒤판

□ = Ⅰ
ⓦ = 감아코
• = 코 줍는 위치

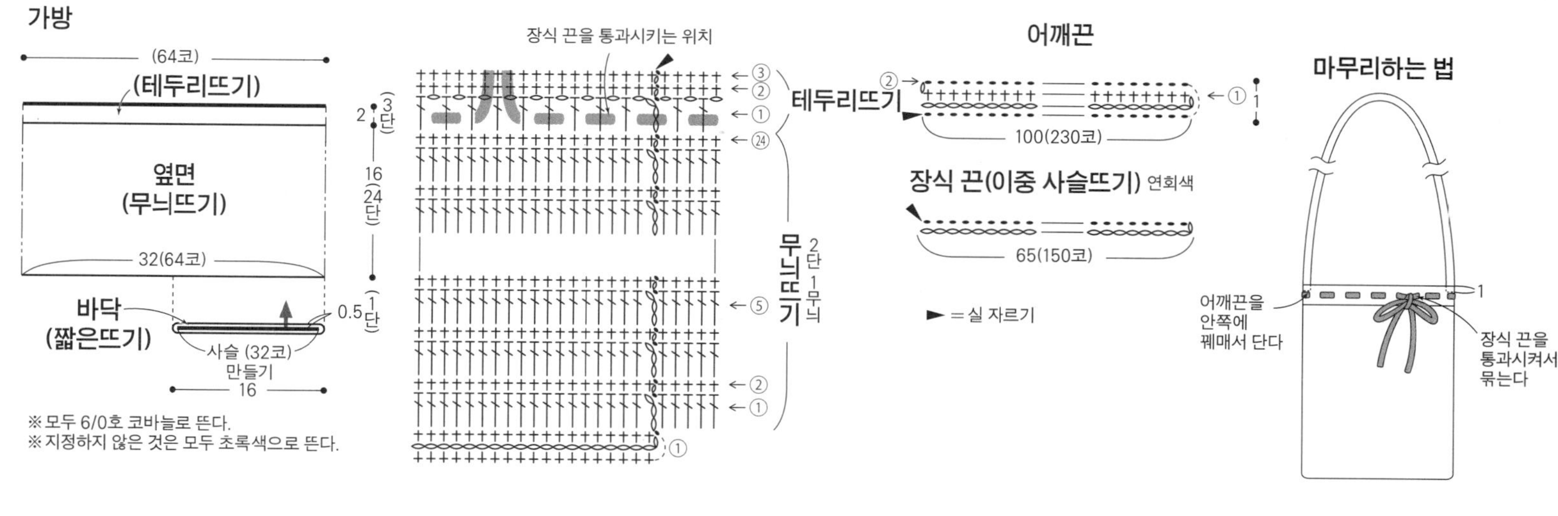

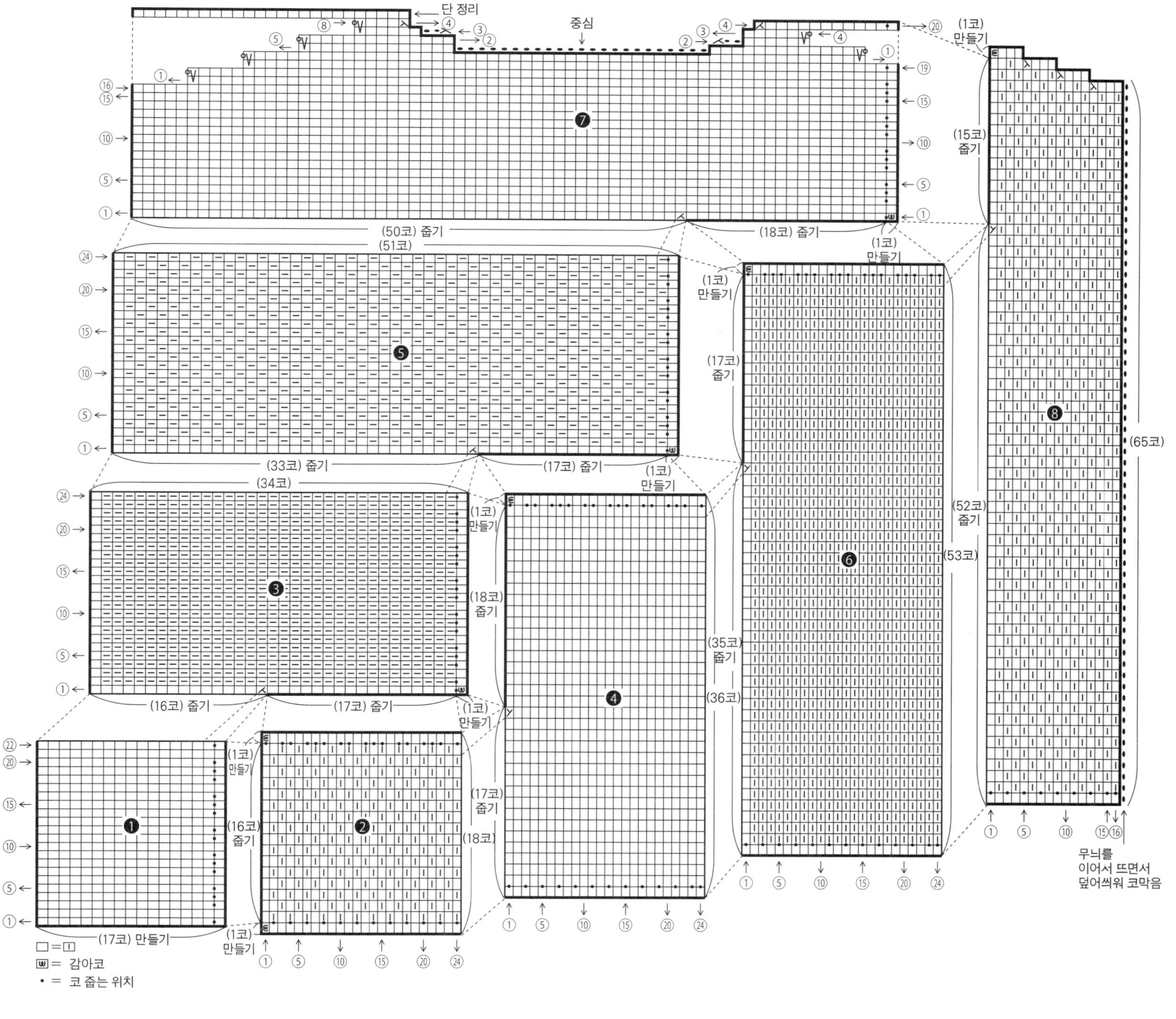

재료

DMC 브리오 XL 베이지·빨간색·그레이 계열 그러데이션(423) 485g 5볼

도구

대바늘 12호·10호

완성 크기

가슴둘레 112cm, 기장 55cm 소매길이 67.5cm

게이지(10×10cm)

메리야스뜨기 14.5코×19단, 안메리야스뜨기 14.5코×19단

POINT

●몸판, 소매…몸판은 도안을 참고해 메리야스뜨기, 안메리야스뜨기, 멍석뜨기로 ❶부터 순서대로 뜹니다. ❶은 손가락에 실을 걸어서 기초코를 만들고, ❷~❽은 먼저 뜬 파트에서 코를 주워 뜹니다.

뜨개 끝은 ❶~❻은 쉼코, ❼은 도안을 참고해 뜨고, ❽은 무늬를 이어서 뜨면서 덮어씌워 코막음합니다. 목둘레선의 줄임코는 도안을 참고하세요. 밑단은 지정 위치에서 코를 줍고, 2코 고무뜨기합니다. 뜨개 끝은 무늬를 이어서 뜨면서 덮어씌워 코막음합니다. 어깨는 빼뜨기 잇기와 코와 단 잇기를 합니다. 소매는 몸판에서 코를 줍고, 메리야스뜨기, 무늬뜨기, 2코 고무뜨기로 뜹니다. 소매 밑선의 줄임코는 가장자리 1코를 세우는 줄임코를 합니다. 뜨개 끝은 밑단과 같은 방법으로 합니다.

●마무리…옆선은 코와 단 잇기, 밑단, 소매 밑선은 떠서 꿰매기를 합니다. 목둘레는 지정 콧수를 줍고, 2코 고무뜨기로 원형뜨기합니다. 뜨개 끝은 밑단과 같은 방법으로 합니다.

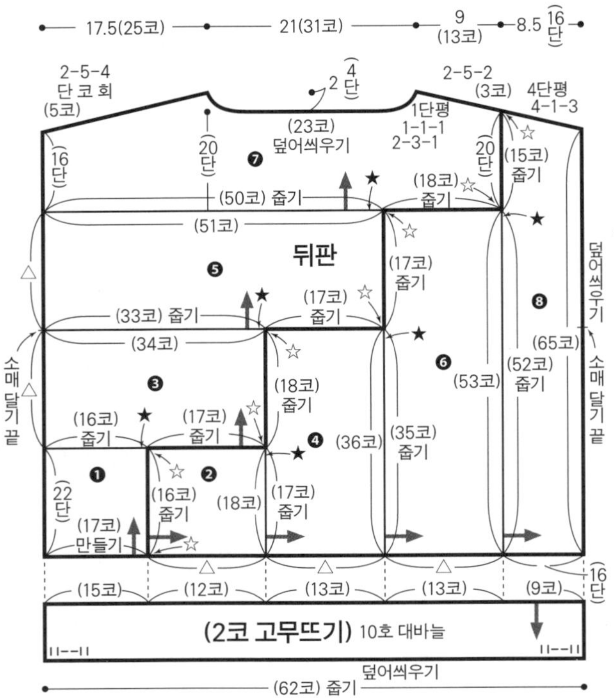

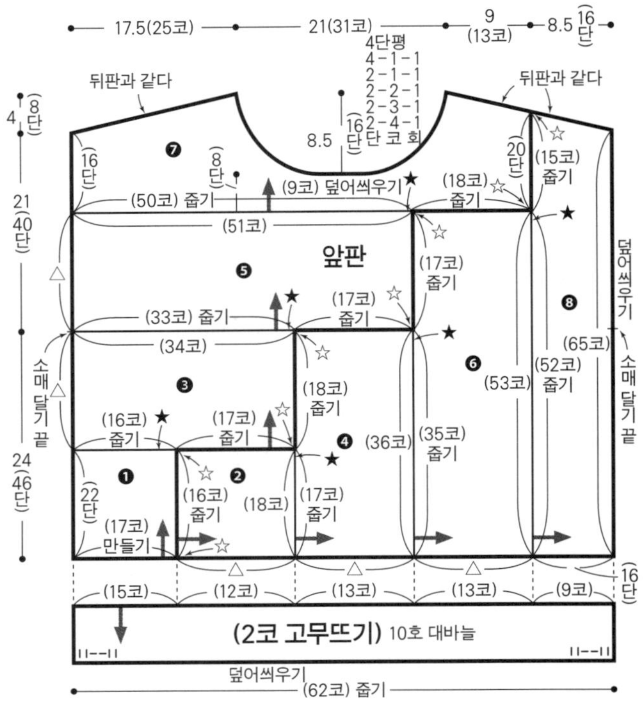

※지정하지 않은 것은 12호 대바늘로 뜬다.
※❶~❽의 순서로 뜬다.
※❶, ❹, ❼은 (메리야스뜨기), ❷, ❺, ❽은 (멍석뜨기), ❸, ❻은 (안메리야스뜨기)로 뜬다.

$\triangle = \dfrac{24}{단}$

☆=(1코) 만들기

★=(-1코)

뒤판 / **앞판**

목둘레 (2코 고무뜨기) 10호 대바늘

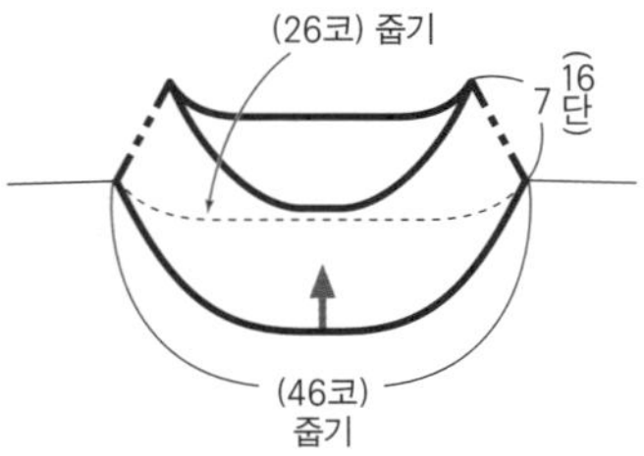

2코 고무뜨기

무늬를 이어서 뜨면서 덮어씌워 코막음

멍석뜨기

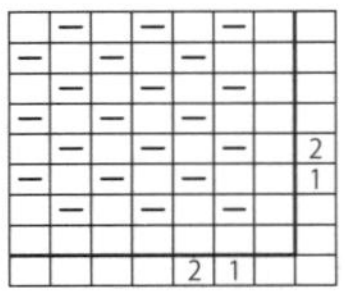

소매 (무늬뜨기) / (메리야스뜨기)

앞목둘레선의 줄임코

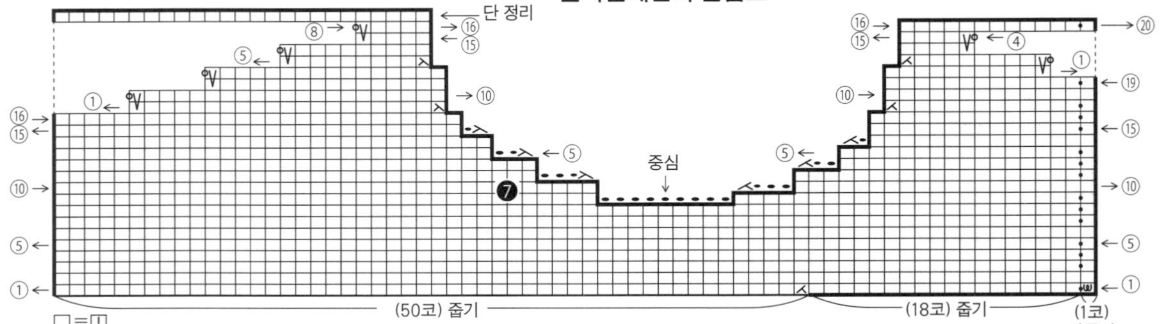

중심

무늬뜨기

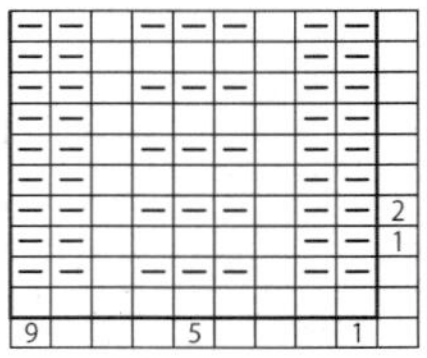

□=☐

◀ 163페이지로 이어집니다.

다이아 도미나 '비타'

다이아 스푸만테

다이아 플러스

1코 고무뜨기 코막음
(원형뜨기)

※ 일본어 사이트

재료

다이아몬드게이토

[베스트] 다이아 도미나 '비타' 남색(5510) 110g 4볼, 에크뤼(5501) 10g 1볼, 다이아 스푸만테 검정색 계열 믹스(5807) 55g 2볼, 다이아 플러스 흰색(1701) 10g 1볼, 지름 18㎜ 단추 4개

[원피스] 다이아 도미나 '비타' 남색(5510) 355g 12볼, 다이아 스푸만테 검정색 계열 믹스(5807) 10g 1볼

도구

코바늘 4/0호 대바늘 7호·5호

완성 크기

[베스트] 가슴둘레 99㎝, 어깨너비 34㎝, 기장 35㎝

[원피스] 가슴둘레 90㎝, 어깨너비 34㎝, 기장 106㎝

게이지

줄무늬 무늬뜨기 1무늬 5코=2㎝, 14단=10㎝, 무늬뜨기 B 20코×23단

POINT

●베스트…사슬 기초코를 만들어 뜨기 시작하고, 줄무늬 무늬뜨기로 뜹니다. 줄임코는 도안을 참고하세요. 어깨는 떠서 잇기, 옆선은 떠서 꿰매기를 합니다. 밑단·앞여밈단·목둘레와 진동둘레는 지정 콧수를 줍고, 테두리뜨기 A로 원형뜨기합니다. 오른쪽 앞여밈단에는 단춧구멍을 냅니다. 프릴 '아래'는 지정 위치에서 코를 줍고, 테두리뜨기 B로 뜹니다. 프릴 '위'는 프릴 '아래'의 1단째에서 코를 줍고, 테두리뜨기 B'로 뜹니다. 프릴은 스팀다리미로 다려서 고정합니다. 단추를 달아서 완성합니다.

●원피스…별도 사슬로 기초코를 만들어 뜨기 시작하고, 무늬뜨기 A로 원형뜨기합니다. 분산 줄임코는 도안을 참고하세요. 계속해서 무늬뜨기 B로 10단 뜬 뒤, 뒤판, 앞판을 따로 뜹니다. 목둘레선은 덮어씌워 코막음합니다. 어깨는 덮어씌워 잇기합니다. 목둘레, 진동둘레는 지정 콧수를 줍고, 짧은뜨기로 원형뜨기합니다. 밑단은 기초코의 사슬을 풀어 코를 줍고, 1코 고무뜨기로 원형뜨기합니다. 뜨개 끝은 1코 고무뜨기 코막음합니다.

베스트

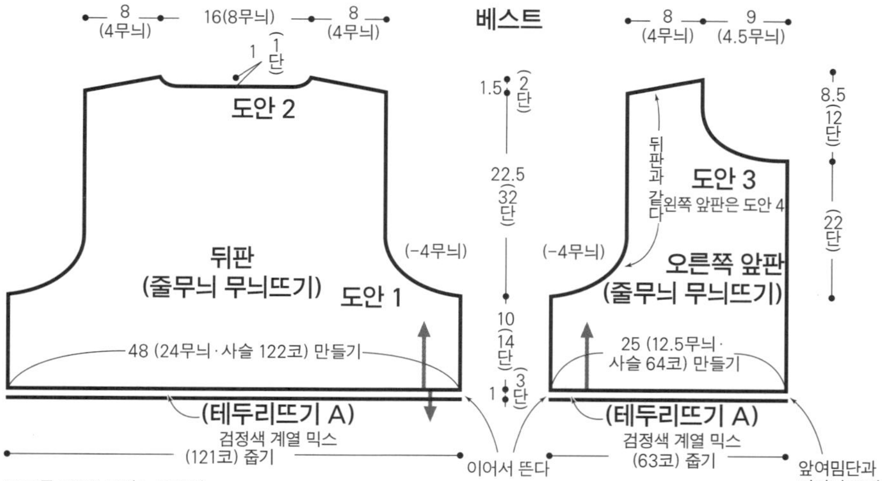

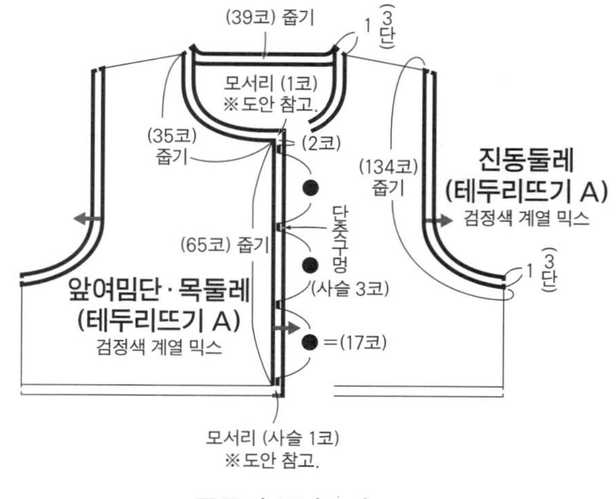

※모두 4/0호 코바늘로 뜬다.

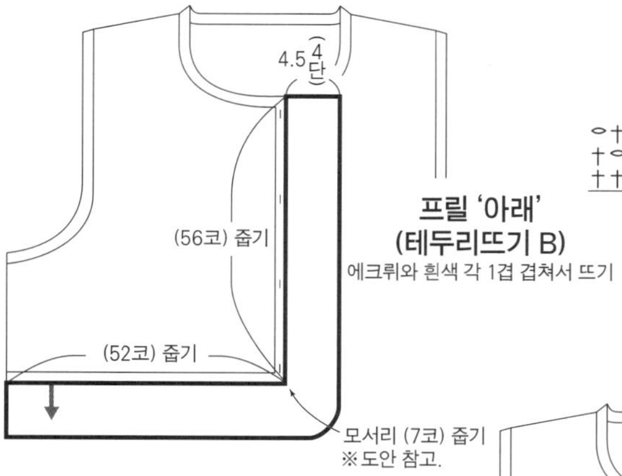

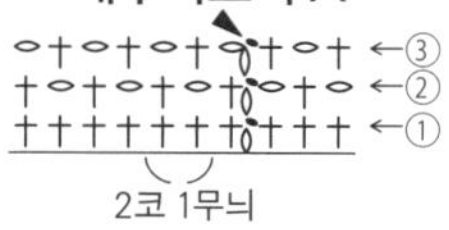

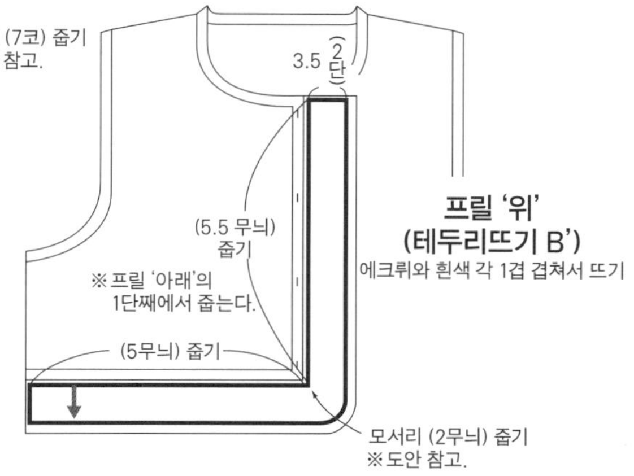

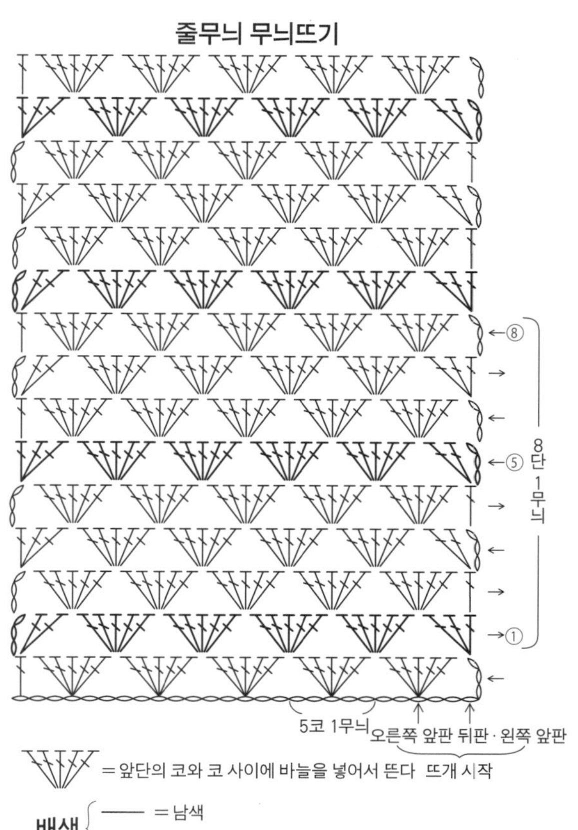

166페이지로 이어집니다. ▶

▶165페이지에서 이어집니다.

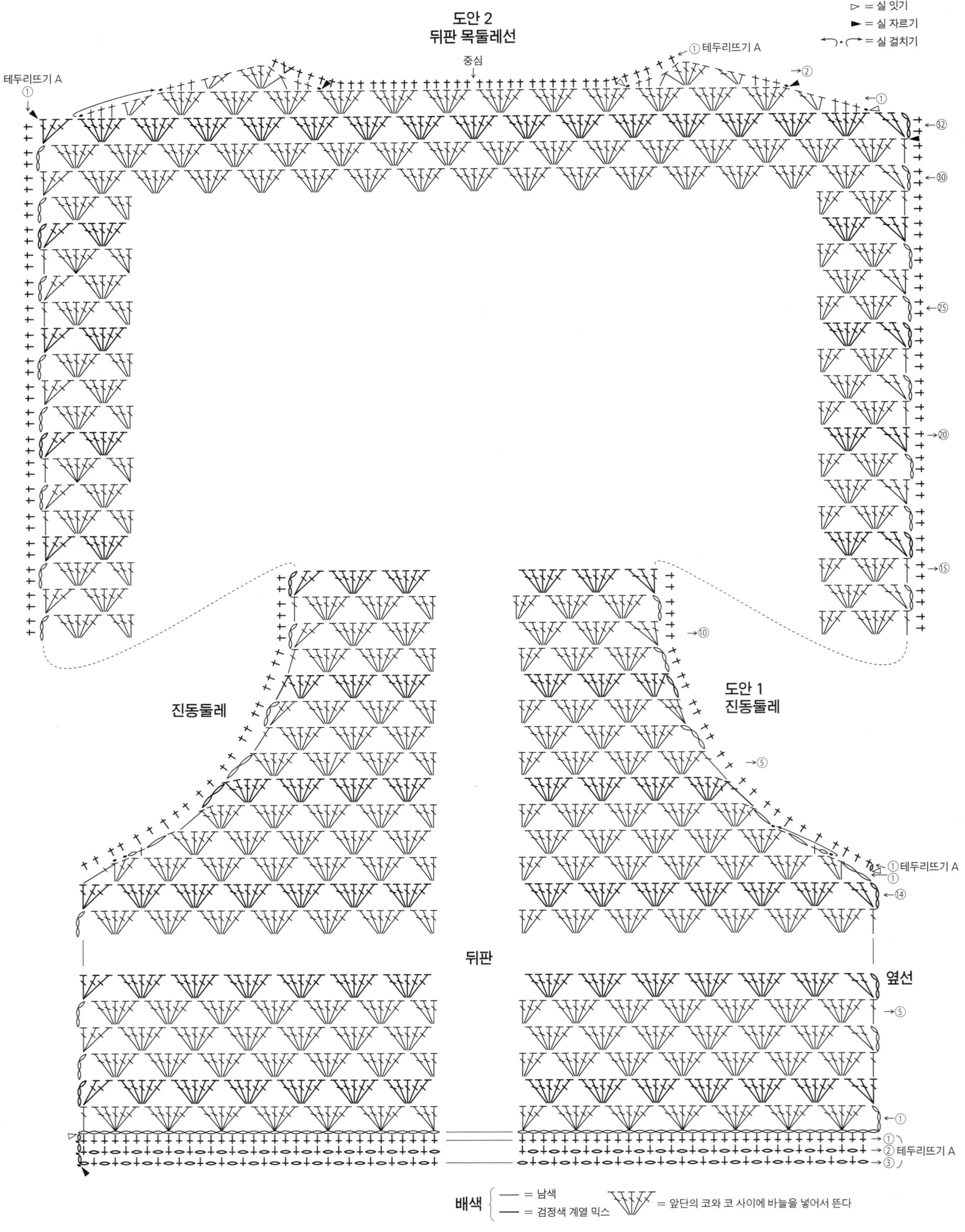

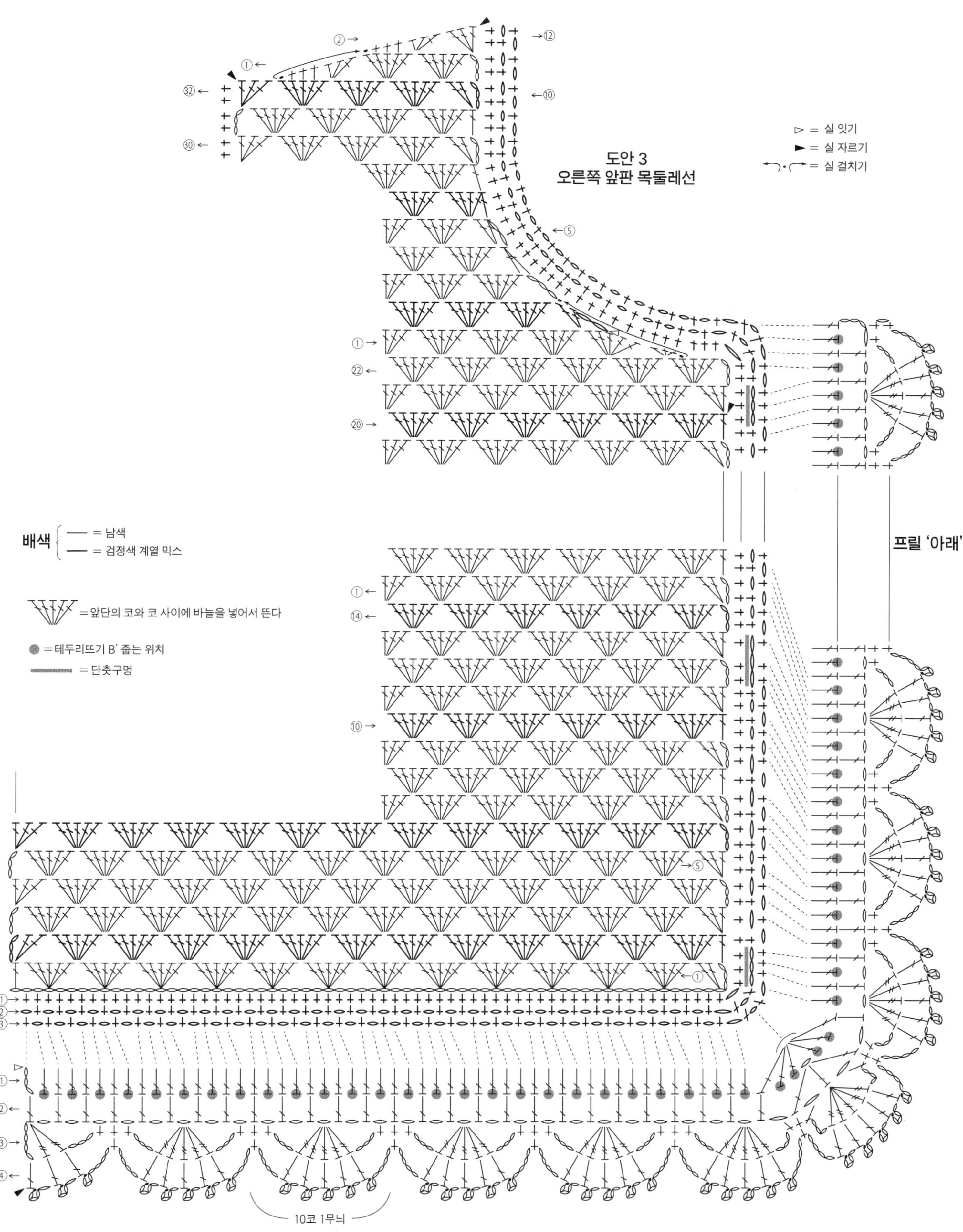

168페이지로 이어집니다. ▶

▶167페이지에서 이어집니다.

테두리뜨기 A

③ ② ①

도안 4
왼쪽 앞판 목둘레선

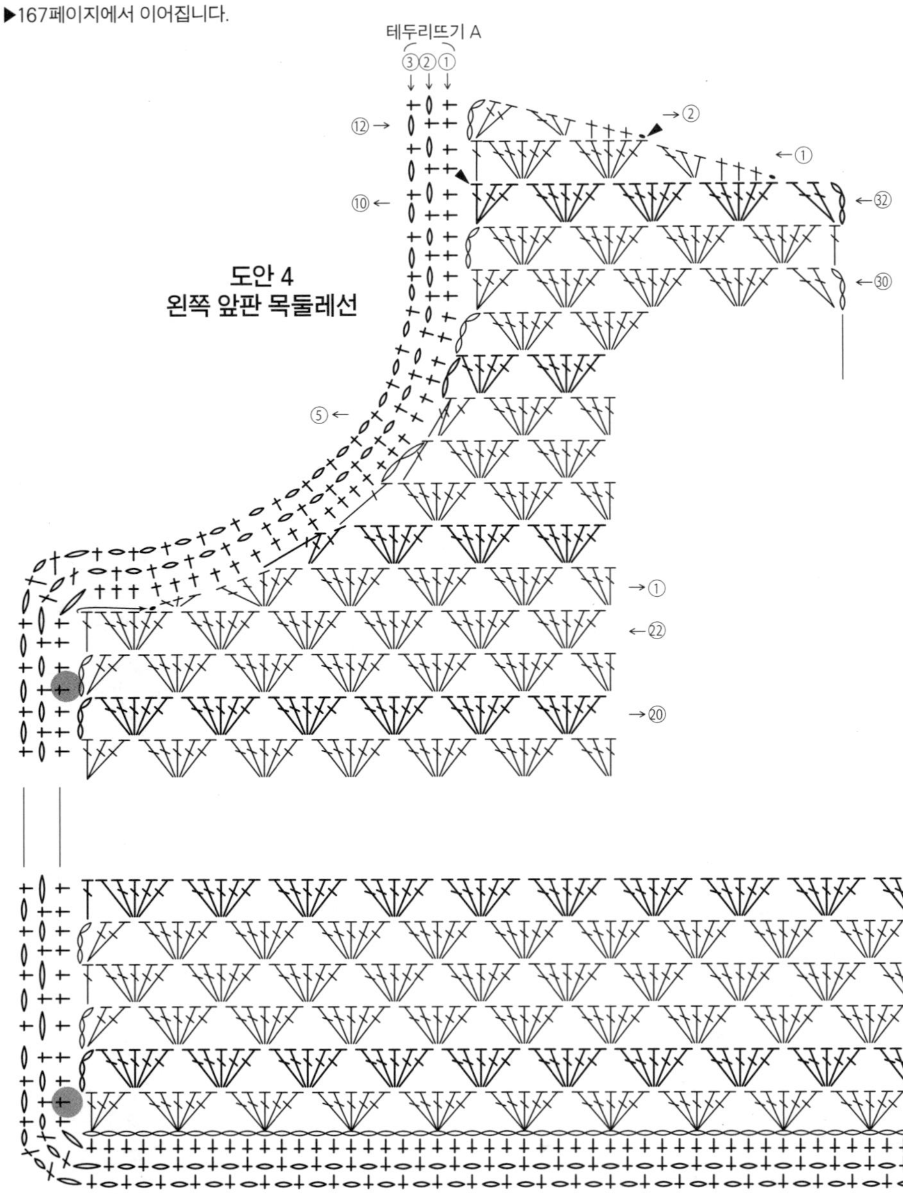

↪ =실 걸치기

배색 {　— = 남색
　　　　— = 검정색 계열 믹스

= 앞단의 코와 코 사이에 바늘을 넣어서 뜬다

● = 단추 다는 위치

테두리뜨기 B'의 모서리 뜨는 법

▷ = 실 잇기
► = 실 자르기

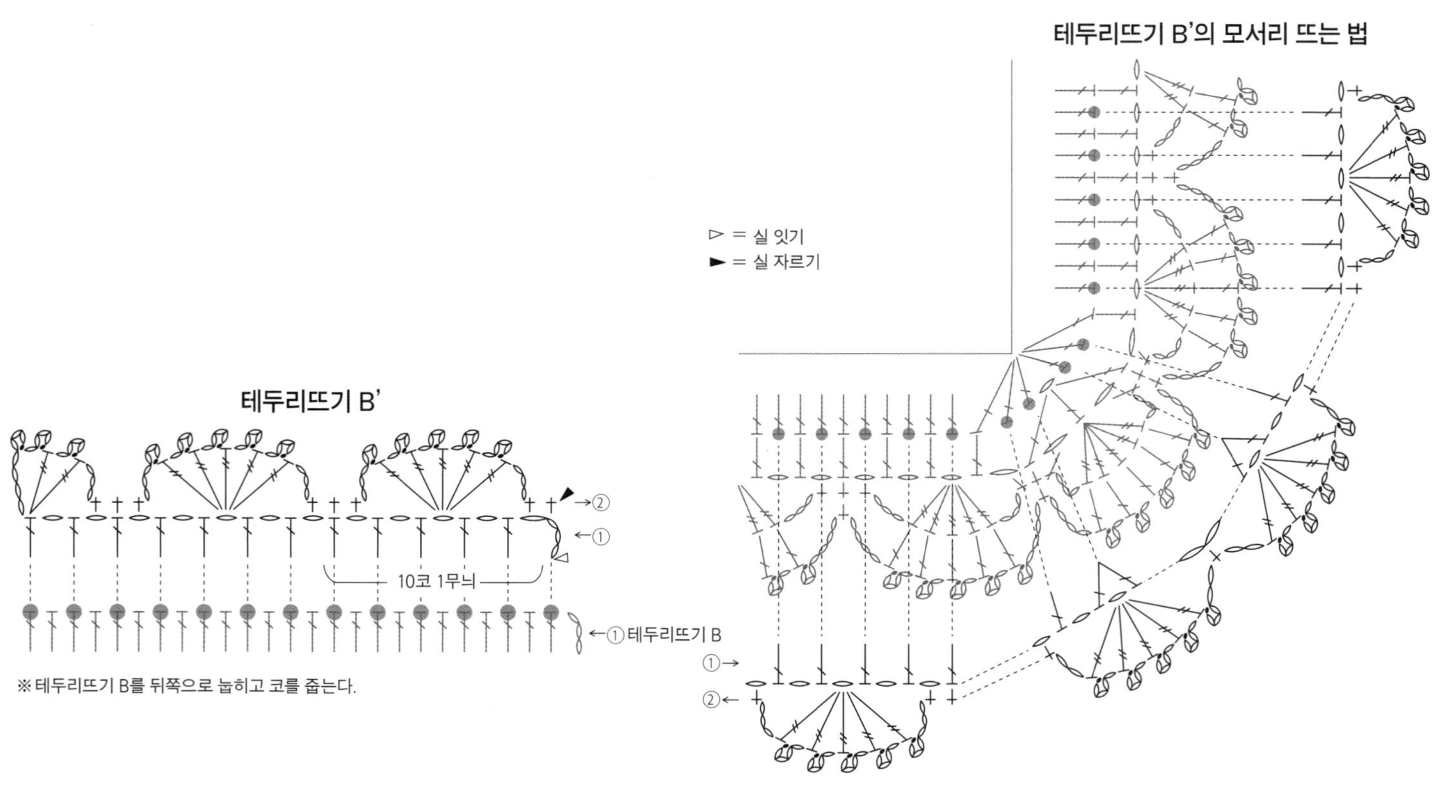

테두리뜨기 B'

10코 1무늬

① 테두리뜨기 B

※테두리뜨기 B를 뒤쪽으로 눕히고 코를 줄인다.

원피스

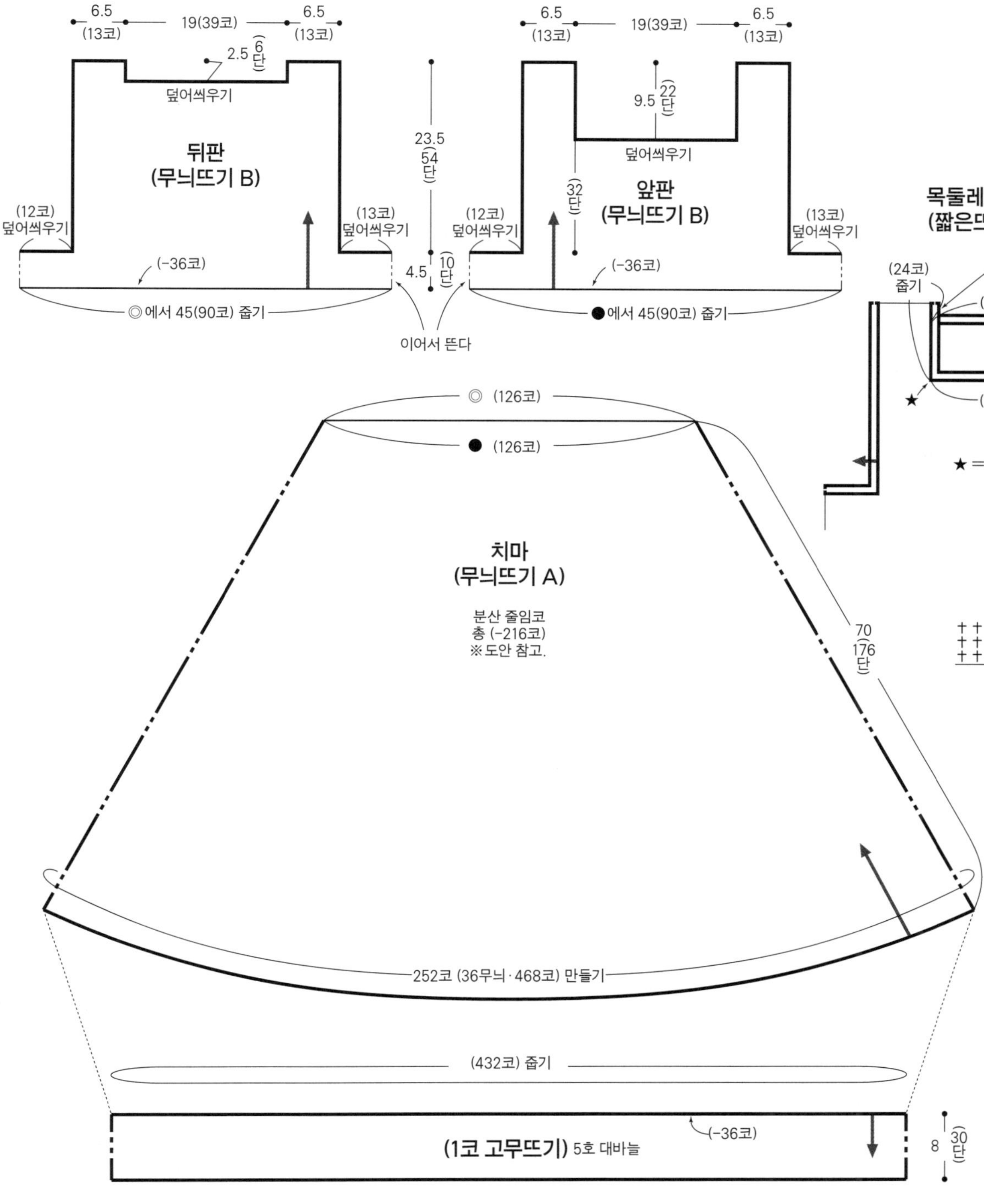

뒤판
(무늬뜨기 B)

6.5
(13코)
19(39코)
6.5
(13코)

2.5 6단
덮어씌우기

23.5
54
단

(12코)
덮어씌우기
(13코)
덮어씌우기

(−36코)

◎에서 45(90코) 줍기

4.5 10단

이어서 뜬다

앞판
(무늬뜨기 B)

6.5
(13코)
19(39코)
6.5
(13코)

9.5 22단
덮어씌우기

32단

(12코)
덮어씌우기
(13코)
덮어씌우기

(−36코)

●에서 45(90코) 줍기

목둘레·진동둘레
(짧은뜨기) 4/0호 코바늘 검정색 계열 믹스

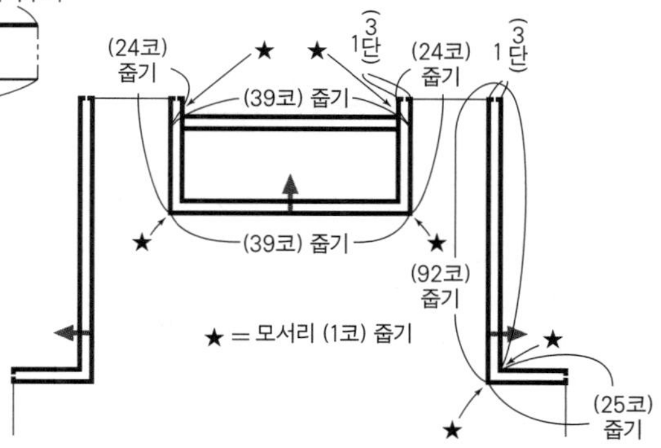

(24코)
줍기
1 3단
(24코)
줍기
1 3단

(39코) 줍기

(39코) 줍기

(92코)
줍기

★ = 모서리 (1코) 줍기

(25코)
줍기

짧은뜨기

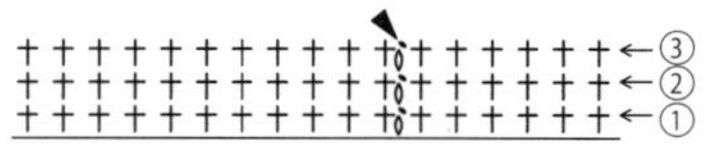

치마
(무늬뜨기 A)

◎ (126코)
● (126코)

분산 줄임코
총 (−216코)
※도안 참고.

70
176
단

252코 (36무늬·468코) 만들기

(432코) 줍기

(1코 고무뜨기) 5호 대바늘

(−36코)

8 30단

※ 지정하지 않은 것은 7호 대바늘로 뜬다.
※ 지정하지 않은 것은 남색으로 뜬다.

무늬뜨기 B

□ = ☐

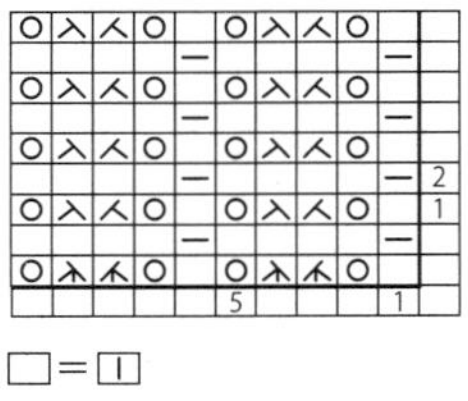

1코 고무뜨기

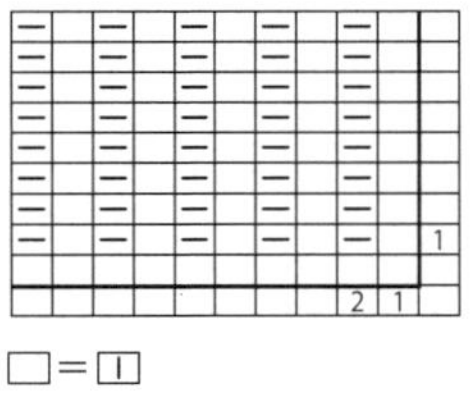

□ = ☐

목둘레·진동둘레의 모서리 뜨는 법

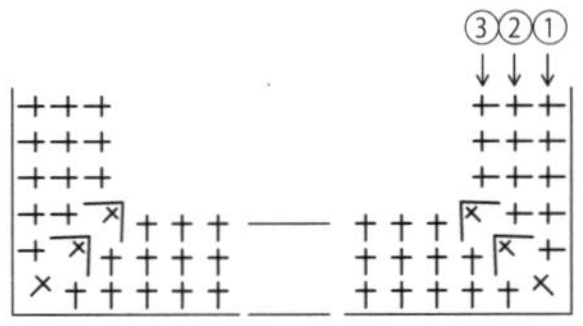

170페이지로 이어집니다. ▶

▶ 169페이지에서 이어집니다.

무늬뜨기 A의 분산 줄임코

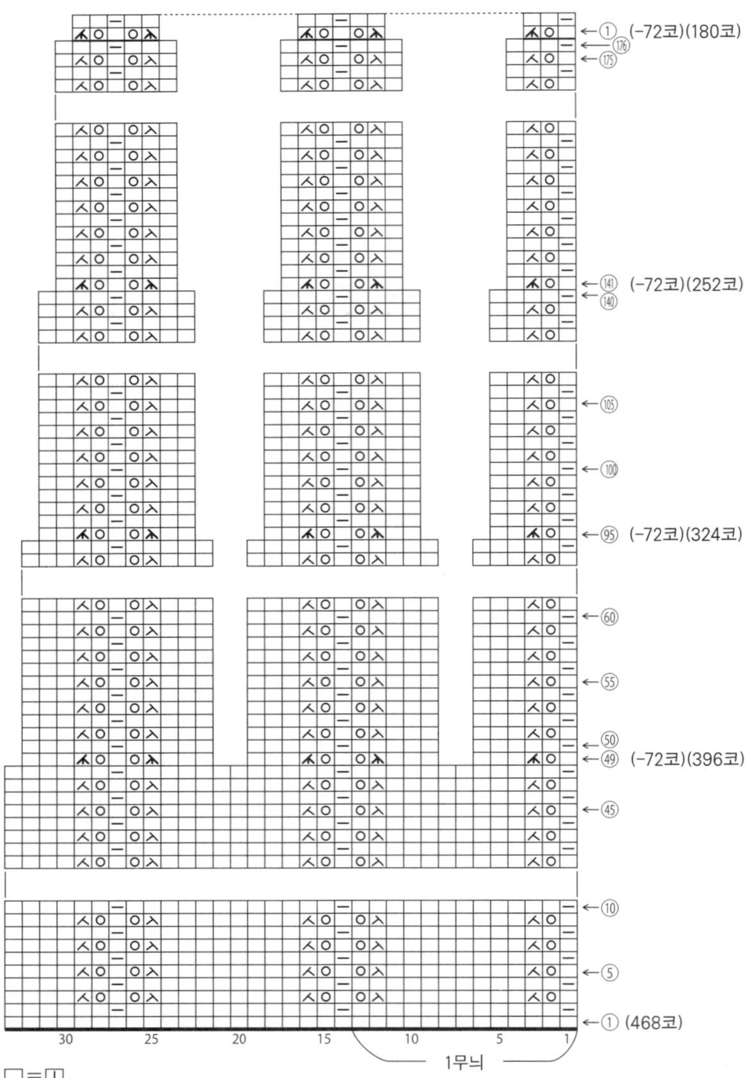

진동둘레의 줄임코

스트레치 바인드오프 (신축성 있는 코막음)

1 첫 2코를 겉뜨기하고, 뜬 2코에 왼바늘을 화살표처럼 넣는다.

2 화살표처럼 실을 걸고, 한 번에 빼낸다.

3 1코 덮어씌운 모습.

4 1, 2를 반복한다.

1코에 2코를 떠넣는다 (kfb)

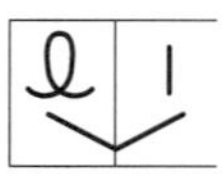

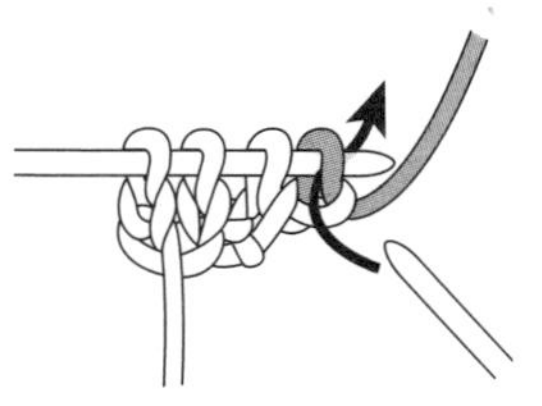
1 가장자리 코를 겉뜨기한다. 왼바늘에서 빼지 않고,

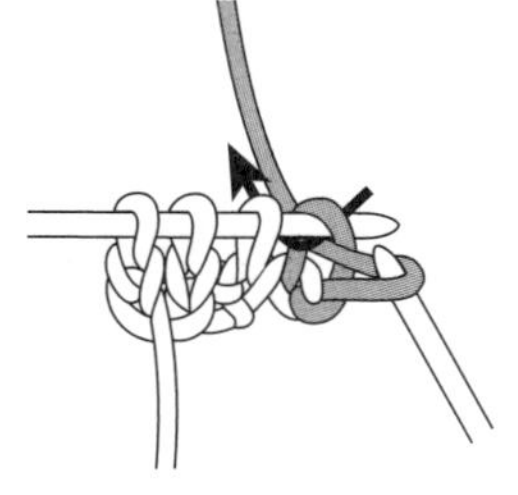
2 꼬아뜨기하듯이 바늘을 넣고,

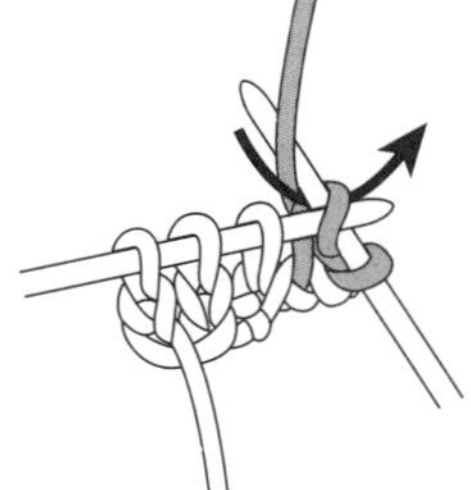
3 실을 걸어 빼낸다.

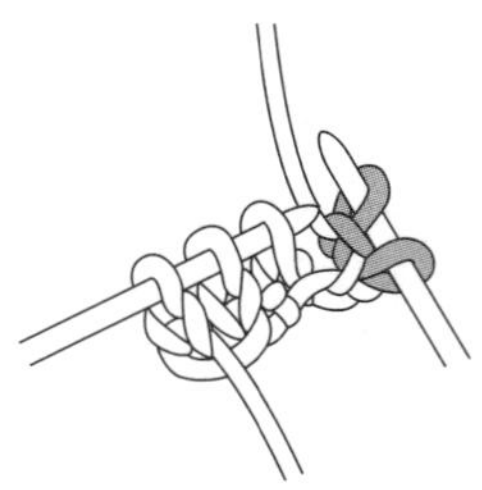
4 1코에 2코를 떠넣은 모습.

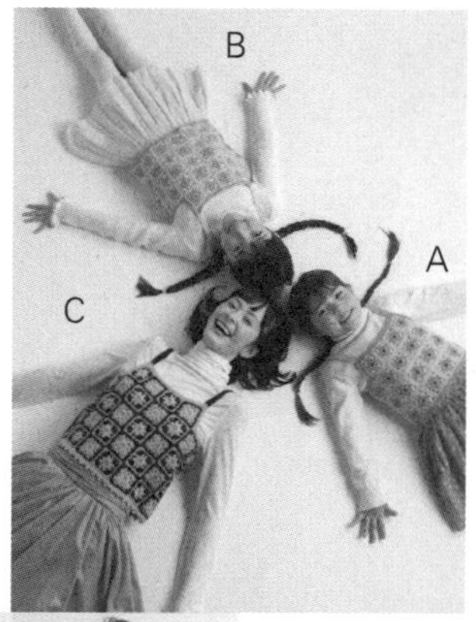

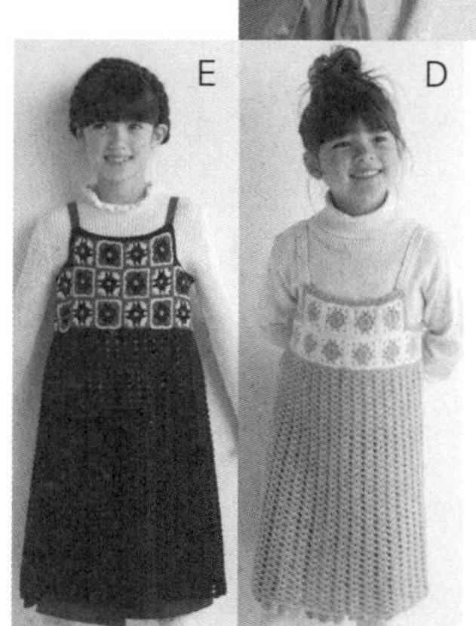

재료

올림푸스 밀키 베이비. 실의 색이름·색번호·사용량은 도안의 표를 참고하세요.

도구

코바늘 5/0호·6/0호·7/0호

완성 크기

[A] 가슴둘레 66cm, 길이 24.5cm (끈은 포함하지 않음)

[B] 가슴둘레 77cm, 길이 30cm (끈은 포함하지 않음)

[C] 가슴둘레 84cm, 길이 32.5cm (끈은 포함하지 않음)

[D] 가슴둘레 66cm, 길이 55.5cm (끈은 포함하지 않음)

[E] 가슴둘레 77cm, 길이 69cm (끈은 포함하지 않음)

게이지

모티브 크기는 도안 참고. 무늬뜨기 1무늬=2.5cm, 9단=10cm(D), 1무늬=2.7cm, 8단=10cm(E)

POINT

●공통…모티브는 고리로 기초코를 만들어 뜨기 시작하고, 지정 장수를 뜹니다. 모티브끼리는 반 코 감아잇기로 연결합니다. 테두리 주위는 도안을 참고하여 코를 줍고, 테두리뜨기 A를 합니다. 어깨 끈은 짧은뜨기하고, 둘레를 빼뜨기하고 지정 위치에 반되돌아 꿰매기로 꿰매 붙입니다.

●A·B·C…밑단은 모티브에서 지정 콧수를 줍고, 테두리뜨기 B로 원형뜨기합니다.

●D·E… 뒤판·앞판 '아래'는 모티브에서 지정 콧수를 줍고, 테두리뜨기 B', 무늬뜨기, 테두리뜨기 C로 원형뜨기합니다.

실 사용량

	색이름 (색번호)	사용량
A	연오렌지(16)	40g 1볼
	진핑크(7)	35g 1볼
	연핑크(20)	25g 1볼
	레드(24)	10g 1볼
B	레몬옐로(26)	각 55g 각 2볼
	키위그린(27)	
	소다그린(29)	50g 2볼
	미디엄애저(28)	10g 1볼
C	네이비(25)	65g 2볼
	하늘색(17)	55g 2볼
	소다그린(29)	50g 2볼
	진핑크(7)	15g 1볼
D	샌드베이지(15)	200g 5볼
	크림색(11)	25g 1볼
	에크루(9)	15g 1볼
	잿빛오렌지(13)	5g 1볼
E	네이비(25)	280g 7볼
	레드(24)	40g 1볼
	연베이지(19)	25g 1볼
	그레이(18)	10g 1볼

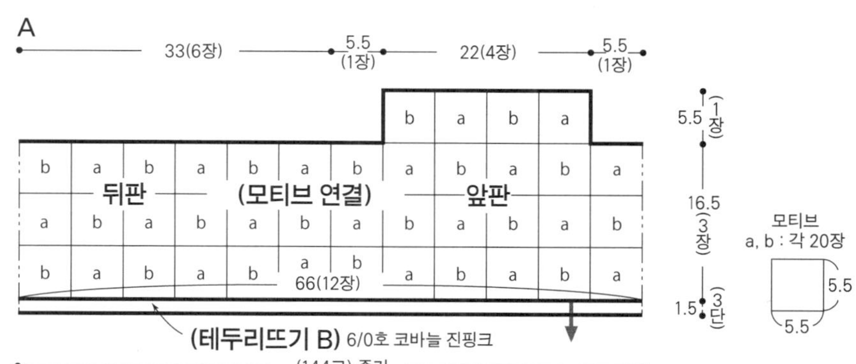

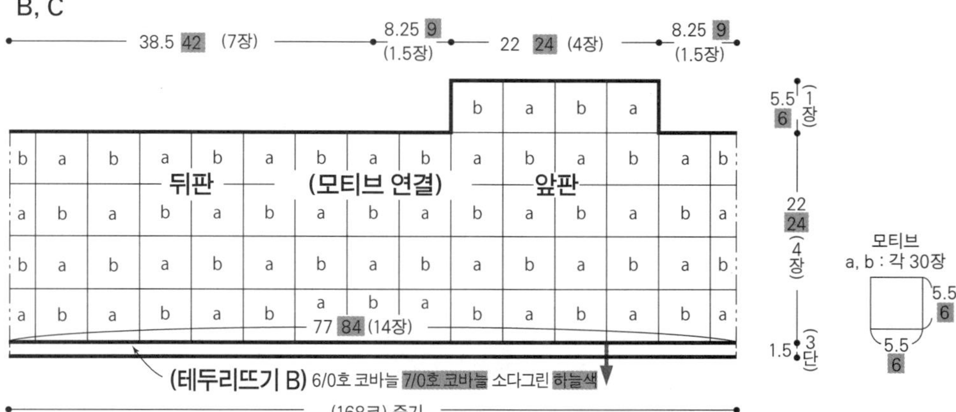

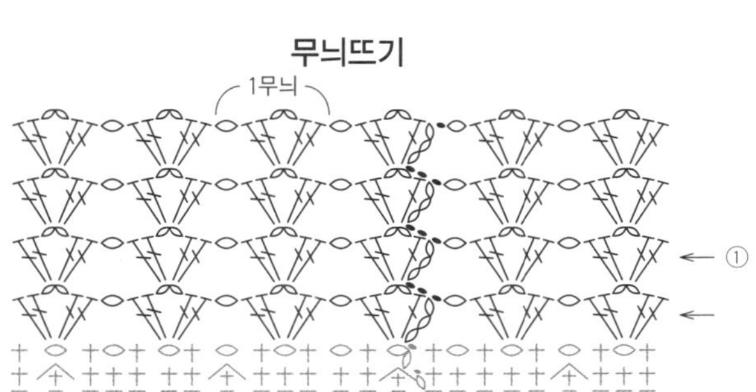

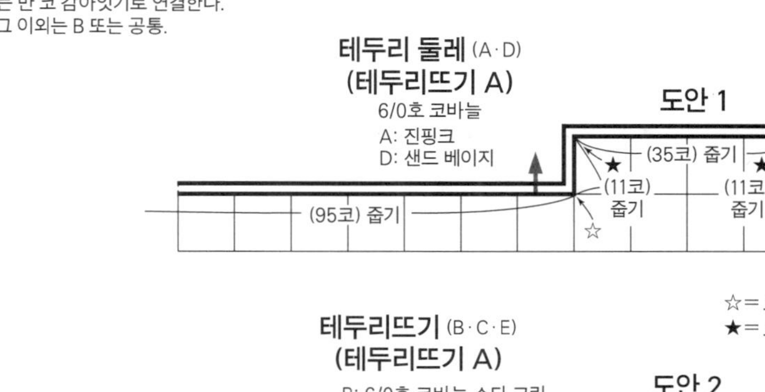

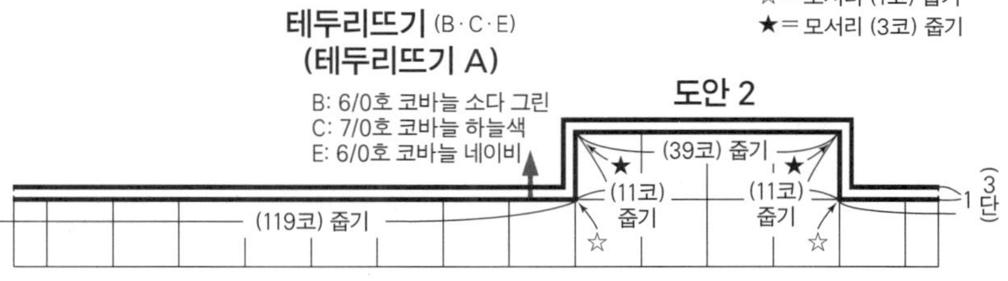

172페이지로 이어집니다.▶

▶ 171페이지에서 이어집니다.

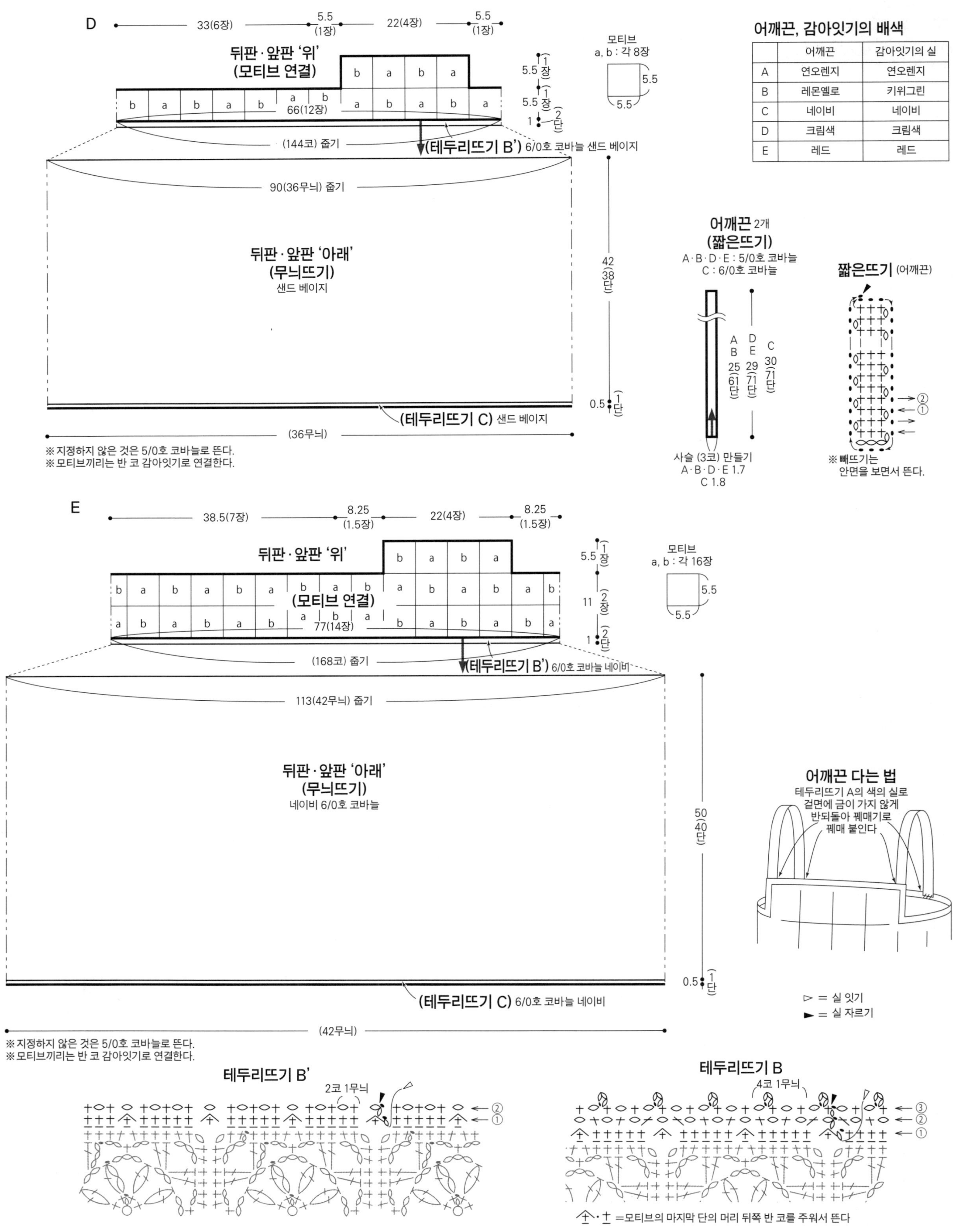

어깨끈, 감아잇기의 배색

	어깨끈	감아잇기의 실
A	연오렌지	연오렌지
B	레몬옐로	키위그린
C	네이비	네이비
D	크림색	크림색
E	레드	레드

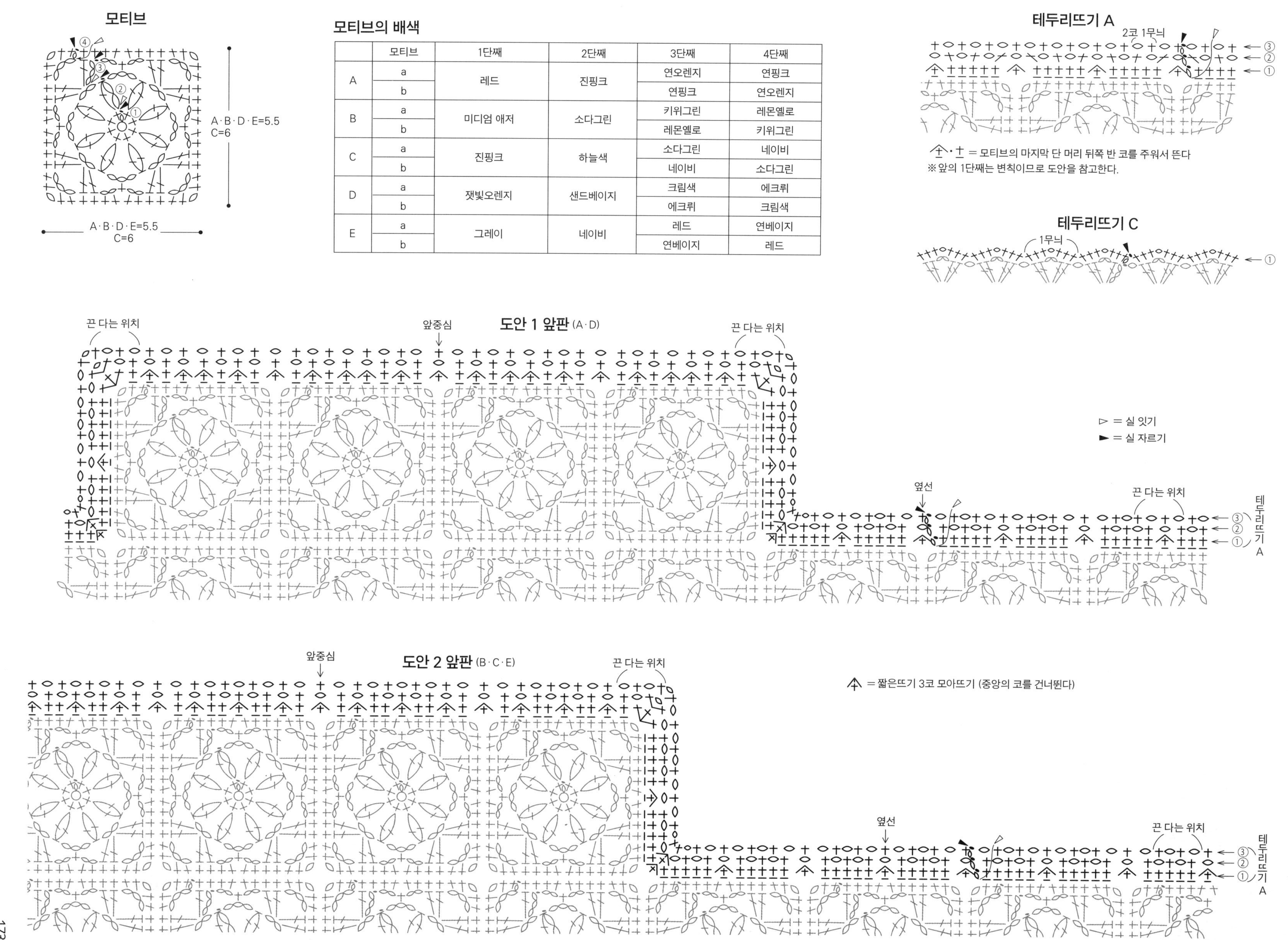

모티브의 배색

모티브		1단째	2단째	3단째	4단째
A	a	레드	진핑크	연오렌지	연핑크
	b			연핑크	연오렌지
B	a	미디엄 애저	소다그린	키위그린	레몬옐로
	b			레몬옐로	키위그린
C	a	진핑크	하늘색	소다그린	네이비
	b			네이비	소다그린
D	a	잿빛오렌지	샌드베이지	크림색	에크뤼
	b			에크뤼	크림색
E	a	그레이	네이비	레드	연베이지
	b			연베이지	레드

겉뜨기

안뜨기

※ 일본어 사이트

※ 일본어 사이트

재료

[스누드] 퍼피 프린세스 아니 파란색(558) 40g 1볼,
하늘색(557) 35g 1볼
[핸드 워머] 퍼피 프린세스 아니 파란색(558) 25g
1볼, 하늘색(557) 20g 1볼

도구

더블 훅 아프간바늘 8호

완성 크기

[스누드] 목둘레 51cm, 길이 19cm
[핸드 워머] 손바닥 둘레 20cm, 길이 16cm

게이지(10×10cm)

줄무늬 무늬뜨기 18×20.5단

POINT

●스누드…파란색으로 사슬 기초코를 92코 만들
고, 고리를 만들어 줄무늬 무늬뜨기로 37단 뜹니
다. 뜨개 끝은 파란색으로 빼뜨기 코막음을 하고,
계속해서 테두리뜨기를 1단 뜹니다. 뜨개 시작 쪽
은 기초코에서 코를 줍고, 테두리뜨기를 1단 뜹니
다.
●핸드 워머…파란색으로 사슬 기초코를 36코 만
들고, 고리를 만들어 줄무늬 무늬뜨기로 31단 뜹
니다. 뜨개 끝은 파란색으로 빼뜨기 코막음을 하
고, 계속해서 테두리뜨기를 1단 뜹니다. 뜨개 시작
쪽은 기초코에서 코를 줍고, 테두리뜨기를 1단 뜹
니다.

스누드

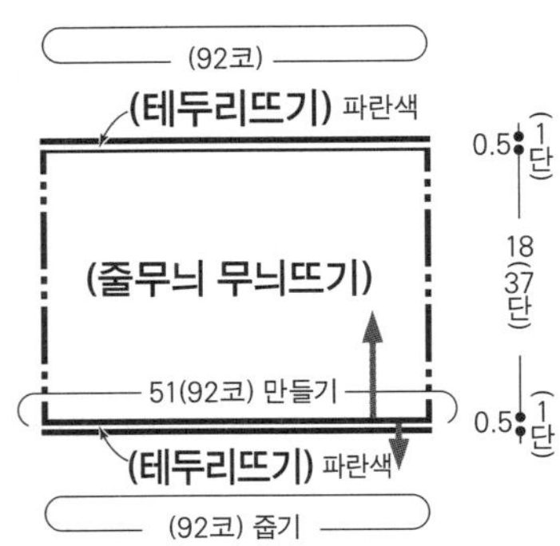

핸드 워머

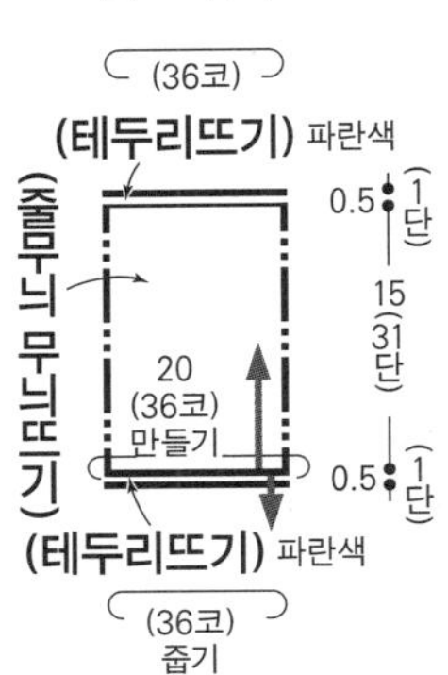
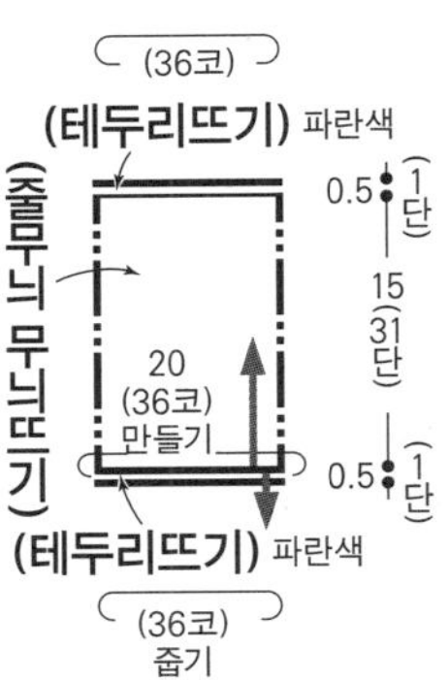

※ 모두 더블 훅 아프간바늘 8호로 뜬다.

줄무늬 무늬뜨기

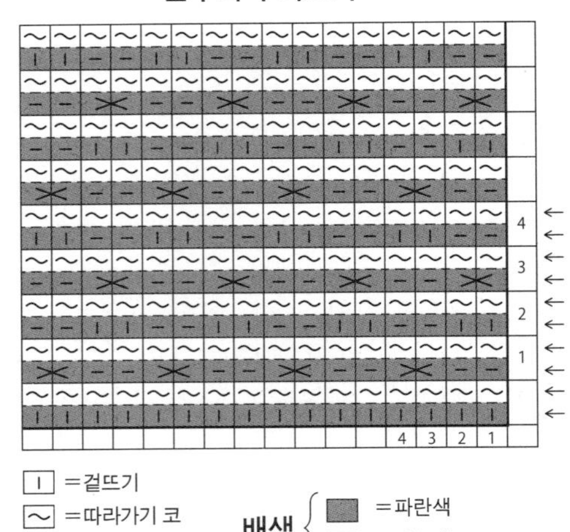

□	= 겉뜨기
~	= 따라가기 코
−	= 안뜨기
✕	= 교차뜨기

배색 ▨ = 파란색 □ = 하늘색

▷ = 실 잇기
▶ = 실 자르기

테두리뜨기 (뜨개 시작 쪽)

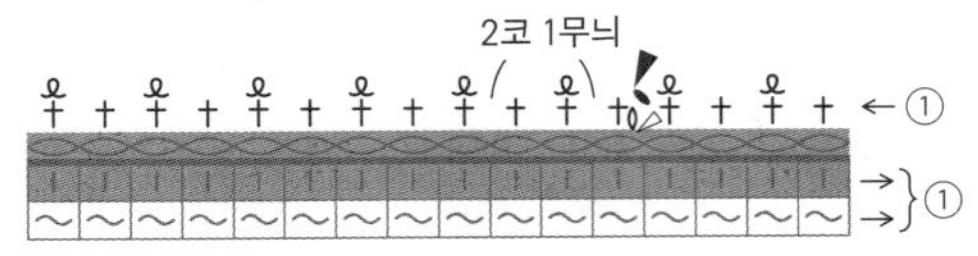
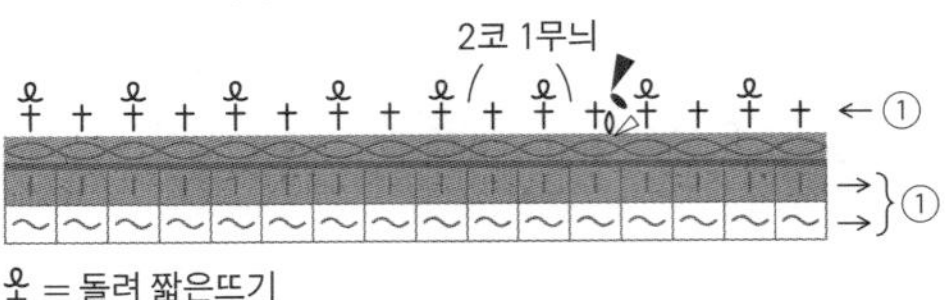

⚲ = 돌려 짧은뜨기

테두리뜨기 (핸드 워머 뜨개 끝 쪽)

⚲ = 돌려 짧은뜨기

※ 스누드는 같은 요령으로 뜬다.

교차뜨기

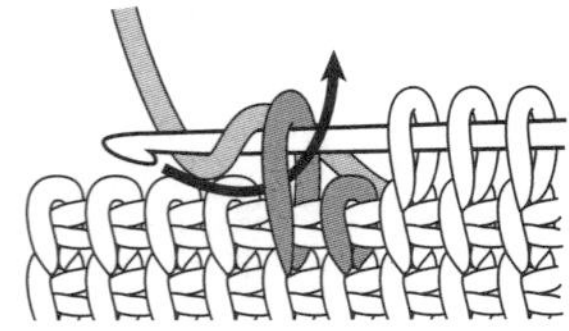
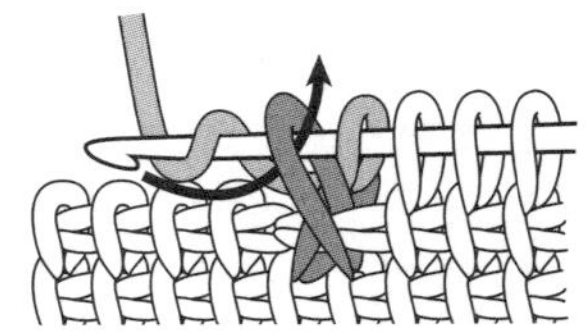
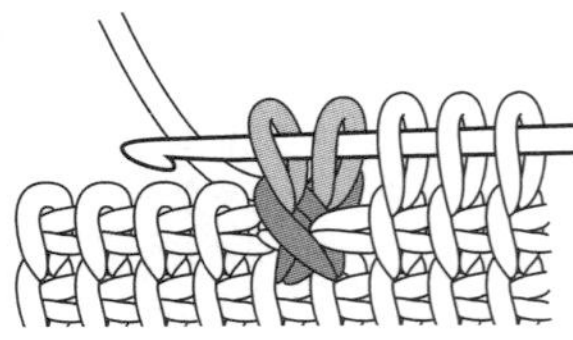

1 앞단의 코를 1코 건너뛰고,
다음 세로코에 바늘을 넣
고 겉뜨기한다.

2 건너뛴 코로 돌아가 겉뜨기한다.

3 교차뜨기 완성.

돌려 짧은뜨기

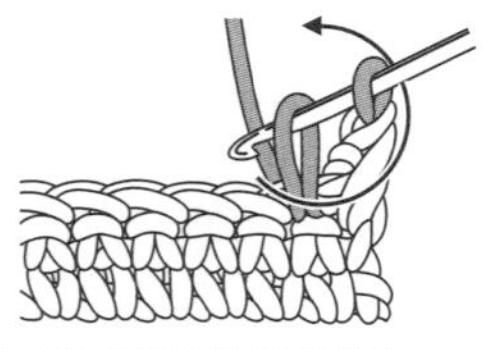
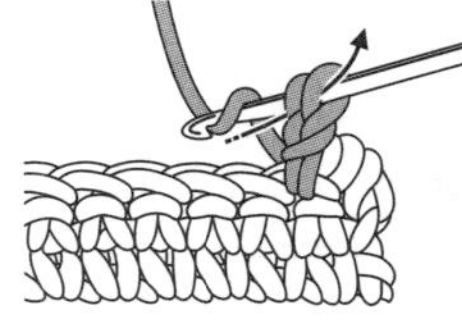
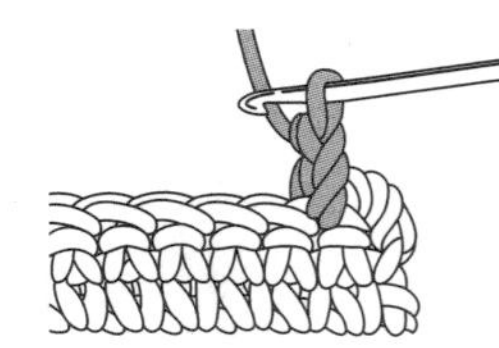
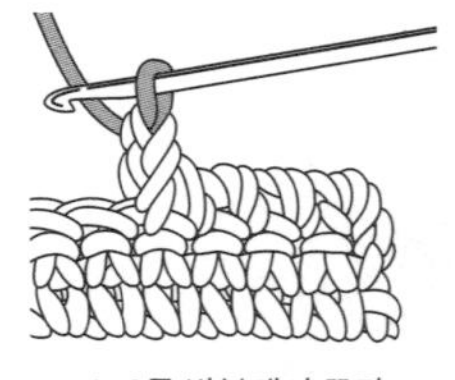

1 실을 빼내 바늘을 화살표
처럼 돌린다.

2 바늘에 실을 걸고, 바늘
에 걸린 2루프를 한 번에
빼낸다.

3 돌려 짧은뜨기 완성.

4 1~2를 반복해서 뜬다.

 ★ 개수는 작품을 선택하는 기준으로 참고해주세요. ★…초심자도 안심, ★★…자신이 조금 생겼다면, ★★★…끈기도 겸비한 중·상급자, ★★★★…솜씨에 자신 있음. 실은 실물 크기입니다.

게센누마 수족관

게센누마 동물원

릴리프 2

유니

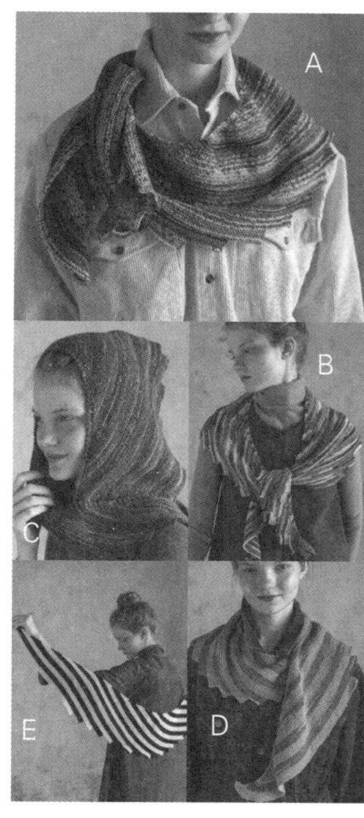

재료

[A] KFS 게센누마 수족관 핑크·그레이 계열 그러데이션(KFS261 복어) 100g 1볼
[B] KFS 게센누마 동물원 오렌지색·갈색 계열 그러데이션(KFS227 호랑이) 100g 1볼
[C] 오팔 모사 릴리프 2 보라색·파란색 계열 그러데이션(9661 부르고뉴) 50g 1볼, 남색·오렌지색 계열 그러데이션(9663 마린) 50g 1볼
[D] 오팔 모사 릴리프 2 녹색·갈색 계열 그러데이션(9660 그린) 50g 1볼, 유니 겨자색(Un42 머스타드) 50g 1볼
[E] 오팔 모사 유니 에크뤼(Un14 내추럴 화이트) 50g 1볼, 검정색(Un06) 50g 1볼

도구

대바늘 5호

완성 크기

바깥둘레 약 195cm

게이지(10×10cm)

가터뜨기 24코×50단

POINT

●손가락에 실을 걸어서 기초코를 만들어 뜨기 시작하고, 뜨는 법을 참고하면서 가터뜨기 또는 줄무늬 가터뜨기로 뜹니다. 뜨개 끝은 스트레치 바인드오프를 합니다.

솔 뜨는 법

※덮어씌우기는 모두 스트레치 바인드오프→P.170
※C, D, E는 처음은 12단, 다음부터는 10단마다 색을 바꿔서 뜬다.

1단째(겉단): 손가락에 실을 걸어서 만드는 기초코로 6코 만든다
　　　　　(C는 보라색·파란색 계열 그러데이션, D는 겨자색, E는 검정색)
2단째(안단): 겉뜨기 6코

a
3단째: 겉뜨기 1, kfb, 겉뜨기 1, kfb, 마지막까지 겉뜨기(+2코)(8코)
4단째: 모두 겉뜨기
5~10단째: 1, 2단째와 같은 방법으로 뜬다(+6코)(14코)
11단째: 1단째와 같은 방법으로 뜬다(+2코)(16코)
12단째: 6코 덮어씌우기, 마지막까지 겉뜨기(-6코)(10코)

13~242단째: a의 10단을 23회 더 반복한다. (+92코)(102코)

b
243단째: 겉뜨기 1, kfb, 겉뜨기 1, kfb, 마지막까지 겉뜨기 (+2코)(104코)
244단째: 모두 겉뜨기
245~250단째: 1, 2단째와 같은 방법으로 뜬다(+6코)(110코)
251단째: 1단째와 같은 방법으로 뜬다(+2코)(112코)
252단째: 8코 덮어씌우기, 마지막까지 겉뜨기(-8코)(104코)

c
253단째: 겉뜨기 1, kfb, 겉뜨기 1, kfb, 마지막까지 겉뜨기(+2코)(106코)
254단째: 모두 겉뜨기
255~260단째: 1, 2단째와 같은 방법으로 뜬다(+6코)(112코)
261단째: 1단째와 같은 방법으로 뜬다(+2코)(114코)
262단째: 10코 덮어씌우기, 마지막까지 겉뜨기(-10코)(104코)

263단째~: 실이 없어질 때까지 c의 10단을 반복한다. (8~9회 정도)

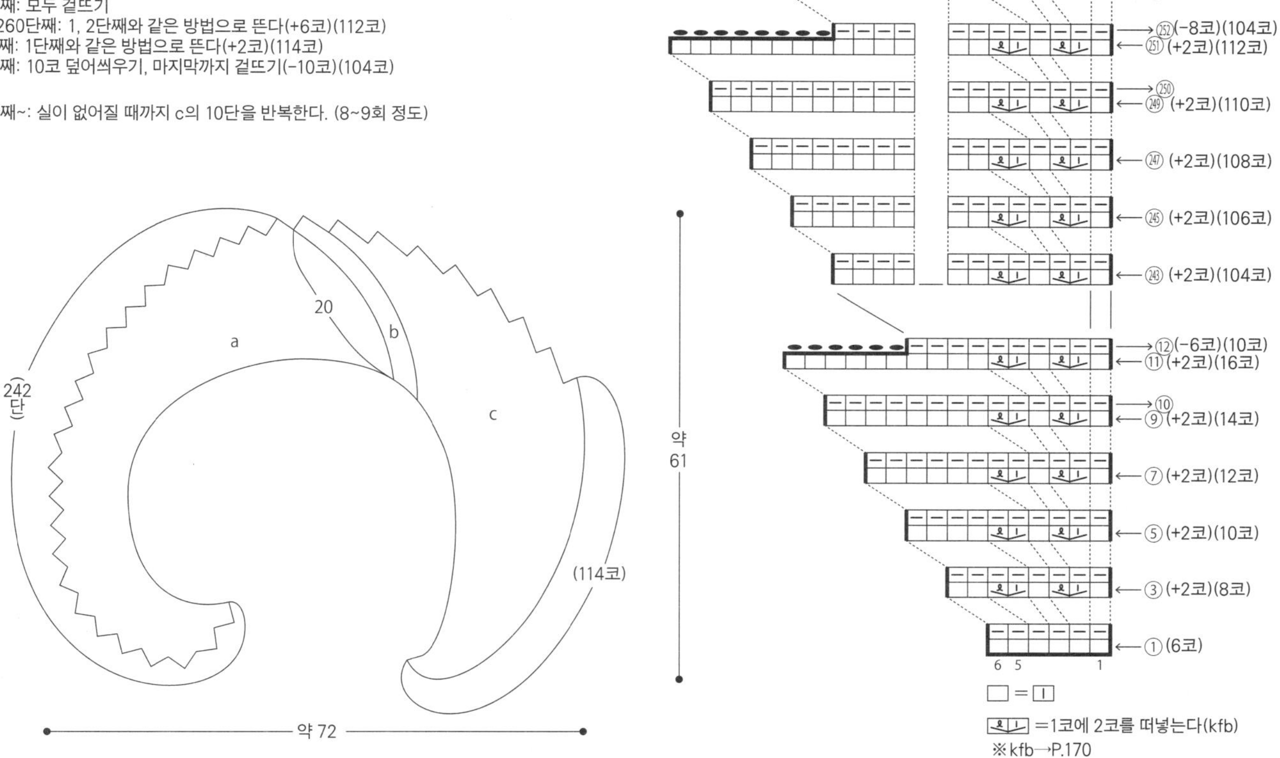

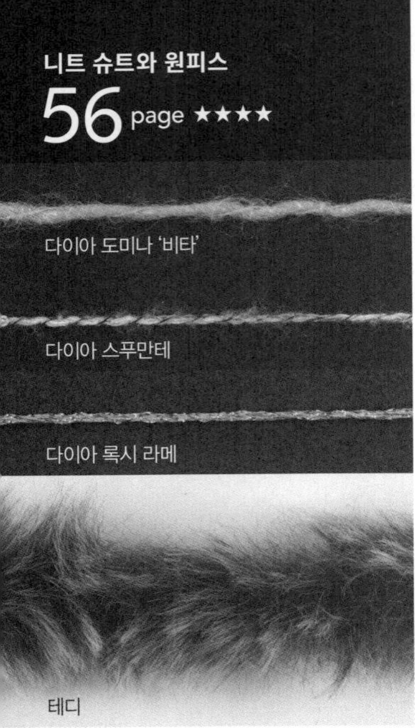

한길 긴 앞걸어뜨기

※ 일본어 사이트

재료

[재킷] 다이아몬드게이토 다이아 도미나 '비타' 베이지(5503) 295g 10볼, 다이아 스푸만테 보라색 계열 믹스(5804)·검정색 계열 믹스(5807) 각 30g 1볼, 다이아 록시 라메 골드(6902) 10g 1볼, 테디 검정색(7) 60g 1볼, 길이 10mm 스프링 훅 3쌍

[치마] 다이아몬드게이토 다이아 도미나 '비타' 베이지(5503) 325g 11볼, 다이아 스푸만테 보라색 계열 믹스(5804)·검정색 계열 믹스(5807) 각 20g 각 1볼, 다이아 록시 라메 골드(6902) 5g 1볼, 폭 20mm 고무벨트 62cm

도구

코바늘 5/0호·6/0호·7mm 대바늘 8mm

완성 크기

[재킷] 가슴둘레 98cm, 어깨너비 33cm, 기장 49cm, 소매길이 53cm

[치마] 몸통둘레 68cm, 치마 길이 64.5cm

게이지(10×10cm)

무늬뜨기 A 1무늬 8코=2.7cm, 10cm=12.5단

POINT

●재킷…몸판·소매는 사슬 기초코를 만들어 뜨기 시작하고, 무늬뜨기 A로 뜹니다. 증감코는 도안을 참고하세요. 어깨는 빼뜨기 사슬 잇기, 옆선, 소매 밑선은 떠서 꿰매기를 합니다. 밑단·앞여밈단·목둘레는 도안을 참고해 줄무늬 테두리뜨기로 뜹니다. 소맷부리는 지정 콧수를 줍고, 가터뜨기로 원형뜨기합니다. 뜨개 끝은 안뜨기하면서 덮어씌워 코막음합니다. 호주머니 장식은 몸판과 같은 방법으로 뜨기 시작하고, 줄무늬 테두리뜨기로 뜹니다. 이어서 둘레에 짧은뜨기를 뜨고 지정 위치에 꿰매 붙입니다. 소매는 빼뜨기 사슬 꿰매기로 몸판과 연결합니다. 스프링 훅을 달아서 완성합니다.

●치마…사슬 기초코를 만들어 뜨기 시작하고, 무늬뜨기 A, B로 뜹니다. 줄임코는 도안을 참고하세요. 옆선은 떠서 꿰매기를 합니다. 밑단은 지정 콧수를 줍고, 줄무늬 테두리뜨기로 원형뜨기합니다. 벨트의 접히는 부분은 모눈뜨기로 원형뜨기합니다. 고무벨트는 2cm 겹쳐 원형으로 만듭니다. 벨트에 고무벨트를 끼우고 안면으로 접어 느슨하게 감침질합니다.

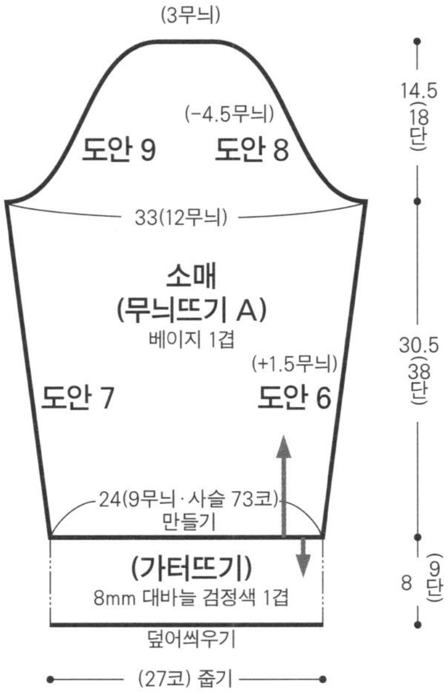

재킷

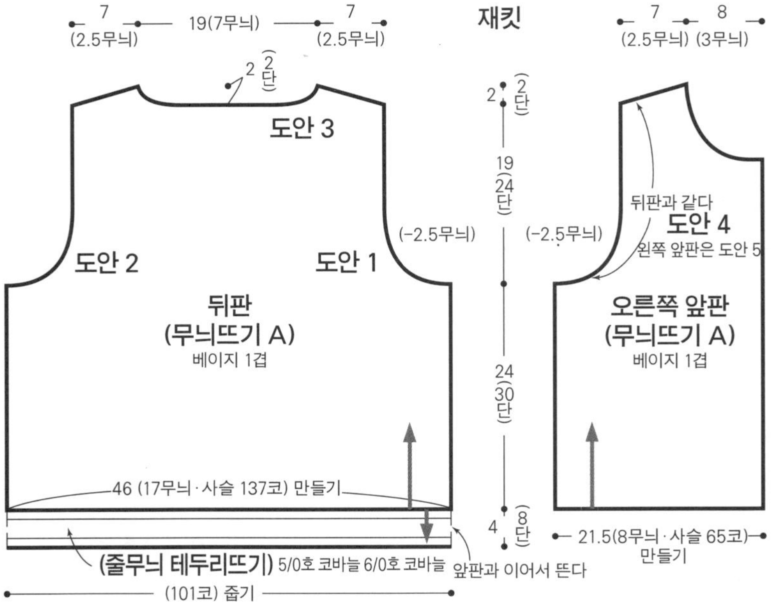

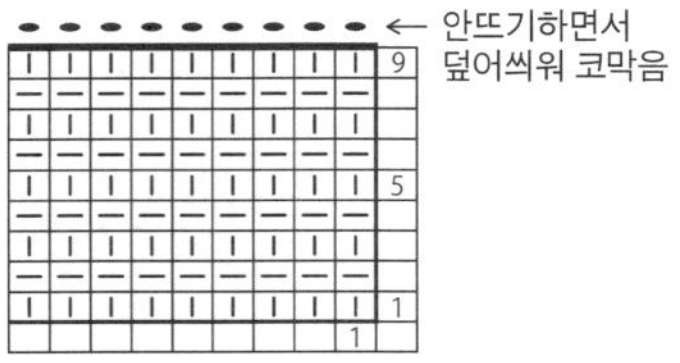

무늬뜨기 A

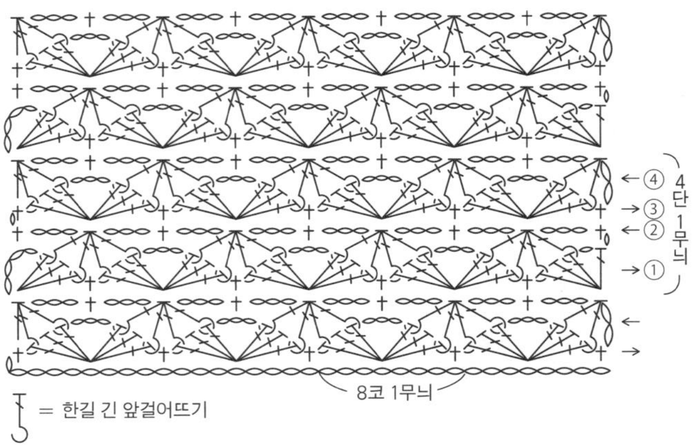

가터뜨기

밑단·앞여밈단·목둘레
(줄무늬 테두리뜨기) 5/0호 코바늘 6/0호 코바늘
※ 목둘레의 마지막 단만 7mm 코바늘.

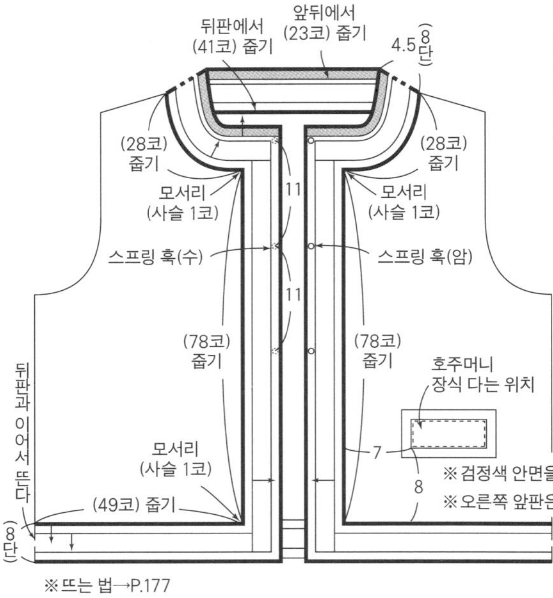

스프링 훅(암) 꿰매 붙이는 법

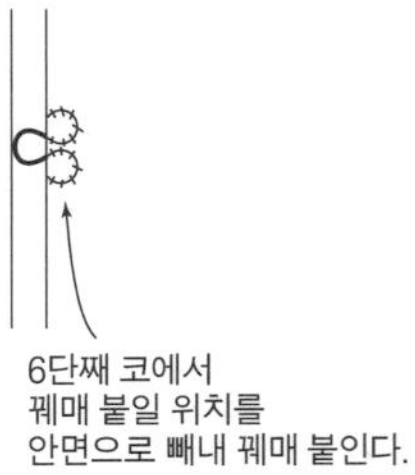

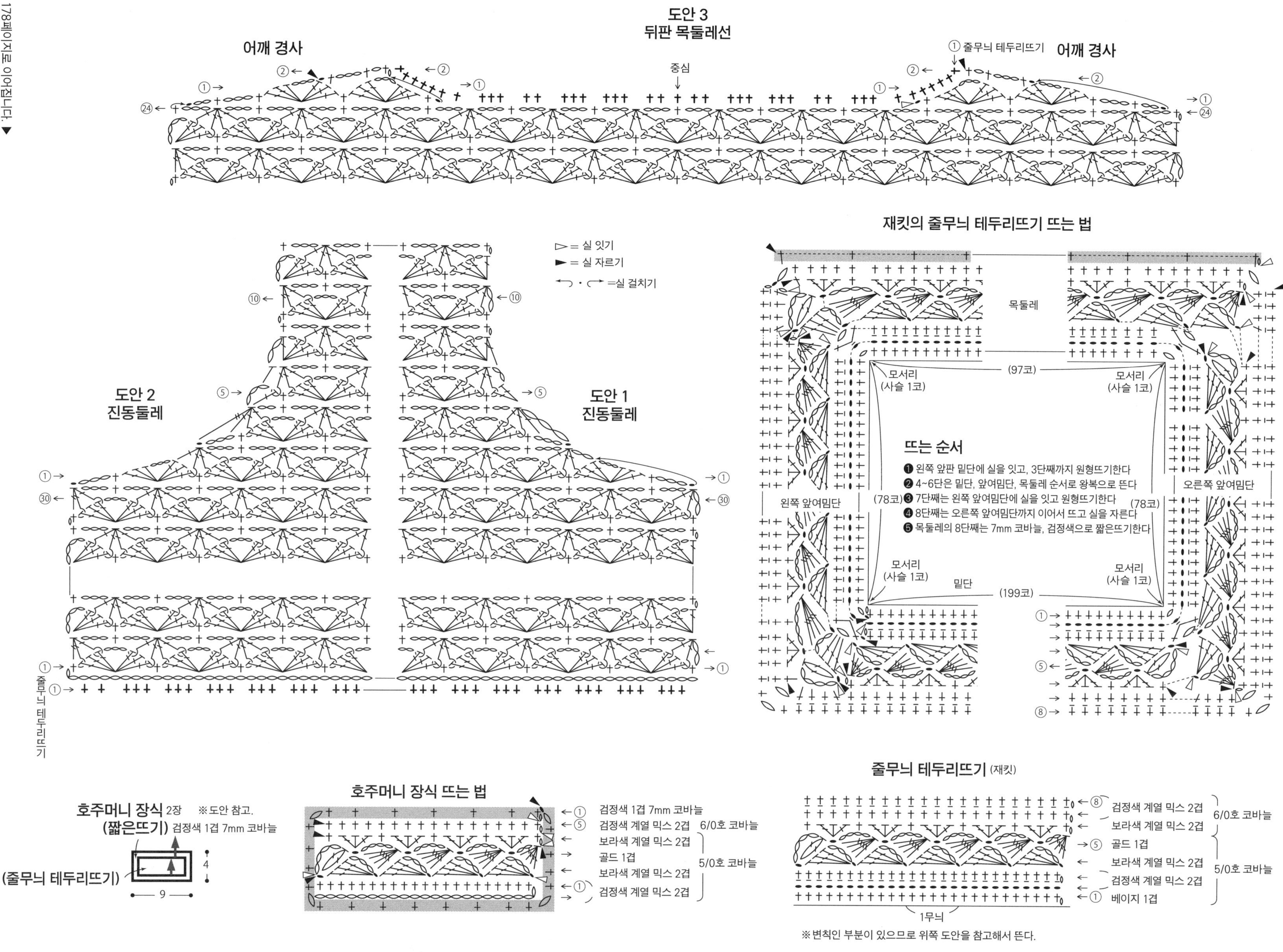

178페이지로 이어집니다. ▶

▶ 177페이지에서 이어집니다.

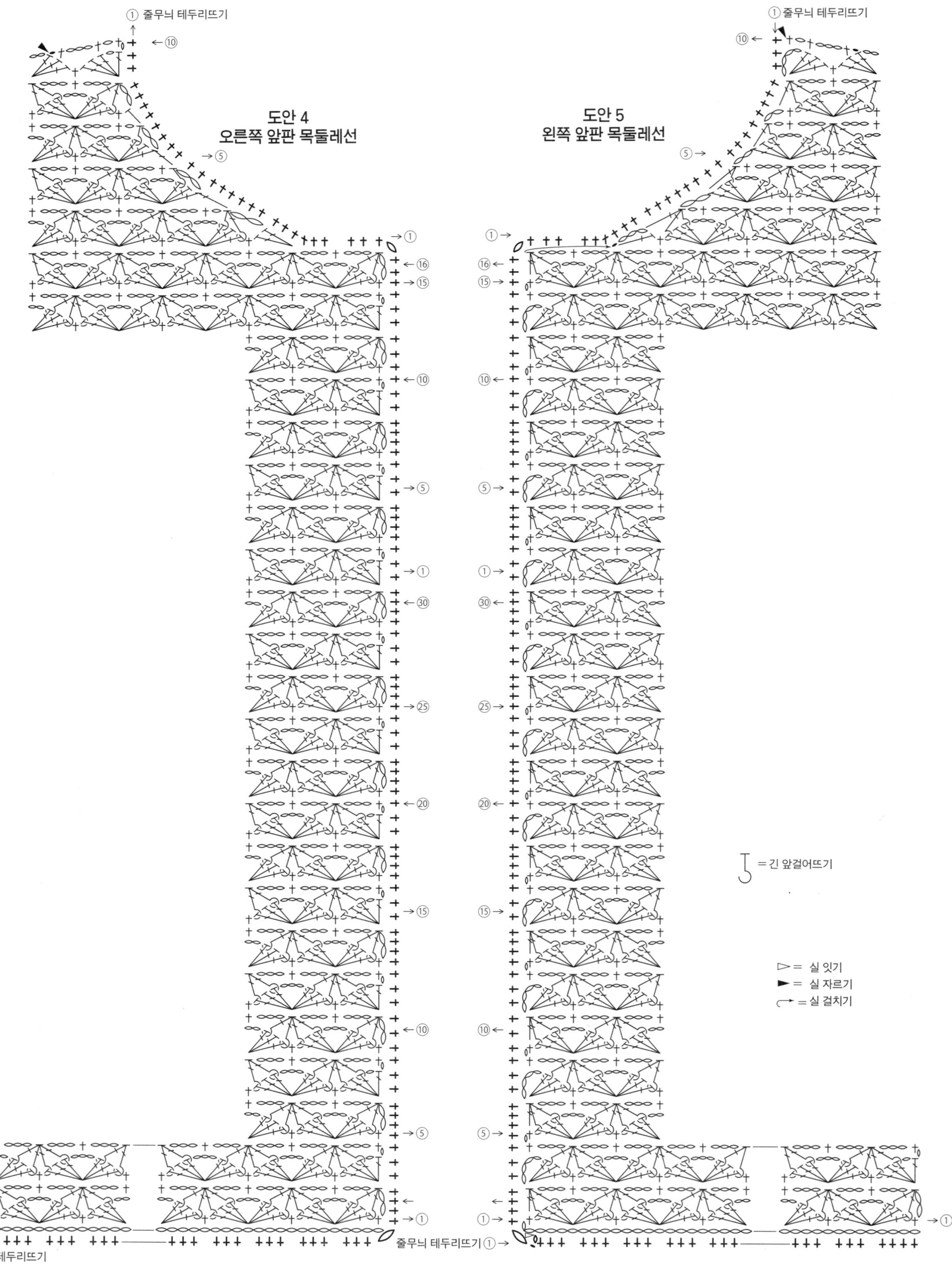

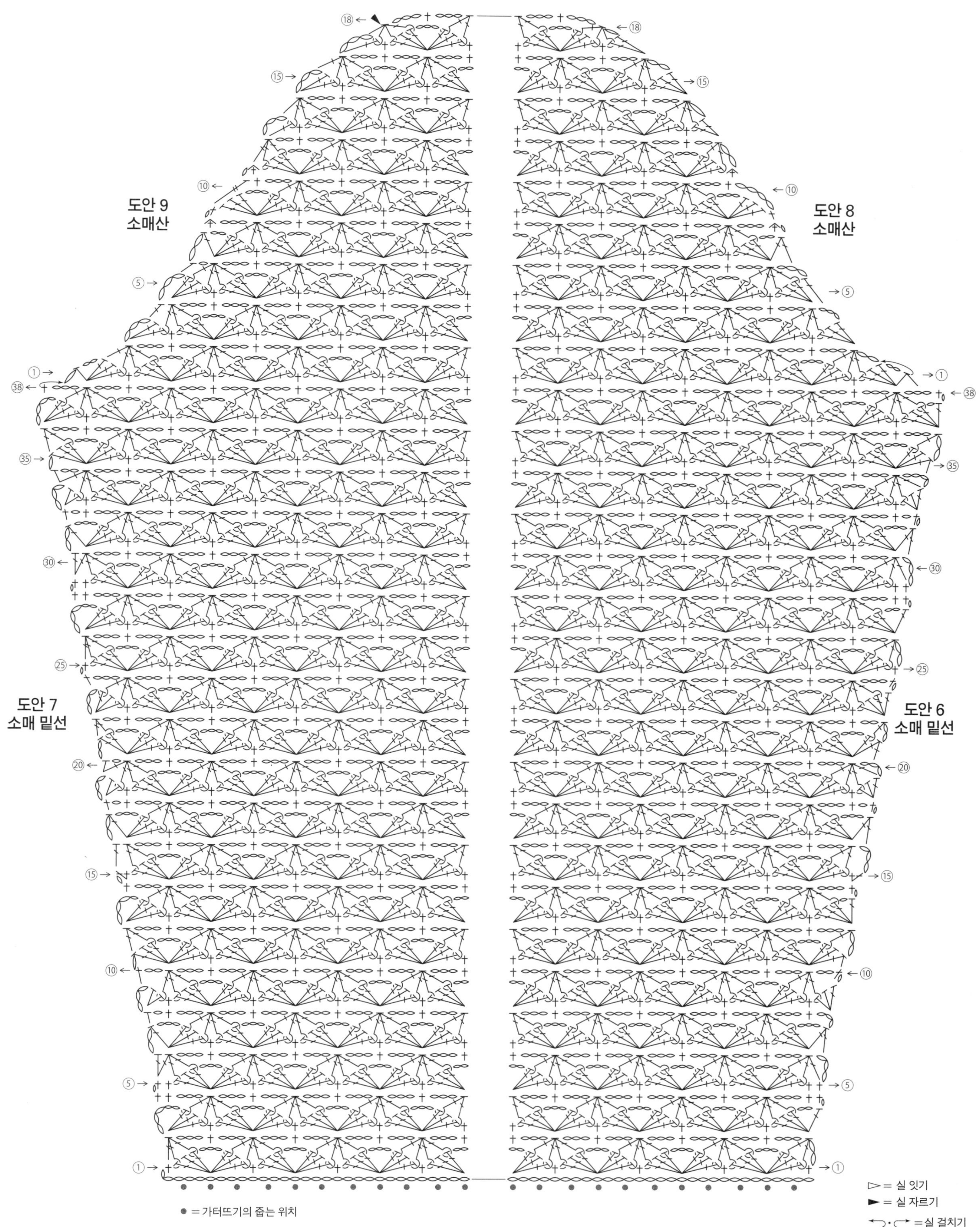

180페이지로 이어집니다. ▶

179

▶ 179페이지에서 이어집니다.

벨트 베이지 1겹

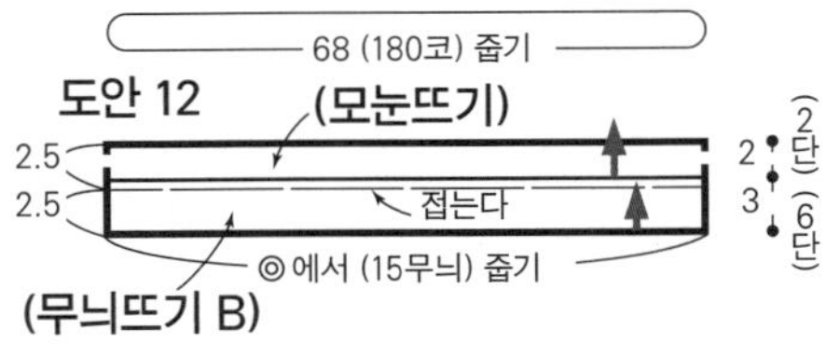

68 (180코) 줍기
도안 12
(모눈뜨기)
2.5
2.5
접는다
2
3
2단
6단
◎에서 (15무늬) 줍기
(무늬뜨기 B)

마무리하는 법

원형으로 만든 고무벨트를 끼우고
안면으로 접어 느슨하게 감침질한다
2cm 겹쳐 꿰맨다

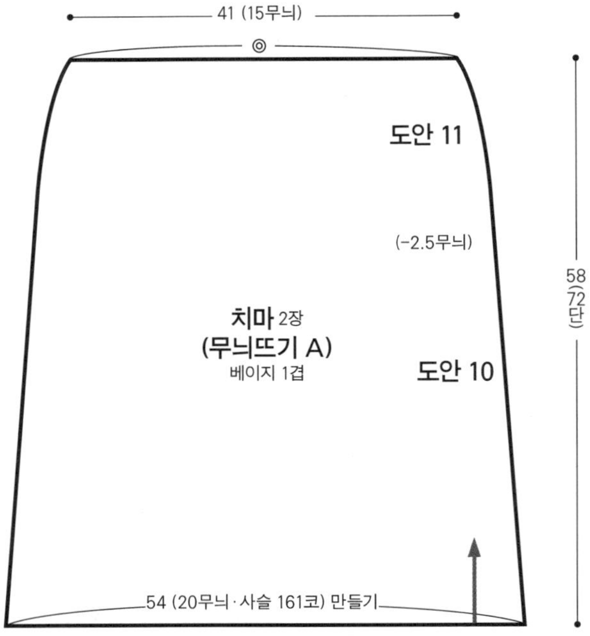

41 (15무늬)
◎
도안 11
(-2.5무늬)
58
72단
치마 2장
(무늬뜨기 A)
베이지 1겹
도안 10
54 (20무늬·사슬 161코) 만들기

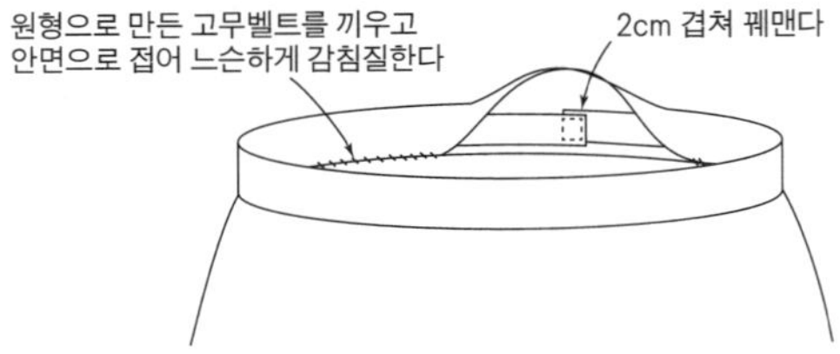

※ 지정하지 않은 것은 5/0호 코바늘로 뜬다.

줄무늬 테두리뜨기 (치마)

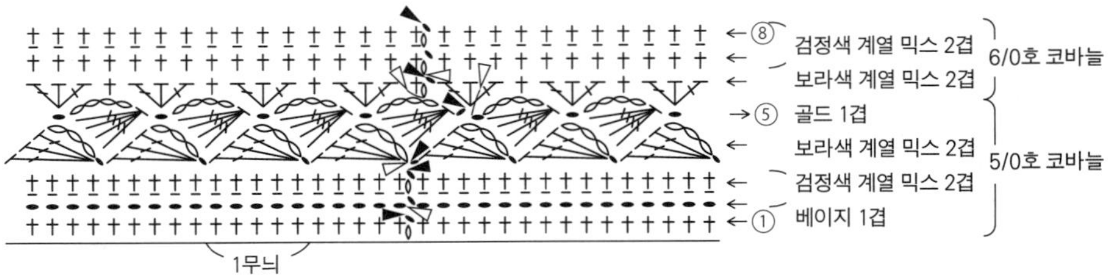

⑧
검정색 계열 믹스 2겹
보라색 계열 믹스 2겹
⑤
골드 1겹
보라색 계열 믹스 2겹
검정색 계열 믹스 2겹
①
베이지 1겹
6/0호 코바늘
5/0호 코바늘
1무늬

▷ = 실 잇기
► = 실 자르기

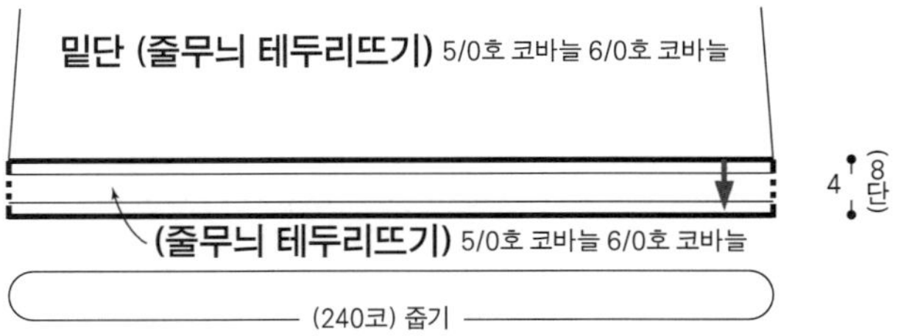

밑단 (줄무늬 테두리뜨기) 5/0호 코바늘 6/0호 코바늘
4
8단
(줄무늬 테두리뜨기) 5/0호 코바늘 6/0호 코바늘
(240코) 줍기

도안 12 벨트

2코 1무늬
②
①
모눈뜨기
⑥
⑤
①
무늬뜨기 B
1무늬
72
70

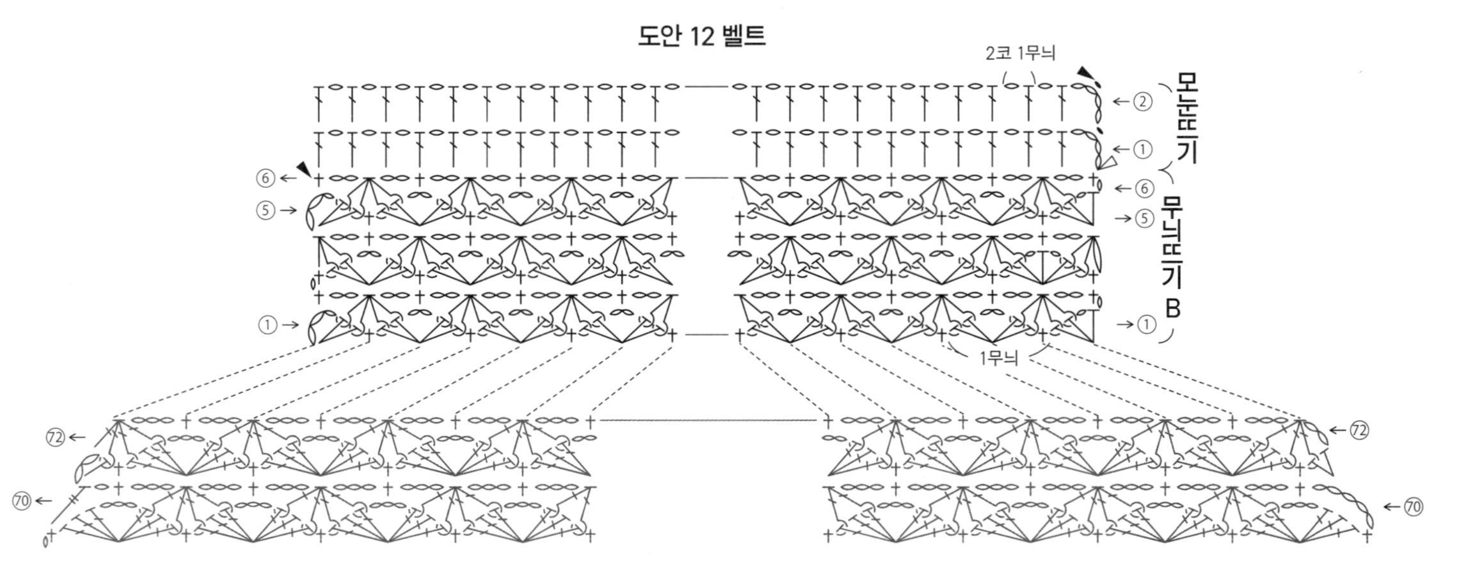

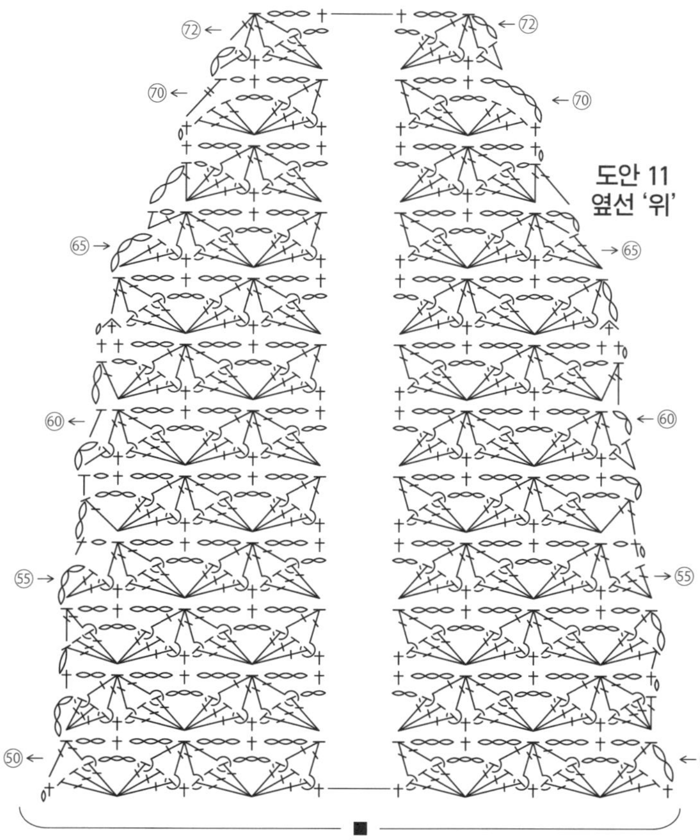

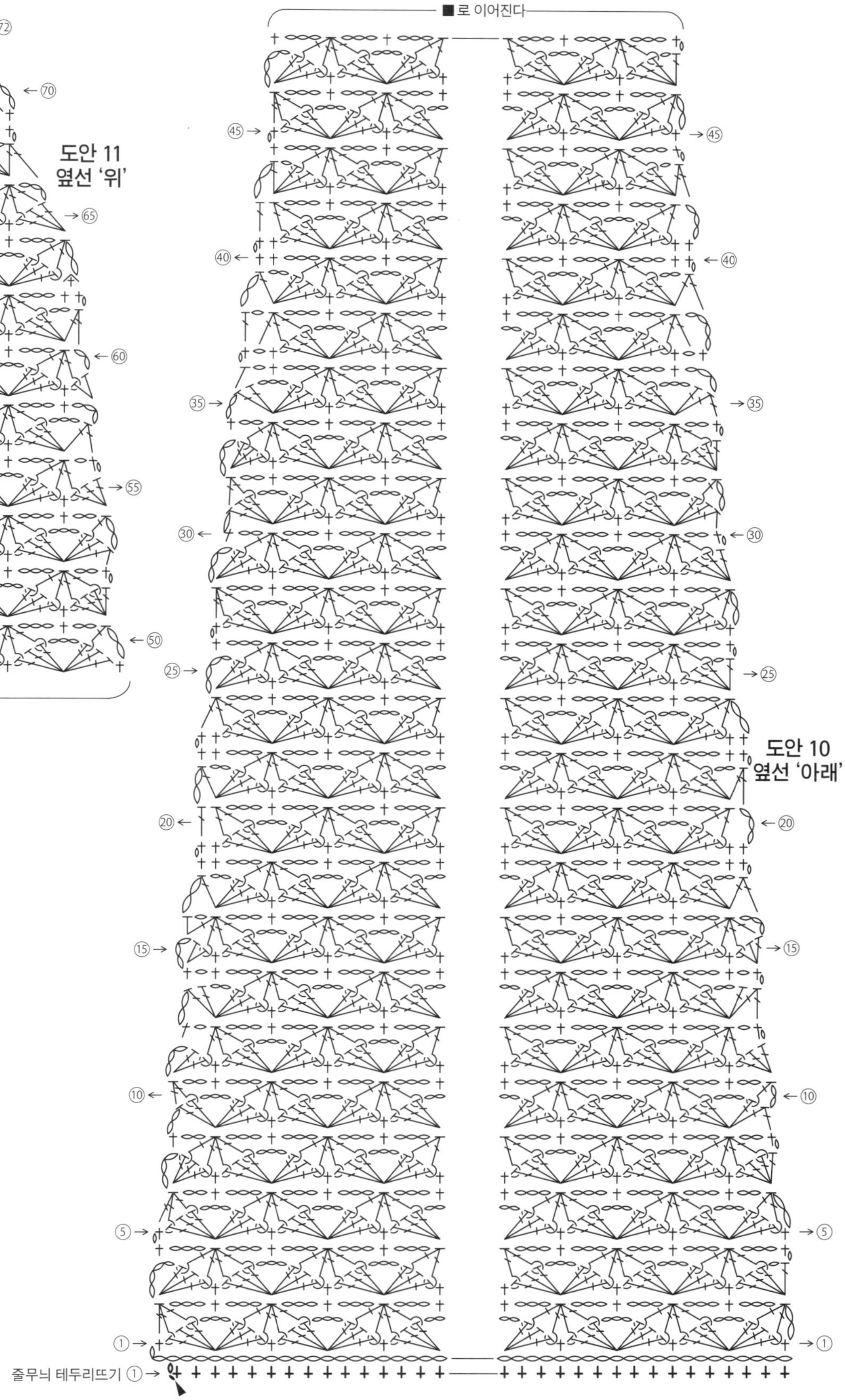

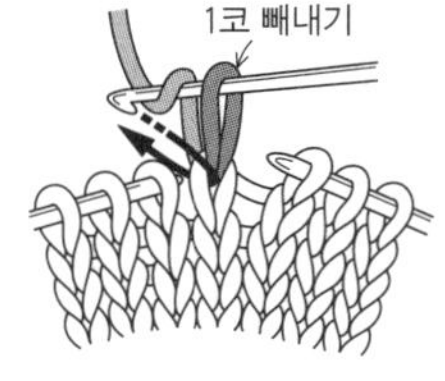

1 코바늘로 1코 느슨하게 빼내 바늘에 실을 걸어 같은 코에 바늘을 넣는다.

2 바늘에 실을 걸어 빼내는 과정을 3회 반복한 뒤 코바늘에 걸린 모든 루프를 한 번에 빼낸다.

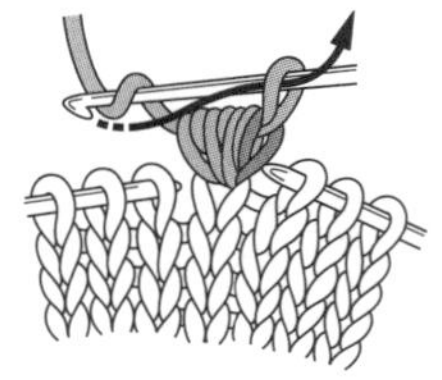

3 바늘에 실을 걸어 다시 화살표처럼 빼내 코를 당긴다.

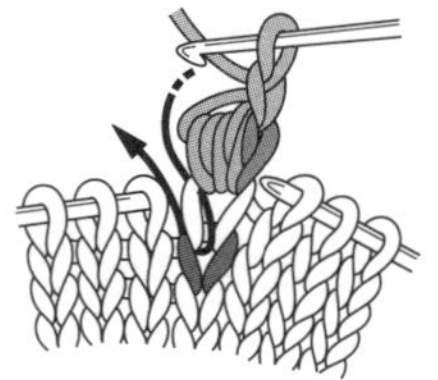

4 구슬뜨기를 뜬 코의 1단 아래의 니들 루프에 안면에서 코바늘을 화살표처럼 넣어 실을 빼낸다.

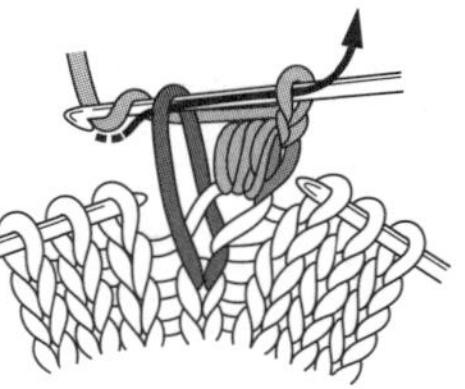

5 바늘에 실을 걸어 2개의 루프를 한 번에 빼내 오른바늘에 코를 옮긴다.

181

걸러뜨기 안뜨기
(2단)

※ 일본어 사이트

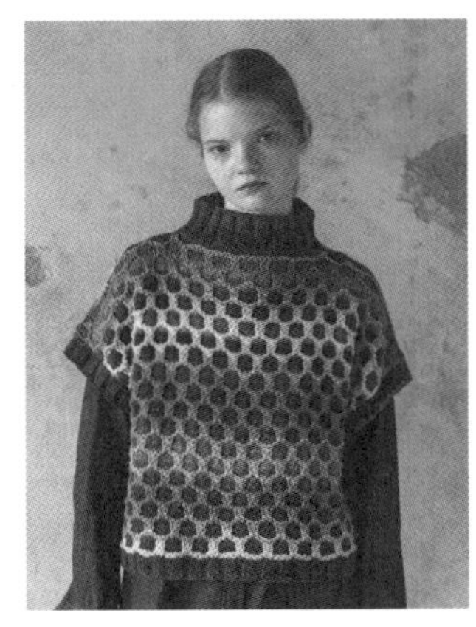

재료
DMC 브리오 XL 심녹색·연지색·황토색 계열 그러데이션(415) 270g 3볼, 노란색·하늘색·보라색 계열 그러데이션(408) 145g 2볼

도구
대바늘 13호·11호

완성 크기
가슴둘레 112cm, 기장 50cm, 소매길이 35cm

게이지(10×10cm)
줄무늬 무늬뜨기 15.5코×24.5단

POINT
● 몸판·소매…손가락에 실을 걸어서 기초코를 만들어 뜨기 시작하고, 2코 고무뜨기, 줄무늬 무늬뜨기로 뜹니다. 증감코는 도안을 참고하세요.
● 마무리…어깨는 덮어씌워 잇기, 옆선은 떠서 꿰매기, 소매 밑선은 메리야스 잇기를 합니다. 목둘레, 소맷부리는 지정 콧수를 줍고, 2코 고무뜨기로 원형뜨기합니다. 뜨개 끝의 무늬를 이어서 뜨면서 덮어씌워 코막음합니다.

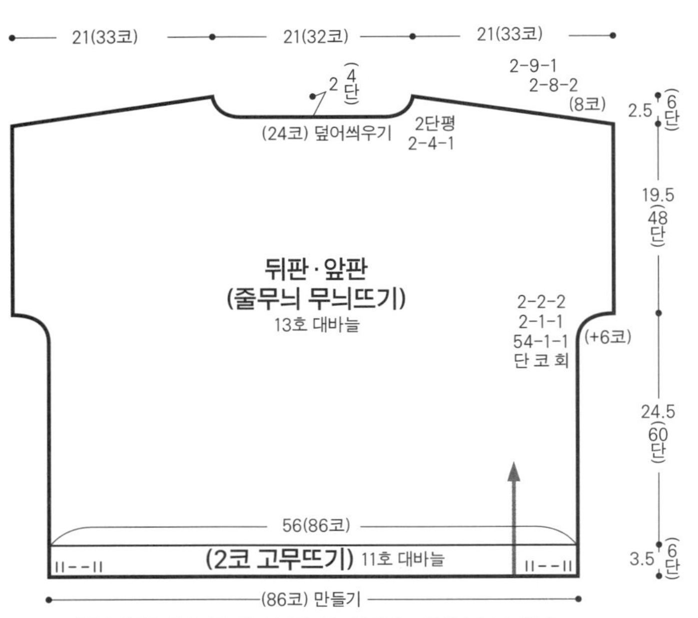

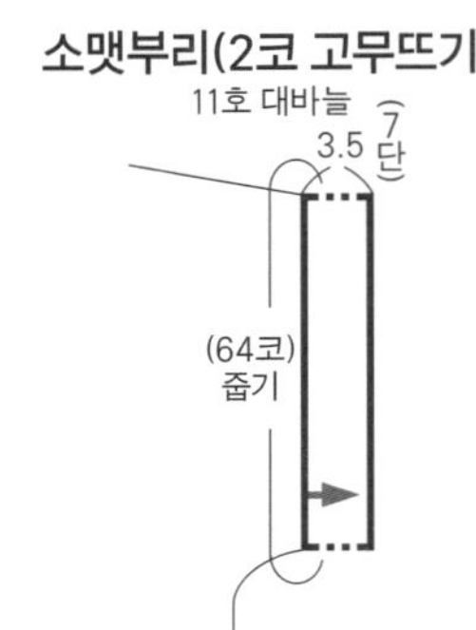

목둘레 (2코 고무뜨기) 11호 대바늘

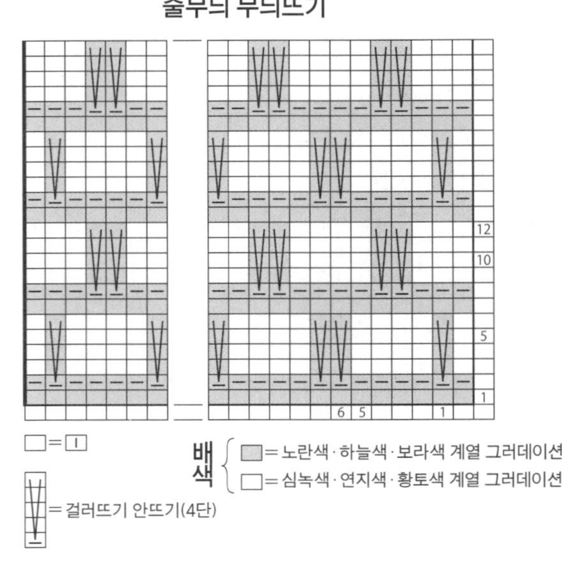

줄무늬 무늬뜨기

소맷부리(2코 고무뜨기) 11호 대바늘

□ = ﹝Ⅰ﹞

배색
⬚ = 노란색·하늘색·보라색 계열 그러데이션
□ = 심녹색·연지색·황토색 계열 그러데이션

⋎ = 걸러뜨기 안뜨기(4단)

※ 지정하지 않은 것은 심녹색·연지색·황토색 계열 그러데이션으로 뜬다.

2코 고무뜨기 (밑단)

□ = ﹝Ⅰ﹞

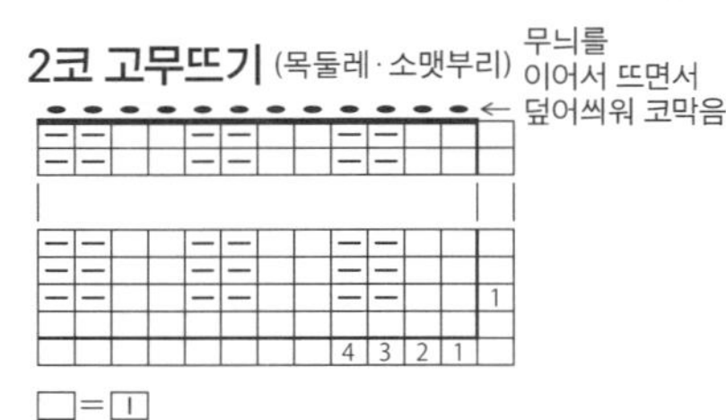

2코 고무뜨기 (목둘레·소맷부리) 무늬를 이어서 뜨면서 덮어씌워 코막음

□ = ﹝Ⅰ﹞

소매 밑선의 늘림코

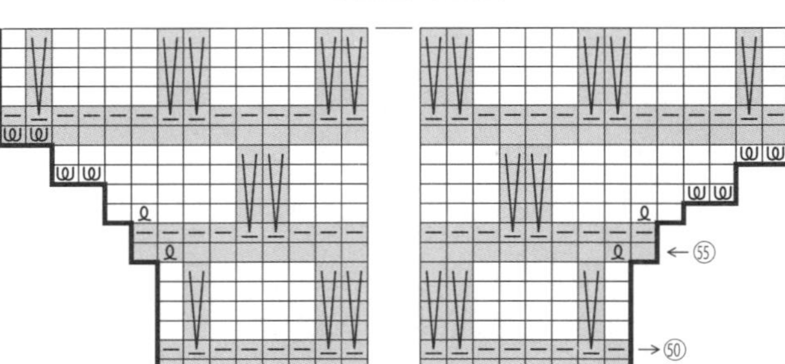

□ = ﹝Ⅰ﹞
〈Ｑ〉 = 돌려 늘림코   〈Ｗ〉 = 감아코

목둘레선의 줄임코과 어깨 경사

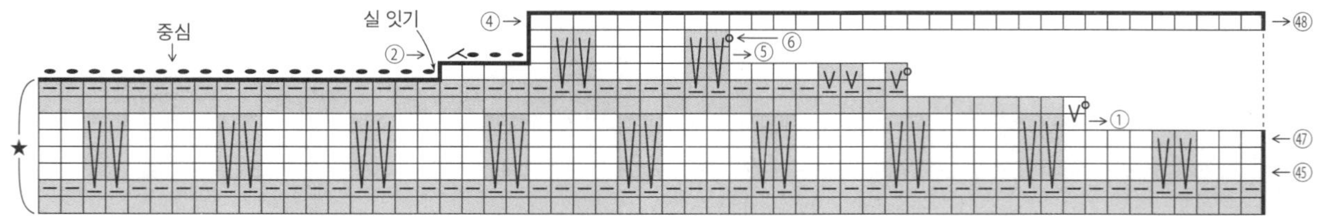

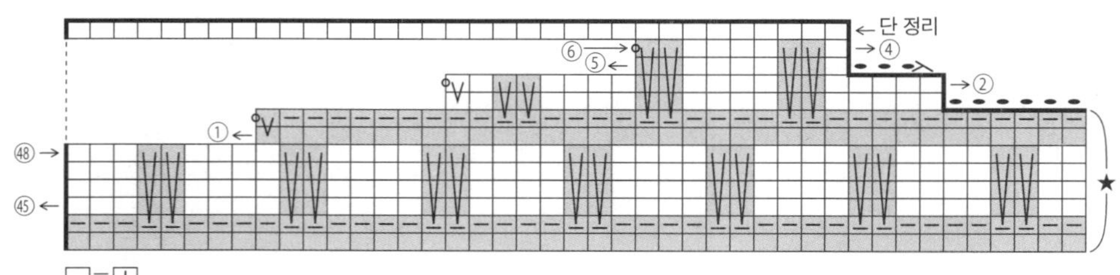

□ = ﹝Ⅰ﹞

※ 어깨 경사 6단째의 걸기코는 심녹색·연지색·황토색 계열 그러데이션으로 뜬다.

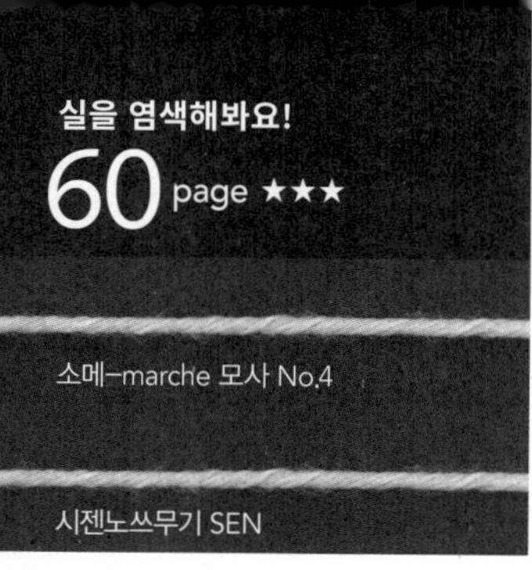

오른코 위 돌려
2코 모아뜨기

왼코 위 돌려
2코 모아뜨기

※일본어 사이트　　※일본어 사이트

재료
올림푸스 소메-marche 모사 No.4 25g 1타래,
시젠노쓰무기 SEN 카나리아 옐로(308) 20g 1볼
도구
대바늘 1호
완성 크기
손바닥 둘레 15cm, 길이 23cm
게이지(10×10cm)
1코 돌려 고무뜨기 46코×36단

POINT
●1코 고무뜨기 기초코를 만들어 뜨기 시작하고,
1코 돌려 고무뜨기로 원형뜨기합니다. 증감코는
도안을 참고하세요. 엄지 위치는 무늬를 이어서 뜨
면서 덮어씌워 코막음합니다. 뜨개 끝은 1코 돌려
고무뜨기 코막음합니다.

암 워머 (1코 돌려 고무뜨기)

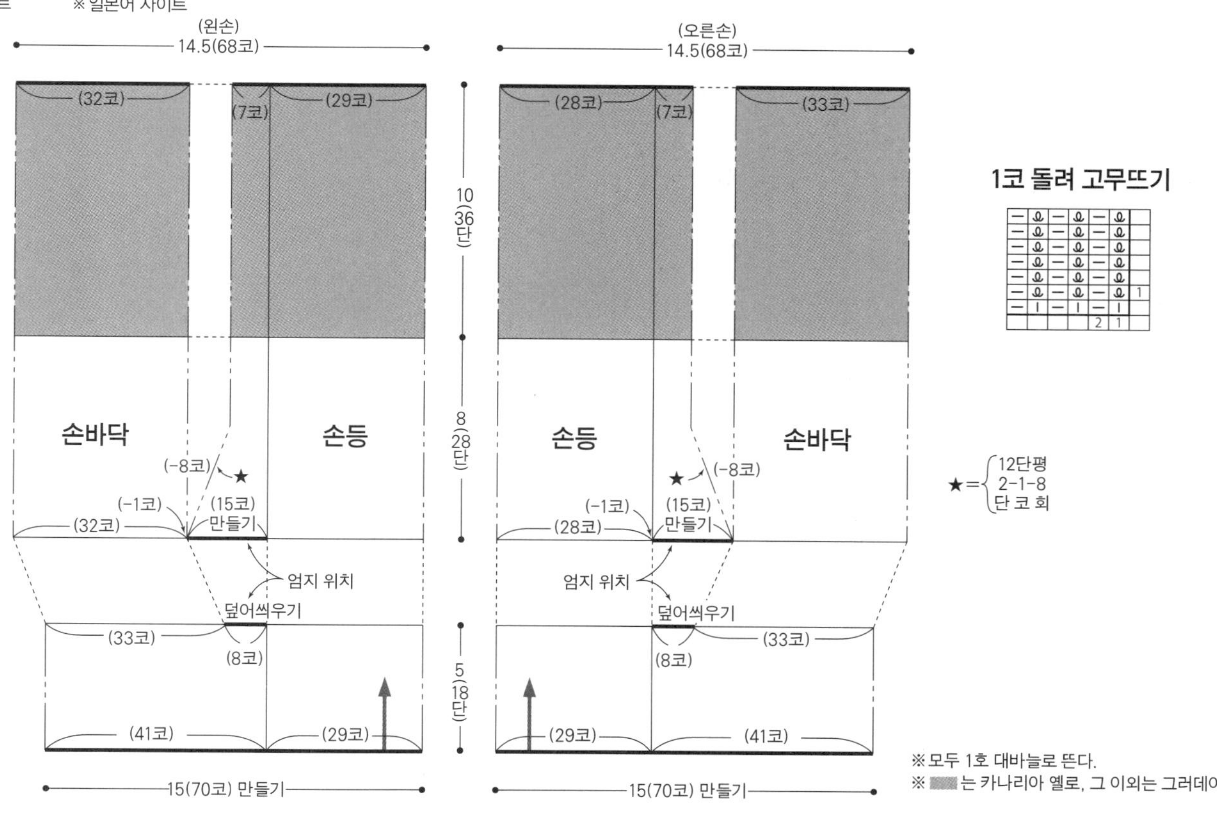

1코 돌려 고무뜨기

★ = 12단평 2-1-8 단 코 회

※ 모두 1호 대바늘로 뜬다.
※ ■ 는 카나리아 옐로, 그 이외는 그러데이션으로 뜬다.

엄지의 늘림코 (왼손)　　엄지의 늘림코 (오른손)

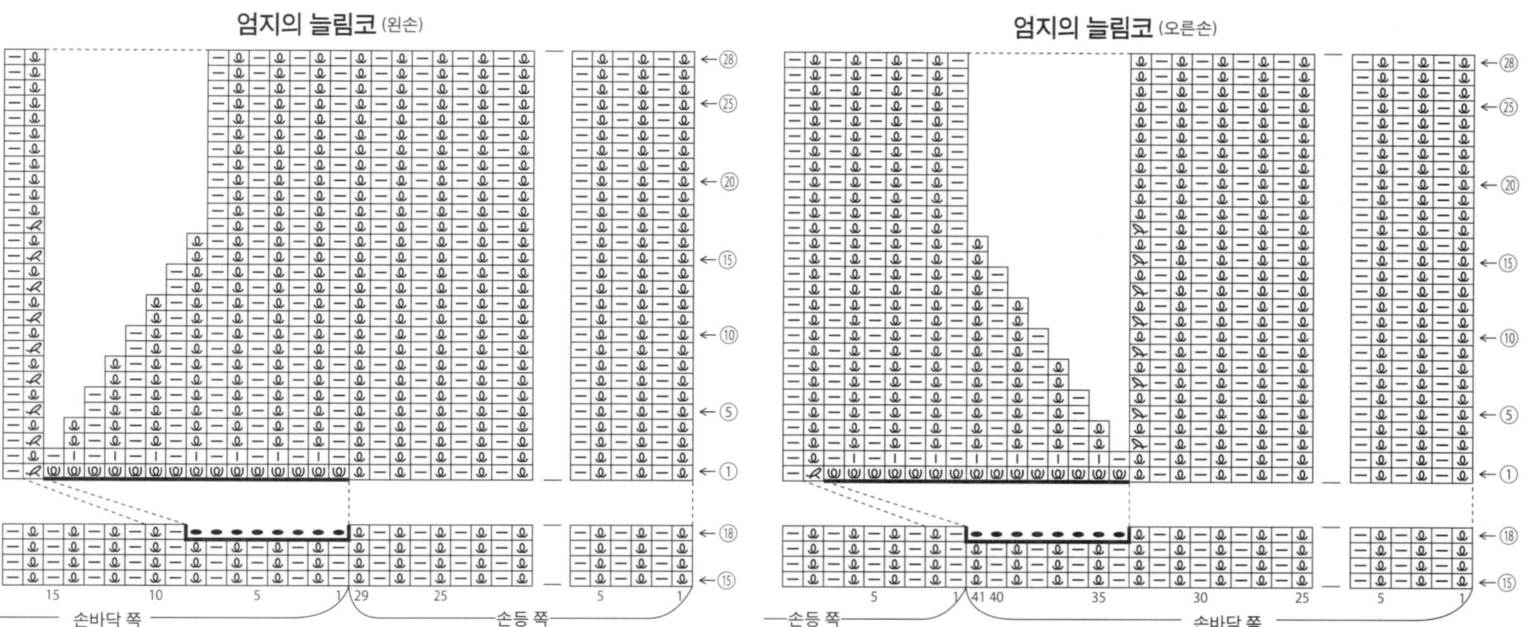

☑ = 왼코 위 돌려 2코 모아뜨기
☒ = 오른코 위 돌려 2코 모아뜨기
ⓥ = 감아코

실을 가로로 걸치는
배색무늬뜨기

재료
퍼피 프린세스 아니 에크뤼(547) 40g 1볼, DMC 태피스트리 울 빨간색(7127), 파란색(7316), 노란색(7971), 녹색(7342) 각 1볼

도구
대바늘 3호·1호

완성 크기
손바닥 둘레 19㎝, 길이 17㎝

게이지(10×10㎝)
메리야스뜨기 26.5코×38단,
무늬뜨기 B=26.5코×38단

POINT
●코바늘로 뜨는 기초코를 만들어 뜨기 시작하고, 무늬뜨기 A, 배색무늬뜨기로 원형뜨기합니다. 배색무늬뜨기는 실을 가로로 걸치는 방법으로 뜹니다. 계속해서 손등은 87페이지를 참고해 무늬뜨기 B, 손등은 메리야스뜨기로 뜹니다. 엄지 위치는 쉼코를 하고, 다음 단은 별도 사슬의 기초코에서 코를 주워 뜹니다. 손목은 배색무늬뜨기와 1코 고무뜨기로 뜨고, 뜨개 끝은 무늬를 이어서 뜨면서 덮어씌워 코막음합니다. 엄지는 쉼코와 기초코의 사슬을 푼 코에서 줍고, 주머니뜨기로 1코 고무뜨기를 합니다. 뜨개 끝은 손목과 같은 방법으로 합니다.

반장갑 (오른손)

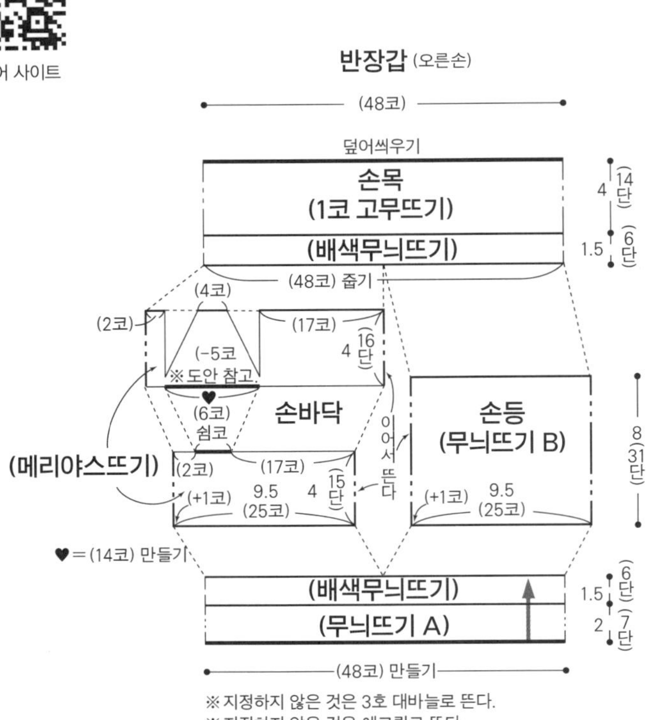

엄지
(1코 고무뜨기) 1호 대바늘

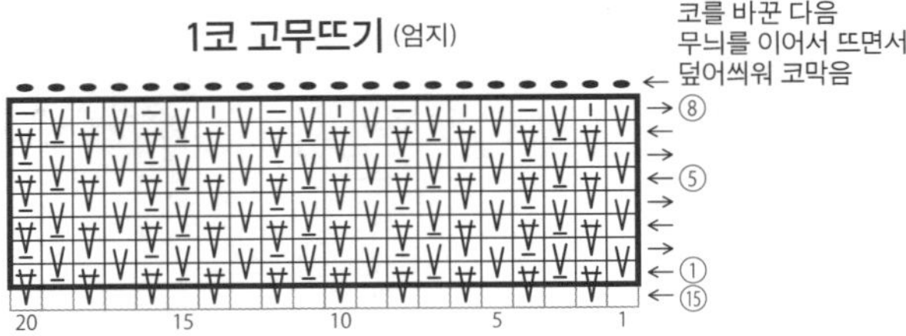

1코 고무뜨기 (엄지)

※ 지정하지 않은 것은 3호 대바늘로 뜬다.
※ 지정하지 않은 것은 에크뤼로 뜬다.
※ 왼손은 대칭으로 뜬다.

엄지를 주머니뜨기로 뜨는 법

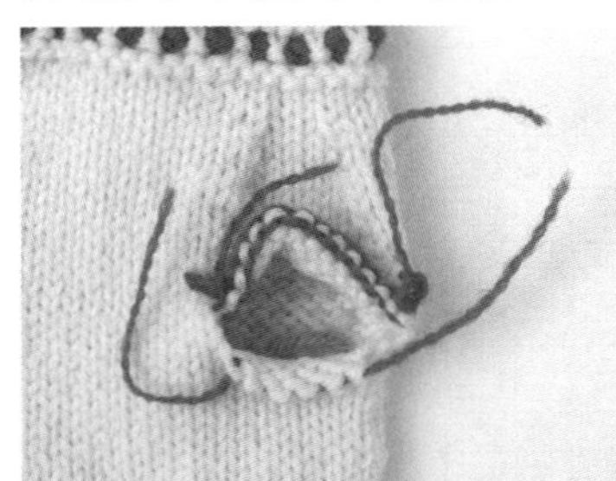

1 엄지 위치의 실을 각각 바늘에 옮긴다.

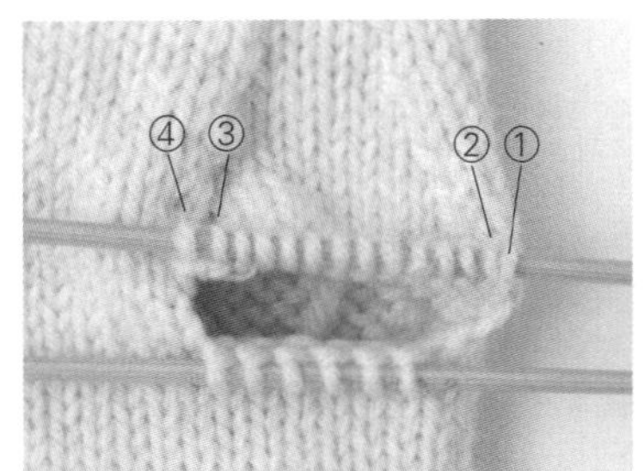

2 쉼코 6코, 별도 사슬을 풀어서 14코 바늘에 옮긴 모습. 가장자리 코를 앞쪽 바늘에 이동시켜서 같은 콧수로 만든다.

3 14코의 가장자리 2코씩을 앞쪽 바늘에 옮긴 모습.

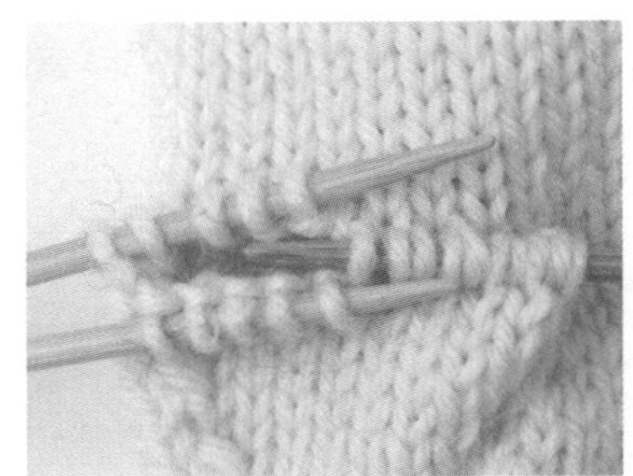

4 또 다른 바늘에 앞쪽의 코, 뒤쪽의 코를 번갈아 옮긴다.

5 1개의 바늘에 옮긴 모습.

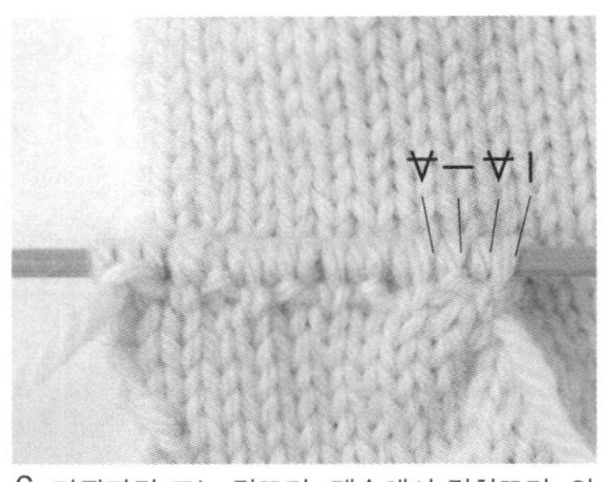

6 가장자리 코는 겉뜨기, 계속해서 걸쳐뜨기, 안뜨기를 반복해 1단 뜬 모습. 도안대로 8단째까지 뜬다.

7 8단 떴으면, 앞쪽의 코와 뒤쪽의 코를 바늘 2개에 나누어 옮기고, 무늬를 이어서 뜨면서 덮어씌워 코막음한다.

반장갑 (오른손)

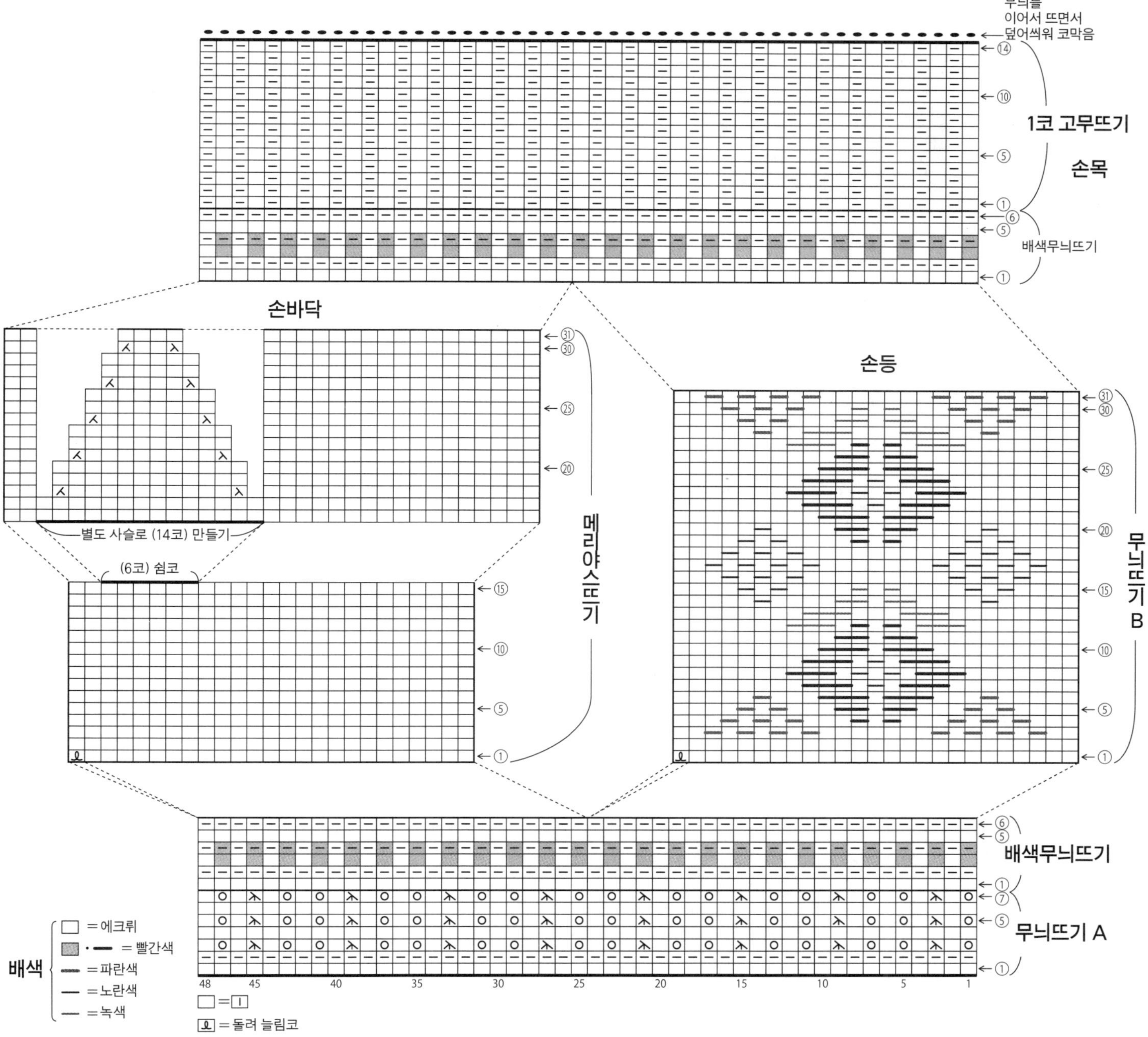

코바늘로 뜨는 기초코

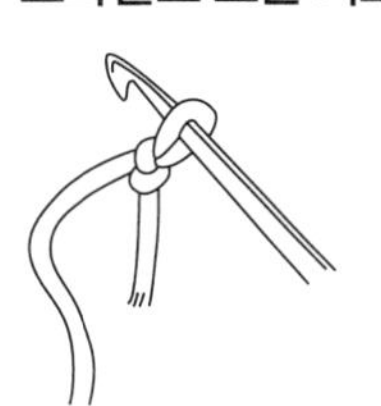

1 코바늘로 첫 코를 만든다.

2 대바늘 1개를 실 앞쪽에 두고 쥔 뒤 그대로 사슬뜨기한다.

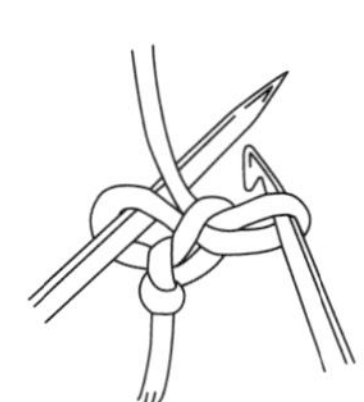

3 1코째 완성.

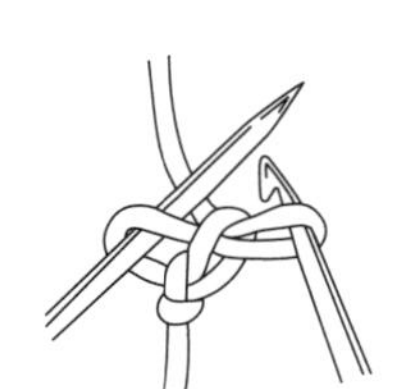

4 실을 대바늘 뒤쪽에 넘기고,

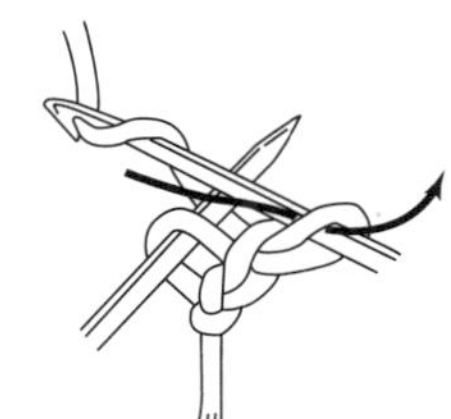

5 실을 걸어 빼낸다. 2코째 완성. 4, 5를 반복한다.

6 필요한 콧수보다 1코 적게 만들고, 마지막 코는 코바늘의 코를 대바늘에 옮긴다.

Y자뜨기

역Y자뜨기
(실 2회 감고 시작)

※ 일본어 사이트

※ 일본어 사이트

재료
올림푸스 시젠노쓰무기 SEN 라이트 베이지(302)
220g 6볼
도구
코바늘 4/0호·3/0호
완성 크기
가슴둘레 100㎝, 기장 39.5㎝, 화장 26㎝
게이지(10×10㎝)
무늬뜨기 26코×19단

POINT
●몸판…사슬뜨기로 기초코를 만들어 뜨기 시작
해 무늬뜨기로 뜹니다. 증감코는 도안을 참고하세
요.
●마무리…어깨는 겉면끼리 맞대서 감아 잇기로
연결합니다. 옆선은 겉면끼리 맞대서 기초코의 사
슬과 뜨개 끝의 코머리 뒤쪽 반 코끼리 줍고, 짧은
뜨기로 잇습니다. 지정 콧수를 주워서 밑단·소맷부
리는 테두리뜨기 A, 목둘레는 테두리뜨기 B를 원
형으로 뜹니다.

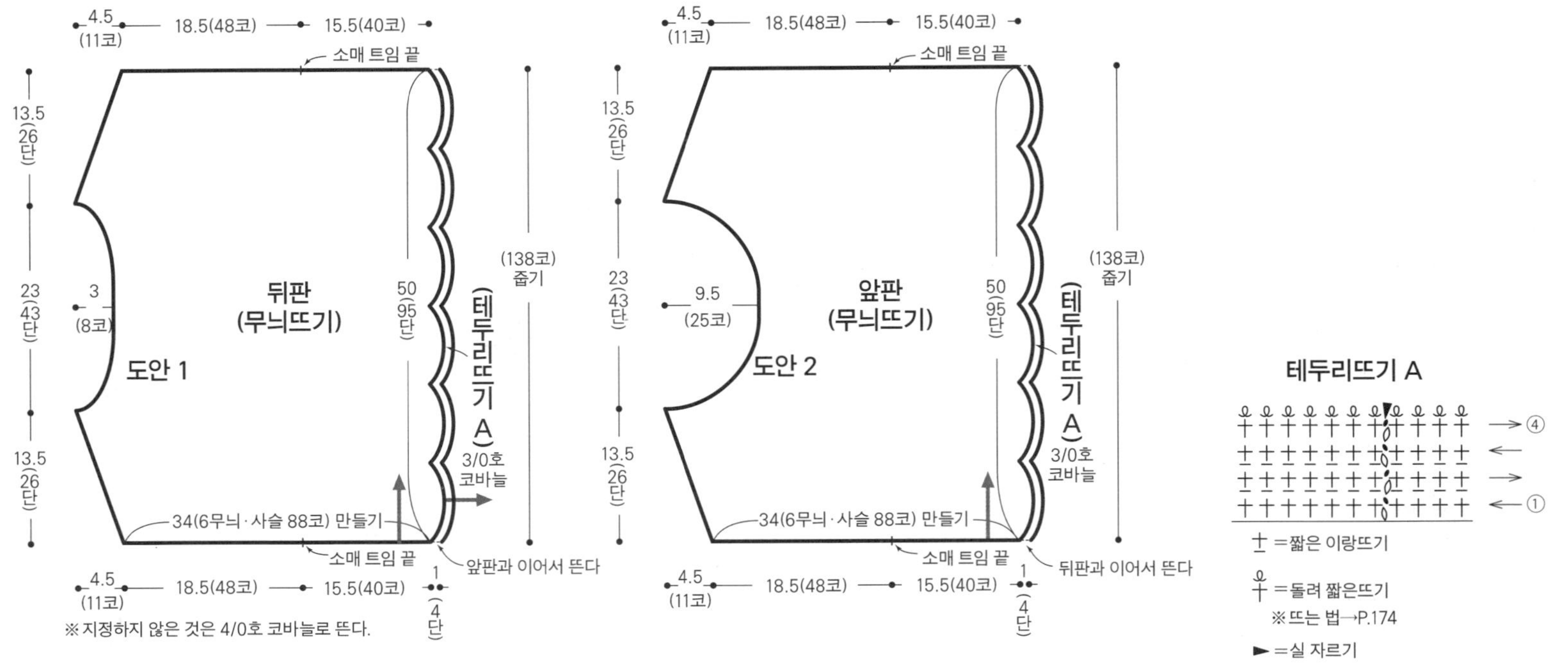

테두리뜨기 A

┼ =짧은 이랑뜨기

┼ =돌려 짧은뜨기
　※ 뜨는 법→P.174

► =실 자르기

※ 지정하지 않은 것은 4/0호 코바늘로 뜬다.

무늬뜨기

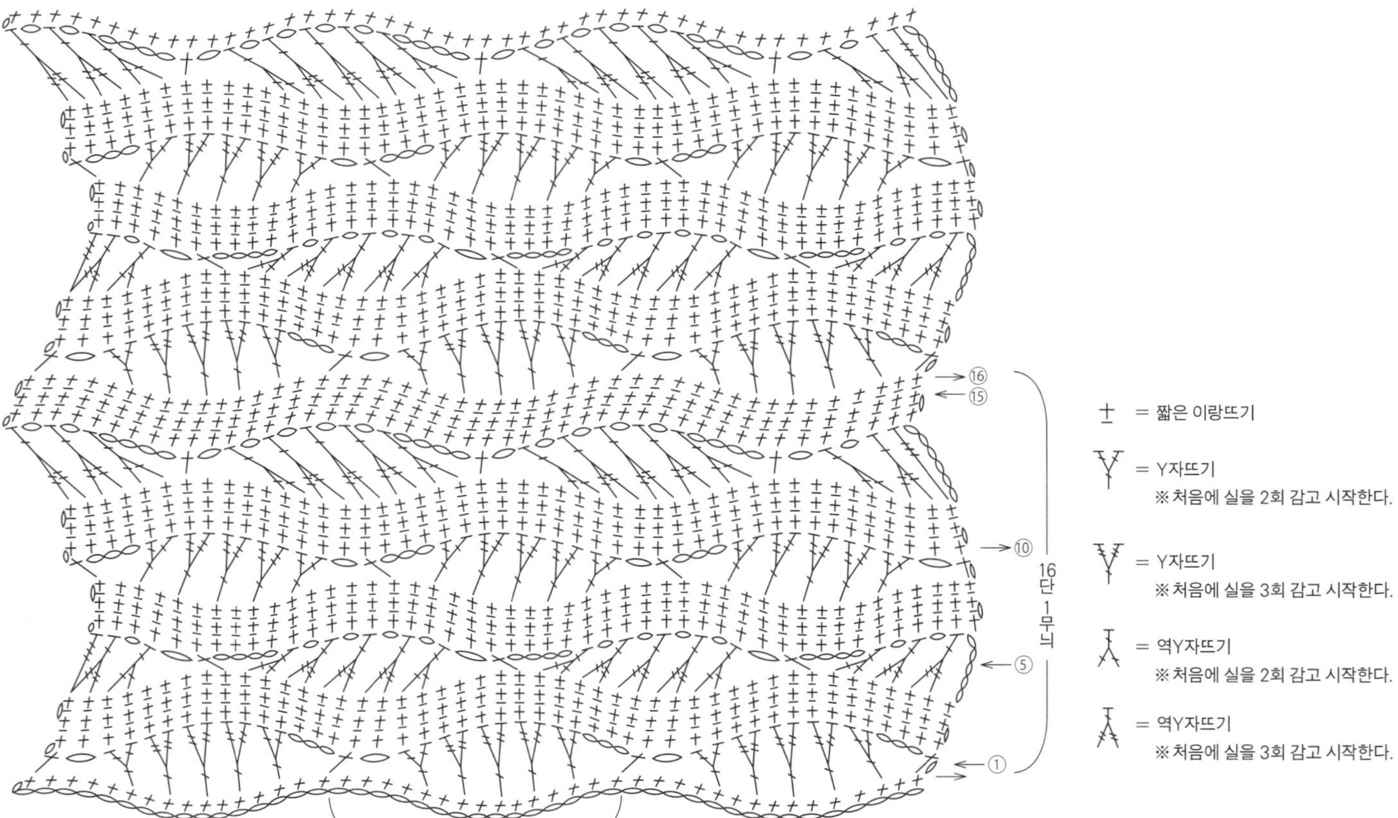

┼ = 짧은 이랑뜨기

Y = Y자뜨기
　※ 처음에 실을 2회 감고 시작한다.

Y = Y자뜨기
　※ 처음에 실을 3회 감고 시작한다.

人 = 역Y자뜨기
　※ 처음에 실을 2회 감고 시작한다.

人 = 역Y자뜨기
　※ 처음에 실을 3회 감고 시작한다.

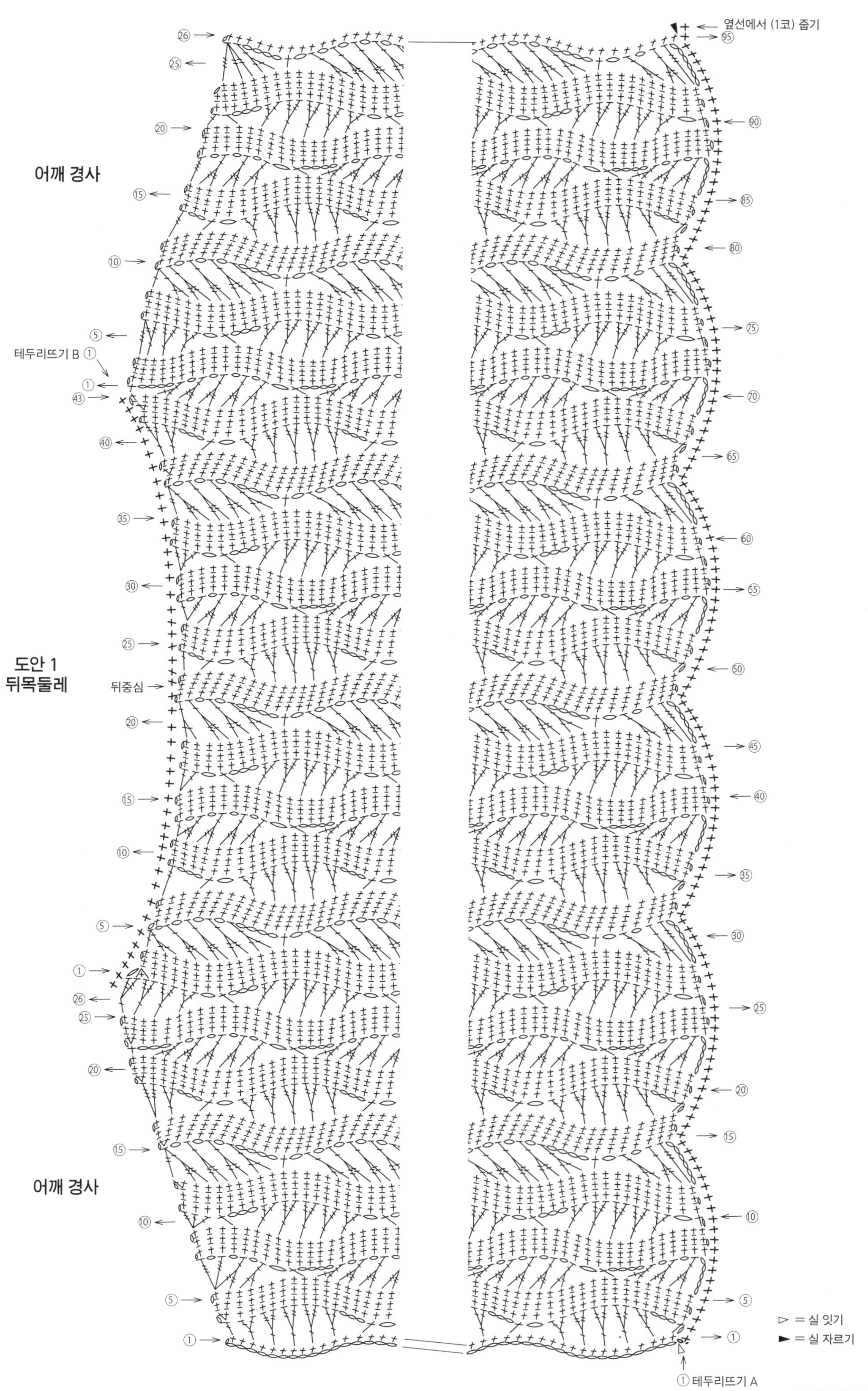

188페이지로 이어집니다. ▶

▶ 187페이지에서 이어집니다.

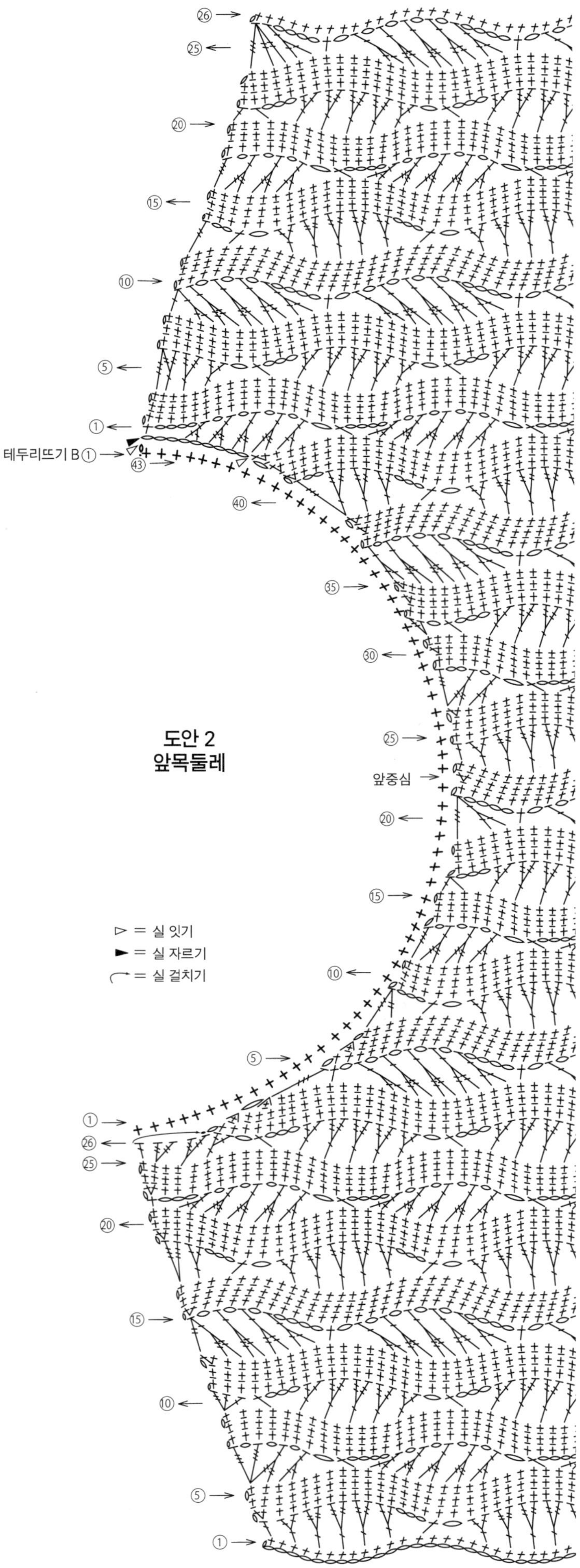

도안 3 소맷부리

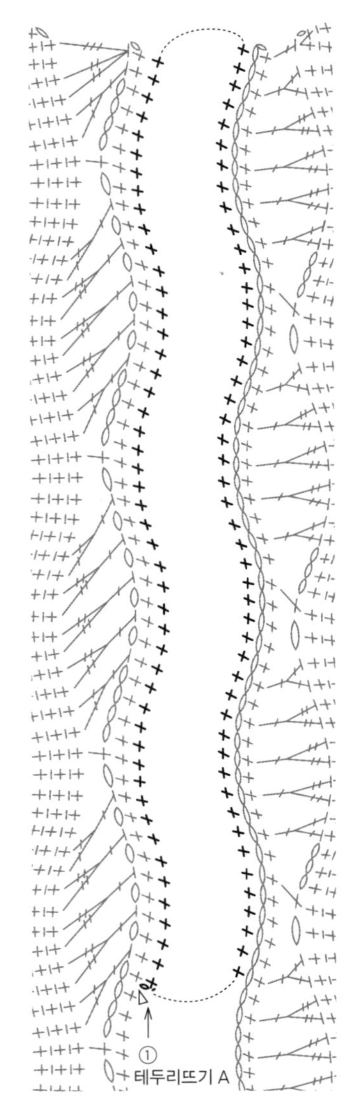

도안 2
앞목둘레

앞중심

▷ = 실 잇기
► = 실 자르기
⌒ = 실 걸치기

테두리뜨기 B

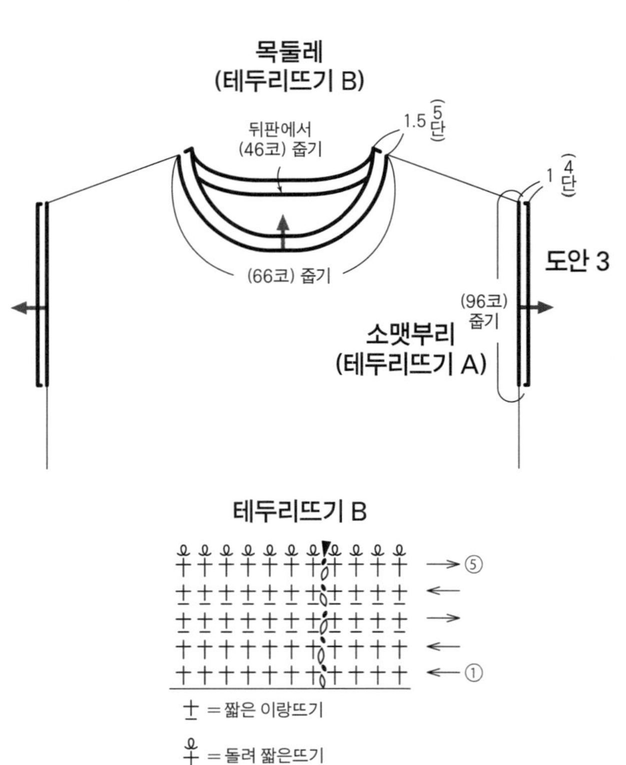

테두리뜨기 B

┼ = 짧은 이랑뜨기

⫢ = 돌려 짧은뜨기

앙고라 골드

한길 긴
앞걸어뜨기

※일본어 사이트

재료
[실] 알리제 앙고라 골드 데님(203) 255g 3볼
[단추] 지름 18mm 단추 2개
도구
코바늘 5/0호, 대바늘 2호
완성 크기
가슴둘레 108cm, 어깨너비 45cm, 기장 63cm
게이지(10×10cm)
무늬뜨기 21코×13단
POINT
●몸판…별도 사슬로 기초코를 만들어 뜨기 시작
해 무늬뜨기로 뜹니다. 진동둘레·목둘레의 줄임코
와 주머니 위치는 도안을 참고하세요. 주머니 안

면은 손가락에 실을 걸어서 기초코를 만들어 뜨기
시작해 메리야스뜨기로 뜹니다. 뜨개 끝은 덮어씌
워 코막음합니다. 플랩은 주머니 안면과 같은 방법
으로 뜨기 시작해 단춧구멍을 내면서 1코 고무뜨
기로 뜹니다. 뜨개 끝은 무늬를 이어서 뜨면서 덮
어씌워 코막음합니다.
●마무리…주머니 안면·플랩·끈은 마무리하는 법
을 참고해서 지정 위치에 꿰매서 답니다. 어깨는
빼뜨기 꿰매기, 옆선은 떠서 꿰매기를 합니다. 밑
단·목둘레·진동둘레는 지정 콧수를 주워 2코 고무
뜨기를 원형으로 뜹니다. 뜨개 끝은 무늬를 이어서
뜨면서 덮어씌워 코막음합니다. 단추를 달아 완성
합니다.

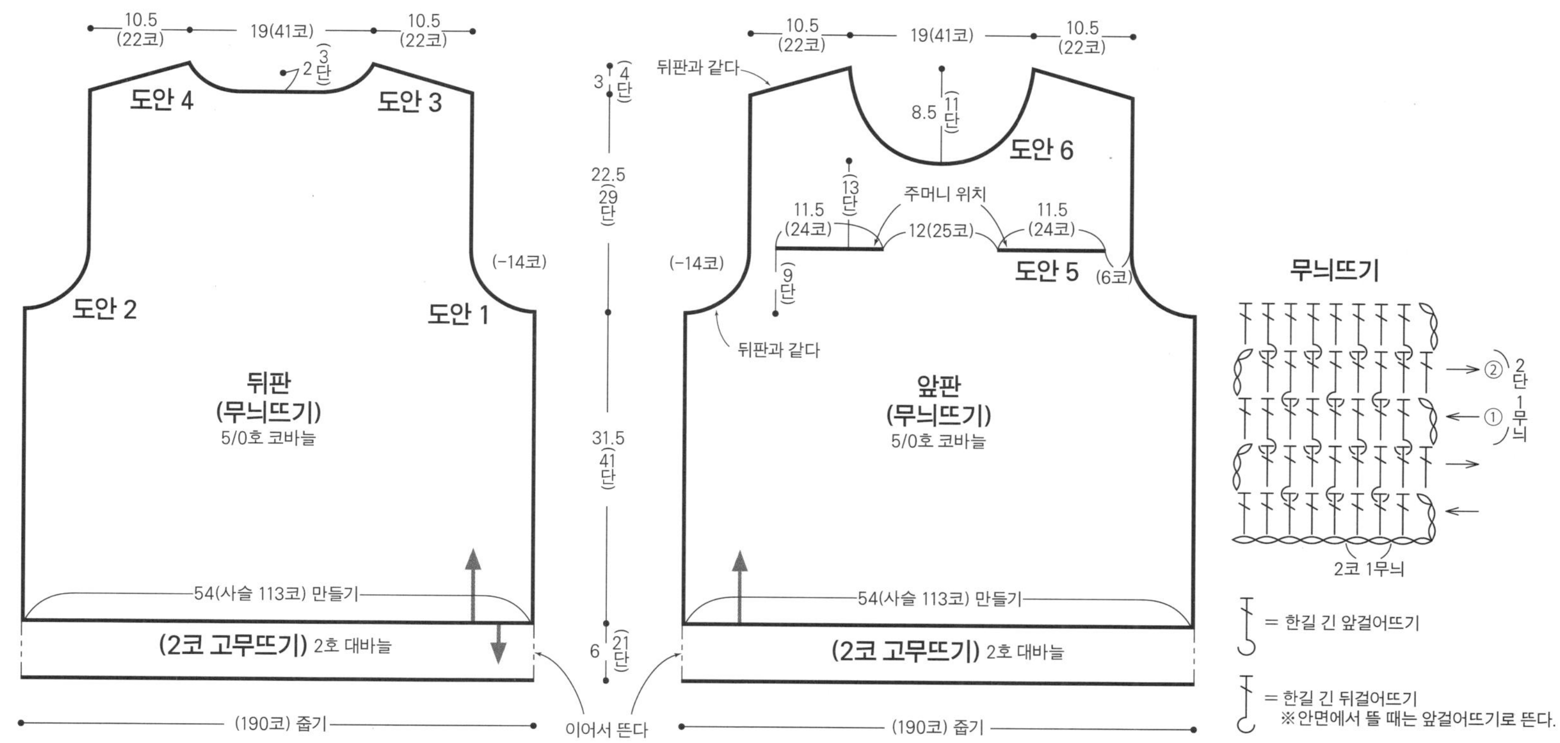

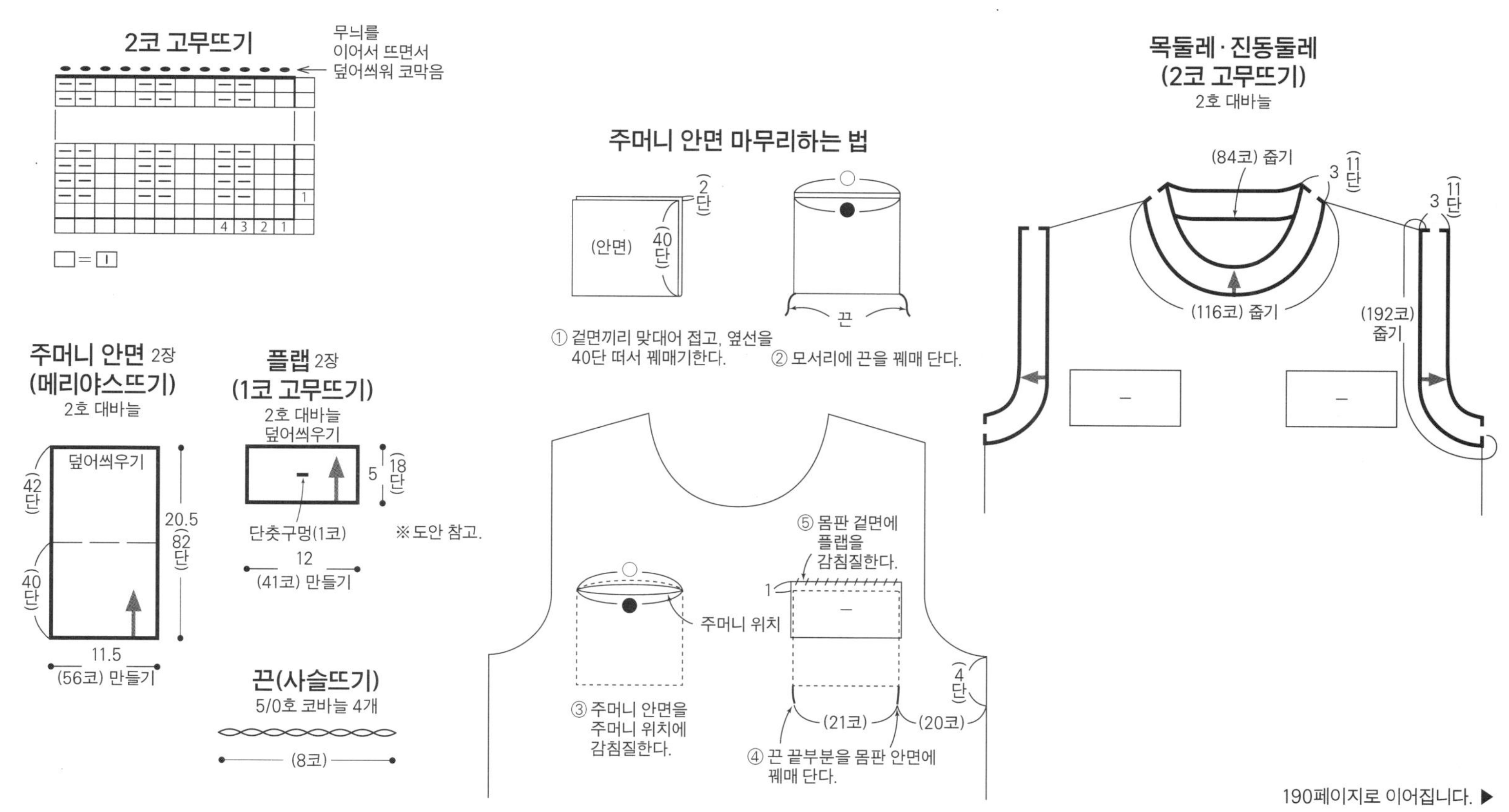

190페이지로 이어집니다. ▶

▶ 189페이지에서 이어집니다.

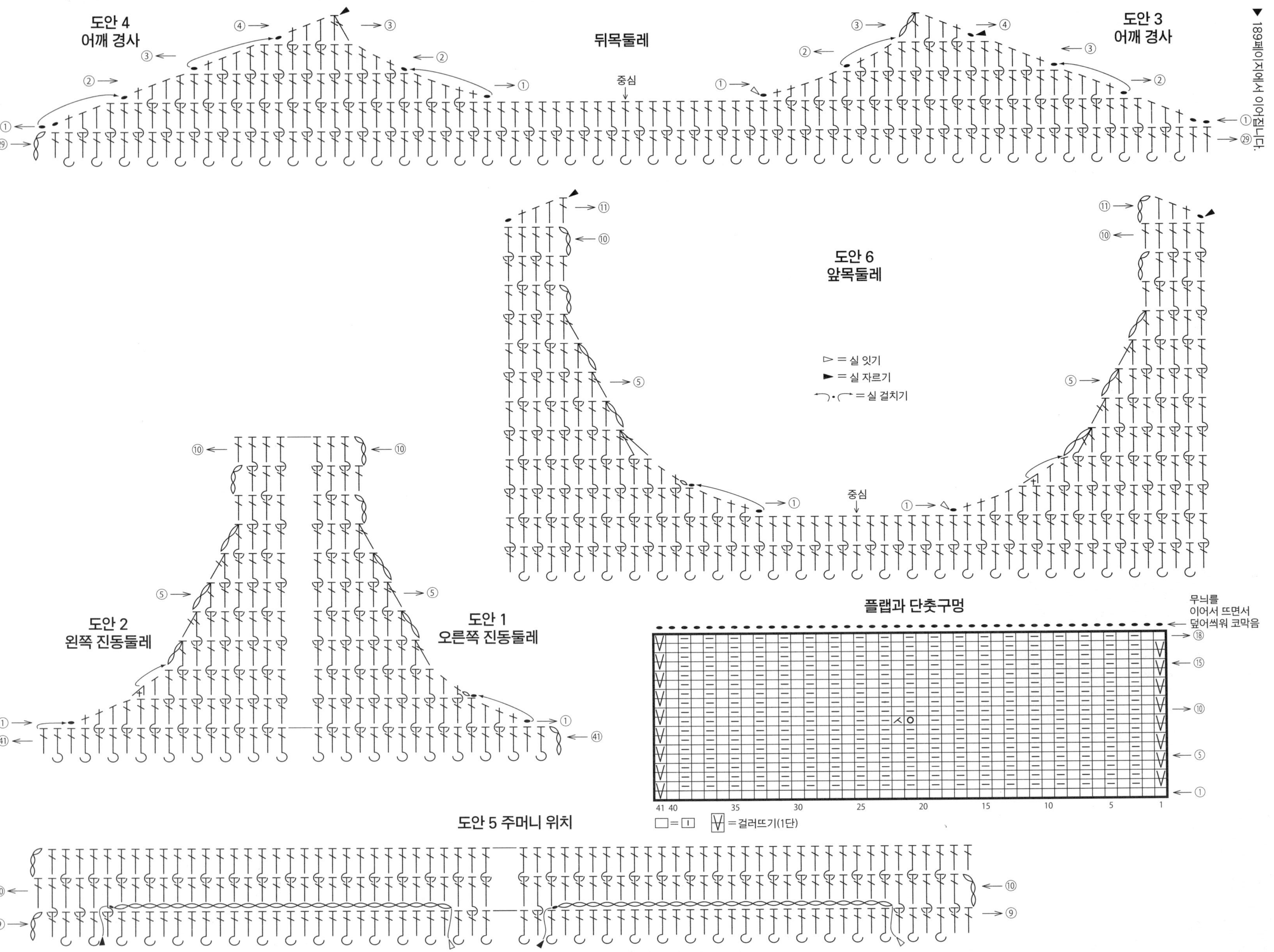

재료
다이아몬드케이토 다이아 스푸만테 남색·진보라색
계열 그러데이션(5806) 370g 13볼
도구
코바늘 5/0호
완성 크기
가슴둘레 104cm, 기장 49cm, 화장 59.5cm
게이지(10×10cm)
무늬뜨기 A 29코×11단,
무늬뜨기 B 29코×14.5단

POINT
●몸판·소매…앞뒤 몸판은 별도 사슬로 기초코를 만들어 뜨기 시작해 무늬뜨기 A를 원형으로 뜹니다. 늘림코는 도안을 참고하세요. 소매는 지정 위치에서 코를 주워 무늬뜨기 B, 테두리뜨기 A로 뜹니다.
●마무리…옆선·소매 밑선은 빼뜨기 잇기를 합니다. 지정 콧수를 주워서 밑단은 테두리뜨기 B, 목둘레는 테두리뜨기 C를 원형으로 왕복뜨기합니다. 목둘레 모서리 부분의 줄임코는 도안을 참고하세요.

도안 1 · 도안 2 (뒤판·앞판 무늬뜨기 A)

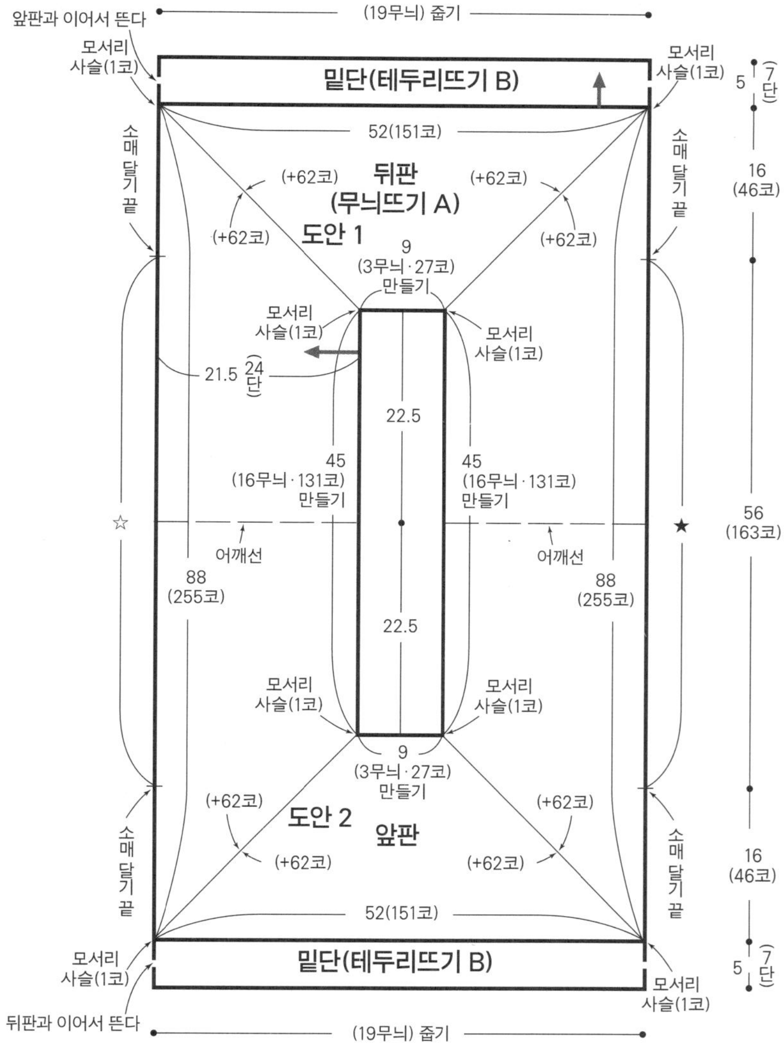

※ 모두 5/0호 코바늘로 뜬다.
※ 총 (사슬 320코) 만든다.

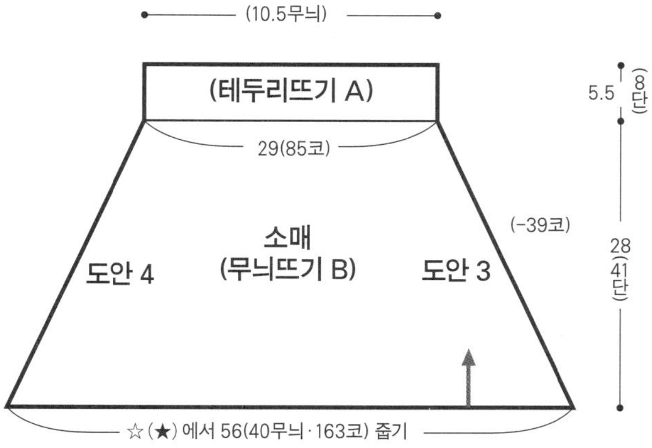

소매 (무늬뜨기 B)

※ ( ) 안은 왼쪽 소매의 맞춤 표시.

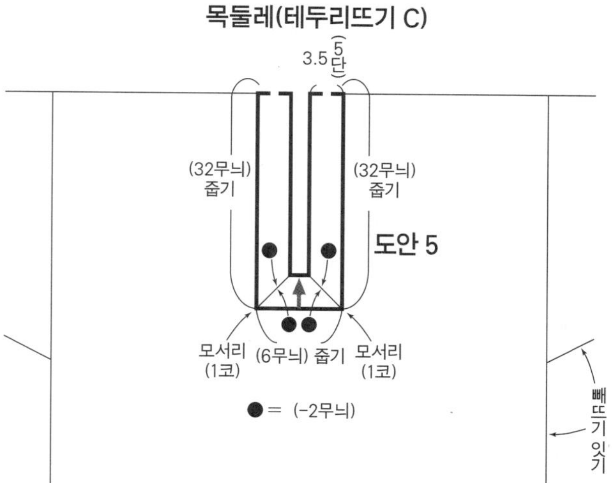

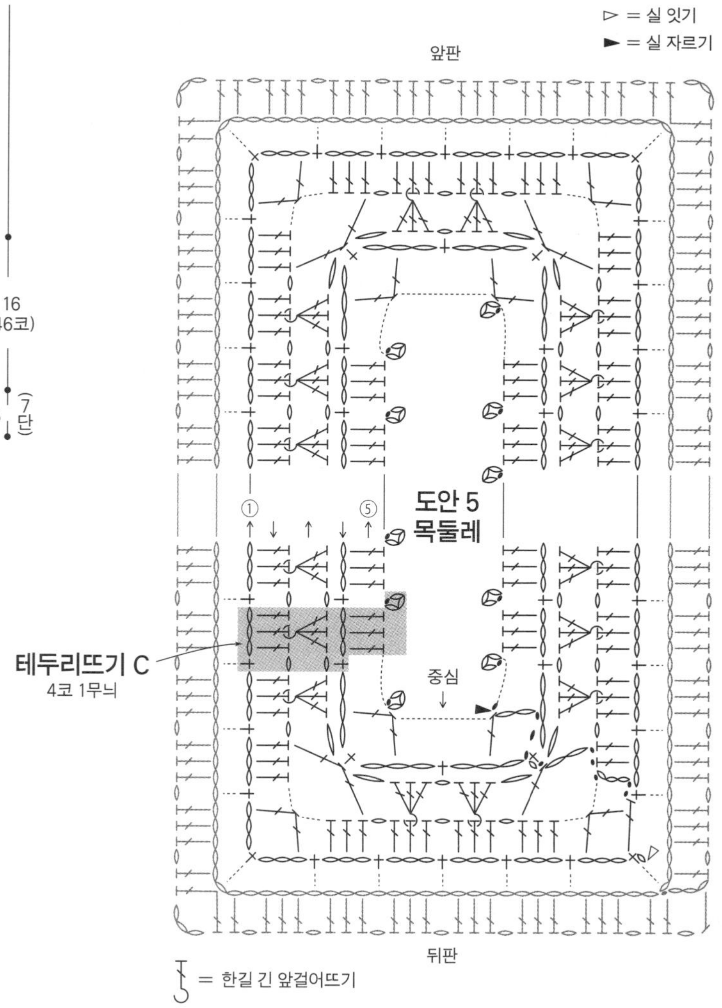

목둘레(테두리뜨기 C)

192페이지로 이어집니다. ▶

▶ 191페이지에서 이어집니다.

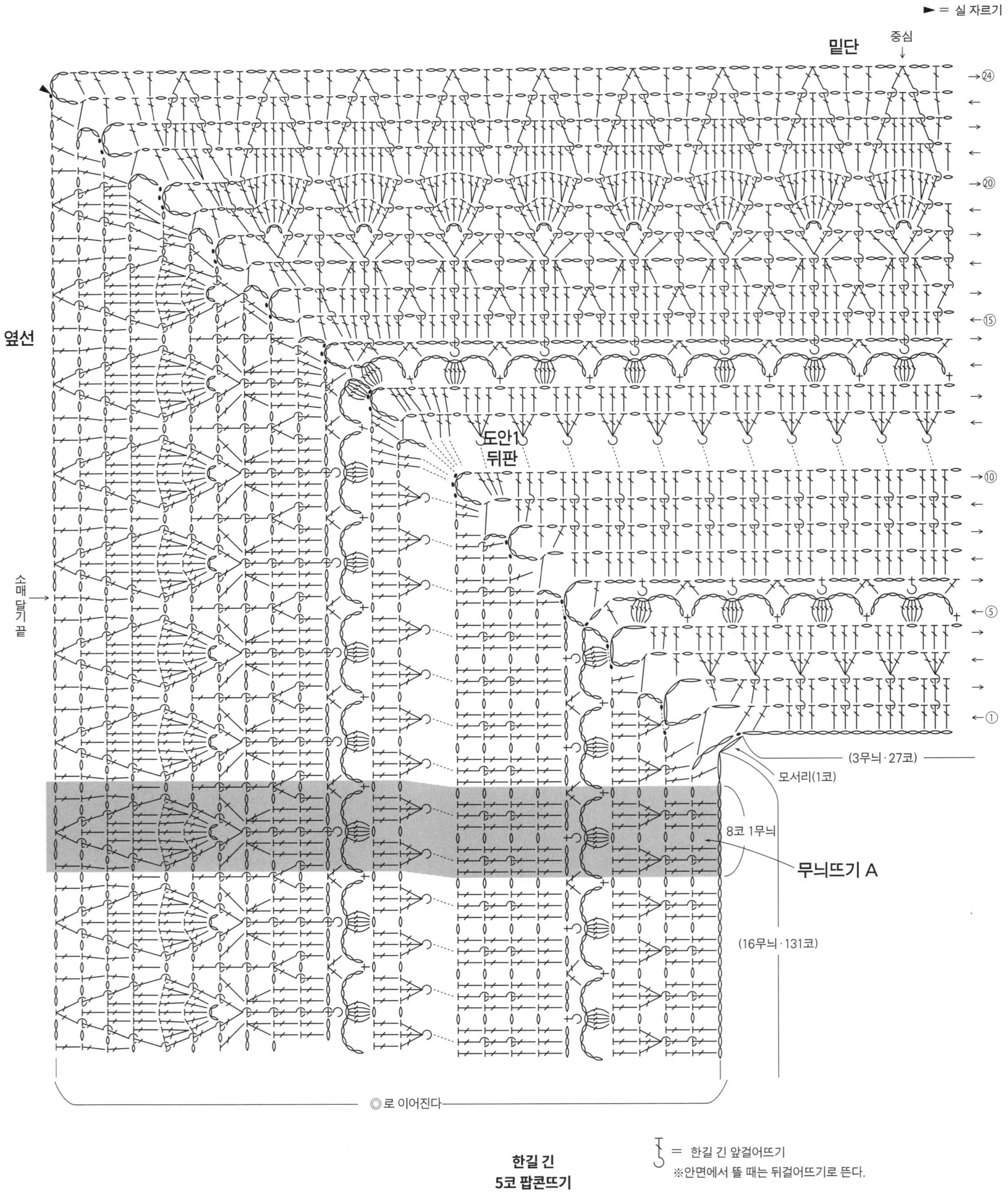

► = 실 자르기

밑단　중심

옆선

도안1
뒤판

소매
달기
끝

무늬뜨기 A

모서리(1코)

8코 1무늬

(3무늬·27코)

(16무늬·131코)

◎로 이어진다

한길 긴
5코 팝콘뜨기
(다발로 줍기)

※일본어 사이트

= 한길 긴 앞걸어뜨기
※안면에서 뜰 때는 뒤걸어뜨기로 뜬다.

= 한길 긴 5코 팝콘뜨기(다발로 줍기)

=짧은 앞걸어뜨기
※안면에서 뜰 때는 앞단의 팝콘뜨기를 주워
뒤걸어뜨기로 뜬다.

192

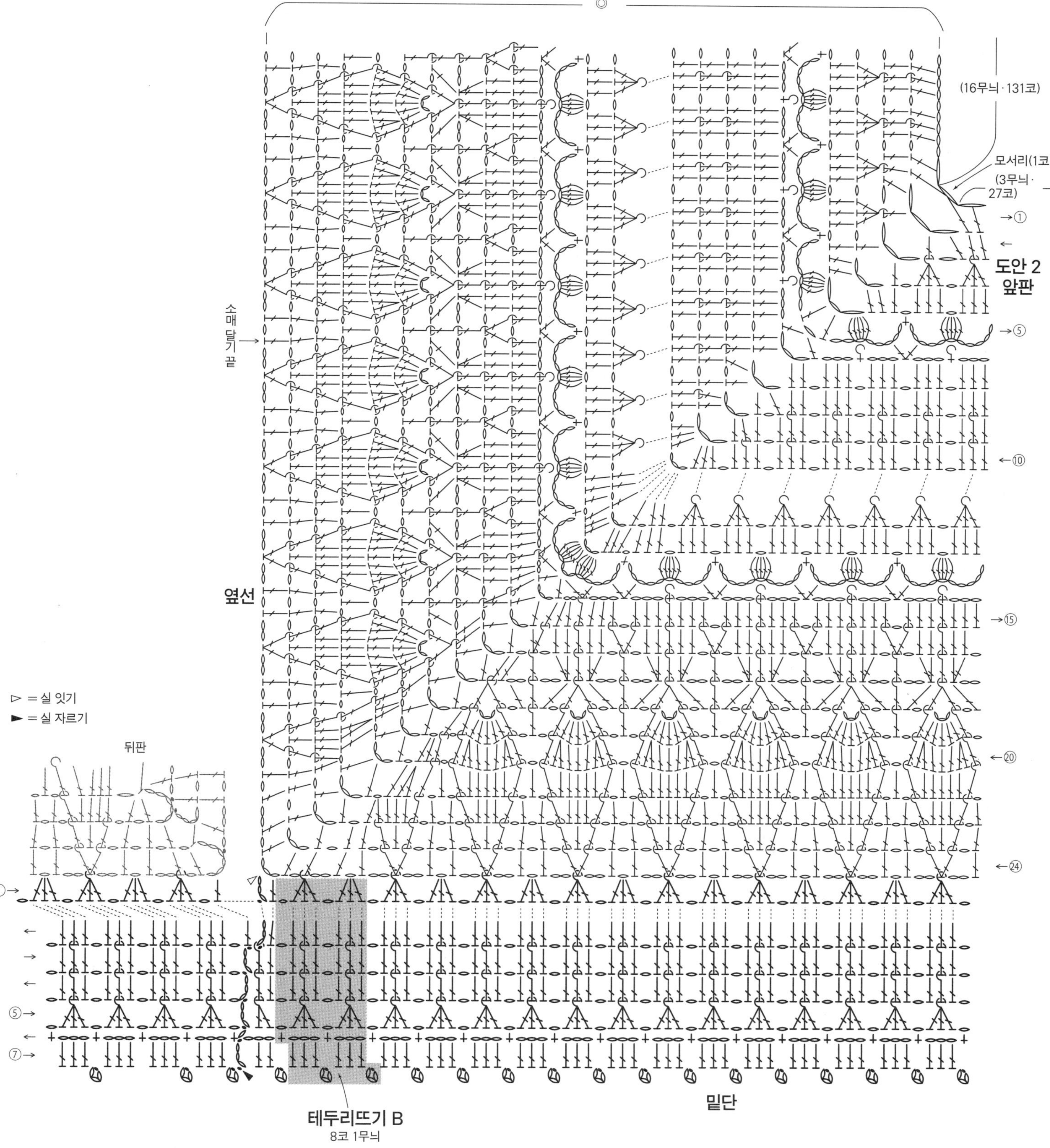

194페이지로 이어집니다. ▶

▶ 193페이지에서 이어집니다.

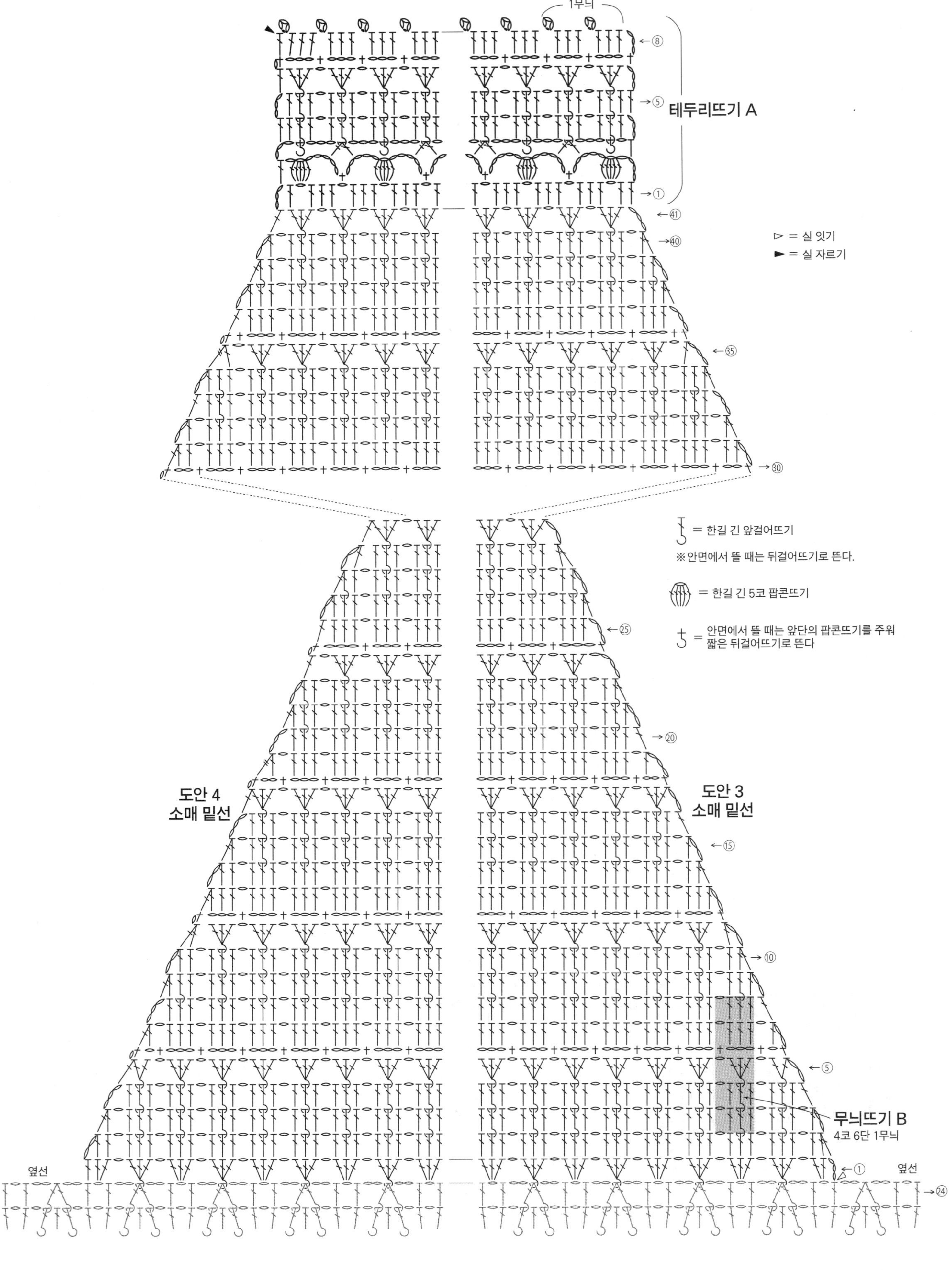

194

다이아 푸레

재료

[실] 다이아몬드케이토 다이아 푸레 하늘색·오렌지
·노란색·갈색 계열 그러데이션(5707) 625g 21볼
[단추] 지름 23㎜ 단추 5개

도구

코바늘 5/0호·6/0호·7/0호

완성 크기

가슴둘레 111㎝, 기장 53㎝, 화장 70.5㎝

게이지(10×10㎝)

무늬뜨기 B 22코×14단

POINT

●몸판·소매…별도 사슬로 기초코를 만들어 뜨기
시작해 무늬뜨기 A·B로 뜹니다. 증감코는 도안을
참고하세요.
●마무리…어깨는 짧은뜨기 사슬 잇기, 옆선·소매
밑선은 짧은뜨기 사슬 꿰매기합니다. 앞여밈단은
지정 콧수를 주워 무늬뜨기 A로 뜹니다. 오른쪽
앞여밈단에는 단춧구멍을 냅니다. 목둘레는 몸판
의 겉면을 보면서 코를 주워 게이지 조정을 하면서
무늬뜨기 A로 뜹니다. 소매는 짧은뜨기 사슬 꿰매
기로 몸판과 연결합니다. 단추를 달아 완성합니다.

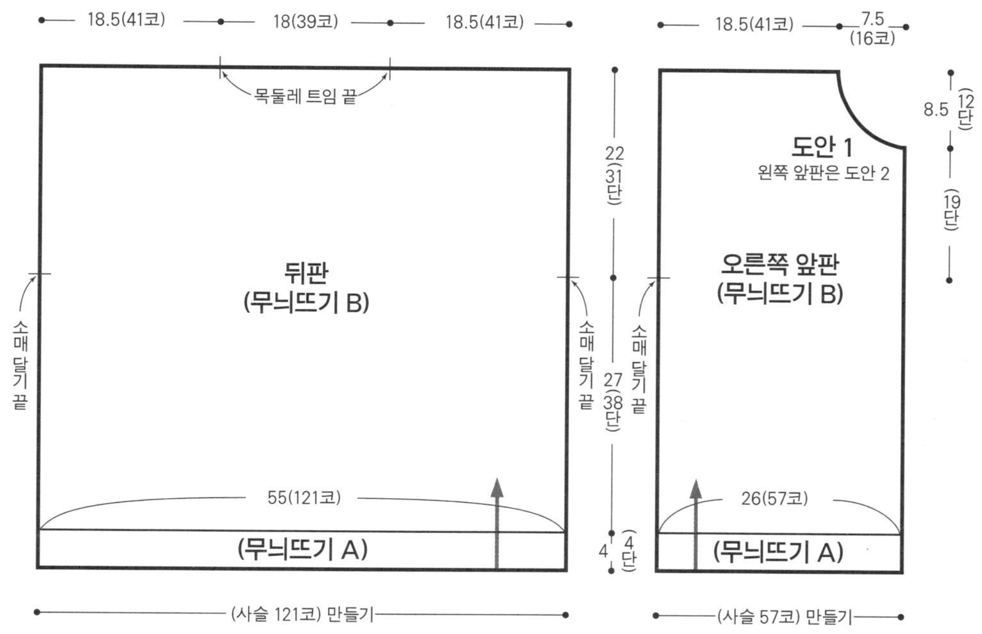

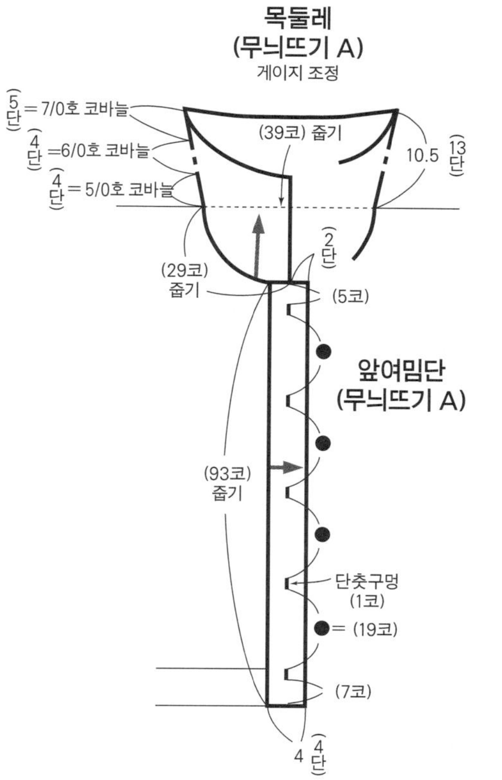

(도안)

뒤판 (무늬뜨기 B) — 18.5(41코) 18(39코) 18.5(41코) / 목둘레 트임 끝 / 22(31단) / 소매 달기 끝 / 55(121코) / (무늬뜨기 A) / (사슬 121코) 만들기

도안 1 — 왼쪽 앞판은 도안 2 / 오른쪽 앞판 (무늬뜨기 B) — 18.5(41코) 7.5(16코) / 8.5(12단) / (19단) / 27(38단) / 소매 달기 끝 / 26(57코) / 4(4단) / (무늬뜨기 A) / (사슬 57코) 만들기

목둘레 (무늬뜨기 A) 게이지 조정 — (단) =7/0호 코바늘 / (단) =6/0호 코바늘 / (단) =5/0호 코바늘 / (39코) 줄기 / 10.5(13단) / (2단) / (29코) 줄기 / (93코) 줄기 / (5코)

앞여밈단 (무늬뜨기 A) — 단춧구멍(1코) / = (19코) / (7코) / 4(4단)

※지정하지 않은 것은 5/0호 코바늘로 뜬다.

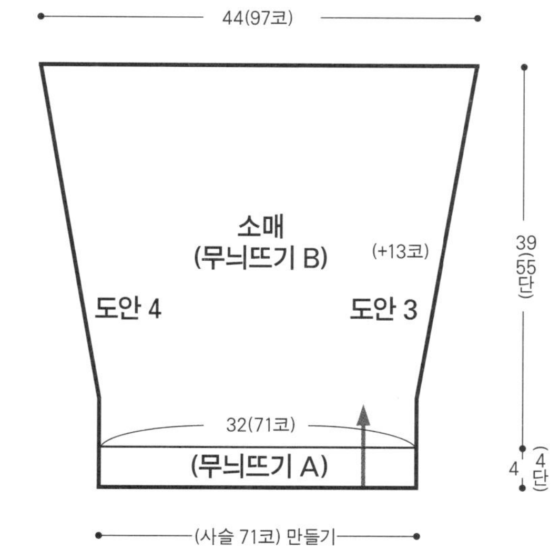

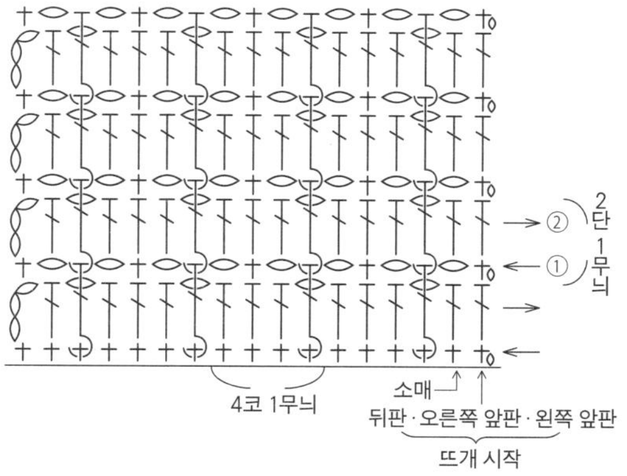

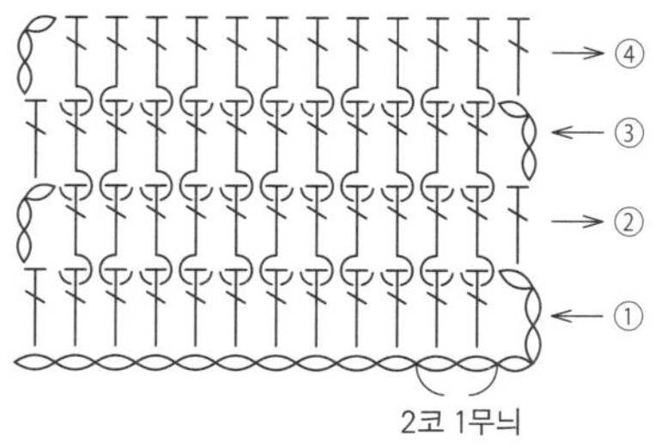

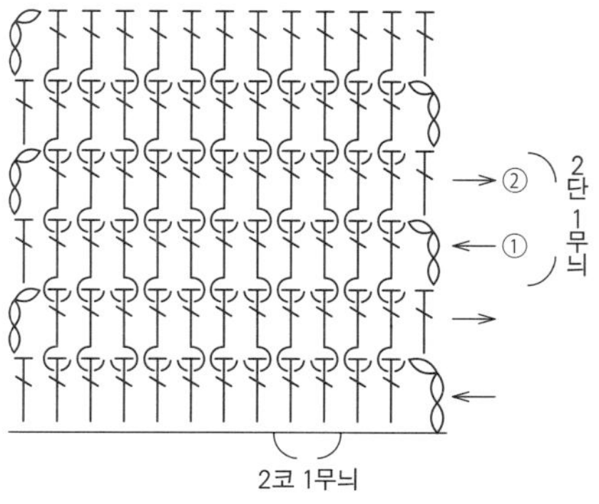

소매 (무늬뜨기 B) — 44(97코) / 도안 4 / 도안 3 / 39(55단) / 32(71코) / (무늬뜨기 A) / 4(4단) / (사슬 71코) 만들기 (+13코)

무늬뜨기 B — 2단 1무늬 / 4코 1무늬 / 소매 뒤판·오른쪽 앞판·왼쪽 앞판 / 뜨개 시작

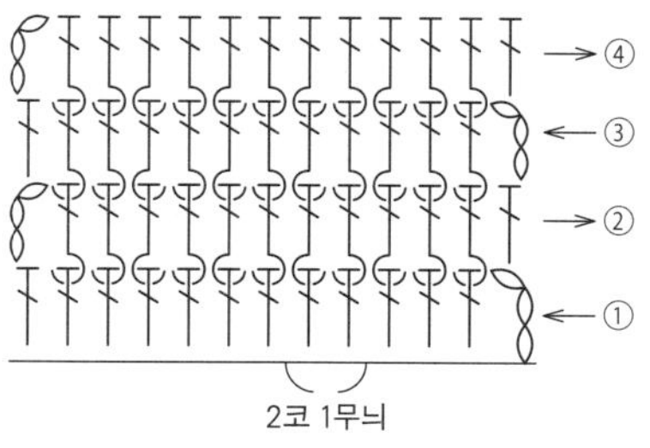

무늬뜨기 A (앞여밈단) — 2코 1무늬 / ① ② ③ ④

무늬뜨기 A (밑단·소맷부리) — 2코 1무늬 / ① ② ③ ④

무늬뜨기 A (목둘레) — 2단 1무늬 / 2코 1무늬 / ① ②

┰ = 한길 긴 앞걸어뜨기
  ※안면에서 뜰 때는 뒤걸어뜨기로 뜬다.

┰ = 한길 긴 뒤걸어뜨기
  ※안면에서 뜰 때는 앞걸어뜨기로 뜬다.

196페이지로 이어집니다. ▶

▶ 195페이지에서 이어집니다.

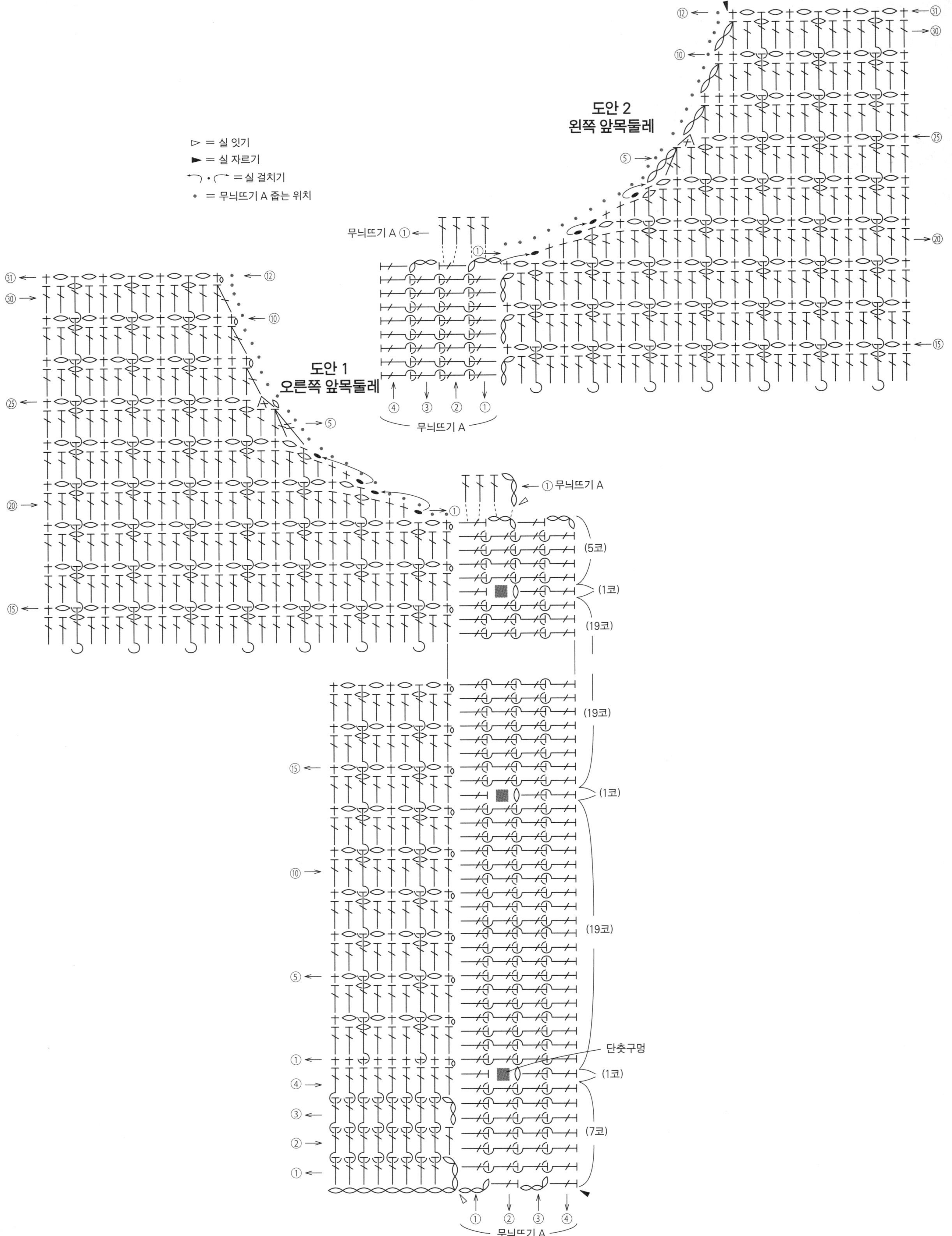

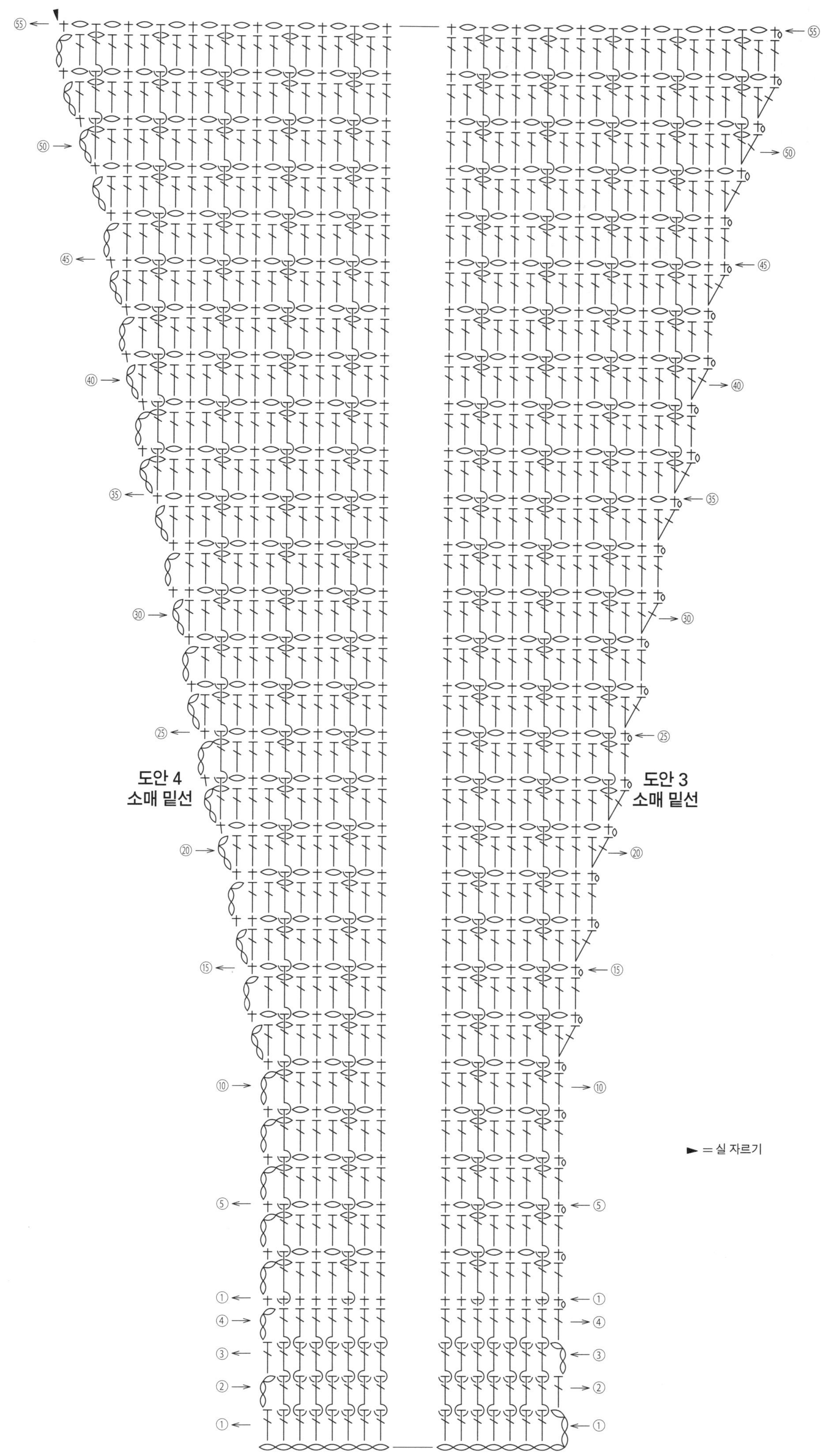

197

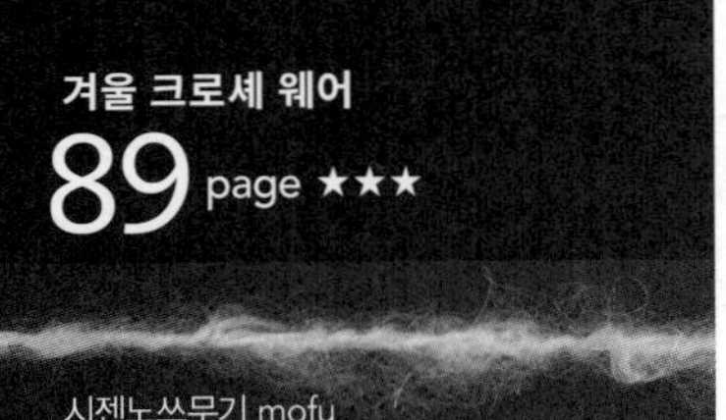

재료
올림푸스 시젠노쓰무기 mofu 피치 핑크(210)
290g 10볼, 오프 화이트(201) 20g 1볼
도구
코바늘 8/0호·7/0호·10/0호
완성 크기
가슴둘레 106㎝, 어깨너비 42㎝, 기장 50.5㎝, 소
매 길이 33㎝
게이지
무늬뜨기(10×10㎝) 16.5코×7단
모티브 크기는 도안 참고

POINT
●몸판·소매…앞뒤 몸판은 사슬뜨기로 기초코를
만들어 뜨기 시작해 무늬뜨기로 뜹니다. 줄임코는
도안을 참고하세요. 소매는 모티브 잇기로 뜹니다.
2번째 장부터는 마지막 단에서 옆 모티브와 연결
합니다. 모티브 A·B·C를 다 연결하면 모티브 D로
모티브 A·B 사이를 채우듯이 뜨면서 연결합니다.
●마무리…어깨는 빼뜨기 잇기, 옆선은 빼뜨기 사
슬 꿰매기합니다. 목둘레·밑단·진동둘레·소맷부리·
소매산은 지정 콧수를 주워 짧은뜨기를 원형으로
뜹니다. 소매는 반 코 감아 잇기로 몸판과 연결합
니다.

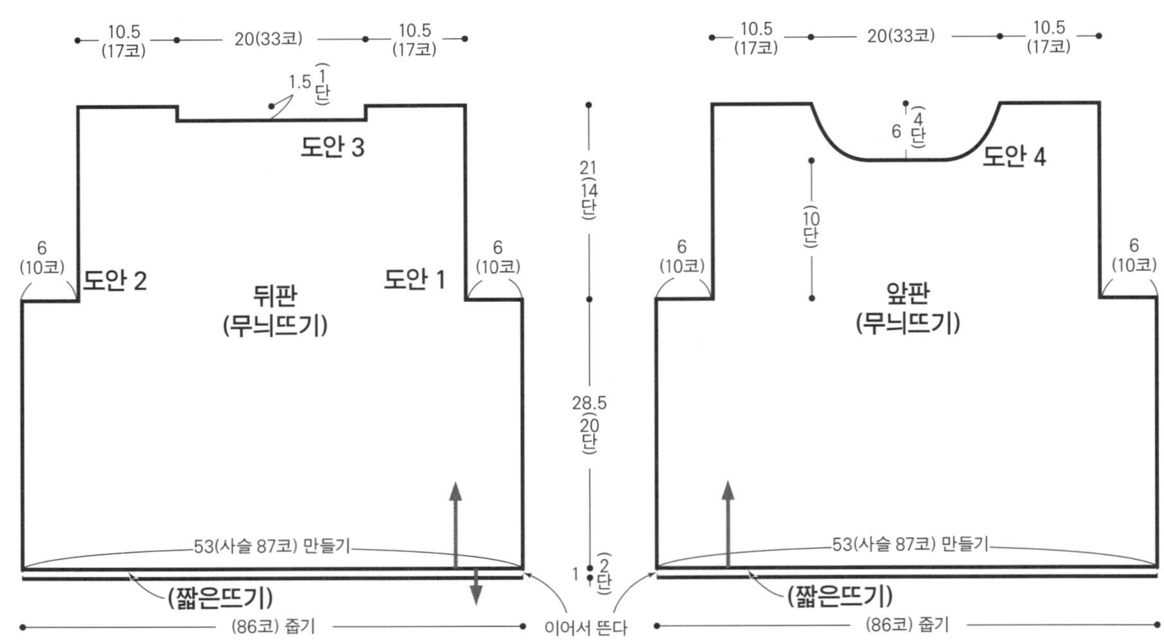

※지정하지 않은 것은 8/0호 코바늘로 뜬다.
※지정하지 않은 것은 피치 핑크로 뜬다.

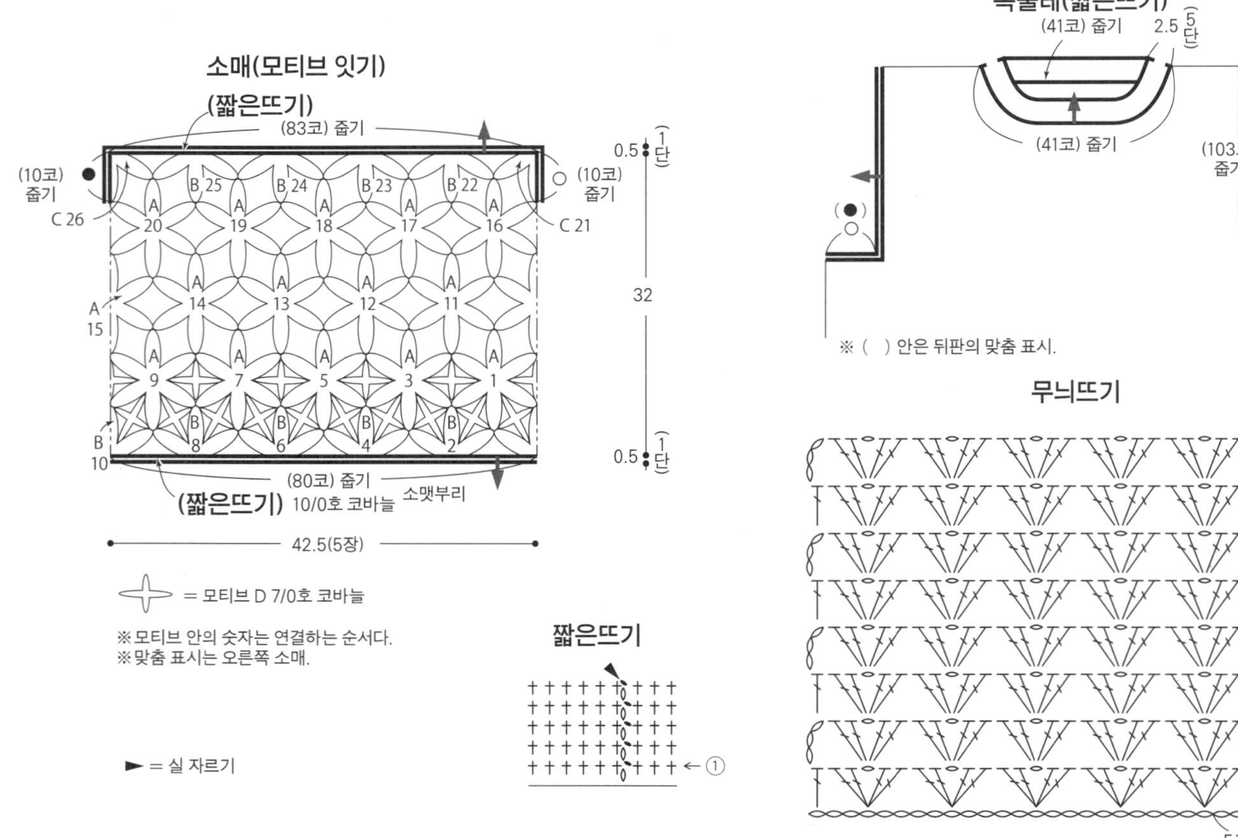

✛ = 모티브 D 7/0호 코바늘

※모티브 안의 숫자는 연결하는 순서다.
※맞춤 표시는 오른쪽 소매.

► = 실 자르기

짧은뜨기

무늬뜨기

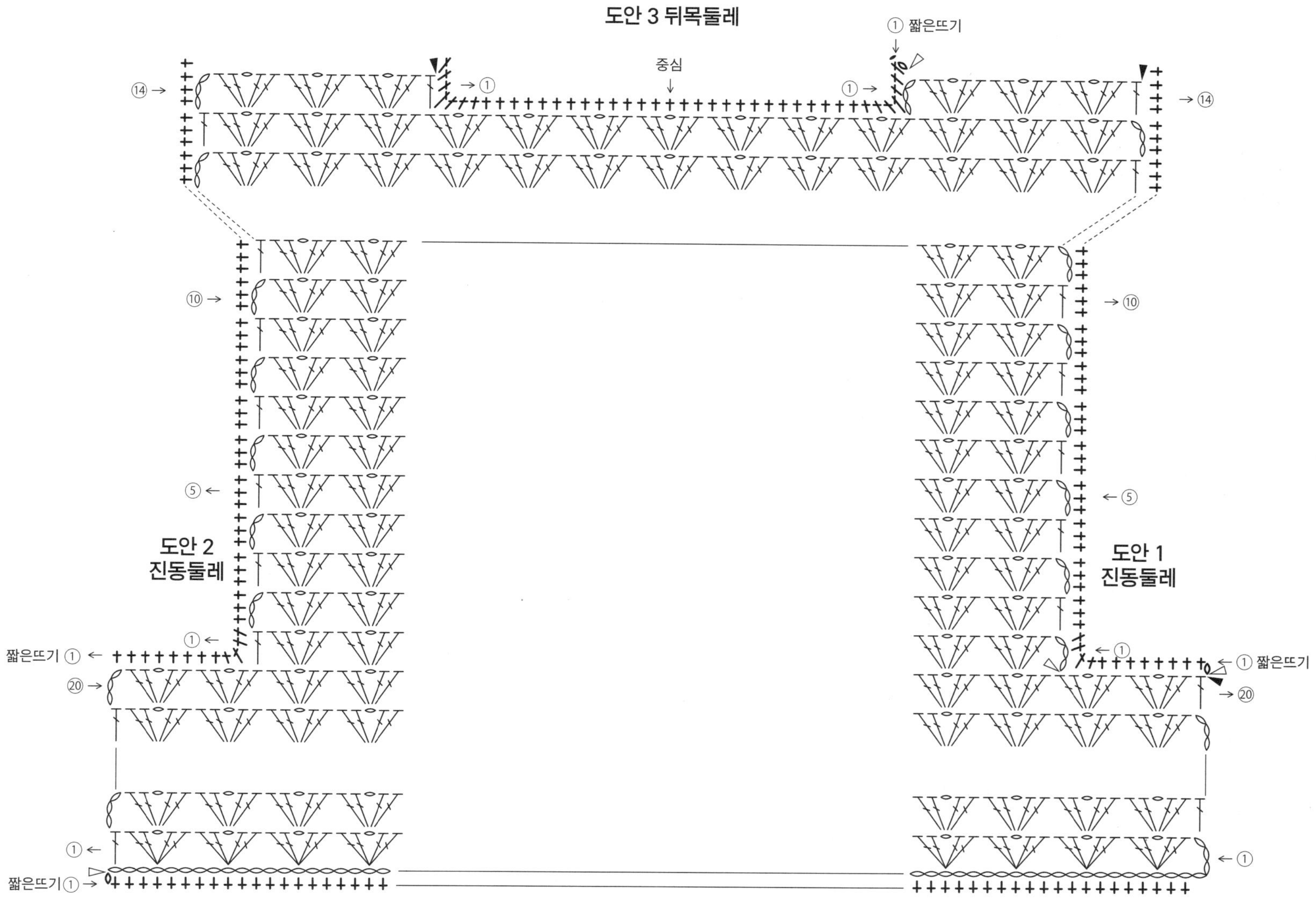

도안 3 뒤목둘레
① 짧은뜨기
중심
⑭ →
→ ①
① →
→ ⑭
⑩ →
→ ⑩
⑤ ←
← ⑤
도안 2
진동둘레
도안 1
진동둘레
① ←
짧은뜨기 ① ←
← ① 짧은뜨기
⑳ →
→ ⑳
짧은뜨기 ① →

▷ = 실 잇기
► = 실 자르기

도안 4
앞목둘레
① 짧은뜨기
중심
⑭ →
→ ④
④ →
→ ⑭
→ ③
③ ←
→ ②
② →
← ①
① ←
⑩ →
→ ⑩

모티브 A 30장

③
②
①
10.5
8.5

모티브 B 18장

5
①②③
8.5

모티브 C 4장

5
①②③

모티브 D 30장
7/0호 코바늘

①
5
4

배색 { ▬ = 오프 화이트
— = 피치 핑크 }

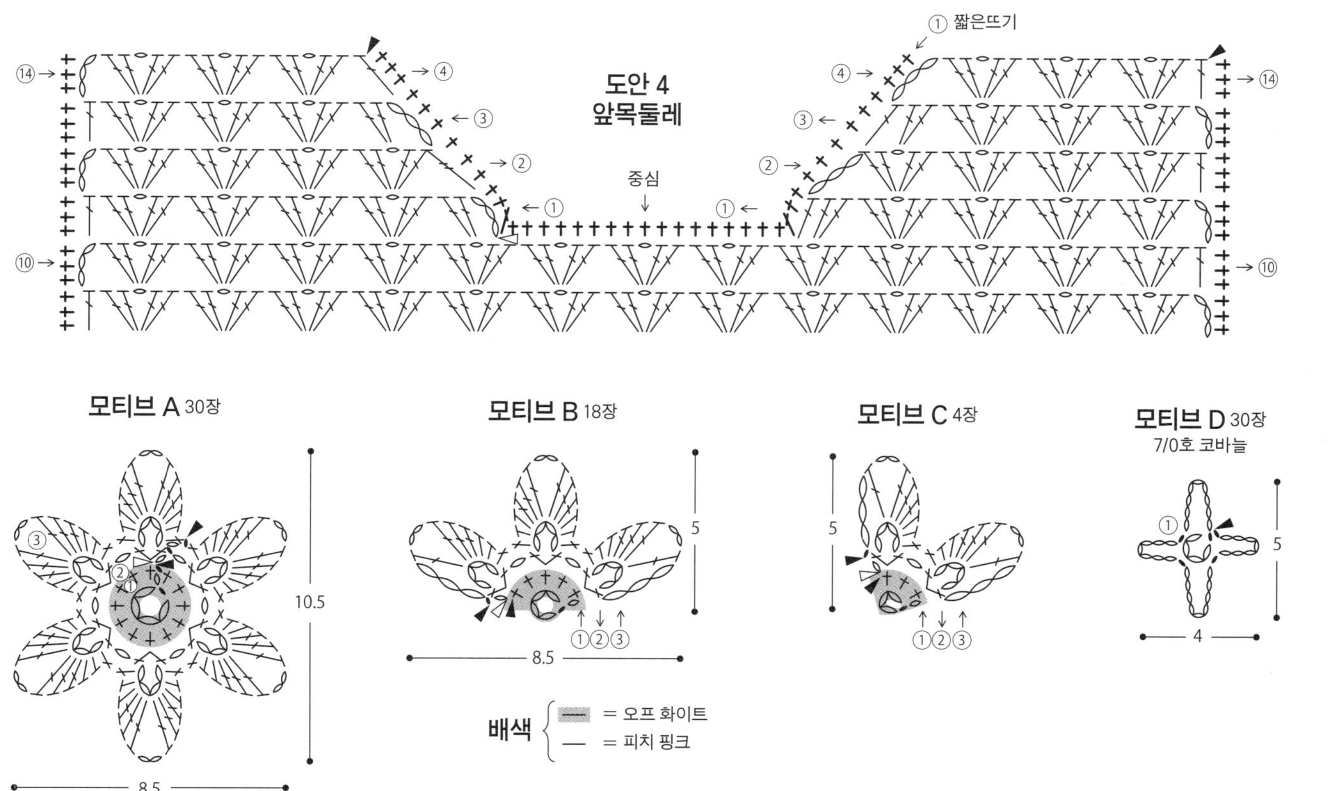

200페이지로 이어집니다. ▶

▶ 199페이지에서 이어집니다.

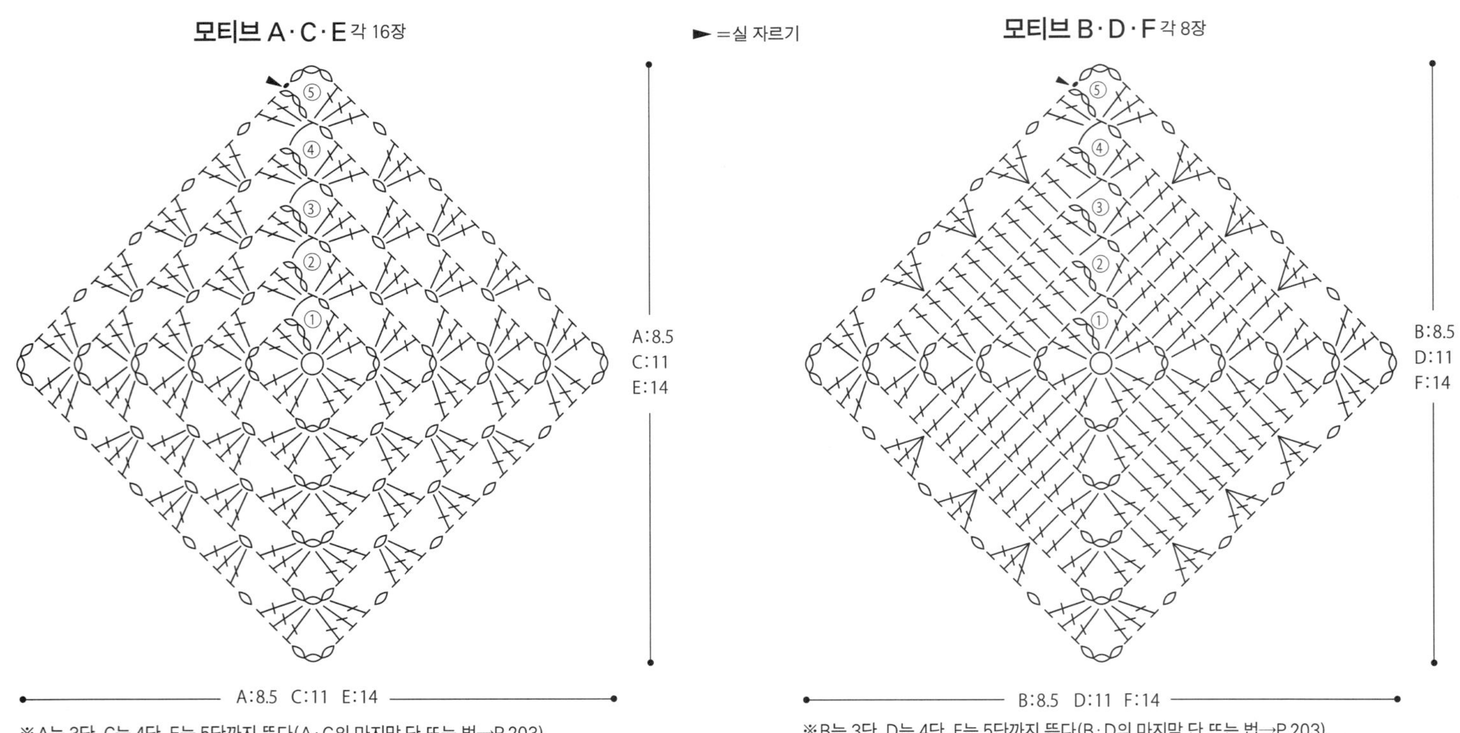

201페이지에서 이어집니다. ◀

모티브 A·C·E 각 16장

▶ =실 자르기

모티브 B·D·F 각 8장

※A는 3단, C는 4단, E는 5단까지 뜬다(A·C의 마지막 단 뜨는 법→P.203).

※B는 3단, D는 4단, F는 5단까지 뜬다(B·D의 마지막 단 뜨는 법→P.203).

93 page ★★★

앙고라 골드 바틱

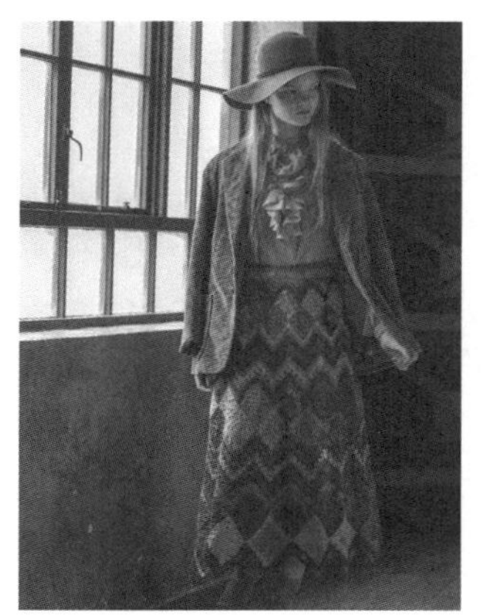

재료

[실] 알리제 앙고라 골드 바틱 보라색·초록색·노란색·핑크 계열 그러데이션(7563) 350g 4볼

[벨트] 폭 35㎜ 고무벨트 70㎝

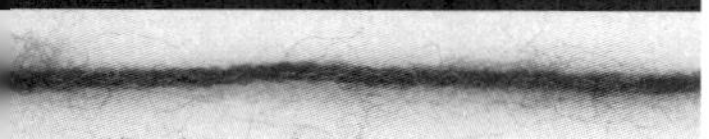

도구

코바늘 5/0호

완성 크기

허리둘레 80㎝, 치마 기장 77㎝

게이지

모티브 크기는 도안 참고

POINT

●스커트…모티브 잇기와 무늬뜨기 A·B·C·D로 뜹니다. 모티브 A·B부터 뜨기 시작해 2번째 장부터는 마지막 단에서 옆 모티브와 연결하며 뜹니다. 모티브 A·B에서 코를 주워 무늬뜨기 A를 원형으로 뜹니다. 모티브 C·D는 무늬뜨기 A와 옆 모티브와 연결하며 뜹니다. 무늬뜨기 B는 모티브 C·D에서 코를 주워 원형으로 뜹니다. 모티브 E·F는 무늬뜨기 B와 옆 모티브와 연결하며 뜹니다. 무늬뜨기 C는 모티브 E·F에서 코를 주워 원형으로 뜹니다. 무늬뜨기 D는 모티브 A·B에서 코를 주워 원형으로 뜨고, 이어서 벨트를 한길 긴뜨기로 뜹니다. 고무벨트는 2㎝ 겹쳐 원형으로 꿰맵니다. 벨트는 고무벨트를 끼워서 접고, 무늬뜨기 D와 한길 긴뜨기의 마지막 단의 머리끼리 감침질합니다.

※모두 5/0호 코바늘로 뜬다.

※모티브 안의 숫자는 연결하는 순서다.

한길 긴뜨기

도안 4

202페이지로 이어집니다. ▶

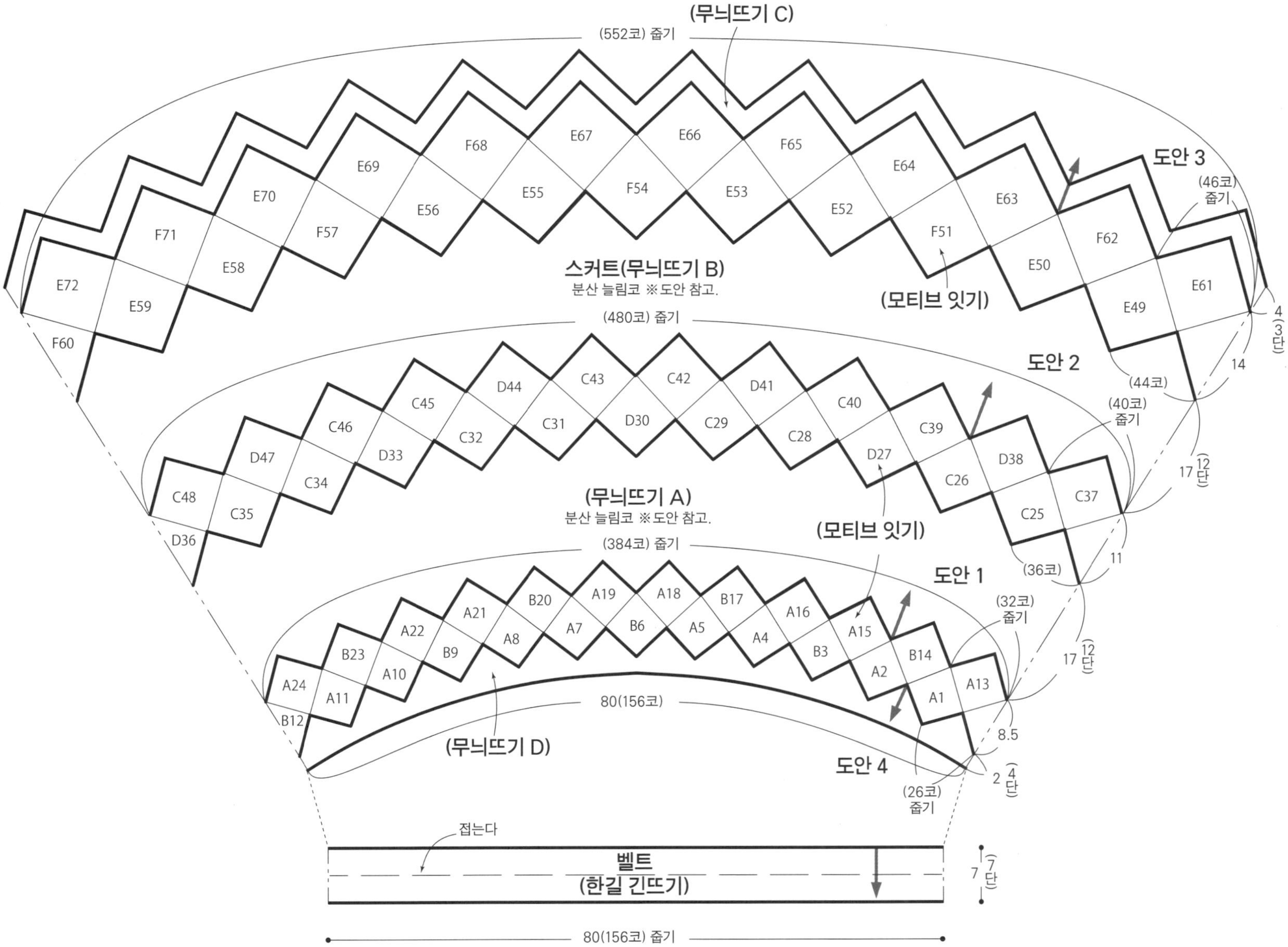

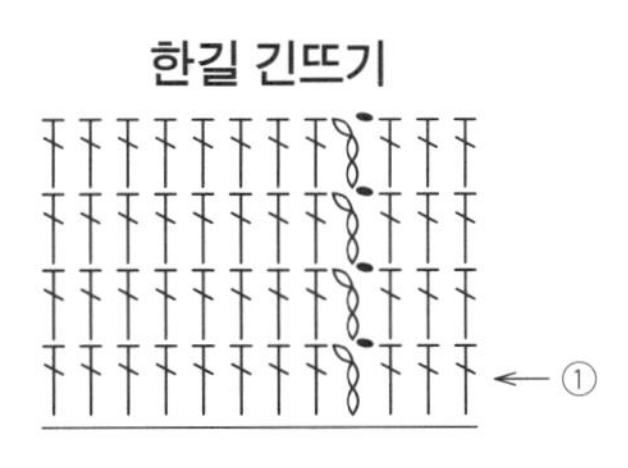

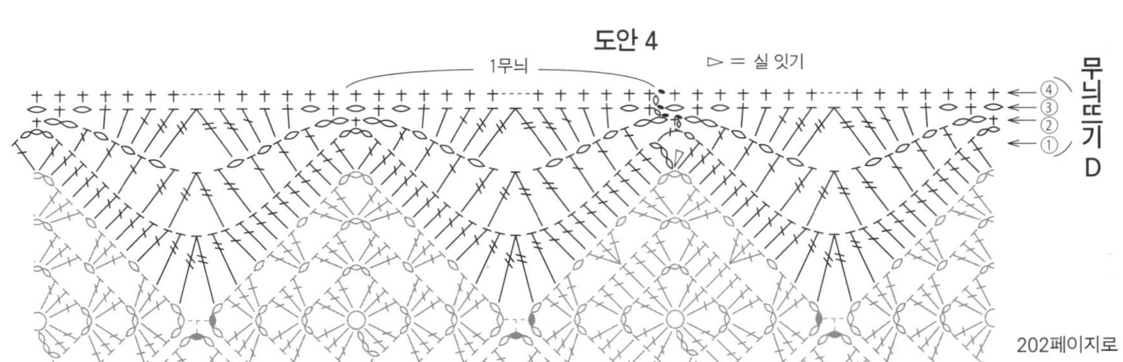

▶ 201페이지에서 이어집니다.

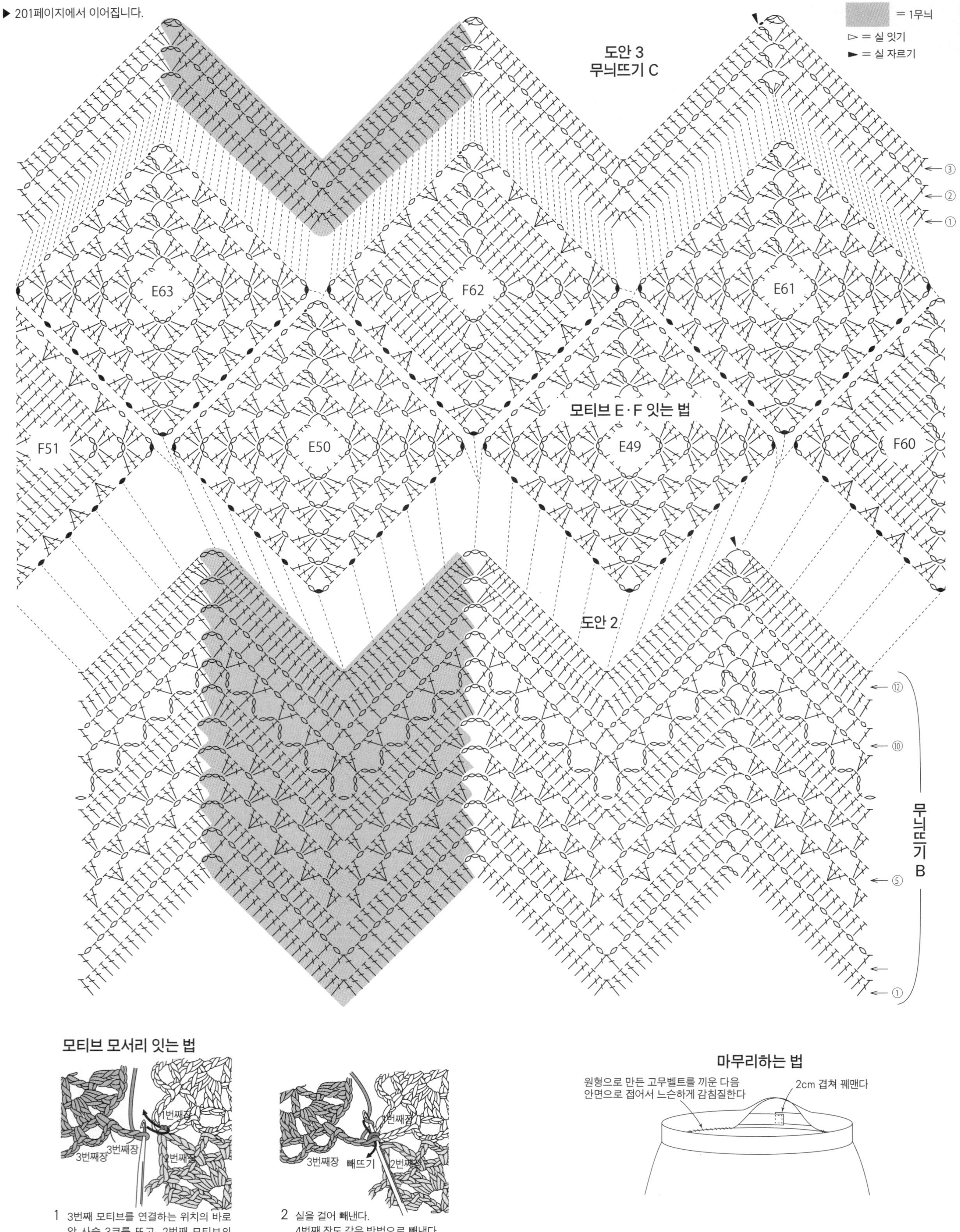

모티브 모서리 잇는 법

1 3번째 모티브를 연결하는 위치의 바로
앞 사슬 3코를 뜨고, 2번째 모티브의
빼뜨기 코다리 2가닥에 위에서 바늘을
넣은 다음

2 실을 걸어 빼낸다.
4번째 장도 같은 방법으로 빼낸다.

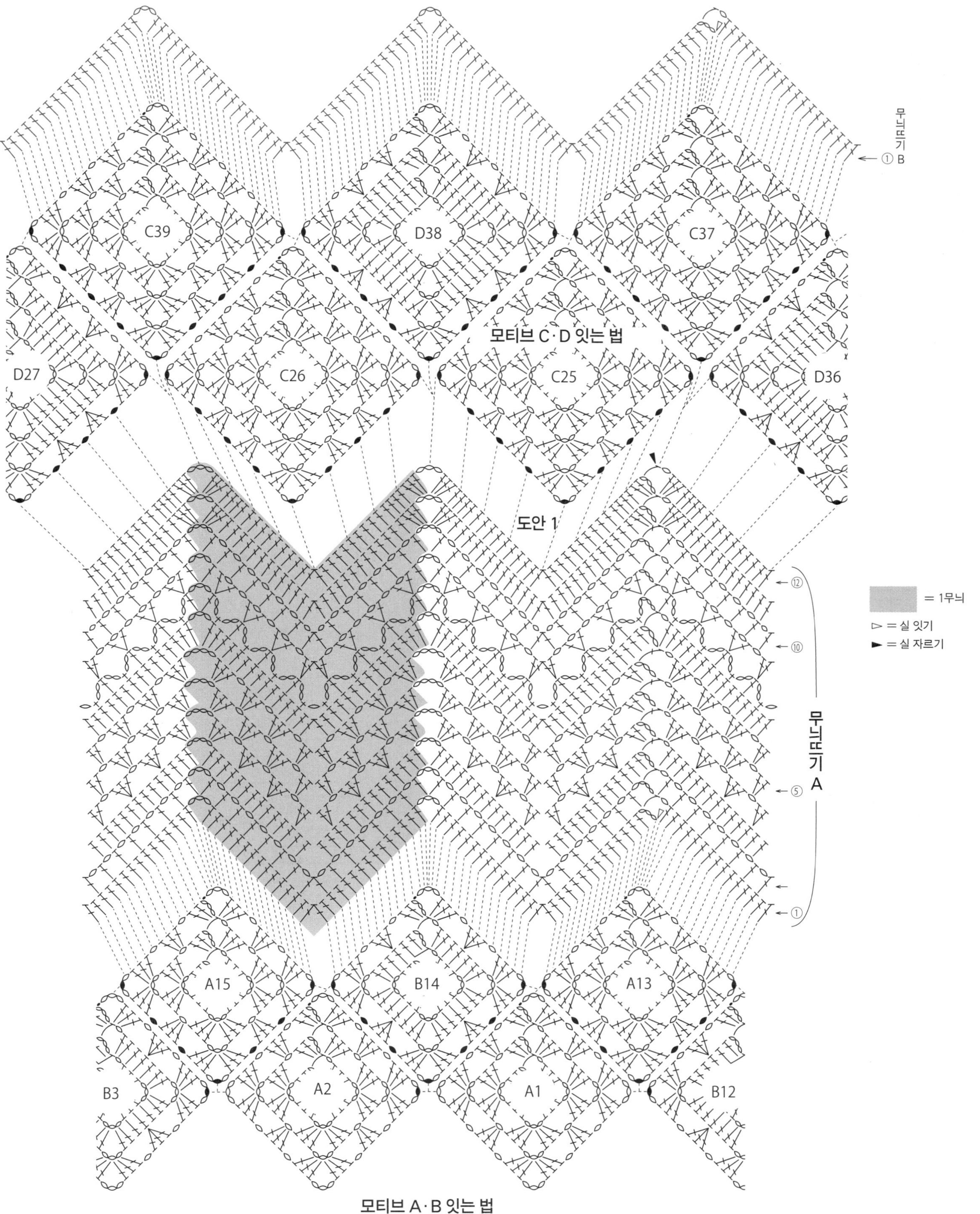

무늬뜨기 B
① B
C39
D38
C37
모티브 C·D 잇는 법
D27
C26
C25
D36
도안 1
= 1무늬
▷ = 실 잇기
► = 실 자르기
무늬뜨기 A
⑫
⑩
⑤
①
A15
B14
A13
B3
A2
A1
B12
모티브 A·B 잇는 법

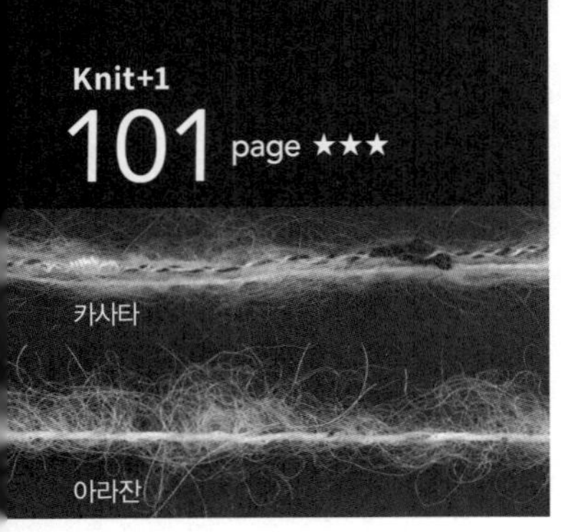

걸러뜨기
(2단)

※ 일본어 사이트

재료
[풀오버] K'sK 아라잔 검정색(921) 130g 3볼, 카사타 회색(50) 120g 3볼, 하얀색(47) 110g 3볼
[머플러] K'sK 카사타 회색(50)·하얀색(47) 각 40g 1볼, 아라잔 검정색(921) 20g 1볼

도구
대바늘 12호·10호·11호, 코바늘 6/0호

완성 크기
[풀오버] 가슴둘레 106㎝, 어깨너비 46㎝, 기장 55.5㎝, 소매 길이 48㎝
[머플러] 폭 15.5㎝, 길이 123.5㎝

게이지(10×10㎝)
메리야스뜨기(회색)·줄무늬 안메리야스뜨기·멍석뜨기 14코×20단, 메리야스뜨기(검정색)·줄무늬 무늬뜨기 A 14코×25단, 가터뜨기(하얀색) 14코×24.5단

POINT
●풀오버…주머니 안면은 손가락에 실을 걸어서 기초코를 만들어 뜨기 시작해 메리야스뜨기로 뜹니다. 뜨개 끝은 쉼코를 합니다. 몸판은 주머니 안면과 같은 방법으로 뜨기 시작해 1코 고무뜨기, 메리야스뜨기, 줄무늬 무늬뜨기 A, 줄무늬 안메리야스뜨기, 가터뜨기, 멍석뜨기로 뜹니다. 앞판은 18단에서 주머니 위치의 코를 덮어씌우고, 19단은 주머니 안면의 쉼코에서 코를 주워 계속 뜹니다. 줄임코는 2코 이상은 덮어씌우기, 1코는 가장자리 1코를 세우는 줄임코를 합니다. 어깨는 덮어씌워 잇기를 합니다. 소매는 몸판에서 코를 주워 가터뜨기, 줄무늬 안메리야스뜨기, 메리야스뜨기, 줄무늬 무늬뜨기 A, 1코 고무뜨기로 뜹니다. 뜨개 끝은 1코 고무뜨기 코막음합니다. 옆선·소매 밑선은 떠서 꿰매기, 거싯은 코와 단 잇기를 합니다. 목둘레는 지정 콧수를 주워 도안을 참고하면서 줄무늬 무늬뜨기 B를 원형으로 뜹니다. 주머니 입구를 테두리뜨기로 뜹니다.
●머플러…손가락에 실을 걸어서 기초코를 만들어 뜨기 시작해 줄무늬 무늬뜨기 B', 가터뜨기, 메리야스뜨기로 뜹니다.

풀오버

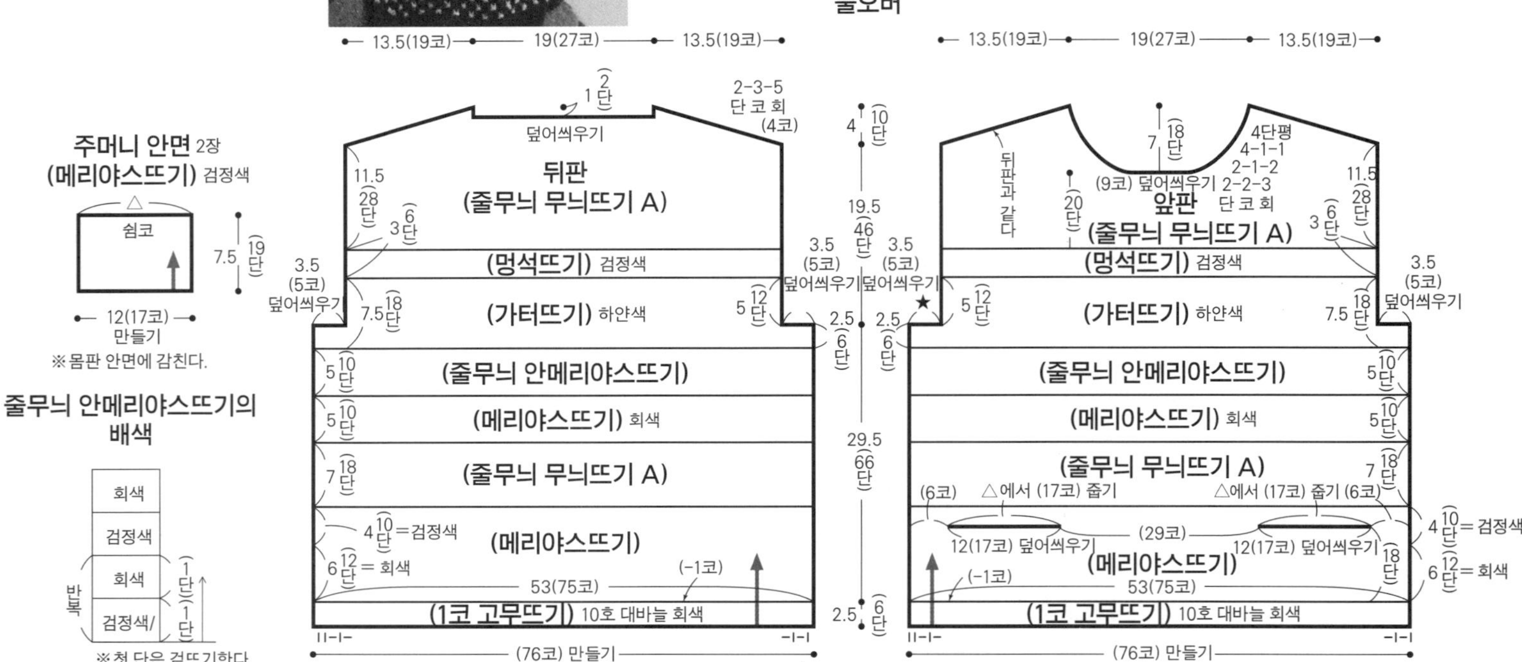

주머니 안면 2장
(메리야스뜨기) 검정색
쉼코
←12(17코)→ 만들기
※ 몸판 안면에 감친다.

줄무늬 안메리야스뜨기의 배색
| 회색 |
| 검정색 |
| 회색 |
| 검정색 |
반복 · (1단·1단)
※ 첫 단은 겉뜨기한다.

뒤판 (줄무늬 무늬뜨기 A)
멍석뜨기 검정색
가터뜨기 하얀색
줄무늬 안메리야스뜨기
메리야스뜨기 회색
줄무늬 무늬뜨기 A
메리야스뜨기
1코 고무뜨기 10호 대바늘 회색
(76코) 만들기
※ 지정하지 않은 것은 12호 대바늘로 뜬다.

앞판 (줄무늬 무늬뜨기 A)
뒤판과 같다
멍석뜨기 검정색
가터뜨기 하얀색
줄무늬 안메리야스뜨기
메리야스뜨기 회색
줄무늬 무늬뜨기 A
메리야스뜨기
1코 고무뜨기 10호 대바늘 회색
(76코) 만들기

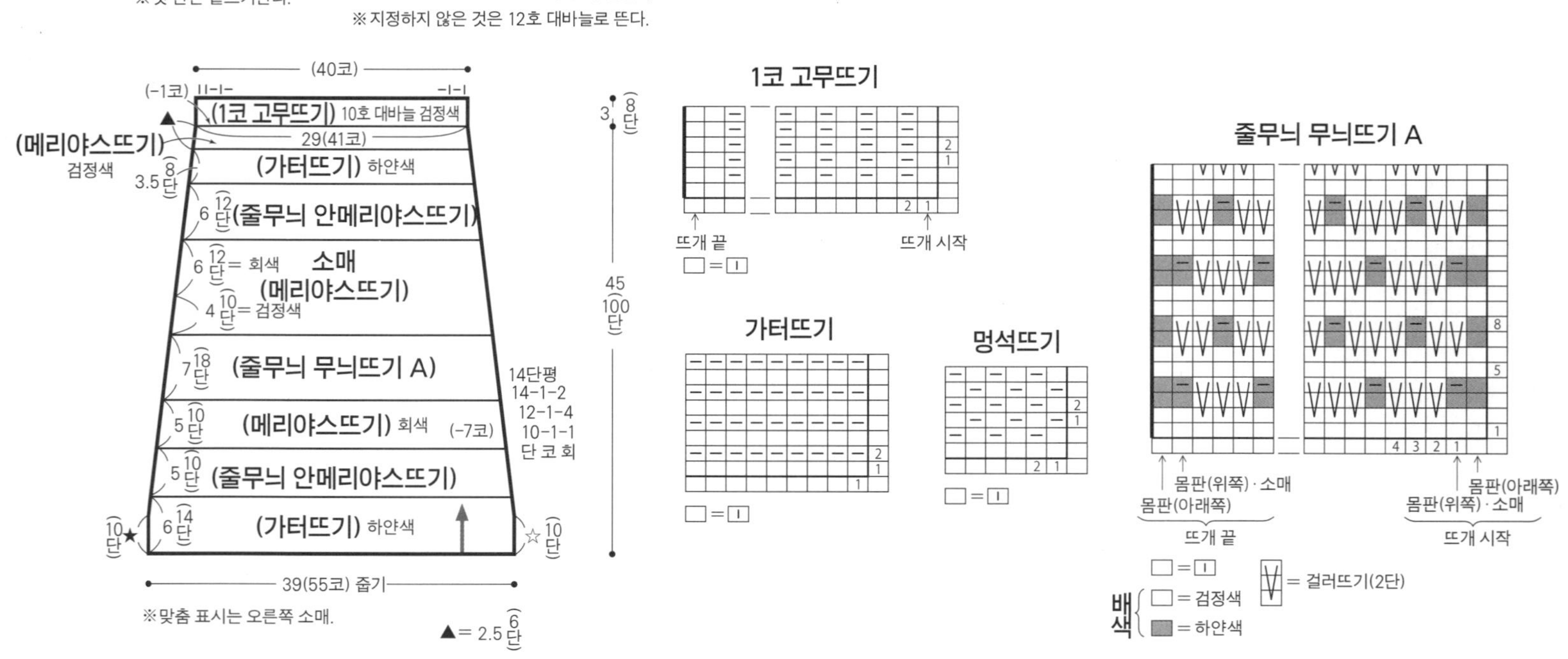

소매 (메리야스뜨기)
(1코 고무뜨기) 10호 대바늘 검정색
(가터뜨기) 하얀색
(줄무늬 안메리야스뜨기)
(메리야스뜨기) 회색
(줄무늬 무늬뜨기 A)
(메리야스뜨기) 회색
(줄무늬 안메리야스뜨기)
(가터뜨기) 하얀색
39(55코) 줄기
※맞춤 표시는 오른쪽 소매.
▲ = 2.5(6단)

1코 고무뜨기
□ = ┃
뜨개 끝 · 뜨개 시작

가터뜨기
□ = ┃

멍석뜨기
□ = ┃

줄무늬 무늬뜨기 A
몸판(위쪽)·소매
몸판(아래쪽)
몸판(아래쪽)
몸판(위쪽)·소매
뜨개 끝 · 뜨개 시작
□ = ┃
V = 걸러뜨기(2단)
배색 { □ = 검정색, ▨ = 하얀색 }

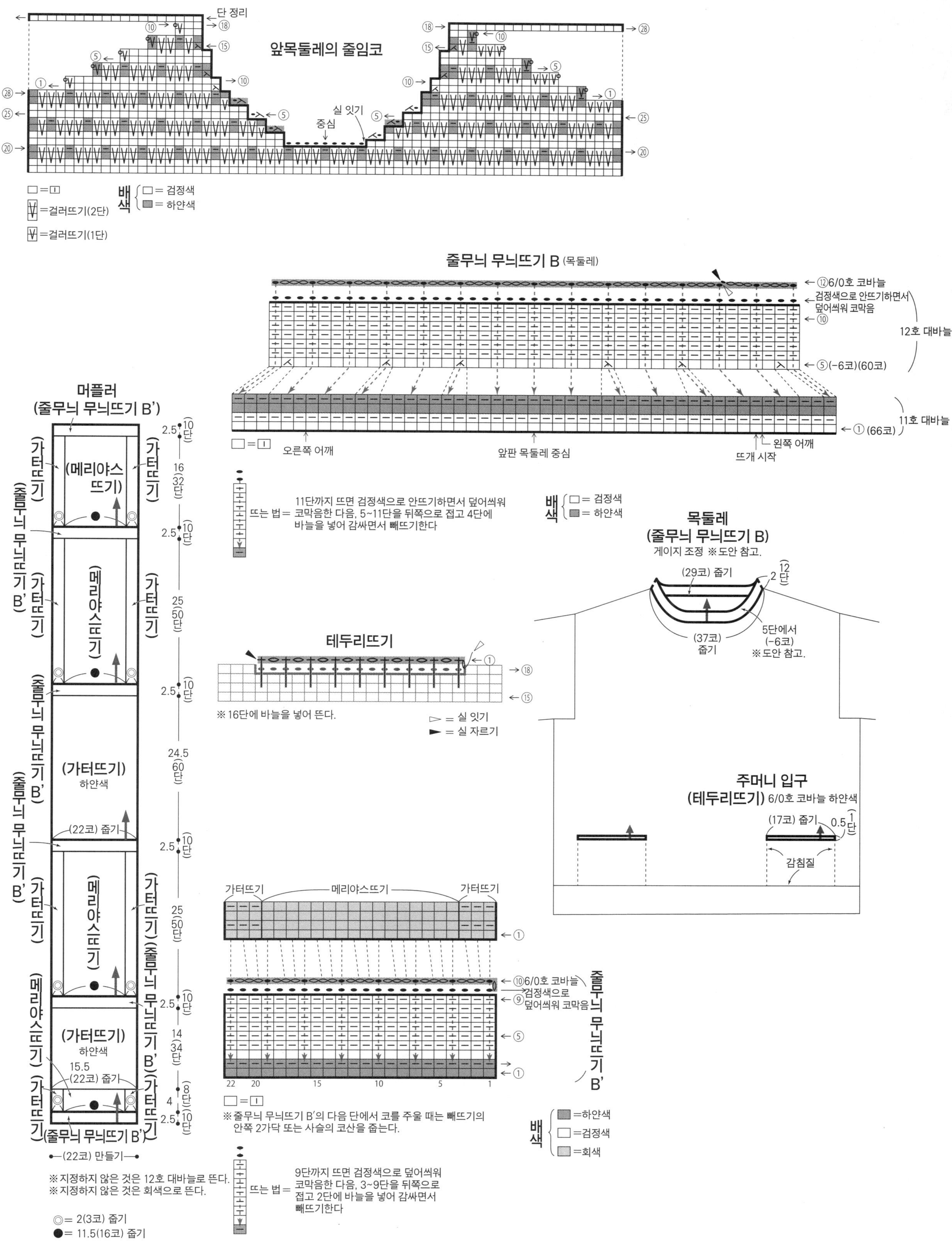
단 정리
앞목둘레의 줄임코
실 잇기
중심
28
25
20
18
15
10
5
1
□ = ㅁ
배색 { □ = 검정색 ■ = 하얀색
ㅣVㅣ = 걸러뜨기(2단)
ㅣVㅣ = 걸러뜨기(1단)
줄무늬 무늬뜨기 B (목둘레)
⑫6/0호 코바늘
검정색으로 안뜨기하면서 덮어씌워 코막음
12호 대바늘
⑤(-6코)(60코)
11호 대바늘
①(66코)
□ = ㅁ
오른쪽 어깨
앞판 목둘레 중심
왼쪽 어깨
뜨개 시작
뜨는 법 = 11단까지 뜨면 검정색으로 안뜨기하면서 덮어씌워 코막음한 다음, 5~11단을 뒤쪽으로 접고 4단에 바늘을 넣어 감싸면서 빼뜨기한다
배색 { □ = 검정색 ■ = 하얀색
목둘레 (줄무늬 무늬뜨기 B)
게이지 조정 ※도안 참고.
(29코) 줍기
(37코) 줍기
2⌢12단
5단에서 (-6코)
※도안 참고.
머플러 (줄무늬 무늬뜨기 B')
가터뜨기
(줄무늬 무늬뜨기 B')
(메리야스뜨기)
메리야스뜨기
(가터뜨기) 하얀색
(22코) 줍기
메리야스뜨기
(가터뜨기) 하얀색
15.5 (22코) 줍기
(줄무늬 무늬뜨기 B')
(22코) 만들기
2.5 10단
16 32단
2.5 10단
25 50단
2.5 10단
24.5 60단
2.5 10단
25 50단
2.5 10단
14 34단
8단
4
2.5 10단
※지정하지 않은 것은 12호 대바늘로 뜬다.
※지정하지 않은 것은 회색으로 뜬다.
◎ = 2(3코) 줍기
● = 11.5(16코) 줍기
테두리뜨기
18
15
①
※16단에 바늘을 넣어 뜬다.
▷ = 실 잇기
► = 실 자르기
주머니 입구 (테두리뜨기) 6/0호 코바늘 하얀색
(17코) 줍기
0.5 1단
감침질
가터뜨기
메리야스뜨기
가터뜨기
①
⑩6/0호 코바늘
검정색으로 덮어씌워 코막음
⑨
⑤
①
22 20 15 10 5 1
줄무늬 무늬뜨기 B'
배색 { ■ = 하얀색 □ = 검정색 ■ = 회색
※줄무늬 무늬뜨기 B'의 다음 단에서 코를 주울 때는 빼뜨기의 안쪽 2가닥 또는 사슬의 코산을 줍는다.
뜨는 법 = 9단까지 뜨면 검정색으로 덮어씌워 코막음한 다음, 3~9단을 뒤쪽으로 접고 2단에 바늘을 넣어 감싸면서 빼뜨기한다

재료
다이아몬드케이토 다이아 태즈메이니안 메리노 에
크뤼(701) 390g 10볼

도구
대바늘 5호·3호, 코바늘 2/0호

완성 크기
가슴둘레 100cm, 기장 53cm, 화장 71.5cm

게이지(10×10cm)
무늬뜨기 A·B·C, 메리야스뜨기 25코×34단

POINT
●몸판·소매…별도 사슬로 기초코를 만들어 뜨기

시작해 몸판은 무늬뜨기 A·B·C, 소매는 무늬뜨기 A·B·C, 메리야스뜨기로 뜹니다. 증감코는 도안을 참고하세요. 밑단·소맷부리는 기초코 사슬을 풀어서 코를 줍고 무늬뜨기 D로 뜹니다. 뜨개 끝은 1코 돌려 고무뜨기 코막음합니다.

●마무리…어깨는 덮어씌워 잇기를 합니다. 목둘레는 지정 콧수를 주워 무늬뜨기 D'를 원형으로 뜹니다. 뜨개 끝은 밑단과 같은 방법으로 합니다. 소매는 코와 단 잇기로 몸판과 연결합니다. 옆선·소매 밑선은 떠서 꿰매기를 합니다.

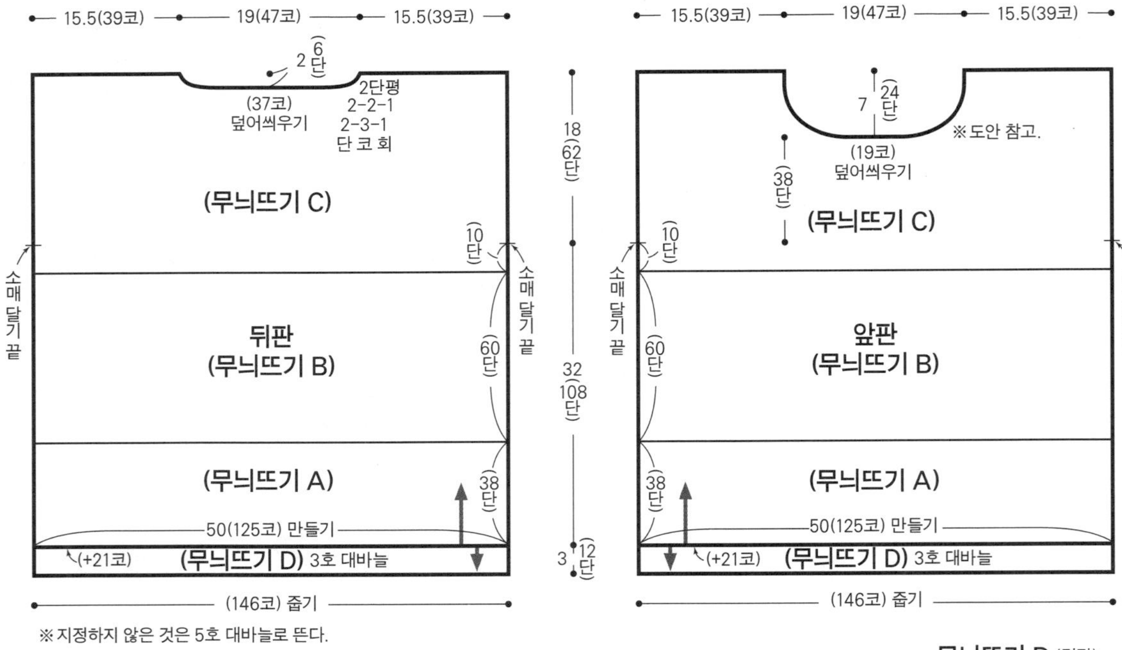

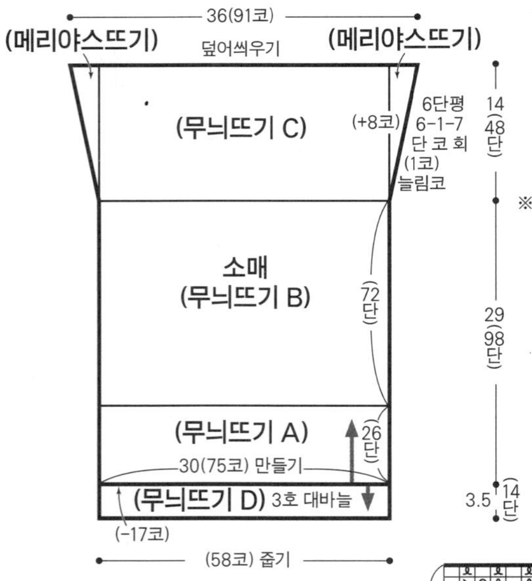

※지정하지 않은 것은 5호 대바늘로 뜬다.

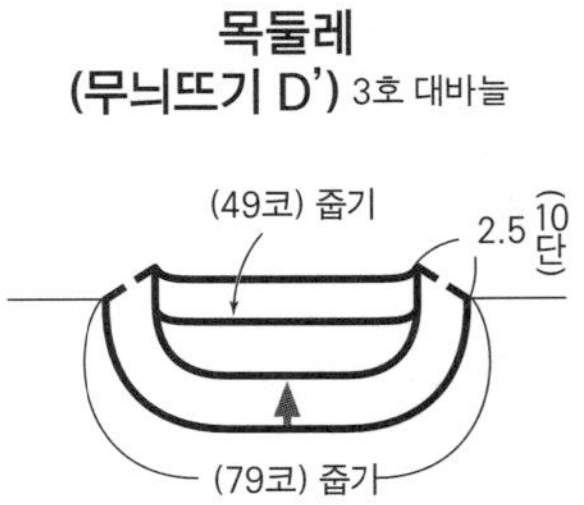

목둘레
(무늬뜨기 D') 3호 대바늘

무늬뜨기 D (밑단)

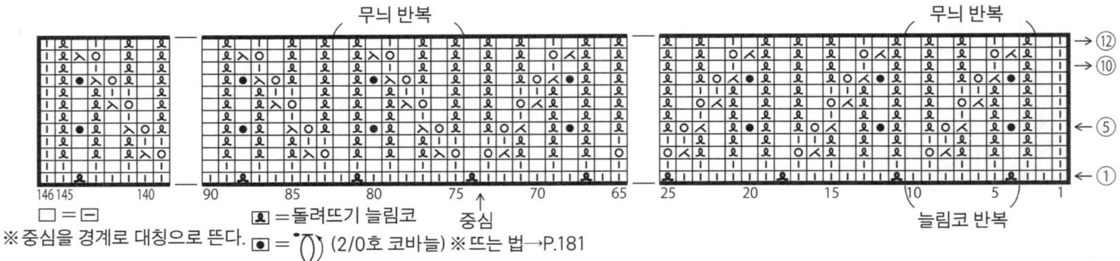

무늬뜨기 D (소맷부리)

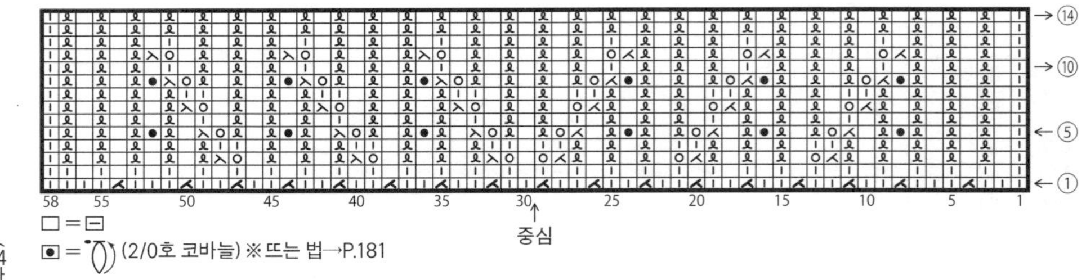

무늬뜨기 D' (목둘레)

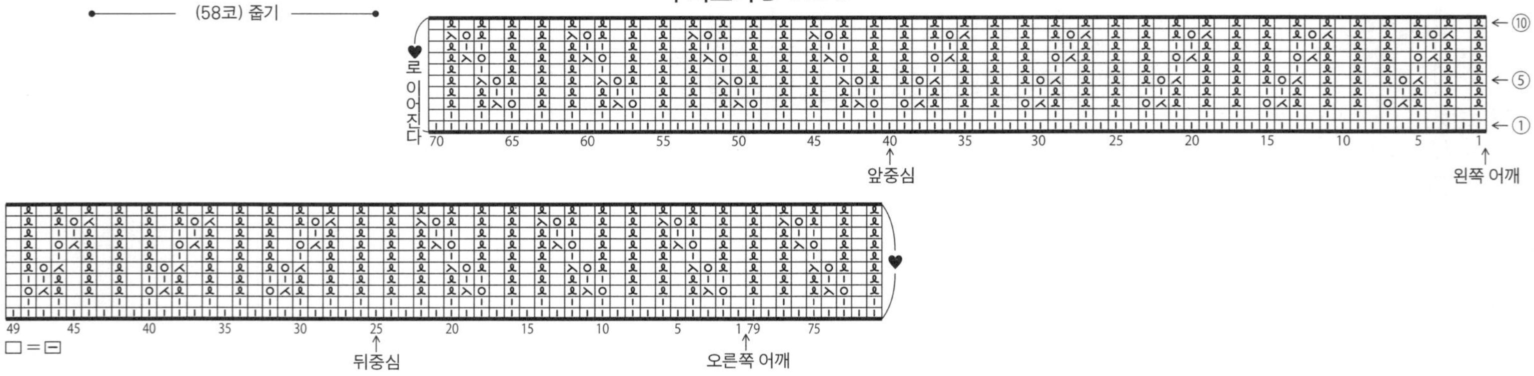

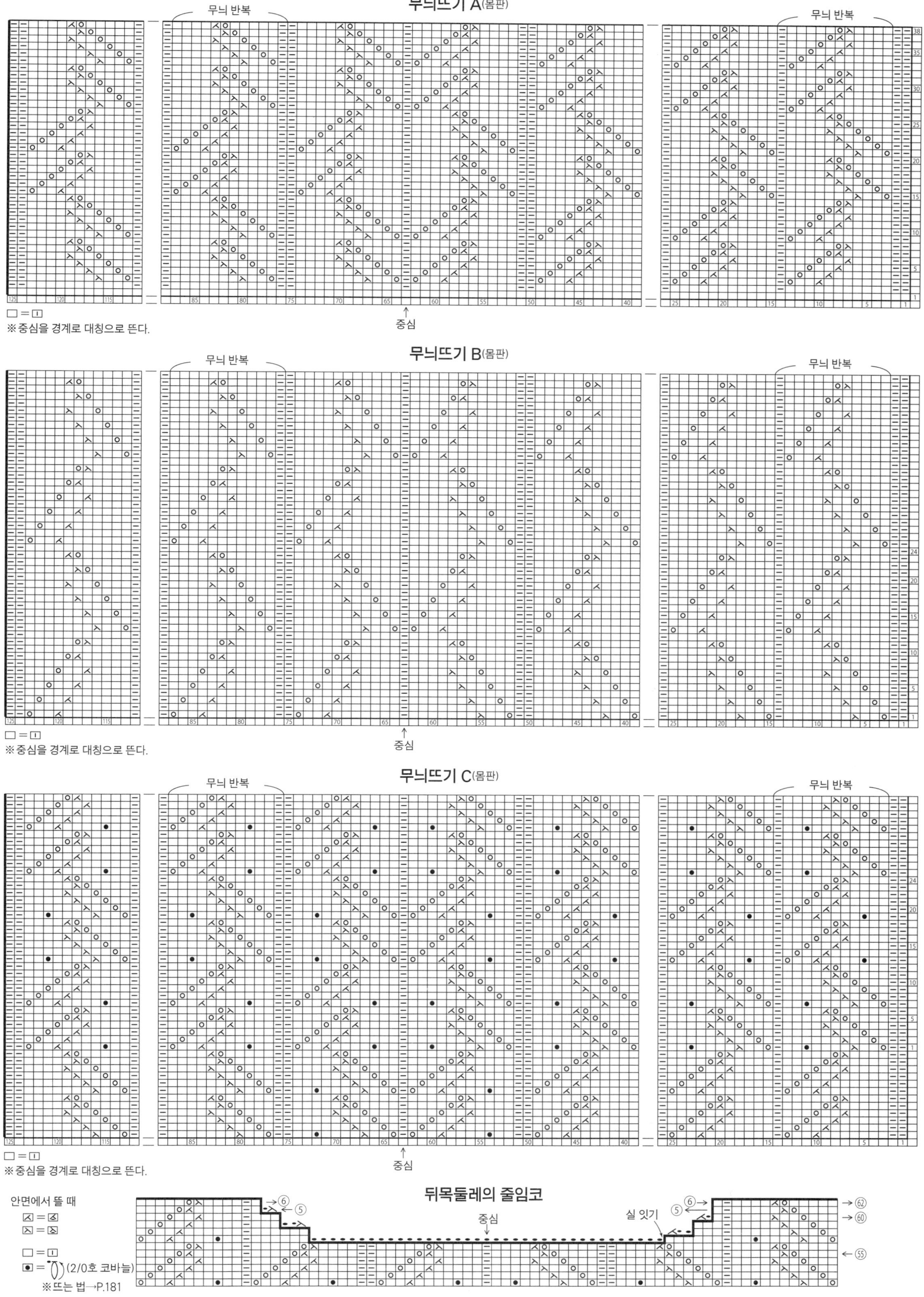

208페이지로 이어집니다. ▶

▶ 207페이지에서 이어집니다.

앞목둘레의 줄임코

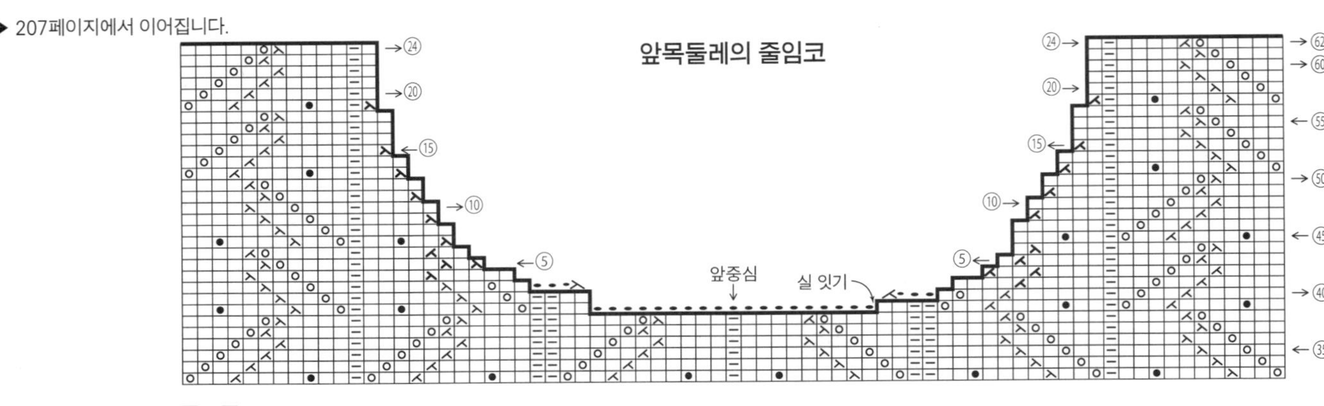

□ = ☐
◉ = (2/0호 코바늘) ※뜨는 법→P.181

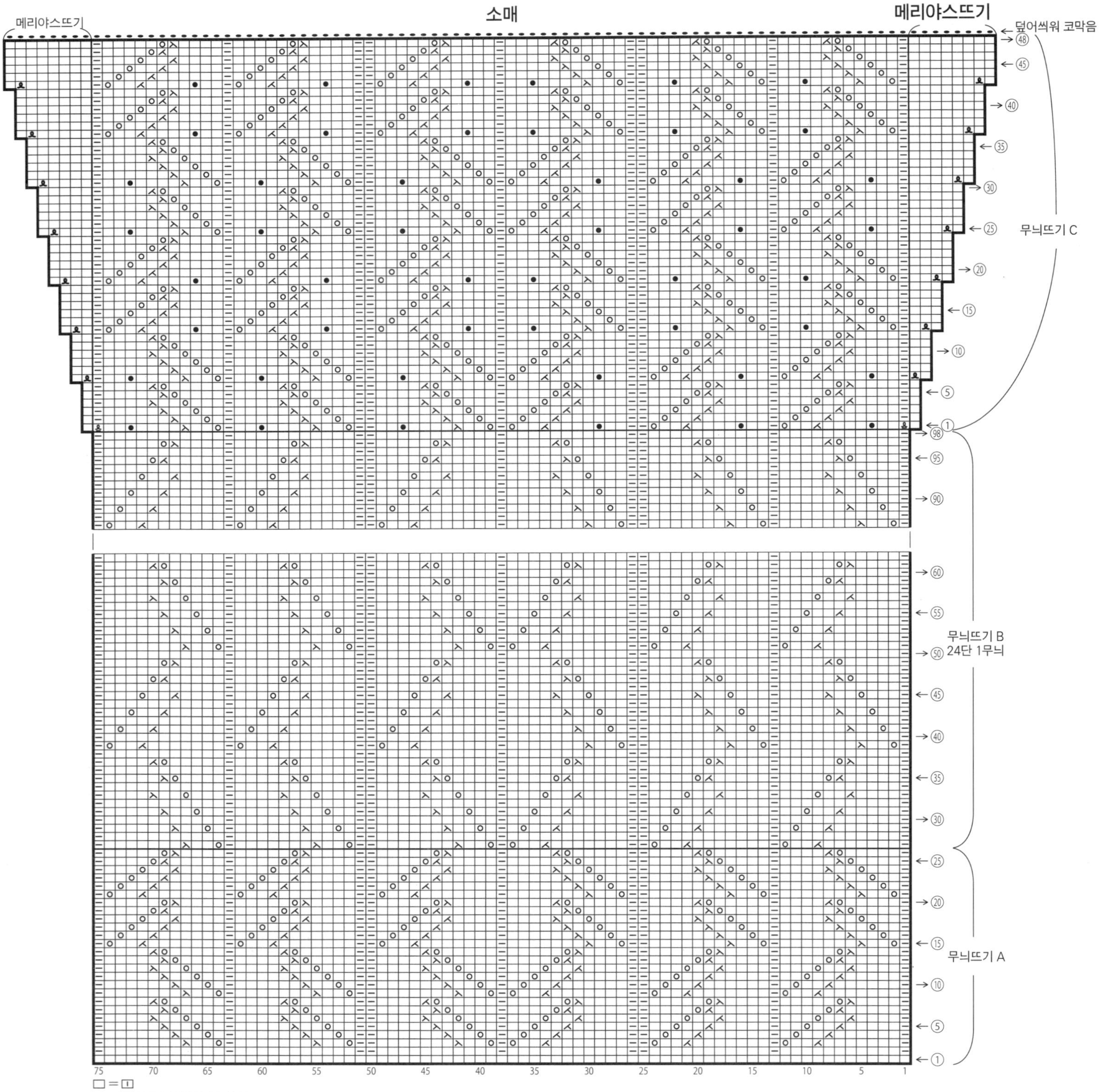

소매

□ = ☐
=안뜨기로 돌려뜨기 늘림코
=돌려뜨기 늘림코
◉ = (2/0호 코바늘) ※뜨는 법→P.181

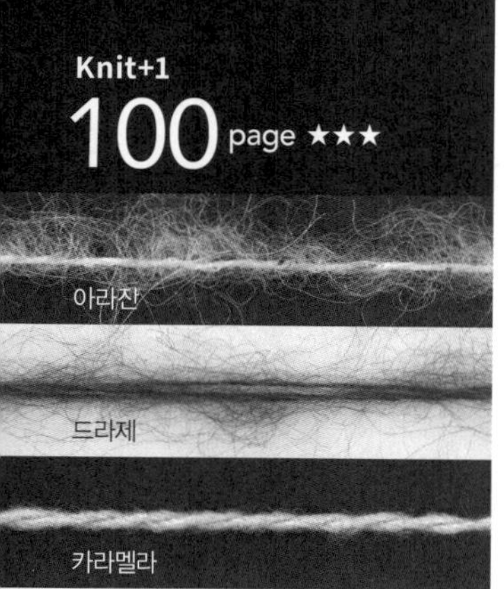

재료

[실] K'sK 아라잔 연핑크(913) 220g 5볼, 진핑크(915) 45g 1볼, 연회색(920) 40g 1볼, 드라제 에크뤼(2) 60g 3볼, 카라멜라 연지색(14) 40g 1볼.
[단추] 지름 23mm 단추 5개. 걸고리 1쌍

도구

대바늘 9호·7호·10호·11호·12호

완성 크기

가슴둘레 107cm, 어깨너비 44cm, 기장 50cm, 소매 길이 46cm

게이지(10×10cm)

줄무늬 무늬뜨기 20코×40단

POINT

●몸판·소매…별도 사슬로 기초코를 만들어 뜨기 시작해 줄무늬 무늬뜨기로 뜹니다. 줄임코는 2코 이상은 덮어씌우기, 1코는 가장자리 1코를 세우는 줄임코를 합니다. 밑단·소맷부리는 기초코 사슬을 풀어서 코를 줍고 1코 돌려 고무뜨기로 뜹니다. 뜨개 끝은 1코 고무뜨기 코막음합니다.

●마무리…어깨는 덮어씌워 잇기, 옆선·소매 밑선은 떠서 꿰매기를 합니다. 앞여밈단은 지정 콧수를 주워 1코 돌려 고무뜨기로 뜹니다. 오른쪽 앞여밈단에는 단춧구멍을 냅니다. 뜨개 끝은 밑단과 같은 방법으로 합니다. 목둘레는 몸판의 겉면을 보면서 코를 줍고, 게이지 조정을 하면서 줄무늬 무늬뜨기, 1코 돌려 고무뜨기로 뜹니다. 뜨개 끝은 느슨하게 덮어씌워 코막음합니다. 지정 위치에 프린지와 걸고리를 꿰매서 답니다. 소매는 빼뜨기 꿰매기로 몸판과 연결합니다. 단추를 달아 완성합니다.

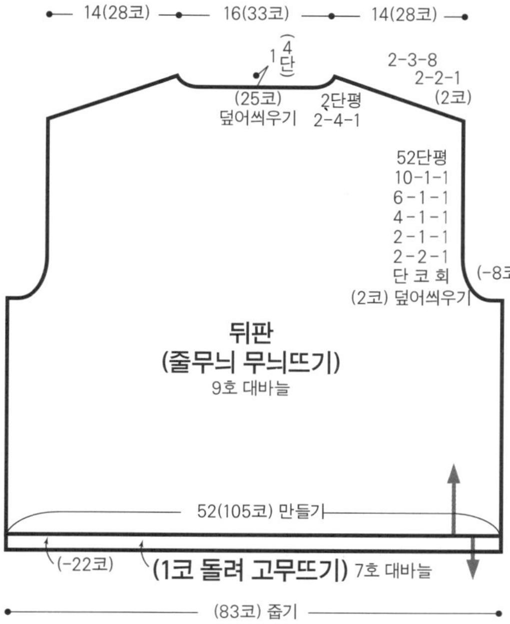

줄무늬 무늬뜨기(몸판·소매)

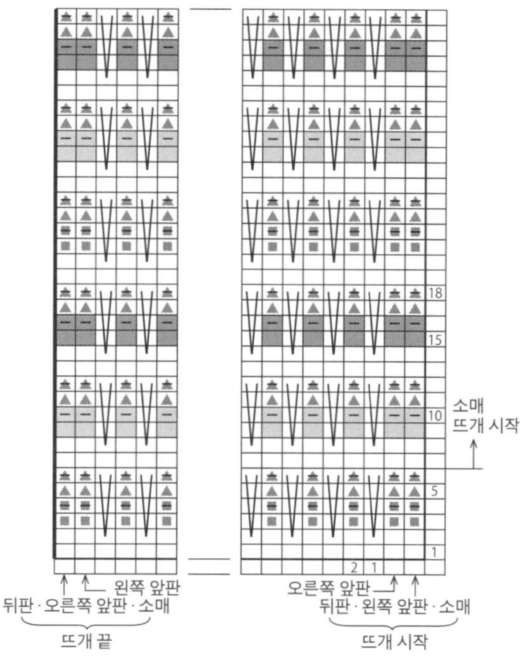

뒤판·오른쪽 앞판
왼쪽 앞판
뜨개 끝

오른쪽 앞판
뒤판·왼쪽 앞판·소매
뜨개 시작

뒤판
(줄무늬 무늬뜨기)
9호 대바늘

앞판
(줄무늬 무늬뜨기)
9호 대바늘

소매
(줄무늬 무늬뜨기)
9호 대바늘

목둘레 게이지 조정
(1코 돌려 고무뜨기) 11호 대바늘
(줄무늬 무늬뜨기)
목둘레 뜨는 법

(1코 돌려 고무뜨기) 7호 대바늘

※지정하지 않은 것은 연핑크로 뜬다. 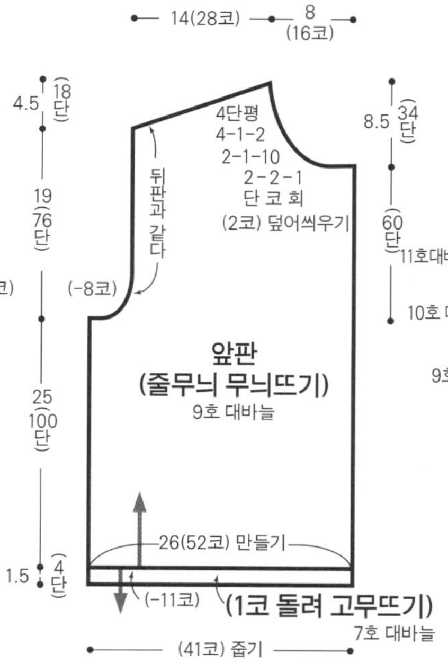 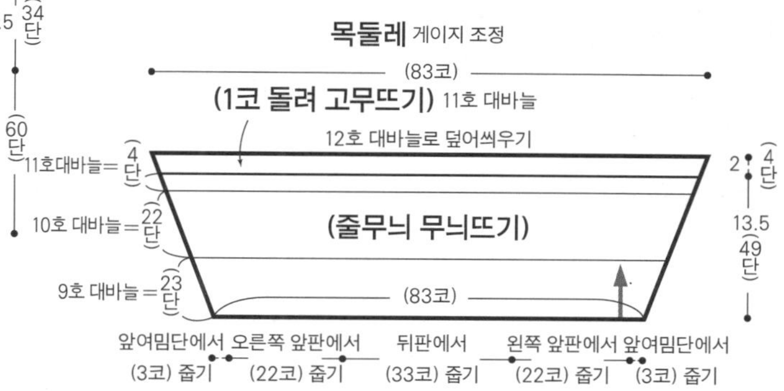
※몸판의 겉면을 보면서 코를 줍는다.

□=▯

=걸러뜨기(4단)

배색
□ = 연핑크
▨ = 진핑크
▲ = 에크뤼
▨ = 연회색
▨ = 연지색

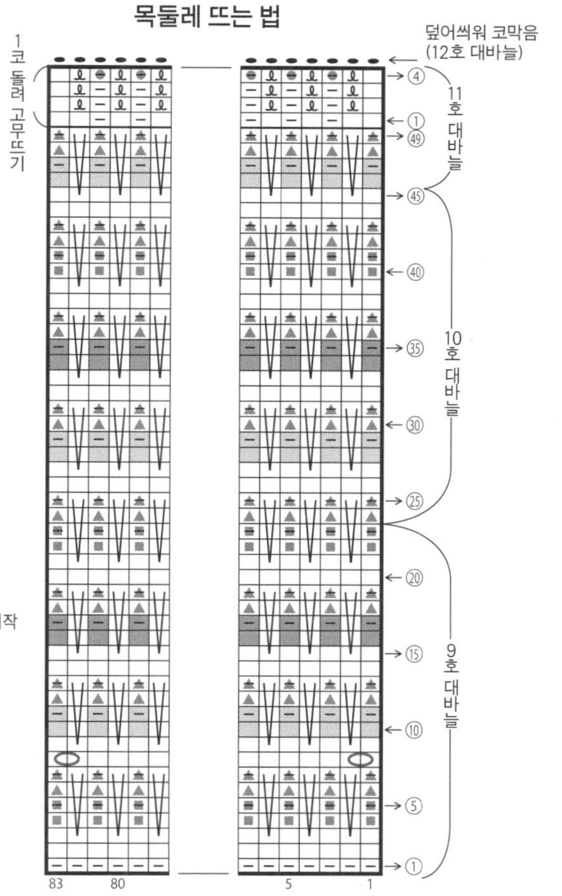

● =프린지 다는 위치
○ =걸고리 다는 위치

210페이지로 이어집니다. ▶

▶ 209페이지에서 이어집니다.

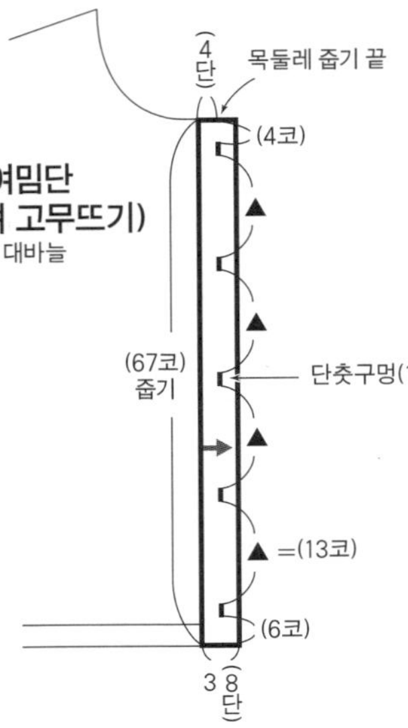

단춧구멍(오른쪽 앞여밈단)

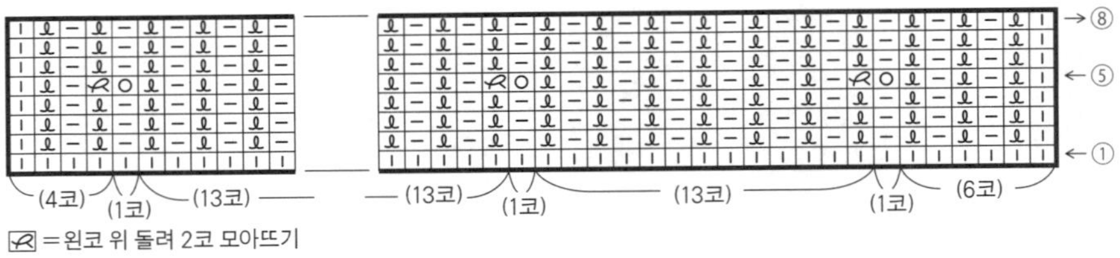

(4코) (1코) (13코) — (13코) (1코) (13코) (1코) (6코)

☑ =왼코 위 돌려 2코 모아뜨기

앞여밈단
(1코 돌려 고무뜨기)
7호 대바늘

목둘레 줄기 끝
(4단)
(4코)
(67코) 줄기
단춧구멍(1코)
=(13코)
(6코)
3 8 단

목둘레 마무리하는 법

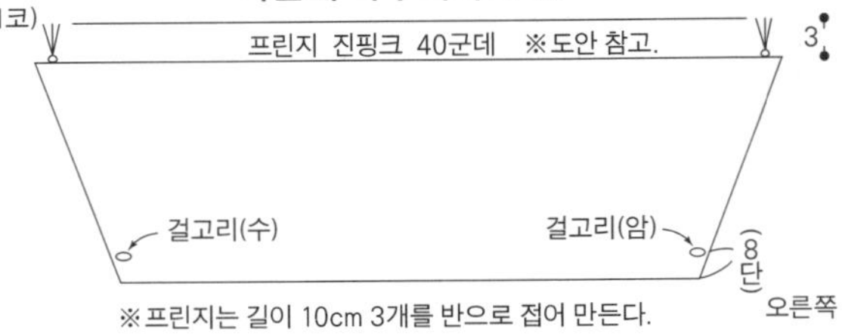

프린지 진핑크 40군데 ※도안 참고.

걸고리(수)   걸고리(암)

3 8 단

※ 프린지는 길이 10cm 3개를 반으로 접어 만든다.

1코 돌려 고무뜨기

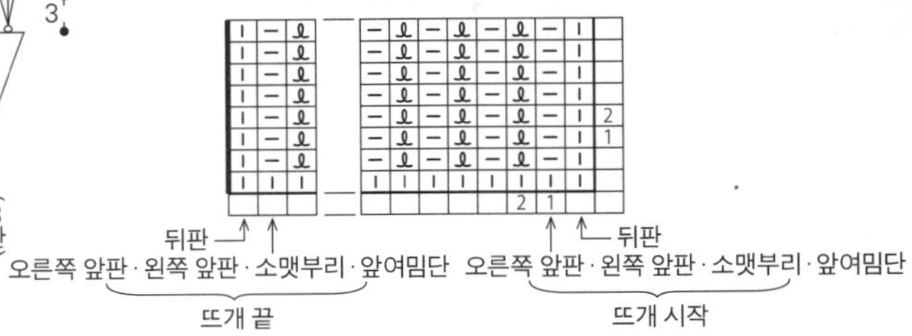

뒤판
오른쪽 앞판·왼쪽 앞판·소맷부리·앞여밈단
뜨개 끝

뒤판
오른쪽 앞판·왼쪽 앞판·소맷부리·앞여밈단
뜨개 시작

스이돈 강좌
102 page ★★

알파카 레제로〈그러데이션〉

재료
리치모어 알파카 레제로〈그러데이션〉 연지색 계열
그러데이션(112) 135g 3볼
폭 10mm 고무밴드 60cm
도구
아미무메모(6.5mm)
완성 크기
기장 59cm, 화장 67cm
게이지(10×10cm)
메리야스뜨기 16코×24단(D=6), 15코×22.5단
(D=8)

POINT
●버림뜨기 기초코를 만들어 뜨기 시작해 메리야
스뜨기, 무늬뜨기로 게이지 조정을 하면서 뜹니다.
무늬뜨기는 104페이지를 참고하세요. 뜨개 끝은
버림뜨기를 합니다. 소맷부리는 도안을 참고해 본
체에서 코를 주워 메리야스뜨기로 뜹니다. 뜨개 끝
의 코에 뜨개 시작의 코를 겹쳐서 감아 코막음합
니다. 맞춤 표시와 소맷부리 옆선은 떠서 꿰매기를
하는데, 소맷부리에는 고무밴드를 끼웁니다.

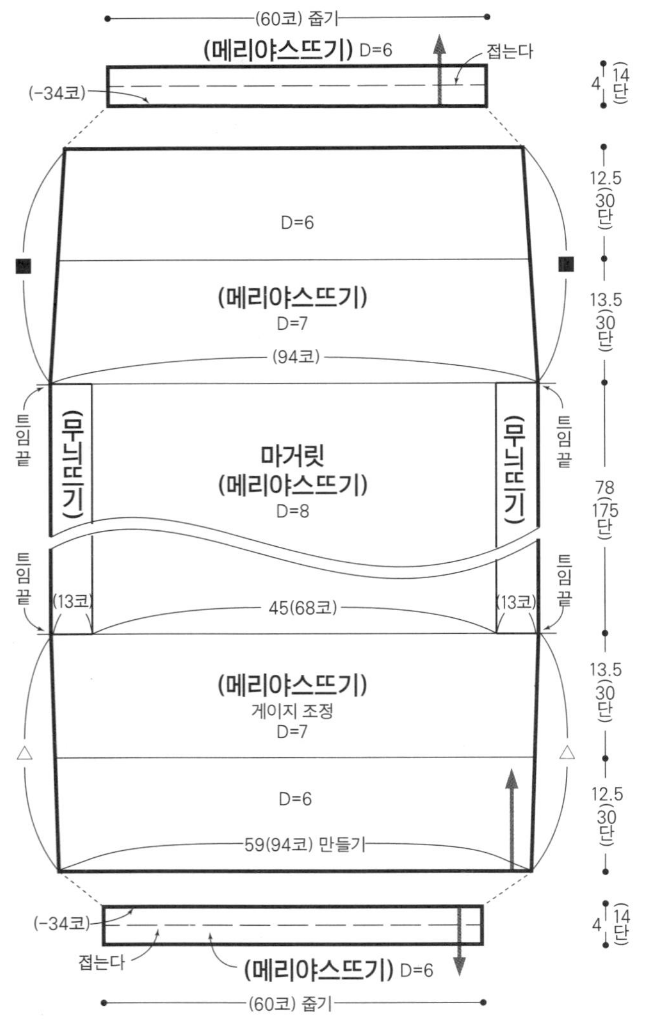

(60코) 줍기
(메리야스뜨기) D=6   접는다
(−34코)
4 14 단
12.5 30 단
D=6
12.5 30 단
(메리야스뜨기)
D=7
13.5 30 단
(94코)
무늬뜨기   마거릿 (메리야스뜨기) D=8   무늬뜨기
틈임 끝   틈임 끝
78 (175 단)
(13코)   45(68코)   (13코)
틈임 끝   틈임 끝
(메리야스뜨기)
게이지 조정
D=7
13.5 30 단
D=6
12.5 30 단
59(94코) 만들기
(−34코)
(메리야스뜨기) D=6
접는다
(60코) 줍기
4 14 단

※△, ■ 끼리는 떠서 꿰매기.

무늬뜨기(왼쪽)

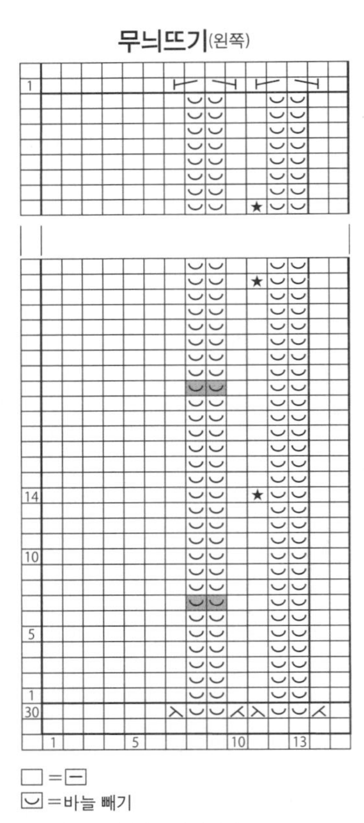

□ =[−]
[U] =바늘 빼기

※도안은 수편기에 걸린 상태다.

※14단까지 뜨면 7단 아래의 [UU] 위에 옮김바늘을 넣고
★의 코에 건다(P.104 과정 참고).

무늬뜨기(오른쪽)

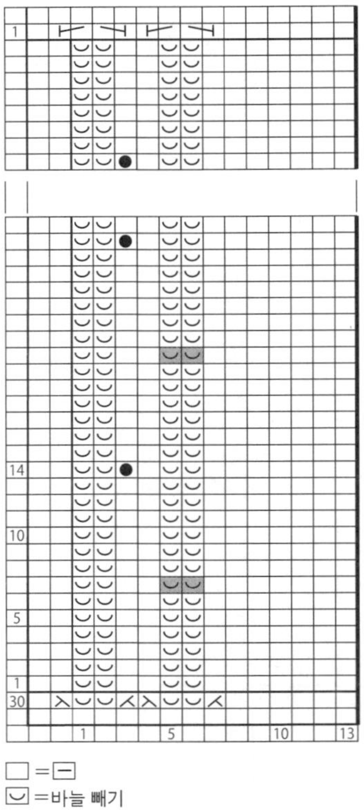

□ =[−]
[U] =바늘 빼기

※도안은 수편기에 걸린 상태다.

※14단까지 뜨면 7단 아래의 [UU] 위에 옮김바늘을 넣고
●의 코에 건다(P.104 과정 참고).

소맷부리의 줄임코

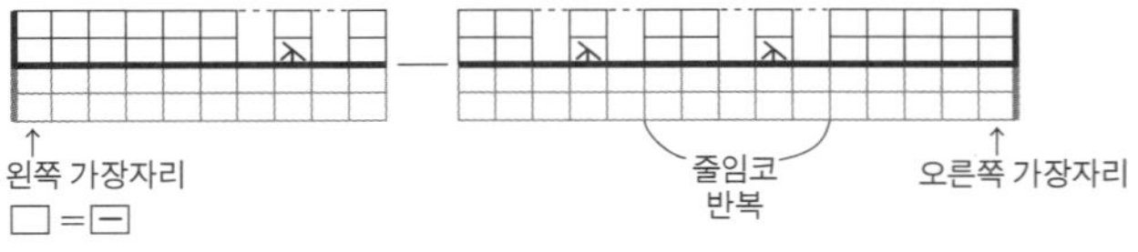

왼쪽 가장자리   줄임코 반복   오른쪽 가장자리

□ =[−]

다이아 도미나

다이아 에포카

재료
다이아몬드케이토 다이아 도미나 회색 계열 그러
데이션(409) 315g 8볼, 다이아 에포카 회색(358)
70g 2볼

도구
아미무메모(6.5mm)

완성 크기
가슴둘레 100cm, 어깨너비 44cm, 기장 63cm, 소매
길이 50cm

게이지(10×10cm)
메리야스뜨기 20코×26단

POINT
●몸판·소매…밑단은 105페이지를 참고해 테두리
뜨기로 뜹니다. 몸판은 테두리뜨기의 1코 안쪽에

서 지정 콧수를 주워 메리야스뜨기로 뜹니다. 목둘
레는 2코 이상은 되돌아뜨기, 1코는 줄임코로 뜹
니다. 어깨는 되돌아뜨기로 뜹니다. 소매는 2코 고
무뜨기 기초코를 만들어 뜨기 시작해 2코 고무뜨
기, 메리야스뜨기로 뜹니다. 소매산은 어깨와 같은
방법으로 합니다.
●마무리…목둘레는 소매와 같은 방법으로 뜨기
시작해 2코 고무뜨기로 뜹니다. 오른쪽 어깨는 기
계잇기를 합니다. 목둘레는 기계잇기로 몸판과 연
결합니다. 왼쪽 어깨는 오른쪽 어깨와 같은 방법으
로 합니다. 소매는 오른쪽 어깨와 같은 방법으로
몸판과 연결합니다. 목둘레 옆선·옆선·소매 밑선은
떠서 꿰매기를 합니다. 테두리뜨기의 가장자리는
메리야스 잇기를 합니다.

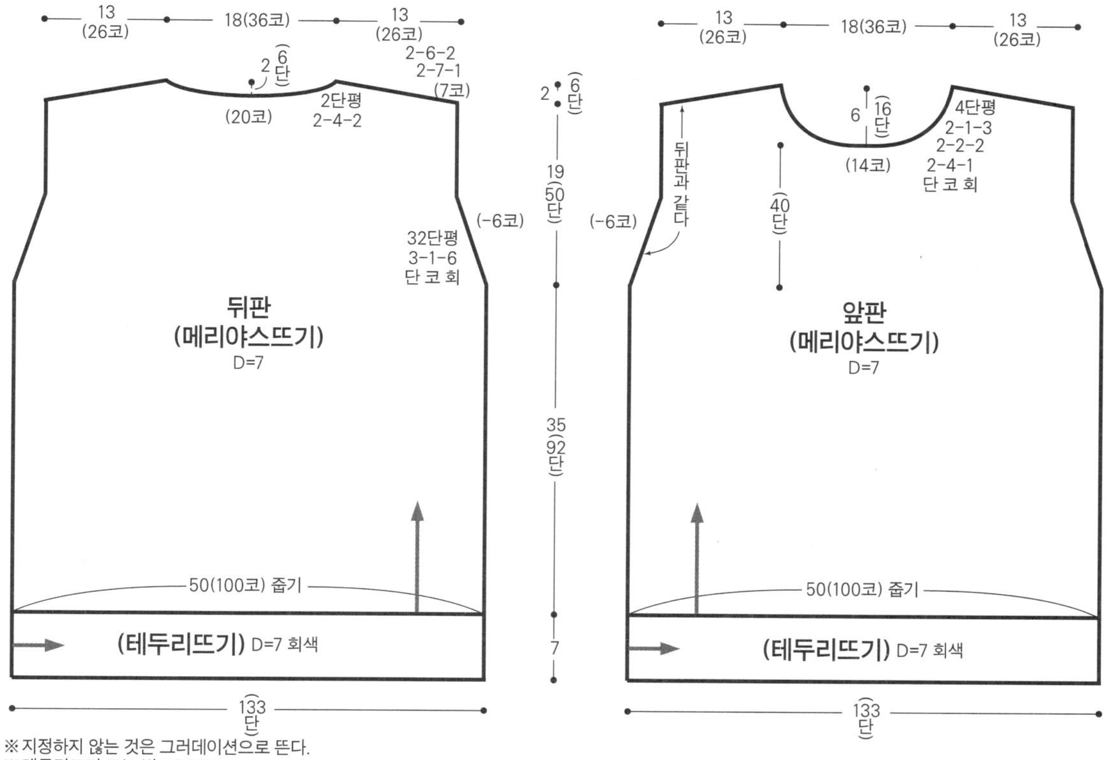

뒤판 (메리야스뜨기) D=7

13 (26코) · 18(36코) · 13 (26코)

2코 · 6단

2단평 2-4-2

(20코)

2-6-2 / 2-7-1 (7코)

19 / 50단

(-6코)

32단평 3-1-6 단 코 회

50(100코) 줍기

(테두리뜨기) D=7 회색

133단

2 · 6단

(-6코)

35 / 92단

7

※ 지정하지 않는 것은 그러데이션으로 뜬다.
※ 테두리뜨기 뜨는 법→P.105

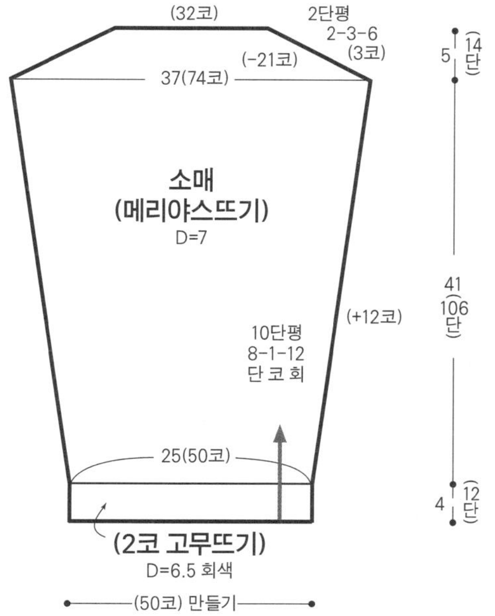

앞판 (메리야스뜨기) D=7

13 (26코) · 18(36코) · 13 (26코)

6 · 16단

(14코)

4단평 2-1-3 / 2-2-2 / 2-4-1 단 코 회

뒤판과 같다

(40코)

50(100코) 줍기

(테두리뜨기) D=7 회색

133단

소매 (메리야스뜨기) D=7

(32코)

37(74코)

2단평 2-3-6 (3코)

(-21코)

5 / 14단

10단평 8-1-12 단 코 회

(+12코)

41 / 106단

25(50코)

(2코 고무뜨기) D=6.5 회색

(50코) 만들기

4 / 12단

※ 기초코의 준비 3단은 D=6로 뜬다.

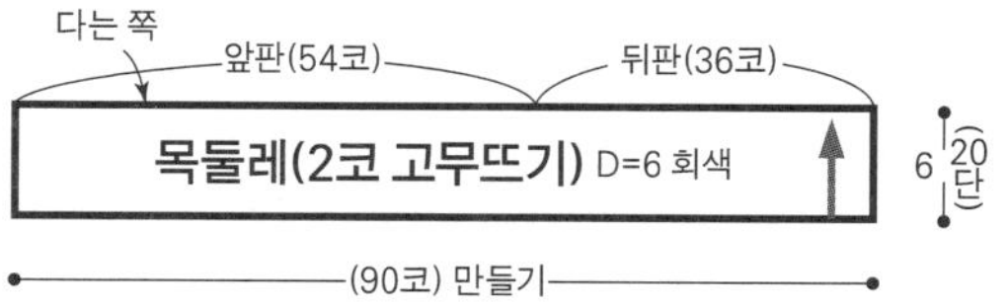

목둘레(2코 고무뜨기) D=6 회색

다는 쪽

앞판(54코) · 뒤판(36코)

(90코) 만들기

6 / 20단

※ 기초코의 준비 3단은 D=5.5로 뜬다.

2코 고무뜨기

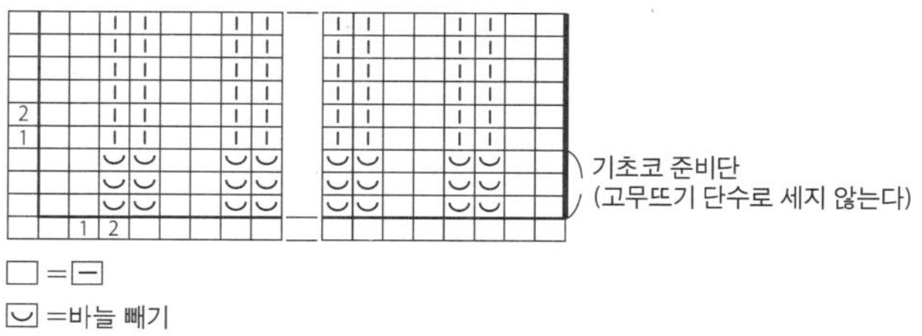

기초코 준비단
(고무뜨기 단수로 세지 않는다)

☐ = |

☑ = 바늘 빼기

※ 도안은 수편기에 걸린 상태다.
※ 고무뜨기 기초코→P.105

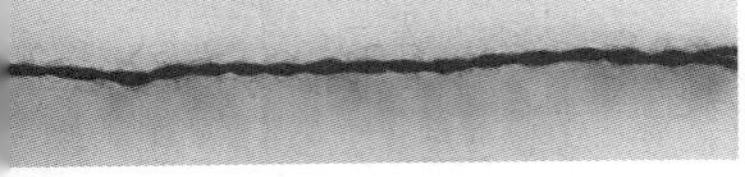

재료
낙양모사 '아임울2(50g/200m)'
XS–그레이(196) 200g, 검정(188) 250g, 단추 4개
M–그레이(196) 300g, 검정(188) 350g, 단추 4개

도구
3.5mm 대바늘, 3.0mm 대바늘, 2.75mm 대바늘,
스티치 마커, 돗바늘

완성 크기 XS (M)
가슴둘레 84 (112)cm, 기장 60 (60)cm

게이지(10x10cm)
무늬뜨기 30코x32단
손땀에 따라 28코x30단까지 허용되며, 이 경우 가
슴둘레 약 5cm, 기장 약 4cm 정도 더 커질 수 있
습니다.

POINT
●밑단, 옆트임…좌우 앞판과 뒤판의 밑단을 평면
뜨기로 각각 뜬 뒤, 감아코로 스틱코를 새로 잡으
며 연결합니다. 옆트임이 끝날 때까지 원통으로 뜹
니다.
●몸판…옆트임 스틱코를 막은 후, 원통뜨기로 암
홀 줄임이 나올 때까지 가로로 배색으로 뜹니다. 감
아코로 스틱코를 만들어 암홀과 네크라인을 형성
합니다. 앞뒤 어깨코를 연결하고, 밑단을 안으로 접
어 바느질합니다. 스틱코를 보강한 후 가운데를 자
릅니다.
●앞섶, 암홀…뒷목과 겨드랑이 부분에 가짜 스틱
을 만듭니다. 앞섶, 네크라인, 암홀의 겉면과 안면
에서 코를 주워 겹단을 뜬 다음, 아이코드로 마무
리합니다. 단춧구멍도 아이코드를 이용해 만듭니
다. 스틱코는 겹단 안으로 숨깁니다.
●옆트임 마무리…옆트임 부분에서 코를 주워 안
면에서 아이코드로 마무리한 뒤, 스틱코는 안으로
접어 바느질해 정리합니다.

설명과 차트를 참고해서 뜹니다. 사이즈는 XS (M)로 표기했습니다.

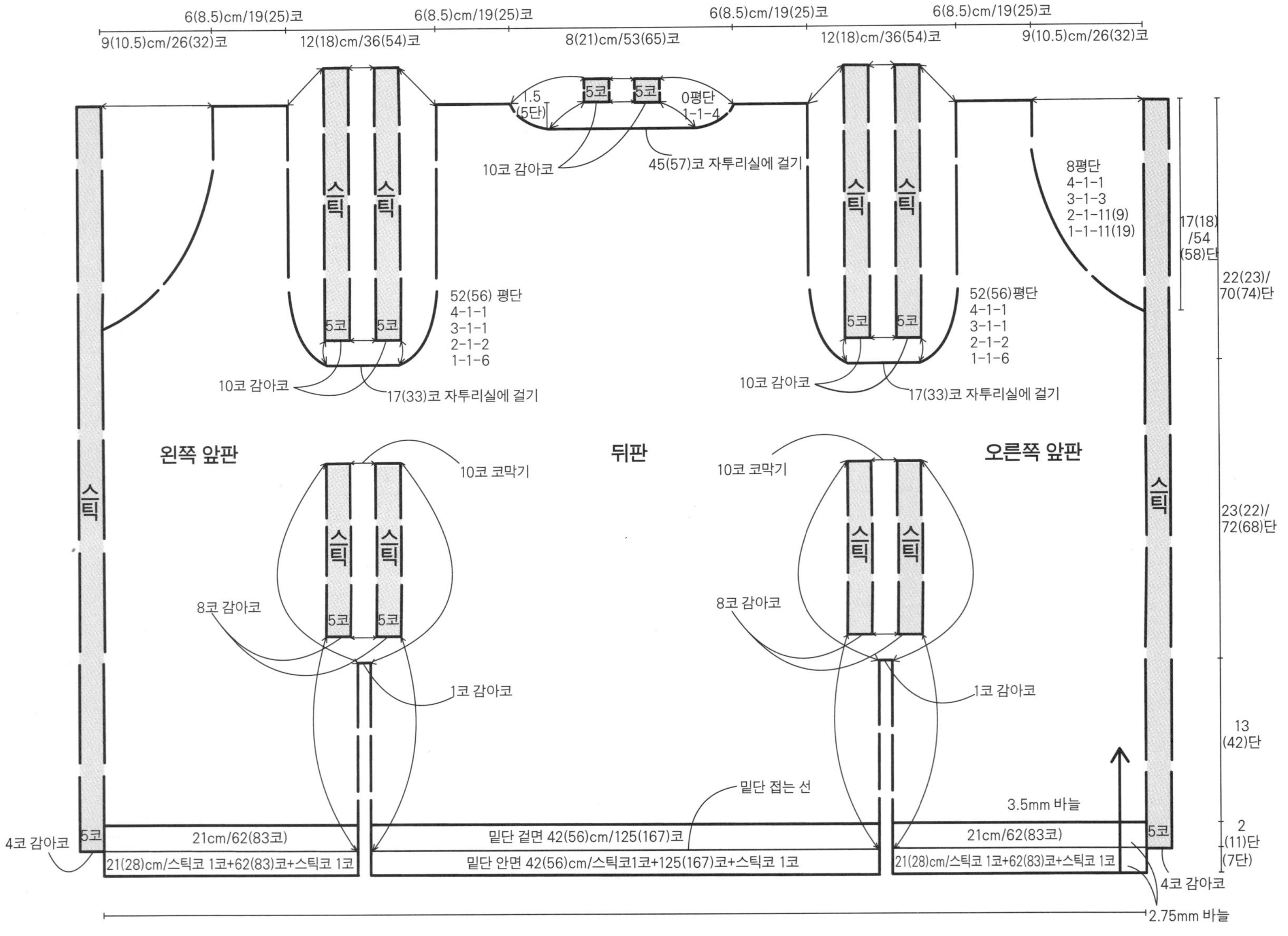

밑단 안면

2.75mm 대바늘과 검정색 실을 사용합니다. 밑단은 안면과 겉면을 떠서 안으로 반을 접어 꿰맵니다.
겹단에서 안쪽으로 접히는 부분은 앞판 왼쪽, 뒤판, 앞판 오른쪽 순서로 각각 따로 평면뜨기합니다.

앞판 왼쪽은 64 (85)코, 뒤판은 127 (169)코를 잡습니다.
코를 잡은 뒤 첫 단은 안면부터 뜹니다. 이때 코를 잡은 단은 단수에 포함하지 않습니다. 안면에서
는 안뜨기, 겉면에서는 겉뜨기로 총 6단을 메리야스뜨기 합니다. 7단(안면)은 겉뜨기로 뜹니다.
코를 자투리 실에 옮겨 걸고 꼬리실을 자릅니다.

앞판 오른쪽은 64 (85)코를 잡습니다.
앞판 왼쪽과 뒤판과 동일하게 안면부터 시작합니다. 총 6단을 메리야스뜨기로 뜬 뒤, 7단은 겉뜨
기로 뜹니다. 7단의 마지막 코까지 뜬 다음, 뜨던 실로 감아코 4코를 새로 잡습니다. 편물을 뒤집
어 감아코로 잡은 4코와 다음 1코(오른쪽 앞섶 스틱 총 5코)를 겉뜨기한 뒤 마커를 겁니다. 마지
막 1코가 남을 때까지 겉뜨기하고, 마커를 겁니다.

밑단 안면의 세 조각 연결 및 밑단 겉면

세 조각의 밑단 안쪽에 스틱코를 추가해 연결합니다. 원통뜨기로 밑단 겉면을 뜹니다. (스틱코는 각각 10코, 앞판은 좌우 각각 62 (83코), 뒷판 125 (167)코입니다.)

남은 1코를 겉뜨기합니다. 감아코로 스틱코 8코를 새로 잡습니다. 자투리 실에 걸려 있던 뒤판 코를 다시 왼바늘로 걸고, 첫 코를 겉뜨기한 뒤 마커를 겁니다. (옆트임 스틱 총 10코) 뒤판을 1코가

남을 때까지 겉뜨기합니다. 마커를 걸고, 남은 1코를 겉뜨기한 다음 감아코로 8코를 새로 잡습니다. 자투리 실에 걸려 있던 앞판 왼쪽 코를 다시 왼바늘에 걸고, 첫 코를 겉뜨기한 뒤 마커를 겁니다. (옆트임 스틱 총 10코) 앞판 왼쪽을 1코가 남을 때까지 겉뜨기합니다. 마커를 걸고, 남은 1코를 겉뜨기한 다음 감아코로 4코(왼쪽 앞섶 스틱 총 5코)를 새로 잡습니다. 시작 마커를 걸고 원통뜨기를 시작합니다. 이후 11단을 겉뜨기합니다.

반복 차트

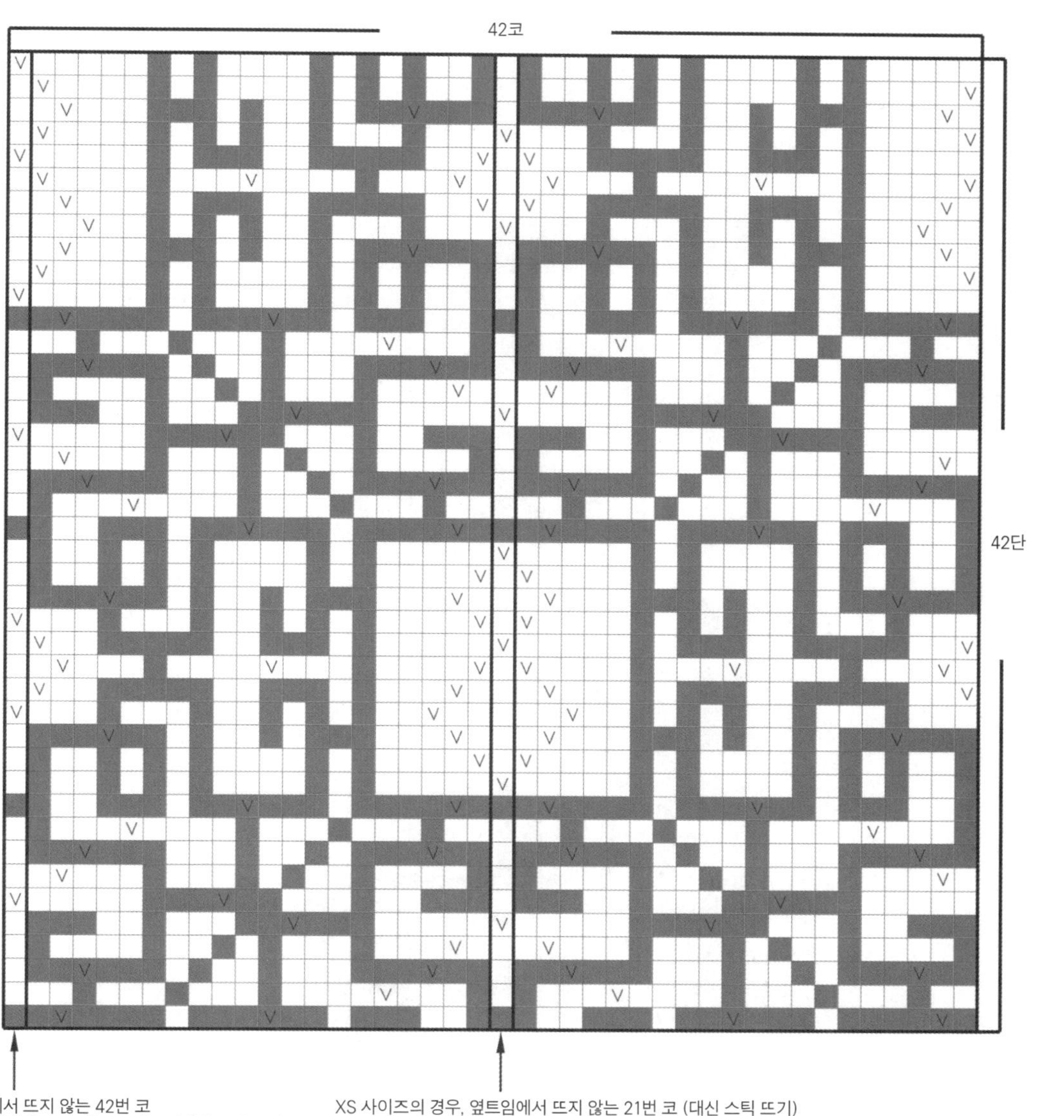

마지막 6 (8)번째 반복에서 뜨지 않는 42번 코
M 사이즈의 경우, 옆트임에서 뜨지 않는 42번 코 (대신 스틱 뜨기)

XS 사이즈의 경우, 옆트임에서 뜨지 않는 21번 코 (대신 스틱 뜨기)

몸통

3.5mm 대바늘로 바꾸고 그레이색 실을 새로 걸어 1단을 겉뜨기합니다.

옆트임이 있는 몸통뜨기

처음 앞섶 스틱 5코를 '그레이색, 검정색, 그레이색, 검정색, 그레이색' 순으로 배색합니다. **반복 차트를 보며 가로 6 (8)회, 세로 1회 반복합니다.** (차트에서 가로 배색 중 그레이색 실과 검정색 실을 꼬아주는 부분은 V로 표시했습니다.) 옆트임 부분에서는 반복 차트의 21 (42)번 코 대신 스틱코를 뜹니다. 이때 마커로 표시한 앞섶과 옆트임 스틱 10코는 '그레이색, 검정색, 그레이색, 검정색, 그레이색, 그레이색, 검정색, 그레이색, 검정색, 그레이색' 순으로 배색합니다. 가로 중 마지막 반복에서는 42번 코를 생략합니다. 마지막 앞섶 스틱 5코를 '그레이색, 검정색, 그레이색, 검정색, 그레이색' 순으로 배색합니다.

옆트임이 없는 몸통뜨기

43단부터 반복 차트를 한 번 더 가로 6 (8)회, 세로 1회 반복합니다. (스틱코를 제외하고 총 251 (335)코입니다.)

43단을 뜨는 중 양쪽 옆트임 스틱 10코가 나오면 해당 스틱코를 코막음합니다. 이때도 21 (42)번 코는 생략하며, 앞섶 스틱은 그대로 뜹니다. 44단에서는 코막음한 옆트임 스틱 부분이 나오면 21 (42)번 코를 감아코로 새로 잡은 뒤 마지막 코까지 뜹니다. 45단부터 84단까지 반복 차트를 보며 몸판을 뜹니다. 이때 21 (42)번 코도 함께 뜨며, 가로 중 마지막 반복에서는 42번 코는 생략합니다.

암홀 줄임이 나오기 전까지 30 (26)단을 더 뜹니다.

암홀 줄임

설명과 도안을 보면서 진행합니다.

앞판 오른쪽을 겨드랑이코가 나올 때까지 뜬 뒤, 겨드랑이코 17 (33)코를 자투리 실에 걸어둡니다.

오른 바늘의 실을 사용해 감아코로 스틱코 10코를 새로 잡고, 다음 겨드랑이코가 나올 때까지 뜹니다. 다시 겨드랑이코를 자투리 실에 걸고, 감아코로 스틱코 10코를 새로 잡은 뒤 마지막 코까지 뜹니다. 암홀 스틱코는 '그레이색, 검정색, 그레이색, 검정색, 그레이색, 그레이색, 검정색, 그레이색, 검정색, 그레이색' 순으로 잡습니다. 차트를 보며 암홀 줄임을 진행하고, V넥 줄임이 시작될 때까지 뜹니다. 줄임 시에는 그레이색 스틱코와 그 옆의 무늬코를 모아뜨기합니다. 스틱코 표시용 마커는 줄임에 사용되는 양쪽 그레이색 스틱코 2코를 제외한 나머지 8코에 걸어 둡니다.

V넥 줄임

V넥 줄임이 시작되면, 암홀 줄임과 같은 방법으로 양쪽 그레이색 스틱코와 그 옆의 무늬코를 모아 뜨기합니다. 뒷목 줄임이 시작되기 전까지 같은 방법으로 뜹니다. 차트에는 V넥 스틱코가 생략되어 있습니다.

뒷목 줄임

중간코가 나오기 전까지 뜬 다음, 중간코 45 (57)코를 자투리 실에 걸어 둡니다.

감아코로 스틱코 10코를 새로 잡고 마지막 코까지 뜹니다. 뒷목 줄임을 하면서 어깨 마지막 단까지 뜹니다.

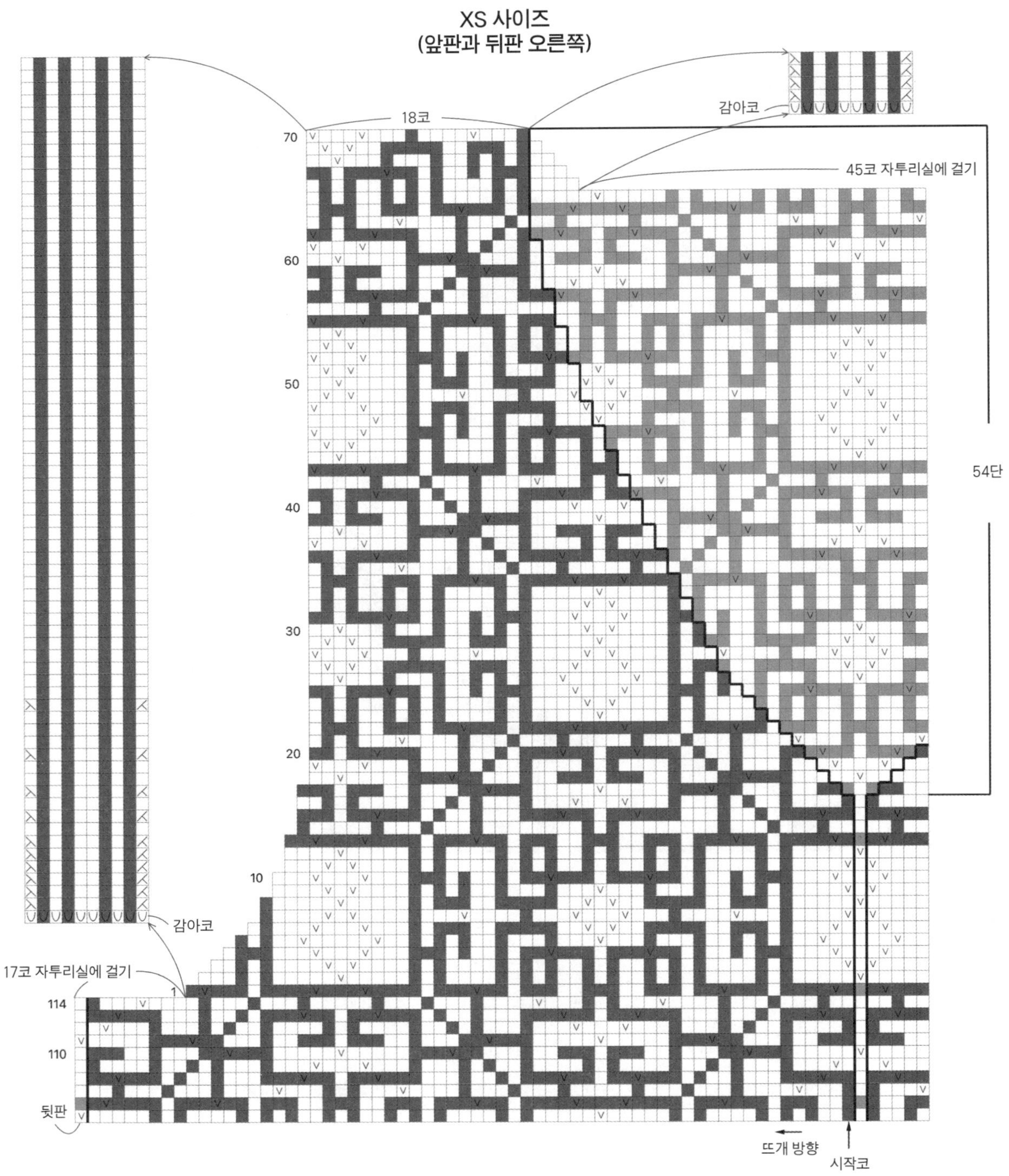

스틱 보강

앞섶 스틱, 암홀 스틱, 뒷목 스틱을 보강한 뒤, 스틱의 가운데를 가위로 자릅니다.

스틱 보강 순서는 다음과 같습니다. 코바늘이나 손바느질로 보강할 경우에는 어깨를 먼저 잇고 보강합니다. 재봉틀로 보강할 경우에는 어깨코와 스틱코를 자투리 실에 걸어 둔 뒤, 보강을 먼저 한 다음 어깨를 잇습니다.

어깨 연결

앞판과 뒷판의 어깨코 18 (25)코와 암홀 스틱코의 반과 V넥 스틱코의 반을 각각 두 개의 바늘에 따로 걸고, 편물 안쪽에서 세 번째 바늘을 이용해 앞판코와 뒷판코를 모아뜨기한 뒤 코막음하여 어깨를 연결합니다.

(앞판과 뒤판 왼쪽)

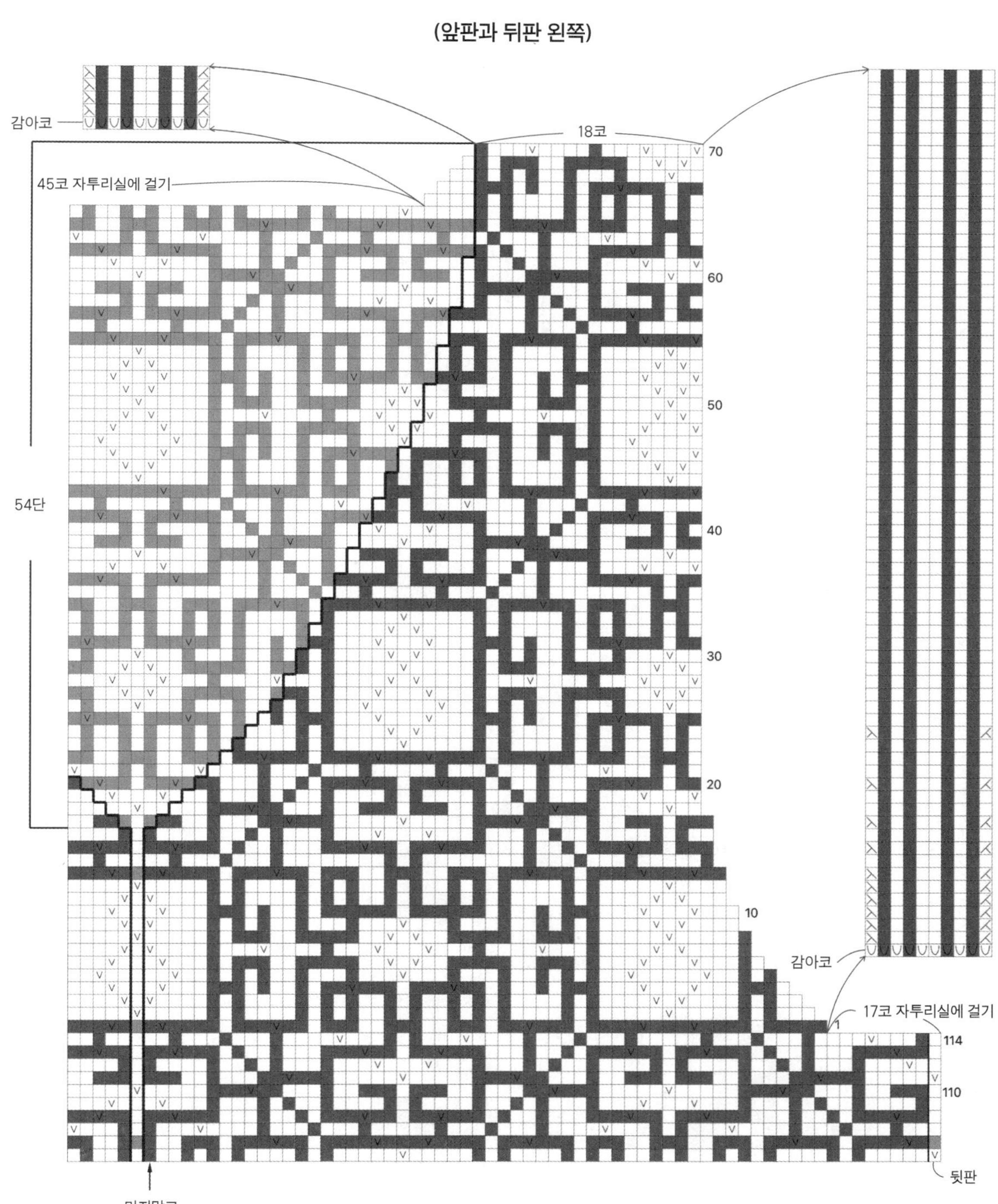

밑단 마무리
밑단을 안뜨기 선을 기준으로 안쪽으로 접어 꿰맵니다.

가짜 스틱 만들기
네크라인과 암홀라인에 코를 줍기 전에 자투리 실에 걸려 있던 뒤판 중간코와 겨드랑이코를 바늘
에 걸고, 그레이색과 검정색을 스틱코처럼 배색하여 4단 뜬 뒤 코막음합니다. 또는 그레이색 실을
양손에 잡고 배색하듯 떠도 됩니다.

단추밴드
3.0mm 대바늘을 사용하여 단추밴드코를 겉면과 안면 겹단으로 줍습니다. 겨드랑이 부분은 매
코마다 1코씩, 줄임 부분은 한 단에 1코씩, 평단 부분은 약 네 단에 3코 비율로 줍습니다. 코를 주
울 때 밑단 안면을 빠뜨리지 않도록 주의합니다.

밴드 겉면은 안면부터 시작해 메리야스뜨기로 4단 뜹니다. 새로운 3.0mm 바늘과 겉면을 뜨던 실
로 계속해서 밴드 안쪽면을 겉면부터 메리야스뜨기로 3단 뜹니다. 세 번째 바늘을 이용해 밴드
겉면코와 안쪽면코를 모아뜨기합니다.
모아뜨기하면서 스틱코 중 보강하지 않은 부분을 조금씩 잘라 주며, 스틱코를 안쪽으로 넣어 정
리합니다. 꼭 한 번에 자르지 말고, 뜨면서 조금씩 자릅니다.

단춧구멍 위치를 정한 뒤, 모아뜨기가 끝나면 2.75mm 대바늘로 밴드 안쪽면에서 아이코드 코막
음 합니다. 단춧구멍 위치에서는 코를 막지 않고, 아이코드 2단을 뜹니다. 왼쪽 바늘에 있는 2코
를 오른쪽 바늘로 옮긴 다음, 뜨지 않은 채 덮어씌워 코막음하여 줄입니다. 단추 구멍이 생기면 계
속해서 다음 단추 구멍 위치가 나올 때까지 아이코드 코막음을 이어갑니다. 모든 코막음이 끝나
면 실을 자르고, 자투리 실을 아이코드 안으로 넣어 정리합니다.

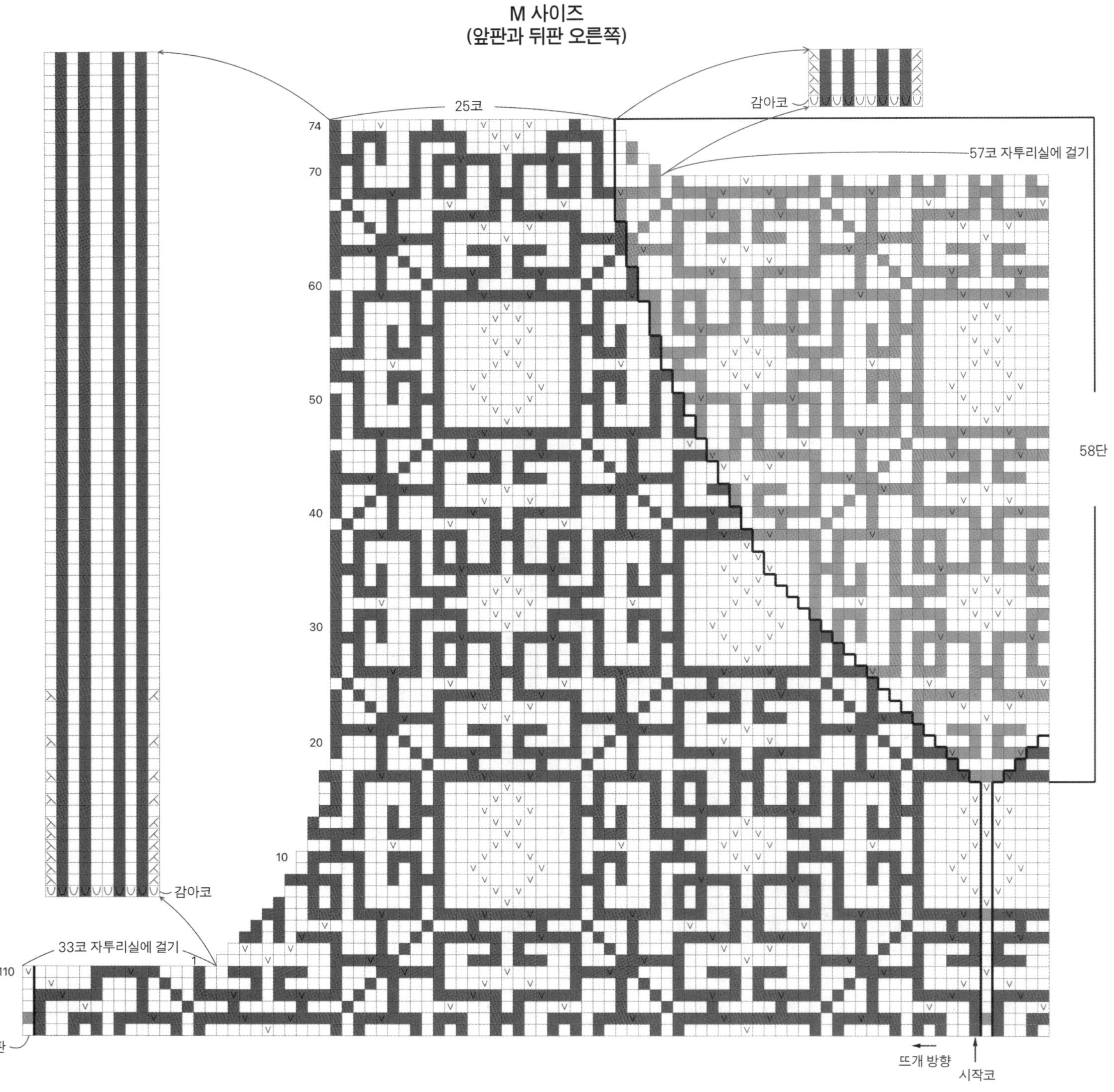
M 사이즈
(앞판과 뒤판 오른쪽)
25코
감아코
57코 자투리실에 걸기
58단
감아코
33코 자투리실에 걸기
뒷판
뜨개 방향
시작코

암홀 마무리
암홀도 단추밴드와 같은 방식으로 겹단으로 코를 주워, 암홀 겉면과 안면을 각각 따로 뜬 뒤 모아
뜨기합니다. 이후 안면에서 아이코드 코막음합니다.

옆트임 마무리
3.0mm 대바늘을 사용하여 옆트임 부분에서 약 네 단에 3코 비율로 코를 줍습니다. 앞판과 뒤판
중간에 새로 잡은 1코 부근에서 약 3코 정도를 줍습니다. 코를 모두 주운 후, 안면에서 같은 바늘
로 아이코드 코막음합니다. 스틱코는 바느질해 정리합니다.

모든 실을 정리한 뒤 세탁하고, 단추를 달아 마무리합니다.

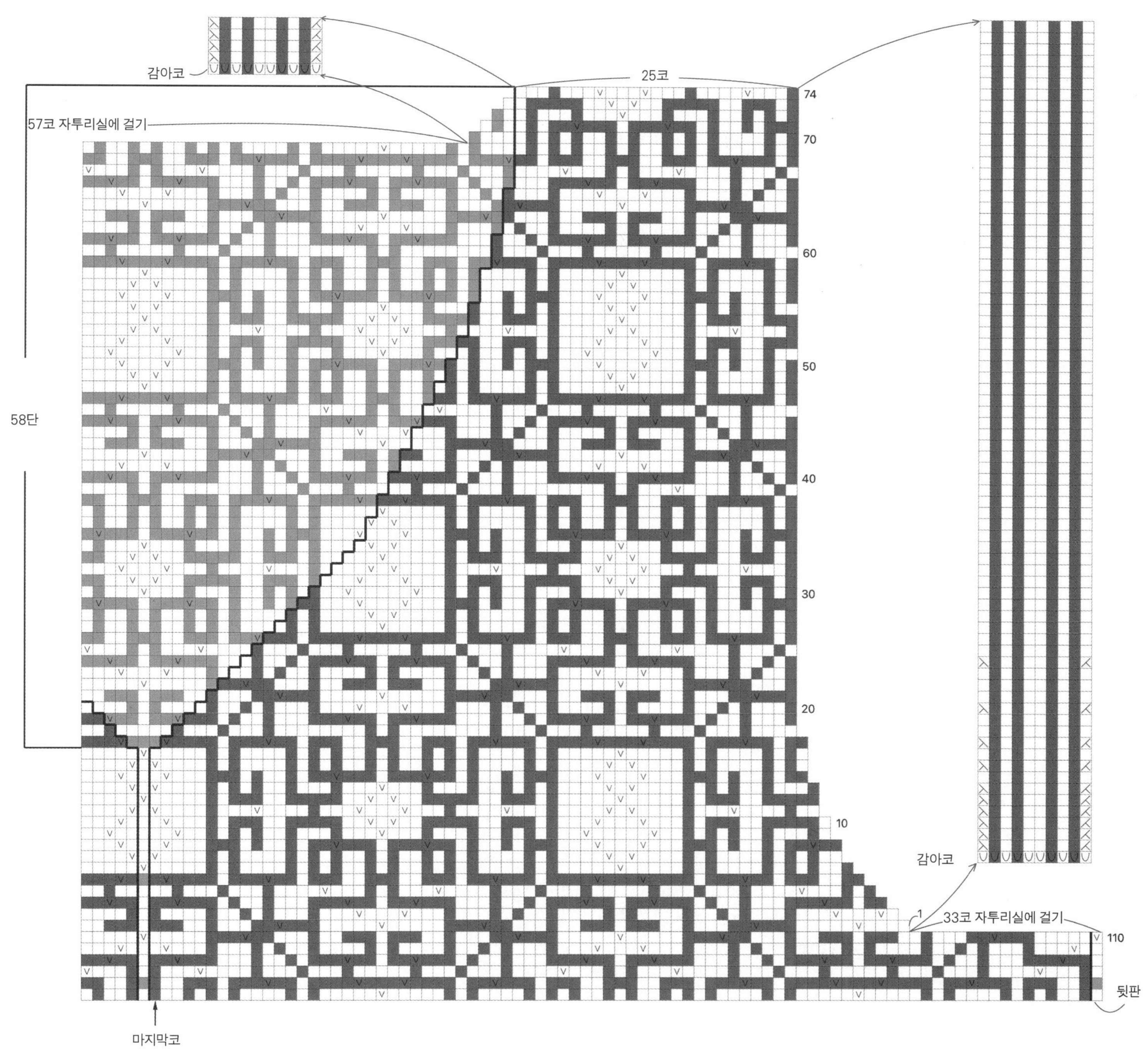
(앞판과 뒤판 왼쪽)
감아코
57코 자투리실에 걸기
25코
74
70
60
58단
50
40
30
20
10
감아코
1
33코 자투리실에 걸기
110
뒷판
마지막코

재료
해피코튼 719, 762
도구
코바늘 6/0호(3.5mm)
완성 크기
가로 7cm, 세로 11cm

●매직링으로 시작해 도안을 따라 콧수를 늘려가며 원형뜨기를 합니다. 자색 실(719), 노란색 실(762)로 동일한 편물을 1개씩 만듭니다. 마지막으로 돗바늘을 이용해 연결합니다. 남은 실은 코 사이에 숨겨 깔끔하게 정리합니다.

고구마

자색 실로 고구마의 껍질을, 노란색 실로는 고구마 속살을 뜹니다.
색만 다르고 편물의 모양은 동일합니다.
1단 : 매직링 만들기, 사슬뜨기 1(기둥코), 짧은뜨기 6, 빼뜨기
2단 : 사슬뜨기 1(기둥코), [짧은뜨기 1, 짧은 3코 늘려뜨기]x3, 빼뜨기
3단 : 사슬뜨기 1(기둥코), 짧은뜨기 2, 짧은 3코 늘려뜨기, [짧은뜨기 3, 짧은 3코 늘려뜨기]x2, 짧은뜨기 1, 빼뜨기
4단 : 사슬뜨기 1(기둥코), 짧은뜨기 3, 짧은 3코 늘려뜨기, [짧은뜨기 5, 짧은 3코 늘려뜨기]x2, 짧은뜨기 2, 빼뜨기
5단 : 사슬뜨기 1(기둥코), 짧은뜨기 4, 짧은 3코 늘려뜨기, [짧은뜨기 7, 짧은 3코 늘려뜨기]x2, 짧은뜨기 3, 빼뜨기
6단 : 사슬뜨기 1(기둥코), 짧은뜨기 5, 짧은 3코 늘려뜨기, [짧은뜨기 9, 짧은 3코 늘려뜨기]x2, 짧은뜨기 4, 빼뜨기

연결하기

두 편물 모두 위를 보게 두고 껍질을 속살 위에 올립니다. 돗바늘로 고구마의 속살을 껍질에 바느질해 연결하고 남은 실을 정리합니다.

재료
해피코튼 702, 709, 759, 762, *극소량 필요*
734, 742
도구
코바늘 6/0호(3.5mm)
완성 크기
가로 29cm, 세로 6cm

POINT
● 햄스터 얼굴과 귀는 매직링으로 시작해 도안을
따라 원형뜨기를 합니다. 햄스터 무늬를 사슬뜨기
로 시작해 매 단 뒤집어 가며 뜹니다. 편물들을 돗
바늘로 연결합니다. 연결한 후, 검은색 실(742)로
햄스터 눈을, 분홍색 실(734)로 햄스터 코를 수놓
습니다.
● 컵홀더는 노란색 실(762)로 사슬뜨기를 한 후,
매 단 뒤집어 가며 가로가 긴 직사각형을 뜹니다.
초록색 실(759)로 사각형 둘레를 따라 테두리를
떠 마무리합니다.

햄스터 얼굴 (해피코튼 702)

1단 : 매직링 만들기, 사슬뜨기 3(기둥코), 한길 긴뜨기 12, 빼뜨기
2단 : 사슬뜨기 3(기둥코), 한길 긴뜨기 1, 한길 긴 2코 늘려뜨기 11, 빼뜨기

햄스터 귀 (해피코튼 709)

햄스터 귀는 2개를 뜹니다.
1단 : 매직링 만들기, 사슬뜨기 1(기둥코), 짧은뜨기 5, 빼뜨기

햄스터 무늬 (해피코튼 709)

2단의 괄호( )는 각 사슬에서 진행합니다.
1단 : 사슬뜨기 3
2단 : 사슬뜨기 2(기둥코), (첫 번째 코: 한길 긴뜨기 1, 두길 긴뜨기 1), (두 번째 코: 두길 긴뜨기
3코 늘려뜨기), (세 번째 코: 두길 긴뜨기 1, 한길 긴뜨기 1)
3단 : 사슬뜨기 1(기둥코), 짧은 2코 늘려뜨기 7

컵홀더

1단 : (연노란색) 사슬뜨기 6
2~19단 : 사슬뜨기 3(기둥코), 한길 긴뜨기 6
20단 : (초록색)
상단 사슬뜨기 1(기둥코), 짧은뜨기 5
모서리 짧은 3코 늘려뜨기
옆면 각 코에 짧은뜨기 1씩
모서리 짧은 3코 늘려뜨기
하단 짧은뜨기 3
컵홀더 고리 사슬뜨기 25
이어서 하단 짧은뜨기 3
모서리 짧은 3코 늘려뜨기
옆면 각 코에 짧은뜨기 1씩
모서리 짧은 3코 늘려뜨기, 빼뜨기

연결하기

돗바늘과 709번 실로 햄스터 얼굴에 귀 2개, 얼굴 무늬를 연결합니다.
이때 무늬는 얼굴의 왼쪽 상단에, 귀는 양쪽 상단에 연결합니다.
702번 실로 컵홀더 고리의 반대편 끝에 햄스터 얼굴을 연결합니다.

표정 수놓기

검은색 실로 햄스터의 눈을, 분홍색 실로 햄스터의 코를 수놓습니다.
눈과 코 크기와 위치는 취향에 따라 조절합니다.

대바늘 뜨개

**쉽게 배우는
새로운 대바늘 손뜨개의 기초**

일본보그사 저 | 김현영 역 | 16,000원

**유월의 솔의
투데이즈 니트**

유월의 솔 저 | 24,000원

**첫번째오늘의
즐거운 양말 만들기**

정윤주 저 | 20,000원

**마마랜스의
일상 니트**

이하니 저 | 22,000원

**니팅테이블의
대바늘 손뜨개 레슨**

이윤지 저 | 18,000원

**그린도토리의
숲속 동물 손뜨개**

명주현 저 | 18,000원

52 주의 뜨개 양말

레인 저 | 서효령 역 | 29,800원

52 주의 숄

레인 저 | 조진경 역 | 33,000원

52 주의 이지 니트

레인 저 | 조진경 역 | 33,000원

매일 입고 싶은 남자 니트

일본보그사 저 | 강수현 역 | 14,000원

**Mouche & friends
대바늘 동물 친구들**

신시아 발레 저 | 이순선 역 | 28,000원

**amuhibi의
가장 좋아하는 니트**

우메모토 미키코 저 | 강수현 역 | 16,800원

**바람공방의
마음에 드는 니트**

바람공방 저 | 남궁가윤 역 | 16,800원

**유러피안
클래식 손뜨개**

표도 요시코 저 | 배혜영 역 | 15,000원

**쿠튀르 니트
대바늘 손뜨개 패턴집 260**

시다 히토미 저 | 남궁가윤 역 | 18,000원

대바늘 비침무늬 패턴집 280
일본보그사 저 | 남궁가윤 역 | 20,000원

대바늘 아란무늬 패턴집 110
일본보그사 저 | 남궁가윤 역 | 18,000원

쿠튀르 니트
대바늘 니트 패턴집 250
시다 히토미 저 | 남궁가윤 역 | 20,000원

대바늘 뜨개 대백과
보그 니팅 매거진 편집부 저
한미란 역 | 75,000원

쉽게 배우는
새로운 코바늘 손뜨개의 기초
[실전편 : 귀여운 니트 소품 77]
일본보그사 저 | 이은정 역 | 15,000원

코바늘로 뜨는 여름의 모양
몬순 저 | 22,000원

매일매일 뜨개 가방
최미희 저 | 20,000원

손뜨개꽃길의
사계절 코바늘 플라워
박경조 저 | 22,000원

쉽게 배우는
모티브 뜨기의 기초
일본보그사 저 | 강수현 역 | 13,800원

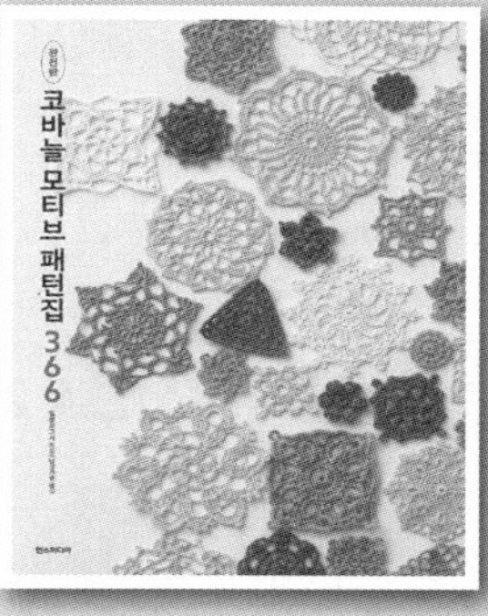

완전판
코바늘 모티브 패턴집 366
일본보그사 저 | 남궁가윤 역 | 22,000원

코바늘로 뜨는
우아한 손뜨개 꽃
애플민트 저 | 강수현 역 | 16,800원

실을 끊지 않는
코바늘 연속 모티브 패턴집
일본보그사 저 | 강수현 역 | 16,500원

실을 끊지 않는
코바늘 연속 모티브 패턴집 II
일본보그사 저 | 강수현 역 | 18,000원

쉽게 배우는
코바늘 손뜨개 무늬 123
일본보그사 저 | 배혜영 역 | 15,000원

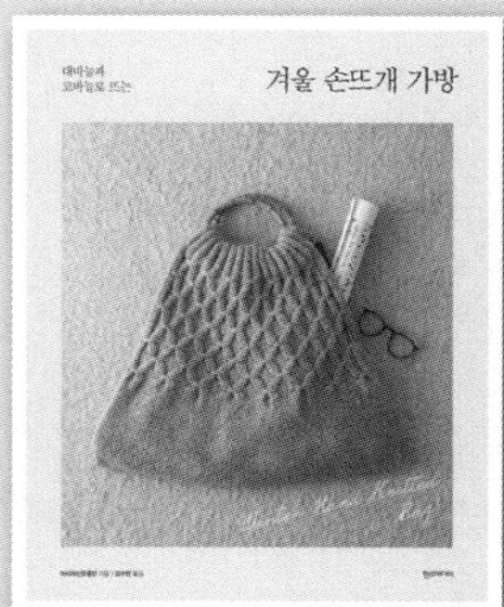

대바늘과 코바늘로 뜨는
겨울 손뜨개 가방
아사히신문출판 저 | 강수현 역 | 13,000원

광고 및 제휴 문의
070-4678-7118
info@hansmedia.com

털실타래 Vol.14 2025년 겨울호

1판 1쇄 인쇄 2025년 12월 17일
1판 1쇄 발행 2025년 12월 26일

지은이 (주)일본보그사
옮긴이 김보미, 김수연, 남가영, 배혜영
펴낸이 김기옥

라이프스타일팀장 이나리
편집 장윤선, 김민주
마케터 이지수
지원 고광현, 김형식

한국어판 도안 사진 촬영 김신정
한국어판 도안 수록 작가 바바니트, 샤인모어

본문 디자인 책장점
표지 디자인 형태와내용사이
인쇄·제본 민언프린텍

펴낸곳 한스미디어(한즈미디어(주))
주소 04037 서울시 마포구 양화로 11길 13(서교동, 강원빌딩 5층)
전화 02-707-0337 | 팩스 02-707-0198 | 홈페이지 www.hansmedia.com
출판신고번호 제 313-2003-227호 | 신고일자 2003년 6월 25일

ISBN 979-11-94777-94-6 13590

책값은 뒤표지에 있습니다.
잘못 만들어진 책은 구입하신 서점에서 교환해 드립니다.